新能源发电技术

王长贵　崔容强　周　篁　主编

内 容 提 要

人类进入21世纪，一场新的能源革命正在悄悄进行。根据经济社会可持续发展的需要，人们迫切呼唤建立以清洁、可再生能源为主的能源结构逐渐取代以污染严重、资源有限的化石能源为主的能源结构。本书正是在这样的背景下编写的。全书分太阳能光伏发电技术、太阳能热发电技术、风力发电技术、生物质能发电技术、地热发电技术、潮汐能发电技术和燃料电池发电技术等几部分，全面展示了近年来新能源发电的技术进步成果。

本书适合从事新能源发电技术的工程技术人员阅读，也可供从事常规能源发电技术的工程技术人员和大专院校相关专业师生参考。

图书在版编目（CIP）数据

新能源发电技术/王长贵，崔容强，周篁主编. —北京：中国电力出版社，2003.10 （2018.8 重印）

ISBN 978-7-5083-1648-2

Ⅰ.新… Ⅱ.①王…②崔…③周… Ⅲ.发电-新技术 Ⅳ.TM61

中国版本图书馆CIP数据核字（2003）第053002号

中国电力出版社出版、发行

（北京市东城区北京站西街19号 100005 http://www.cepp.sgcc.com.cn）

三河市百盛印装有限公司印刷

各地新华书店经售

*

2003年10月第一版 2018年8月北京第九次印刷

787毫米×1092毫米 16开本 20.25印张 459千字

印数 18001—19500册 定价**35.00**元

序

新能源发电预示着人类回归自然，反璞归真。

18～19世纪，伏打（Alessandro Volta，1745）、安培（Andre Aarie Ampere，1775）、麦克斯韦（James Clerk Maxwell，1831）、爱因斯坦（Albert Einstein，1879）等一大批科学家的发现、发明，奠定了电力世界的基础。如今，电力已是现代文明的象征，一个国家的人均用电量往往是该国经济发展水平的标志。仅依靠煤、石油、天然气和核能发电已面临资源枯竭和环境污染的双重压力，已不能适应世界人口和经济持续发展的需要，更无法解决当今世界20亿无电人口（世界银行统计）的用电问题。人们开始反思，为什么要把亿万年形成的煤、石油、天然气在200～300年内燃烧掉，为什么不能为我们的子孙后代更多留一点宝贵的矿藏？人们迫切地呼唤新能源，希望用清洁的、可再生的太阳能、风能、生物质能、地热能、海洋能、氢能发电来取代煤电、油电、气电和核电。一些发达国家已经拟定了到2050年，新能源发电将占本国电力市场30%～50%的目标，这意味着一场新的能源革命已在悄然进行，它必将带来新的经济繁荣、新的社会理念和新的生活方式。

本书全面展示了近年来新能源发电的技术进步成果，虽然新能源发电总量还不大，但其15%～40%的年增长速度已足以让世界惊叹，被誉为全球增长最快的能源。新能源发电是一门高新技术，是一门涉及广泛、内容丰富的科学与工程，它与数学、物理学、化学、生物学紧密相关，又强烈地依托于材料、机械、动力、电气、化工、自控和生物工程技术的发展。新能源发电可以为跨学科的科研、教学、生产和应用造就一大批精英人才。

新能源蕴藏量极为巨大，但大多数是分布广泛而品位较低的能源，太阳能、风能还具有季节性、随机性、间歇性等特点，因此，如何提高发电效率、降低发电成本并可靠运行，包含着极其丰富的科学和工程问题，它比常规能源发电复杂得多，要不断解决这些新能源发电的难题和主题，还需要几代人的艰苦努力。实践证明，只要政府正确引导，给予政策支持，扩大市场需求，这些难题将被逐步克服，从本世纪开始，一个个更为清洁、安全、和平和幸福的新能源世纪即将来临。

上海交通大学校长、教授　谢绳武

前言

为保证人类稳定、持久的能源供应，必须优化现存的以资源有限、不可再生的化石能源为基础的世界能源结构，建立资源无限、可以再生、多样化的新的能源结构，走经济社会可持续发展之路。

人类只有一个地球。日益剧增的化石能源的大量耗用，使人类生存的生态环境遭到破坏，严重威胁着人类的安全和生存。为了保护人类赖以生存的地球的生态环境，必须采取措施减少化石能源的耗用，大力开发利用清洁、干净的新能源和可再生能源，走与生态环境和谐的绿色能源之路。

基于对上述两大能源战略原则的理解，为在我国更加广泛地开发利用新能源和可再生能源，我们编写了本书，以期对我国新能源和可再生能源的研究开发、推广应用、工程建设、人才培养和科学普及等有所裨益。

本书由王长贵、崔容强、周篁主编，第一章、第六章、第七章由王长贵编写，第二章由崔容强、孟凡英、周之斌、赵春江编写，参与第二章编写工作的还有徐林、陈凤翔、陈东、刘梅苍、丁尔峰等，第三章由刘鉴民编写，第四章由杜朝辉、徐佩珍、胡传玉编写，第五章由王经编写，第八章由曹广益、朱新坚编写。

由于水平所限，本书定有疏漏和不足，欢迎读者批评指正。

编　者

2003年6月

目录

新能源发电技术

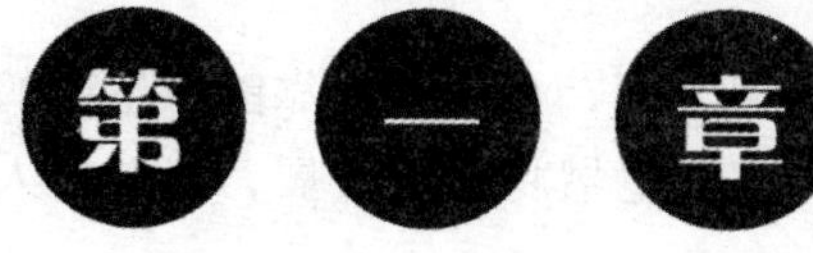

概　述

第一节　能源含义、分类及历史演变

一、能源的重要性

能源是国民经济发展和人民生活所必需的重要物质基础，对社会、经济发展和提高人民物质文化生活水平极为重要。现代社会的生产和生活，依赖于能源的大量消费。要实现把中国建设成为社会主义现代化国家的战略目标，能源是重要的物质条件，因此，在中国的社会主义现代化建设中，必须充分重视能源问题。

能源在现代工业生产中占有重要地位。从技术上来说，现代工业生产有 3 项不可缺少的物质条件：一是原料和材料，二是能源，三是机器设备。任何机器进行生产，都必须有足够的能源供应作保证。现代工业生产离开了能源，机器设备就不能运转，生产就将停止。

能源和现代化农业的关系十分密切。在现代化的农业生产中，耕种、灌溉、收割、脱粒、烘干、贮藏、运输等环节都要直接消耗能源；使用化肥、农药、除草剂需要间接消耗能源。随着中国农业机械化、电气化的发展，农业生产对能源的需求量将日益增加，能源工业的发展水平将直接影响农业生产的发展。

现代化的交通运输工具更离不了能源。没有煤炭、石油和电力的供应，无论是火车、汽车，还是飞机、轮船，都无法行驶。现代的交通运输也是以强大的能源工业作为基础的。

能源在国防建设中具有重要作用。汽车、装甲车、坦克、舰艇等摩托化、机械化的武器离不开石油；喷气式飞机、火箭、导弹等新式武器在使用中要消耗大量石油制品和其他燃料。实现国防现代化必须依靠发达的能源工业。

人民日常生活和公用事业也要消耗大量能源。在我们的日常生活中，从照明、取暖、做饭，到听广播、看电视，样样都离不开能源。至于吃、穿、用、住、行等各方面，也都是依靠能源生产的。随着人民生活水平的提高，煤气的使用量将不断增加，家用电器将迅速发展，能源在人民生活和公用事业中的作用将越来越重要。

当代社会最广泛使用的能源是煤炭、石油、天然气和水力，特别是石油和天然气的消耗量增长迅速，已占全世界能源消费总量的60%左右。但是，石油和天然气的储量是有限的，许多专家预言，石油和天然气资源将在40年、最多50~60年内被耗尽。煤炭资源虽然远比石油和天然气资源丰富，但是直接应用煤炭严重污染环境，因此亟需研究把煤炭转化成为气体或液体燃料的技术。看来，人类如不及早采取对策，在不远的将来会面临一场全面的能源危机，这是当前人类面对的一项重大挑战。

为了保证大规模的能源供应，当前世界各国都在制订规划、采取措施、组织力量、增加投资，大力开发太阳能 、风能、生物质能、地热能、海洋能以及核聚变能等新能源技术，力争在不太长的时间内，将目前的以化石能源为基础的常规能源系统，逐步过渡到持久的、多样化的、可以再生的新能源系统。只要应用现代科学技术，广泛开发利用新能源，大力提高能源利用效率，采取合理的能源政策，完全可以避免能源危机的出现。

人类已经进入21世纪,21世纪将是一个知识经济的时代。我们应把开发利用新能源技术作为以信息技术为核心的新科技革命的重要内容和重要技术支柱,高度重视,大力发展。

二、能源的含义及其分类

我们把能量的来源称为能源，它是能够为人类提供某种形式能量的自然资源及其转化物。换言之，自然界在一定条件下能够提供机械能、热能、电能、化学能等某种形式能量的自然资源叫做能源。

能源的种类很多。它的分类方法也很多。

(1) 按照能源的生成方式可分为一次能源和二次能源。一次能源，又叫做自然能源。它是自然界中以天然形态存在的能源，是直接来自自然界而未经人们加工转换的能源。煤炭、石油、天然气、水能、太阳能、风能、生物质能、海洋能、地热能等都是一次能源。一次能源在未被人类开发以前，处于自然赋存状态时，叫做能源资源。世界各国的能源产量和消费量，一般均指一次能源而言。为了便于比较和计算，习惯上把各种一次能源均折合为“标准煤”或“油当量”，作为各种能源的统一计量单位。二次能源是人们由一次能源转换成符合人们使用要求的能量形式。电能、汽油、柴油、焦炭、煤气、蒸汽、氢能等都是二次能源。一次能源只在少数情况下以它原始的形式为人类服务，更多情况下则要根据不同的目的进行加工，转换成便于使用的二次能源，以满足需要，或提高能源的使用效率。随着科学技术的发展和社会的现代化，在整个能源消费系统中，二次能源所占的比重将日益增大。

(2) 按照各种能源在当代人类社会经济生活中的地位，人们还常常把能源分为常规能源和新能源两大类。技术上比较成熟，已被人类广泛利用，在生产和生活中起着重要作用的能源，称为常规能源。例如煤炭、石油、天然气、水能和核裂变能等。目前世界能源的消费几乎全靠这5大能源来供应。在今后一个相当长的时期内，它们仍将担任世界能源舞台上的主角。目前尚未被人类大规模利用，还有待进一步研究试验与开发利用的能源，称为新能源。例如太阳能、风能、地热能、海洋能及核聚变能等。所谓新能源，是相对而言的。现在的常规能源在过去也曾是新能源，今天的新能源将来也会成为常规能源。

（3）一次能源还可以按照其是否能够再生而循环使用，分为可再生能源和非再生能源。所谓可再生能源，就是不会随着它本身的转化或人类的利用而日益减少的能源，具有自然的恢复能力。如太阳能、风能、水能、生物质能、海洋能以及地热能等，都是可再生能源。而化石燃料和核燃料则不然，它们经过亿万年形成而在短期内无法恢复再生，随着人类的利用而越来越少。我们把这些随着人类的利用而逐渐减少的能源称为非再生能源。

（4）一次能源又可以按照其来源的不同，分为来自地球以外天体的能源、来自地球内部的能源和地球与其他天体相互作用产生的能源3大类。来自地球以外天体的能源，主要是指太阳辐射能。各种植物通过光合作用把太阳能转变为化学能，在植物体内贮存下来。这部分能量为动物和人类的生存提供了能源。地球上的煤炭、石油、天然气等化石燃料，是由古代埋藏在地下的动植物经过漫长的地质年代而形成的，所以化石燃料实质上是贮存下来的太阳能。太阳能、风能、水能、海水温差能、海洋波浪能以及生物质能等，也都直接或间接来自太阳。来自地球内部的能源，主要是指地下热水、地下蒸汽、岩浆等地热能和铀、钍等核燃料所具有的核能。地球与其他天体相互作用产生的能源，主要是指由于地球和月亮以及太阳之间的引力作用造成的海水有规律的涨落而形成的潮汐能。

为了一目了然，可绘成各种能源的分类表，如表1-1所示。

表1-1　　能源分类表

类别		来自地球内部的能源	来自地球以外的能源								地球与其他天体相互作用产生的能源
一次能源	可再生能源	地热能	太阳能	风能	水能	生物质能	海水温差能	海水盐差能	海洋波浪能	海(湖)流能	潮汐能
	非再生能源	核能	煤炭		石油		天然气		油页岩		……
二次能源	焦炭	煤气	电力	氢	蒸汽	酒精	汽油	柴油	煤油	重油	液化气	电石

为满足人类社会可持续发展对能源的需要，防止和减轻大量燃用化石能源对环境造成的严重污染和生态破坏，近年来世界各国政府和能源界、环保界等均大声疾呼：必须走可持续发展的能源道路，即清洁能源道路。清洁能源可分为狭义和广义两大类。狭义的清洁能源仅指可再生能源，包括水能、生物质能、太阳能、风能、地热能和海洋能等，它们消耗之后可以得到恢复补充，不产生或很少产生污染物，所以可再生能源被认为是未来能源结构的基础。广义的清洁能源是指在能源的生产、产品化及其消费过程中，对生态环境尽可能低污染或无污染的能源，包括低污染的天然气等化石能源、利用洁净能源技术处理的

洁净煤和洁净油等化石能源、可再生能源和核能等。在未来人类社会的科学技术达到相当高的水平并具备了相应的经济支撑力的情况下，狭义的清洁能源是最为理想的能源。但在最近几十年甚至半个世纪内，广义的清洁能源对于人类社会更为现实，这是因为可再生能源的大规模利用尚需有技术上的重大突破和成本价格上的大幅度降低。

三、人类利用能源的历史演变

随着生产的发展和科学技术的进步，人类利用能源的范围在逐步扩大。人类对能源的利用，有一个漫长的历史发展过程。从原始人的茹毛饮血、穴居野外的生活，发展到现代社会高度发达的物质文明与精神文明，对能源利用范围的扩大与结构的变化起了重要的作用。

在历史上，人类社会已经经历了3个能源时期，即柴草时期、煤炭时期和石油时期。

（一）柴草时期

史前的人类，依靠采集植物和猎取动物取得能量，以满足自身生存和繁衍的基本需要。火的发现是人类史上自觉地利用能源的开端，人类学会了用火，才实现了人类利用能源历史上的第一次大突破。有了火，人们开始利用枯枝、杂草等燃料烧煮食物和取暖、照明。以后，人们逐渐把火用于熔炼金属、烧制陶器、加工各种工具和物件等方面，作为燃料的柴草消费量不断增加。火的发现和柴草的使用，为人类从游牧生活向定居生活过渡创造了条件，推动了农牧业的发展，导致了集镇的兴起，开拓了人类物质文化生活的新局面。

早期的人类社会，生产活动的主要动力是人力。以后，才逐渐从单纯依靠人力扩大到使用畜力。用牲畜耕作和运输，是人类从自然界获取动力的开端。后来，人们寻求并发现了风力和水力。最初是利用风帆和水流推动船舶、漂移木筏。风车和水车则是早期的动力机械，用来灌溉、排水、碾米、磨面，以及带动其他机械从事生产。

在漫长的岁月里，人类一直以柴草作为能量的主要来源，而辅之以水力、风力和畜力。由于在能源利用上没有什么新的突破，因而几千年来人类社会的进步也不大。

从世界范围来说，在19世纪末以前，许多国家都处于柴草时期。1860年，在世界能源消费中，薪柴和农作物秸秆占世界能源总消费量的73.8%，而煤炭仅占25.3%。

（二）煤炭时期

18世纪70年代，英国人瓦特发明了蒸汽机，首次完成了热能向机械能的转换，为工业的发展提供了原动力。蒸汽机的应用需要大量的燃料，仅仅依靠柴草是远远不足的，于是，人类开始广泛利用煤炭。蒸汽机的应用使工场手工业逐渐解体，促进了大工业的发展，形成了纺织、钢铁、机械、化学、煤炭等工业体系，扩大了城市的规模，使社会劳动生产率得到了极大地提高。煤炭发热量高、使用方便，它的大量使用，促进了蒸汽机的广泛应用，形成了“蒸汽机时代”，有力地推进了由英国产业革命为先导的工业大发展，推动了资本主义社会的发展，使人类进入了机械化时代。

1881年，美国人爱迪生建成了世界上第一个发电站，同时还研制成功了实用的发电机和电灯。从这时开始，在各个领域中，电力被广泛应用，人类社会进入了“电气化时代”。在1860～1910年的半个世纪里，煤炭的消费总量增加了37.3倍，由占全世界能源总消费量的25.3%增长到63.5%，而柴草却由占73.8%下降为31.7%。

（三）石油时期

从20世纪60年代开始到20世纪70年代末，石油和天然气逐渐取代煤炭，在世界能源消费构成中占居主要地位。

石油是一种热值高、灰分少、使用方便、易于运输的优质化石能源。19世纪中叶，大油田的发现开拓了能源利用的一个新时期。尤其是20世纪50年代初，首先在美国，而后在中东、北非等地区，相继发现了巨大的油田和气田，国际石油公司投入大量资金进行大规模的开采，大量石油涌入国际市场。于是，以工业发达国家为首的许多国家的能源消费结构逐渐由煤炭向石油和天然气转换。到了20世纪50年代中期，世界石油和天然气的消费量已经开始超过煤炭，成为世界能源供应的主力。这是继柴草向煤炭转换之后，能源结构演变的又一个重要里程碑，它对促进世界经济的繁荣和发达起到了重要作用。20世纪世界能源消费构成的变化情况如表1-2所示。

表1-2　　20世纪世界能源消费构成

年　份	能源消费量（亿t标准煤）	能源消费构成（%）			
		煤　炭	石　油	天然气	水力及核能
1900	7.75	95.0	4.0	—	1.0
1950	26.64	59.3	29.8	9.3	1.6
1960	42.33	48.9	35.8	13.4	1.9
1973	84.48	28.0	48.1	21.4	2.5
1975	85.70	29.1	46.1	21.9	2.9
1978	87.55	32.0	45.2	19.9	2.9
1990	114.76	27.3	38.6	21.7	12.4
1996	119.72	26.9	39.6	23.5	10.0
1997	121.56	27.0	39.9	23.2	9.9
1998	121.11	26.2	40.0	23.8	10.0

四、常规能源向新能源的过渡

从上面的历史回顾中可以看到，从钻木取火到利用原子能，人们一直在为获得新的能源而努力。

1973年，西方世界爆发的石油危机（也叫能源危机）震撼了全世界，它宣告了石油时代的结束，预示着一场新的能源变革将要来临。从此，能源结构的演变进入了一个过渡时期。当前，新科技革命在能源领域中变革的主要特征是：正在趋于枯竭的、非再生的、在消费过程中产生污染和公害的化石能源，将逐步被可再生的、储量丰富的、无污染和公害的各种可再生的新能源所代替。但是，要摆脱化石燃料绝非轻而易举，将是一个漫长的过程。世界有名的学术组织——国际应用系统分析研究所于1981年5月发表的题为《有限世界的能源》的研究报告中指出："从全球观点来说，一项新能源技术代替另一项能源技术，需要很长时间；期望世界能源系统的转变在不到50年之内出现，是不可想像的。"该报告的结论是：一次世界性能源替换，将需要100年的时间。当然，在今后几十年内，随着以信息技术为核心的新科技革命的影响和新能源开发利用技术的不断发展和成熟，能源替换的时间将有可能缩短，但依然不会短于半个世纪。

过渡期能源结构演变的主要特点是：由以石油、天然气为中心，逐步向比较丰富的煤炭、核能以及太阳能等可再生能源的方向转变，重点是寻求石油、天然气的替代能源，建立一个持久的、可再生的、干净的能源体系，从而更好地满足人类在21世纪的能源需要。由石油向煤炭转变，要比由煤炭向石油转变困难得多。这是因为：第一，煤炭是固体燃料，它的运输、贮存、使用条件都远不如流体石油优越，要改变已经形成的油气供应利用系统是相当困难的。第二，煤炭的物理、化学特性决定了其不如石油、天然气受欢迎，它热值低、灰分高，并远不如石油和天燃气（特别是天然气）干净。第三，太阳能等新能源的开发利用技术，要比石油、天然气的开发利用技术复杂得多，难度亦大。因此，这个过渡期的能源变革，要经历相当艰难的历程，需要很长的时间，人们将要为此付出很大的代价，做出巨大的努力。

第二节　中国能源现状、问题与对策

一、中国能源现状

1949年新中国成立时，全国一次能源的生产总量仅为2374万t标准煤，居世界第10位。经过建国初期的经济恢复，到1953年，一次能源的生产总量和消费总量分别发展为5200万t标准煤和5400万t标准煤，与建国初期相比翻了一番。随着经济建设的展开，中国的能源工业得到迅速发展。到1980年，一次能源的生产总量和消费总量，分别达到6.37亿t标准煤和6.03亿t标准煤，与1953年相比，分别平均年增长9.7%和9.3%。

改革开放以来，中国的能源工业无论是在数量上还是在质量上，均取得了巨大的发展和空前的进步。1998年中国一次能源的生产总量和消费总量分别达到12.4亿t标准煤和13.6亿t标准煤，均居世界第3位。2000年中国一次能源的产量为10.9亿t标准煤，其构成为：原煤99800万t，占67.2%；原油16300万t，占21.4%；天然气277.3亿m^3，占3.4%；水电2224亿kWh，占8%。

综上所述，在进入21世纪之际，中国已拥有世界第3位的能源系统，成为世界能源大国。

二、中国能源存在的问题

中国能源取得了巨大成就，但也应清醒地看到，中国能源还存在许多重大问题需要采取有力措施加以解决。

(1) 人均能耗低。中国能源消费总量巨大，超过俄罗斯，仅次于美国，居世界第2位。但由于人口过多，人均能耗水平却很低。1997年，全国一次能源生产总量为13.34亿t标准煤，而人均能源消费量仅为1.16t标准煤，人均电量仅为893kWh，不到世界人均能源消费量2.4t标准煤的一半，居世界第89位。而北美人均能源消费量竟超过10t标准煤，欧洲和独联体人均能源消费量都在5t标准煤上下。

从世界范围来看，经济越发达，能源消费量越大。21世纪中叶，中国要实现经济社会发展的第三步战略目标，国民经济达到中等发达国家水平，人均能源消费量必将有很大的发展。预计，到2050年人均能源消费量将达到2.38t标准煤，相当于目前的世界平均值，仍远远低于目前发达国家的水平。届时，按人口总数为14.5亿~15.8亿计，一次能源的总需要量将达34.51亿~37.60亿t标准煤，约为目前美国能源消费总量的1.5~2.0

倍，约占届时世界一次能源消费总量的15%～20%。可见，从数量上来看，这将是对中国能源的巨大挑战。

（2）人均能源资源不足。中国地大物博、资源丰富，自然资源总量排名世界第7位，拥有能源资源总量约4万亿t标准煤，居世界第3位。其中，煤炭保有储量为10024.9亿t，精查可采储量为893亿t；石油资源量为930亿t，天然气资源量为38万亿m^3，现已探明的石油和天然气储量仅分别占全部资源量的约20%和约3%；水力可开发装机容量为3.78亿kW，居世界首位。但由于中国人口众多，因而人均资源占有量却相对匮乏。中国人口约占世界人口总数的20%，而已探明的煤炭储量仅约占世界储量的11%，原油仅约占2.4%，天然气仅约占1.2%。中国人均资源占有量不到世界平均水平的1/2，特别是石油仅为11%、天然气仅为4%。可见，人均能源资源相对不足是中国经济社会可持续发展的一大限制因素，是21世纪中国能源面临的又一巨大挑战。

（3）能源效率低。按照联合国欧洲经济委员会（ECE）提出的“能源效率评价和计算方法”，能源系统的总效率由开采效率（能源储量的采收率）、中间环节效率（包括加工转换效率和贮运效率）及终端利用效率（即终端用户得到的有用能与过程开始时输入的能量之比）3部分组成。据中国专家测算，中国1992年的能源系统总效率为9.3%，其中开采效率为32%，中国环节效率为70%，终端利用效率为41%。中间环节效率与终端利用效率的乘积，通常称为能源效率。中国1992年的能源效率为29%，约比国际先进水平低10个百分点。终端利用效率也约比国际先进水平低10个百分点。

（4）以煤为主的能源结构亟待调整。2000年中国一次能源的生产结构为：煤炭占67.2%，原油占21.40%，天然气占3.4%，水电占8.0%。同年，中国一次能源的消费结构为：煤炭占67%，原油占23.6%，天然气占2.5%，水电和核电占6.9%。这种过多使用煤炭、以煤为主的能源结构，必然带来效率低、运量大、效益差、环境污染严重的后果，急需采取有力措施加以调整。

1）大量燃煤严重污染环境。中国煤炭消费量占世界煤炭消费总量的27%，是全世界少数几个以煤炭为主的能源消费大国。煤炭燃烧所产生的温室气体的排放量比燃烧同热值的天然气高61%，比燃油高36%。1999年，在中国排放的CO_2中含有6.19亿t碳，居世界第2位，其中85%是由燃煤排放的。2000年，我国排放SO_2 1995万t，居世界第1位，其中90%是由燃煤排放的；排放烟尘1165万t，其中70%是由煤炭等能源开发利用排放的。由于煤炭和其他能源利用等污染源大量排放环境污染物，造成全国有57%的城市颗粒物超过国家限制值；有48个城市的SO_2超过国家二级排放标准；有82%的城市出现过酸雨，面积已达国土面积的30%；许多城市的氮氧化物有增无减，其中北京、广州、乌鲁木齐和鞍山等城市超过国家二级排放标准。由于污染引起的SO_2和酸雨所造成的经济损失约占全国GDP的2%。

2）大量用煤导致能源效率低下。中国能源效率比国际先进水平低10个百分点，主要耗能产品单位能耗比发达国家高12%～55%，这一现象与以煤为主的能源结构有密切关系。这是因为以煤为燃料的中间转换装置效率低，它低于以液体和气体作为燃料的中间转换装置的效率。一般来说，以煤为主的能源结构的能源效率比以油气为主的能源结构的能源效率约低8~10个百分点。

3）交通运输压力巨大。中国煤炭生产基地远离消费中心，形成了西煤东运、北煤南运、煤炭出关的强大煤流，不仅运量大，而且运距长。历年煤炭运量占铁路运量的40%以上，沿海和长江中下游水运量中煤炭约占1/3。山西北部的煤炭要运到上海，运输距离达2000km以上；而要运到广州，运输距离竟达3300km以上。大量使用煤炭给中国的交通运输带来的压力十分巨大。

（5）能源供应安全问题提到议事日程上来。中国未来能源供应安全问题，主要是石油和天然气的可靠供应问题。从1993年起，中国已成为石油净进口国；从1996年起，中国已成为原油净进口国，到2000年，原油进口量已达6960万t，而且，这种趋势仍在逐年增大。预计到2010年，中国的石油进口依存度（净进口量占消费量的比重）将达到30%，2020年将进一步上升到40%。预计到2010年和2020年，中国的天然气进口依存度将分别达到15%和25%。

三、中国能源发展对策

针对上述问题，中国能源的中长期发展应采取如下对策。

（1）坚持实行能源节约战略方针。提高能源利用效率是确保中国中长期能源供需平衡的基本措施。中国人口基数大，到21世纪中叶将超过15亿人，无论是从国内能源资源保证量考虑，还是从世界能源资源可获得量考虑，只有创造比目前工业化国家更高的能源利用效率，方可能做到在有限的资源保证下，实现经济高速增长和达到中等发达国家人均水平的目标，仅靠增加能源供应量无法确保能源供需平衡。因此，在中国的能源发展战略中，要把提高能源利用效率做为基本出发点，坚持实行能源节约战略方针，以广义节能为基础，以工业节能和石油节约为重点，依靠技术进步，提高能源利用效率。

大量调查研究和案例分析表明，中国的节能潜力巨大。如采用国际先进工艺技术和设备代替现在采用的落后工艺技术和设备，节能潜力可达全国目前能源消费量的50%左右；如采用国内已有的先进工艺技术和设备取代现在采用的落后工艺技术和设备，节能潜力可达全国目前能源消费量的约30%。

（2）大力优化能源结构。目前世界上大多数国家的能源结构以油气为主。1950年，煤炭在世界能源结构中占59.3%，1970年这一比例下降为30.5%，1996年进一步下降到26.93%。在1999年的世界一次能源结构中，石油占39.9%，天然气占23.2%，两者共占63.1%，此外，核电占7.3%，水电占2.6%，而煤炭仅占27%。从世界各国的发展看，工业化国家均采取以油气为主的能源路线，逐步减少固体燃料的比例，以达到提高能源利用效率、降低能源系统成本、减轻环境污染、改善能源服务质量的目的。

由于自身资源特点、经济发展水平和历史等因素，中国一直保持着以煤炭为主要能源的能源结构。随着能源消费量的日益增大，这种能源结构的弊端日益明显和突出，应采取有力措施加以改变。但同时也要清醒地看到，要改变中国以煤炭为主要能源的能源结构，绝非短期可以办到的，需要几十年甚至更长的时间，需要采取多种措施来发展多种优质清洁的能源。

（3）积极发展洁净煤技术，即使大力推行能源优质化、多样化，煤炭在未来几十年内

仍将是中国的主要能源。因此，积极发展洁净煤技术，努力降低燃煤对于环境的污染，应成为中国能源发展的重大措施之一。在近期，应把国内业已商业化或有条件商业化的洁净煤技术纳入经济社会发展规划，并加以积极提倡和大力推广，如扩大原煤入洗比例、提高型煤普及率、推广水煤浆的应用等。对于中长期发展，则应采取措施大大减少煤炭在终端的直接利用，提高煤炭转换为电力和气体、液体燃料的比重，积极发展洁净煤燃烧技术等。

(4) 大力开发利用新能源与可再生能源。近年来，世界新能源与可再生能源发展飞速，技术上逐步成熟，经济上也逐步为人们所接受。专家预测，不论是在技术上，还是在经济性上，新能源与可再生能源的开发和利用，在几十年内将会有大的突破。欧洲一些国家计划，在2010年使新能源与可再生能源在一次能源中的比重达到10%~15%。中国在《新能源和可再生能源发展纲要（1996~2010）》中提出：到2000年，全国新能源与可再生能源的开发利用总量达到29800万t标准煤，到2010年，达到39000万t标准煤。

为加快新能源与可再生能源的发展，国家应加大研究开发和实现产业化生产的资金投入，并应采取减免税收、价格补贴以及贷款优惠等一系列激励政策。

(5) 采取措施保证能源供应安全。为保证能源供应安全、降低进口风险，应采取如下一些措施：

1) 实行油气产品进口的多元化、多边化和多途径方案。

2) 逐步建立起国家和地区的石油储备。

3) 努力发展石油替代产品。

第二节　中国新能源与可再生能源现状与前景

一、新能源与可再生能源含义和分类

新能源与可再生能源的含义，在中国是指除常规化石能源和大中型水力发电、核裂变发电之外的生物质能、太阳能、风能、小水电、地热能以及海洋能等一次能源。这些能源资源丰富、可以再生、清洁干净，是最有前景的替代能源，将成为未来世界能源的基石。

(1) 生物质能。生物质能是蕴藏在生物质中的能量，是绿色植物通过叶绿素将太阳能转化为化学能而贮存在生物质内部的能量。有机物中除矿物燃料以外的所有来源于动植物的能源物质均属于生物质能，通常包括木材及森林废弃物、农业废弃物、水生植物、油料植物、城市和工业有机废弃物以及动物粪便等。

生物质能的利用主要有直接燃烧、热化学转换和生物化学转换3种途径。生物质直接燃烧在今后相当长的时间内仍将是中国农村生物质能利用的主要方式。因此，改造热效率仅为10%左右的传统烧柴灶，推广热效率可达20%~30%的节柴灶这种技术简单、易于推广、效益明显的节能措施，被国家列为农村能源建设的重点任务之一。生物质的热化学转换，是指在一定温度和条件下，使生物质气化、炭化、热解和催化液化，以生产气态燃料、液态燃料和化学物质的技术。生物质的生物化学转换，包括生物质—沼气转换和生物

质—乙醇转换等方式。沼气转换是指有机物质在厌氧环境中，通过微生物发酵产生一种以甲烷为主要成分的可燃性混合气体即沼气。乙醇转换是指利用糖质、淀粉和纤维素等原料发酵制成乙醇。

(2) 太阳能。太阳能的转换和利用方式有光—热转换、光—电转换和光—化学转换等。接收或聚集太阳能使之转换为热能，然后用于生产和生活的一些方面，是光—热转换即太阳能光热利用的基本方式。太阳热水系统是太阳能热利用的主要形式。它是一种利用太阳能将水加热并储于水箱中以便利用的装置。太阳能产生的热能可以广泛应用于采暖、制冷、干燥、蒸馏、温室、烹饪以及工农业生产等各个领域，并可进行太阳能热发电。利用光生伏打效应原理制成的太阳能电池，可将太阳的光能直接转换成为电能，称为光—电转换，即太阳能光电利用。光—化学转换目前尚处于研究开发阶段，这种转换技术包括半导体电极产生电而电解水产生氢、利用氢氧化钙或金属氢化物热分解储能等内容。

(3) 风能。风能是指太阳辐射造成地球各部分受热不均匀，引起各地温差和气压不同，导致空气运动而产生的能量。利用风力机可将风能转换成电能、机械能和热能等。风能利用的主要形式有风力发电、风力提水、风力致热以及风帆助航等。

(4) 小水电。所谓小水电，通常是指小水电站及与其相配套的小电网的统称。在1980年联合国召开的第二次国际小水电会议上，确定了以下3种小水电站容量范围：小型水电站（Small），1001～12000kW；小小型水电站（Mini），101～1000kW；微型水电站（Micro），100kW以下。按照中国国家计委规定，水电站总容量在5万kW以下的为小型水电站；5万～25万kW的为中型水电站；25万kW以上的为大型水电站。在中国，自20世纪70年代以来，小水电一般是指单站容量在12000kW以下的小水电站及其配套小电网。但随着国民经济的发展，小水电的容量范围已向单站50000kW发展。目前中国农村村级以下办的小水电，多数属于容量为100kW左右的微型水电站。小水电的开发方式，按照集中水头的办法，可分为引水式、堤坝式和混合式3类。

(5) 地热能。地热资源是指在当前技术经济和地质环境条件下，地壳内能够科学、合理地开发出来的岩石中的热能量和地热流体中的热能量及其伴生的有用组分。地热资源，按赋存形式可分为水热型（又分为干蒸汽型、湿蒸汽型和热水型）、地压型、干热岩型和岩浆型4大类；按温度高低可分为高温型（>150℃）、中温型（90～149℃）和低温型（<89℃）。地热能的利用方式主要有地热发电和地热直接利用两大类。不同品质的地热能可用于不同的目的。流体温度为200～400℃的地热能，主要可用于发电和综合利用；150～200℃的地热能，主要可用于发电、工业热加工、工业干燥和制冷；100～150℃的地热能，主要可用于采暖、工业干燥、脱水加工、回收盐类和双循环发电系统；50～100℃的地热能，主要可用于温室、采暖、家用热水、工业干燥和制冷；20～50℃的地热能，主要用于洗浴、养殖、种植和医疗等。

(6) 海洋能。海洋能是指蕴藏在海洋中的可再生能源，它包括潮汐能、波浪能、海流能、潮流能、海水温差能和海水盐差能等不同的能源形态。海洋能按储存的能量形式，可分为机械能、热能和化学能。潮汐能、波浪能、海流能和潮流能为机械能，海水温差能为热能，海水盐差能为化学能。海洋能技术是指将海洋能转换成为电能或机械能的技术。

二、发展新能源与可再生能源的重大战略意义

不论是从经济社会走可持续发展之路和保护人类赖以生存的地球的生态环境的高度来审视，还是从为世界20多亿无电、缺能人口和特殊用途解决现实的能源供应问题出发，发展新能源与可再生能源均有重大战略意义。

（1）新能源与可再生能源是人类社会未来能源的基石，是目前大量燃用的化石能源的替代能源。

在当今的世界能源结构中，人类所利用的能源主要是不可再生的石油、天然气和煤炭等化石能源。在1997年，世界一次能源消费构成中，石油占39.9%，天然气占23.2%，煤炭占27%，三者合计高达90.1%。随着经济的发展、人口的增加以及社会生活水平的提高，预计未来世界能源消费量将以每年3%的速度增长。到2020年，世界一次能源消费总量将由1997年的121.56亿t标准煤增加到200亿~250亿t标准煤。截至1996年末，世界石油、天然气和煤炭的可采储量为1.3万亿t油当量，其中石油和天然气约占1/5，煤炭约占4/5。尽管今后还会有新的能源资源被发现，但按目前的世界能源探明储量和消费量计，这些能源资源仅可供全世界大约消费172年。根据目前国际上通行的能源预测方法，石油资源将在40年内枯竭，天然气资源将在60年内用光，煤炭资源也只能使用220年。

中国拥有居世界第1位的水能资源，居世界第2位的煤炭探明储量，居世界第11位的石油探明可采储量。到1990年底，中国已探明的能源资源总量为1551亿t标准煤，其中煤炭占52.6%，水能占43.33%，石油占3.03%，天然气占0.96%；为世界已探明能源资源总量的10.7%，其中煤炭探明储量约占世界的11%，石油约占2.4%，天然气约占1.2%。但由于中国人口众多、人均能源资源严重不足，人均能源资源探明储量只有135t标准煤，仅相当于世界人均拥有量（264t标准煤）的51%。其中煤炭人均探明储量为147t，为世界人均值（208t）的70%；石油人均探明储量2.9t，为世界人均值的11%；天然气人均探明储量为世界人均值的4%；即使是水能资源，按人口平均，也低于世界人均值。如果中国人口总数到2050年达到15亿，届时一次能源的需求量将为30亿~37.5亿t油当量，约为目前美国能源消费总量的1.5~2.0倍，为届时世界一次能源消费总量的16%~22%，十分巨大。由以上分析可见，在人类开发利用能源的历史长河中，以石油、天然气和煤炭等化石能源为主的时期，仅是一个不太长的阶段，它们终将走向枯竭，而被新的能源所取代。人类必须未雨绸缪，及早寻求新的替代能源。研究和实践证明，新能源与可再生能源资源丰富、分布广泛、可以再生且不污染环境，是国际社会公认的理想替代能源。根据国际权威机构的预测，到21世纪60年代，即2060年，全球新能源与可再生能源的比例，将会发展到占世界能源构成的50%以上，成为人类社会未来能源的基石、世界能源舞台的主角，是目前大量燃用的化石能源的替代能源。

（2）新能源与可再生能源清洁干净、污染物排放很少，是与人类赖以生存的地球的生态环境相协调的清洁能源。

化石能源的大量开发利用是造成大气和其他类型环境污染与生态破坏的主要原因之一。如何在开发和使用能源的同时，保护好人类赖以生存的地球的生态与环境，已经成为一个全球性的重大问题。目前，世界各国都在纷纷采取提高能源效率和改善能源结构的措施，以解决这一与能源消费密切相关的重大环境问题。这就是所谓的能源效率革命和清洁能源革命，也就是我们通常所说的节约能源和发展清洁干净的新能源与可再生能源。

全球气候变化是当前国际社会普遍关注的重大环境问题，这一问题主要是发达国家在其工业化过程中燃烧大量化石燃料产生的CO_2等温室气体排放所造成的。因此，限制和减少化石燃料燃烧产生的CO_2等温室气体的排放，已成为国际社会减缓全球气候变化的重要组成部分。

自工业革命以来，约80%的温室气体造成的附加气候强迫是由于人类活动引起的，其中CO_2的作用占60%。可见，CO_2是大气中的主要温室气体类型，而化石燃料的燃烧是能源活动中CO_2的主要排放源。在1990年全世界一次能源消费量114.76亿t标准煤中，煤炭占27.3%，石油占38.6%，天然气占21.7%。据政府间气候变化专门委员会（IPCC）第一工作组1992年度工作报告报道，1990年全球化石燃料向大气排放了大约60亿~65亿t碳。据估算，中国能源活动引起的CO_2排放量约5.8亿t碳，约占全球化石燃料CO_2排放总量的9.76%。观测资料表明，在过去100年中，全球平均气温上升了0.3~0.6℃，全球海平面平均上升了10~25cm。如不对温室气体采取减排措施，在未来几十年内，全球平均气温每10年将升高0.2℃，到2100年，全球平均气温将升高1~3.5℃。

中国的能源开发利用对于环境造成的污染非常严重。中国煤炭消费量占世界煤炭消费量的27%，是世界上少数几个以煤炭为主的能源消费大国。关于中国能源对环境影响的具体数据，本章前面已有介绍，不再重复。而新能源与可再生能源却排放很少的污染物，清洁干净。目前各种发电方式的碳排放率（g碳/kWh）为：煤发电为275，油发电为204，天然气发电为181，太阳能热发电为92，太阳能光伏发电为55，波浪发电为41，海洋温差发电为36，潮流发电为35，风力发电为20，地热发电为11，核能发电为8，水力发电为6。这些数据是将各种发电方式所用原料和燃料的开采和运输、发电设备的制造、电源及网架的建设、电源的运行发电以及维护保养和废弃物排放与处理等所有循环中消费的能源，按照各种发电方式在寿命期的发电量计算得出的。

由上述分析可见，新能源与可再生能源是保护人类赖以生存的地球生态环境的清洁能源；采用新能源与可再生能源逐渐减少和替代化石能源的使用，是保护生态环境、走经济社会可持续发展之路的重大措施。

（3）新能源与可再生能源是不发达国家20多亿无电、缺能人口和特殊用途解决供电、用能问题的现实能源。

迄今为止，世界上不发达国家还有20多亿人口尚未用上电，其中中国约占3000多万人。由于无电，这些人口大多仍然过着贫困落后、远离现代文明的日出而作、日落而息的生活。这些地方缺乏常规能源资源，但新能源与可再生能源资源丰富，并且人口稀少、用电负荷不大，因而发展新能源与可再生能源是解决其供电和用能问题的重要途径。

有些领域，如海上航标、高山气象站、地震测报台、森林火警监视站、光缆通信中继站、微波通信中继站、边防哨所、输油输气管道阴极保护站等，在无常规电源等特殊条件下，其供电电源采用新能源与可再生能源，不消耗化石燃料，并可采取无人值守的工作方式，最为先进、安全、可靠和经济。

三、中国新能源与可再生能源发展现状

中国政府对新能源与可再生能源的发展十分重视，已出台了相关法律法规和一系列方针政策、规章制度。在1995年颁布的《电力法》“总则”中明确提出，国家鼓励和支持利用可再生能源和清洁能源来发电。在该法第六章“农村电力建设和农业用电”中又进一步提出，农村利用太阳能、风能、地热能、生物质能和其他能源进行农村电力建设，增加农村电力供应，将得到国家的支持和鼓励。并在“电力发展”一节论述农村能源时强调了因地制宜地开发利用小水电、风能、太阳能、地热能和生物质能的重要性。1996年八届人大四次会议审议通过的《中华人民共和国国民经济和社会发展“九五”计划和2010年远景目标纲要》中，正式确立了“以电力为中心，以煤炭为基础，加强石油、天然气资源的勘探开发，积极发展新能源，改善能源结构”的能源发展方针和政策。在1998年颁布的《节约能源法》中再次肯定了可再生能源对于节能减排、改善环境的重要战略作用和地位。在1992年国务院批准的《中国环境发展十大对策》中明确提出，要“因地制宜地开发利用和推广太阳能、风能、地热能、生物质能等新能源”。在1994年国务院批准发布的《中国21世纪议程——中国21世纪人口、环境与发展白皮书》中强调，“可再生能源是未来能源结构的基础”，要“把开发可再生能源放到国家能源发展战略的优先地位”，“广泛开展节能和积极开发新能源和可再生能源”，并提出了相应的政策措施和近期优先实施的项目。1995年，国家计委、国家科委、国家经贸委又根据上述法律及方针、战略制定印发了《新能源和可再生能源发展纲要（1996~2010)》，通过计划组织安排落实。与此同时，国家和地方还制定并实施了一系列经济激励政策。这些政策，分别从财政补贴、科研经费投入、贴息和减息贷款、技改贷款、优惠价格和减免税收等方面，对小水电站建设、风力发电及沼气和生物质能技术推广、微型风力发电机组普及和家用太阳能光伏电源应用等新能源与可再生能源技术，给予积极地支持，取得了很好的效果。由于上述政策上的支持和经济上的激励，随着科学技术的进步与发展，中国新能源与可再生能源产业不断发展，并形成了一定的规模。从能量的观点看，目前中国新能源与可再生能源年提供的能源量，包括传统生物质能在内，2000年底已约达2.563亿t标准煤，其中生物质能传统利用2.191亿t标准煤，新可再生能源利用0.372亿t标准煤，成为现实能源系统中一个重要组成部分。新能源与可再生能源产业的形成和扩大，不仅意味着原有能源系统更新改造历程的开始，而且通过新能源与可再生能源的发展，还可为社会提供新的就业机会，并可带动相关产业的发展。粗略估计，现有的新能源与可再生能源产业，已为社会提供了100万~150万个就业机会，创造了数百亿元的产值，并且还为减轻能源开发利用对于环境的污染和生态的破坏做出了积极贡献。关于中国新能源与可再生能源发展现状，本书下面各章将分别介绍。中国新能源与可再生能源及其发电应用现状的综合介绍见表1-3。

表 1-3　　中国新能源与可再生能源及其发电应用现状

序号	能源类型	项　　目	应　用　现　状
1	小水电	小水电	到 1999 年底，全国已建成小水电站 43333 座，总装机容量 2348 万 kW，年发电 720 亿 kWh，居世界之首 到 2000 年底，全国共建成 4.8 万座小水电站，总装机容量 2480 万 kW，年发电 800 亿 kWh
2	太阳能	太阳热水器	到 2000 年底，全国太阳热水器保有量达 2600 万 m^2，是世界最大的太阳热水器产销国 2000 年全国产销太阳热水器 610 万 m^2，产值达 60 亿元
		太阳灶	到 2000 年底，全国太阳灶累计保有量达 33.2 万台，居世界第 1 位
		太阳房	到 2000 年底，全国已建成太阳房约达 1800 万 m^2
		太阳能电池	到 2000 年底，全国太阳能电池发电装置累计装机容量约达 20MW
3	风能	独立型风力发电机组	到 2000 年底，全国累计安装独立型风力发电机组约达 19.8 万台，总容量 5.28 万 kW
		并网型风力发电机组	到 2000 年底，全国已建成并网风力发电场 26 座，总装机容量 34.4335 万 kW
4	生物质能	家用沼气池	到 2000 年底，全国已累计推广家用沼气池 763.7 万个，产气 25.9 亿 m^3，居世界之首
		生活污水净化沼气池	到 2000 年底，全国已建成生活污水净化沼气池 49322 个
		大中型沼气工程	到 2000 年底，全国已建成大中型畜禽养殖场能源环境沼气工程 1000 多处，产气 10 亿 m^3
		秸秆气化	到 2000 年底，全国已建成秸秆气化集中供应点 388 处，产气 1.5 亿 m^3
		蔗渣发电	到 2000 年底，全国已建成蔗渣发电工程 800 多 MW
5	地热能	地热发电	到 2000 年底，全国已建成地热发电约 27.78MW，其中西藏羊八井地热电站装机 25.18MW
		地热直接利用	到 2000 年底，全国约有地热直接利用点 1300 多处，利用总量达 2443MW，其中利用量最大的是地热采暖，全国已营运的冬季地热供热系统的供热面积超过 1000 万 m^2
6	海洋能	潮汐发电	到 2000 年底，全国已建成潮汐电站 8 座、潮洪电站 1 座，总装机容量 10.65MW

四、中国新能源与可再生能源发展前景

中国的新能源与可再生能源，经过建国 50 多年来、特别是最近 30 多年来的发展，在技术水平、应用规模和产业建设上，均取得了重大进展，奠定了良好的基础，在国民经济建设中发挥了重要作用。从优化能源结构、保护生态环境、实施经济社会可持续发展战略的高度展望未来，中国新能源与可再生能源的发展前景美好，在 21 世纪前 20 年将有大的发展，到 21 世纪中叶将有可能逐步发展成为重要的替代能源。

（1）中国拥有丰富的新能源与可再生能源资源可供开发利用。经粗略估算，在现有科技水平下，中国太阳能、风能、生物质能和水能等一年可以获得的资源量大约可相当于 46 亿 t 标准煤，为 2000 年全国一次能源总消费量 12.8 亿 t 标准煤的 3.59 倍。但目前小水电资源只开发了约 1/3；太阳能的开发利用量还不到可开发量的 1‰；风能资源的开发利用量仅相当于可开发资源量的 9/10000；现代生物质能开发量只有 331 万 t 标准煤，仅相当于可开发利用资源量的 0.6%；地热能和海洋能的已开发利用量，相对于资源量来说，就更微不足道。

（2）中国对新能源与可再生能源的需求量巨大，市场广阔。中国是世界最大的发展中

国家，人口众多，工业化任务远未完成。国民经济建设的发展、人民生活水平的提高、社会各项事业的进步，必将对能源的供应提出更多、更高的要求。各方面的预测表明，21世纪中叶，新能源与可再生能源将成为中国能源供应的一支主力军。中国工程院主持进行的“中国可持续发展能源战略研究”课题估计，到2020年和2050年，可再生能源提供的能量将分别达到4.75亿t标准煤和6.19亿t标准煤，分别占一次能源需求总量的18%和23.1%。1998年国家计委能源研究所完成的“中国中长期能源战略研究”认为，到2020年和2030年，新能源与可再生能源将逐步发展成为重要的替代能源。

（3）中国新能源与可再生能源的发展适逢良好的市场机遇。近年来，随着经济改革的深入和能源工业的发展，常规能源供应紧缺的状况有所变化，但从总体消费水平上来说还是很低的，特别是广大农村地区，商品能源特别是优质能源如煤气、天然气和电力的供应处于短缺或较低的水平，无电人口不少，且短期内难以改变。这就为新能源与可再生能源的应用提供了良好的市场机遇。另一方面，随着能源价格体制的调整和价格的放开，常规能源的价格呈不断上扬的趋势。以1981～1996年为例，电力工业产品价格上涨了56%，平均年上涨9.8%；煤炭上涨171%，平均年上涨10.7%；石油制品上涨236.1%，平均年上涨14.7%。常规能源价格在不断上涨，而新能源与可再生能源却技术性能不断提高、经济性不断改善，因而市场竞争力不断增强，销量看好。

（4）市场巨大推动力将促进中国新能源与可再生能源的发展。改革开放以来，中国城乡居民的家庭收入迅速增加。到2001年底，全国城镇居民家庭人均可支配年收入由1992年的2026.6元增长为6859.6元；农村居民家庭人均年纯收入由789元增长为2366.4元。经济收入的增加，不仅增强了居民的经济购买能力和承受能力，而且增强了居民的消费欲望和信心，努力改善生活条件、营造舒适的生活环境，已成为他们的共同愿望。这就是太阳热水器、光伏小电源、微型风力机等新能源与可再生能源产品销量日增、倍受人们欢迎的原因。同时，人们环保意识的增强和国家对环保工作的重视，也大大推动了新能源与可再生能源市场的发展。

（5）国家计委关于中国新能源与可再生能源“十五”至2010年期间发展建设的初步设想提出了本着“提高经济运行质量和效益，加大结构调整力度”的方针，“十五”新能源与可再生能源发展的目标是：“提高转换效率，降低生产成本，增大在能源结构中所占比例；新技术、新工艺有大的突破，国内外已成熟技术要实现大规模、现代化的生产，形成比较完善的生产体系和服务体系；实际使用数量要达到3.9亿t标准煤以上（包括生物质能传统利用方式的利用量），为保护环境和国民经济持续发展做出贡献。”

（1）风能。小型风力机市场化；加速中大型风力机设计、制造国产化进程；发展风力发电控制和管理系统；加强和完善风电场的规划选点和勘察设计工作，建设若干个大型风电场。2000年和2010年全国风力发电装机容量分别达到30万～40万kW和100万～110万kW。

（2）太阳能。太阳能建筑、太阳热水器要形成规模化生产；降低太阳能电池成本，提高光电转换效率；大力推广应用小功率光伏电源系统；建立分散型和集中型联网光伏示范电站。到2010年，太阳能利用总量达到467万t标准煤。

（3）生物质能。薪炭林面积 2000 年和 2010 年分别达到 540 万公顷和 1340 万公顷；实现居民节煤灶具的商品化生产和销售，年节柴量达 1 亿 t 以上；发展生物质高品位利用能力，开展综合利用，提高效益，使全国沼气用户（包括集中供气户）2000 年和 2010 年分别达到 755 万户和 1235 万户，沼气供应量分别达到 22.6 亿 m^3 和 40 亿 m^3；生物质发电装机容量 2000 年和 2010 年分别超过 5 万 kW 和 30 万 kW。争取在“十五”期间秸秆气化示范工程达到 5000 个示范村规模。

（4）地热能。积极开发高温热储地区的地热资源，进一步扩大地热直接利用和发电规模，2000 年和 2010 年利用总量分别达到 88 万 t 标准煤和 151 万 t 标准煤。

（5）小水电。2010 年装机容量达到 2788 万 kW，发电量达到 1170 亿 kWh。

在“十五”期间，国家计委将继续以“乘风计划”、“光明工程”、“秸秆气化示范工程”和“百县农村能源综合建设”为主线，从宏观调控的角度出发，制订新能源与可再生能源的优惠政策，规范市场竞争行为，积极组织国际交流与合作，促进国产化，努力提高新能源与可再生能源在能源工业中的比重，改善中国的能源结构，为环境保护做出贡献。

综上所述，可以预言，在 21 世纪，中国的新能源与可再生能源将会有更大、更快的发展，为中国的现代化建设做出更大的贡献。

第二章

太阳能光伏发电技术

第一节 概述

太阳是地球永恒的能源，它以光辐射的形式每秒钟向太空发射约 3.8×10^{20} MW 能量，其中有22亿分之一投射到地球上。达到地球大气层外的太阳辐射能在 $132.8\sim141.8\text{mW/cm}^2$ 之间，被大气反射、散射和吸收之后，约有70%投射到地面。地球上一年中接收到的太阳辐射能高达 1.8×10^{18} kWh，是全球能耗的数万倍。

巨大的太阳能是地球上万物生长之源，除了其“永恒”和“巨大”之外，还具有“广泛性”、“分散性”、“随机性”、“间歇性”、“区域性”和“清洁性”等特点。在石油、天然气和核矿藏终将枯竭的今天，充分利用太阳能显然具有持续供能和环保双重伟大的意义。在美国遭遇“9·11”事件后，巨型电网受到挑战，而利用太阳能的分布式能源系统受到重视。“到处阳光到处电”的美好理想终将伴随着人们对于绿色能源的追求而实现。

一、太阳能利用方式

利用太阳能的方式很多，主要有“太阳能发电”、“太阳能热利用”、“太阳能动力利用”、“太阳能光化利用”、“太阳能生物利用”和“太阳能光—光利用”等，详见表2-1。

二、太阳能发电

太阳能发电的方式主要有通过热过程的“太阳能热发电”（塔式发电、抛物面聚光发电、太阳能烟囱发电、热离子发电、热光伏发电、温差发电等）和不通过热过程的“光伏发电”、“光感应发电”、“光化学发电”及“光生物发电”等。

表 2-1　　　　太阳能利用一览表

序号	利用方式	内　容
1	太阳能发电	直接光发电：光伏发电、光偶极子发电 间接光发电：光热动力发电、光热离子发电、热光伏发电、光热温差发电、光化学发电、光生物电池（叶绿素电池）等
2	太阳能热利用	高温利用（>800℃）：高温太阳炉、熔炼金属等 中温利用（200~800℃）：太阳灶、太阳能热发电等 低温利用（<200℃）：太阳热水器、太阳能干燥、海水淡化、太阳能空调制冷、太阳房、太阳能暖棚等
3	太阳能动力利用	热气机—斯特林发动机（用于抽水和发电）、光压转轮等
4	太阳能光化利用	光聚合、光分解、光解制氢等
5	太阳能生物利用	速生植物（如薪柴林）、油料植物、巨型海藻等
6	太阳能光—光利用	太空反光镜、太阳能激光器、光导照明等

1. 光伏发电

1839 年，法国物理学家 A.E. 贝克勒尔（A.E.Becqurel）意外地发现：将两片金属浸入溶液构成的伏打电池，当受到阳光照射时会产生额外的伏打电动势。他把这种现象称为“光生伏打效应”（Photovoltaic effect），简称“光伏效应”。1883 年，有人在半导体硒和金属接触处发现了固体光伏效应。以后，人们即把能够产生光生伏打效应的器件称为“光伏器件”。因为半导体 P-N 结器件在太阳光照射下的光电转换效率最高，所以通常把这类光伏器件称为“太阳能电池”（Solar cell）。1954 年，恰宾（Charbin）等人在美国贝尔电话实验室第一次做出了光电转换效率为 6% 的实用的单晶硅太阳能电池，开创了太阳能电池研究的新纪元。

2. 光感应发电

光感应发电是利用某些有机高分子团吸收太阳的光能后变成“光极化偶极子”的现象，分别把积聚在受感应的“光极化偶极子”两端的正负电荷引出，即得到光电流。因为要寻找合适的光感应高分子材料，使它们的分子团有序排列，并要在高分子团上安装极为精细的电极等步骤都具有较高的难度，因而这项技术目前还处于原理性实验阶段。

3. 光化学发电

光化学发电是指浸泡溶液中的电极受到光照后，电极上有电流输出的现象。光化学发电一般还可细分为“液结光化电池”、“光电解电池”和“光催化电池”等。

(1) 液结光化电池。指电解液中只含有一种氧化还原物质，电池反应为正、负极间进行的氧化还原可逆反应。光照后，半导体电极与溶液间存在的界面势垒（这种势垒称作“液体结”），分离光生电子和空穴对，并向外界提供电能，电解液主体不发生变化，其自由能变化等于 0。

(2) 光电解电池。指电解液中存在两种氧化还原离子，光照后发生化学变化，其净反应的自由能变化为正，光能有效地转换为化学能。

(3) 光催化电池。指光照后电解液发生化学变化，其净反应的自由能变化为负，由光能提供进行化学反应所需的活化能。

光化学发电具有液相组分，容易制成直接储能的太阳能光化蓄电池。目前，以多孔氧化钛类半导体作电极的“液结光化电池”，其光电转换效率已高达10%以上，具有成本低廉、工艺简单等许多优点，但是还有工作稳定性等问题需要解决。

4. 光生物发电

光生物发电通常是指“叶绿素电池”发电。叶绿素在光照作用下能产生电流，这是最普遍的生物现象之一。但由于叶绿素细胞不断进行新陈代谢，要做成稳定的“叶绿素电池”目前还比较困难。有人参考光合作用过程，提出将多种染料涂在多孔氧化钛类半导体上构成固态“仿生物光合作用电池”，曾达到10%的光电转换效率。这种电池有低成本、高效率的优点，但也有较严重的光老化等问题需要解决。

三、太阳能电池分类

太阳能电池的分类如图2-1所示。

- 按基体材料分类
  - 晶体硅太阳能电池
    - 单晶硅太阳能电池
    - 片状多晶硅太阳能电池
    - 铸锭多晶硅太阳能电池
    - 筒状多晶硅太阳能电池
    - 球状多晶硅太阳能电池
  - 非晶硅太阳能电池
    - PIN单结非晶硅薄膜太阳能电池
    - 双结非晶硅薄膜太阳能电池
    - 三结非晶硅薄膜太阳能电池
  - 微晶硅薄膜太阳能电池
  - 多晶硅薄膜太阳能电池
  - 纳米晶硅薄膜太阳能电池
  - 硒光电池
  - 化合物太阳能电池
    - 硫化镉太阳能电池
    - 硒铟铜太阳能电池
    - 磷化铟太阳能电池
    - 碲化镉太阳能电池
    - 砷化镓太阳能电池
  - 有机半导体太阳能电池

- 按结构分类
  - 同质结太阳能电池
  - 异质结太阳能电池
  - 肖特基结太阳能电池
  - 复合结太阳能电池
  - 液结太阳能电池
- 按用途分类
  - 空间太阳能电池
  - 地面太阳能电池
  - 光伏传感器
- 按工作方式分类
  - 平板太阳能电池
  - 聚光太阳能电池
  - 分光太阳能电池

图2-1　太阳能电池的分类

四、太阳能光伏发电历史和现状

自1839年“光生伏打效应”的发现和1954年第一块实用的光伏电池问世以来，太阳能光伏发电取得了长足的进步，但是它的发展仍然比计算机和光纤通信要慢得多。究其原因，或许是人们对于信息的追求特别强烈，而常规能源目前还能满足人类对于能源的需求。1973 年的世界石油危机和 20 世纪 90 年代的环境污染问题大大促进了太阳能光伏发电的发展。太阳能光伏发电的发展历史如表 2-2 所示。

表 2-2　太阳能光伏发电的发展历史

年份	事件
1939	法国科学家贝克勒尔（Becqurel）发现"光生伏打效应"，简称"光伏效应"
1873	史密斯（Smith）在硒片上发现固态电导效应
1876	亚当斯（Adams）和戴（Day）在硒片上发现固态光伏效应
1883	弗里兹（Fritts）制成第一个"硒光伏电池"用作敏感器件
1930	肖特基提出 Cu_2O 势垒的"光伏效应"理论
1931	朗格首次提出用"光伏效应"制造"太阳能电池"实现由太阳光能变成电能；布鲁诺将铜化合物和硒银电极浸入电解液，在阳光下带动了一个电动机
1932	奥杜博特和斯托拉制成第一块"硫化镉"太阳能电池
1941	奥尔在硅上发现光伏效应
1954	皮尔松和恰宾在美国贝尔实验室首次制成实用的单晶硅太阳能电池，效率为 6%；韦克尔首次发现砷化镓有光伏效应，并在玻璃上沉积硫化镉薄膜制成了第一块薄膜太阳能电池
1955	吉尼和罗非斯基进行材料的光电转换效率优化设计；第一个光伏航标灯问世；美国 RCA 研究砷化镓太阳能电池
1957	硅太阳能电池效率达 8%
1958	太阳能电池首次在空间应用，装备于美国先锋 1 号卫星
1959	第一个多晶硅太阳能电池问世，效率为 5%
1960	硅太阳能电池首次实现并网运行
1962	砷化镓太阳能电池光电转换效率达到 13%
1969	薄膜硫化镉太阳能电池效率达到 8%
1972	罗非斯基研制出紫光电池，效率达 16% 美国宇航公司背场电池问世
1973	砷化镓太阳能电池效率达 15%
1974	COMSAT 研究所提出无反射绒面电池，硅太阳能电池效率达到 18%
1975	非晶硅太阳能电池问世；带硅电池效率达到 6% ~ 10%
1976	多晶硅太阳能电池效率达到 10%
1978	美国建成 100kW 地面太阳能光伏电站
1980	单晶硅太阳能电池效率达到 20%，砷化镓电池效率达到 22.5%，多晶硅电池效率达到 14.5%，硫化镉电池效率达到 9.15%
1983	美国建成 1MW 光伏电站；冶金硅（外延）光伏电池效率达到 11.8%
1986	美国建成 6.5MW 光伏电站
1990	德国提出"2000 光伏屋顶计划"，每个家庭的屋顶安装 3 ~ 5kW 光伏电池
1995	高效聚光砷化镓太阳能电池效率达到 32%
1997	美国提出"克林顿总统百万太阳能屋顶计划"，计划在 2010 年前为 100 万户居民每户安装 3 ~ 5kW 光伏电池；日本"新阳光计划"提出，到 2010 年日本将生产 43 亿 W 光伏电池
1998	单晶硅光伏电池效率达到 24.7%；荷兰政府提出"百万光伏屋顶计划"，并计划在 2020 年完成；多晶硅光伏电池总产量第一次超过单晶硅光伏电池
1999	日本太阳能电池总产量第一次超过美国而居世界之首，其中 85%用于太阳能光伏建筑集成
2000	世界光伏电池总产量达 287MW；欧盟计划到 2010 年生产 60 亿 W 光伏电池；日本三洋公司研制的非晶硅/单晶硅/非晶硅双异质结太阳能电池效率超过 21%

世界历年光伏电池总产量见表 2-3，年产量增长趋势见图 2-2。世界历年各种太阳能电池总产量和太阳能电池价格变化见图 2-3 和图 2-4。

表 2-3　　　　　　　　历年全世界光伏电池总产量　　　　　　　　（单位：MW）

年份	美国	日本	欧洲	其他	中国	总计
1988	11.10	12.80	6.70	3.00	0.35	33.60
1989	14.10	14.20	7.90	4.00	0.55	40.20
1990	14.80	16.80	10.20	4.70	0.50	46.50
1991	17.10	19.80	13.40	5.00	0.55	55.30
1992	18.10	18.80	16.40	4.60	0.65	57.90
1993	22.44	16.70	16.55	4.40	0.90	60.09
1994	25.64	16.50	21.70	5.60	1.10	69.44
1995	34.75	17.40	21.10	6.35	1.20	79.60
1996	38.85	21.20	18.80	9.75	1.87	88.60
1997	51.00	35.00	30.40	9.40	2.00	125.80
1998	53.70	49.00	31.80	18.70	2.30	153.20
1999	60.80	80.00	40.00	20.50	2.50	201.30
2000	74.97	128.60	60.66	23.42	3.00	287.65

注　"其他"一栏中包含中国的产量。

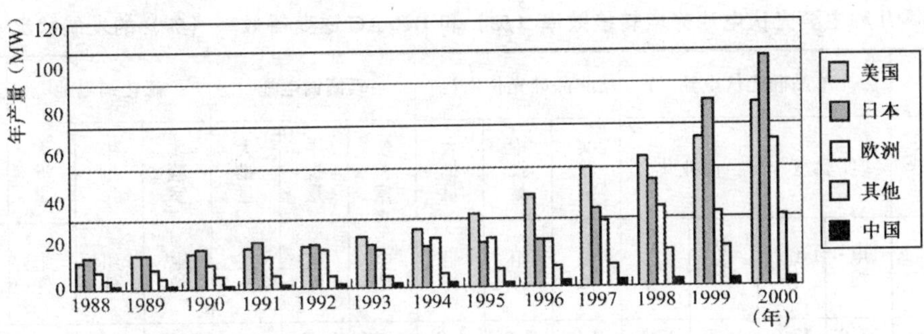

图 2-2　世界光伏电池年产量增长图

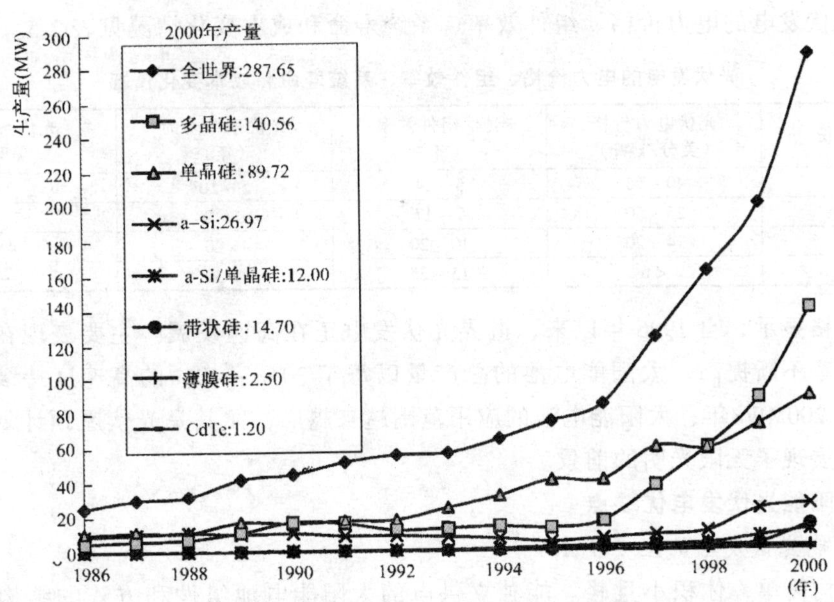

图 2-3　世界历年各种太阳能电池总产量

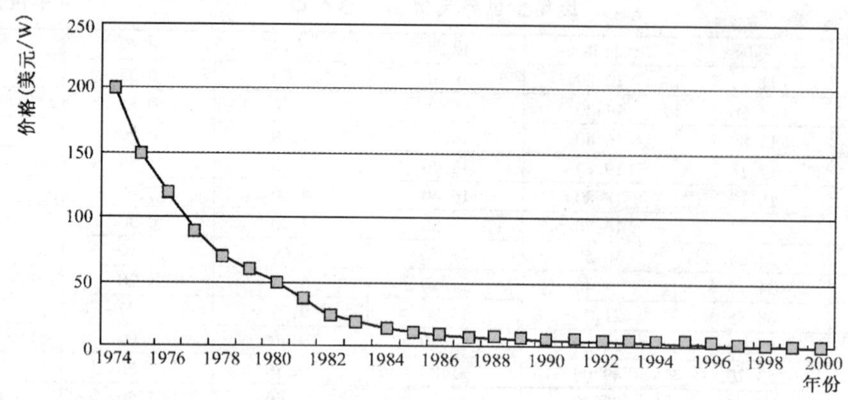

图 2-4 世界光伏电池价格曲线（20 年间价格下降了 85%）

光伏电池转换效率和逆变器效率的发展状况如表 2-4 所示。

表 2-4 几种主要光伏电池光电转换效率（%）和 DC/AC 逆变器效率（%）的发展状况

品名		单晶硅光伏电池				非晶硅光伏电池			硒铟铜电池			碲化镉电池			DC/AC 逆变器
发展过程		实验室		商业化		实验室	中批量	大批量	实验室	中批量	大批量	实验室	中批量	大批量	
产品形式		电池	组件	中批量	大批量	电池	组件	组件	电池	组件	组件	电池	组件	组件	
年份	1991	23.0	17.0	15.0	13.0	9.0	6.0	4.0	13.0	9.0		12.5	6.0		91.0
	1995	24.0	21.5	15.3	14.0	10.0	8.0	6.0	17.1	10.2		15.8	8.4	6.0	94.0
	2000	25.0	22.0	16.0	15.0	13.0	10.0	8.0	20.0	13.0	10.0	16.4	9.0	8.0	95.0

国外光伏发电的电力价格、组件效率、系统寿命和成本变化情况见表 2-5。

表 2-5 光伏发电的电力价格、组件效率、系统寿命和成本变化情况

年 份	光伏电力价格（美分/kWh）	光伏组件效率（%）	光伏系统寿命（年）	光伏系统成本（美元/W）
1991	40 ~ 75	5 ~ 14	5 ~ 10	10 ~ 20
1995	25 ~ 50	7 ~ 17	10 ~ 20	7 ~ 15
2000	14 ~ 20	10 ~ 20	> 20	4 ~ 8
2010 ~ 2030	< 6	15 ~ 25	> 30	1 ~ 1.5

以上表格显示，自 1996 年以来，世界光伏发电正在高速发展。主要表现在：主要太阳能电池效率不断提高；太阳能电池的总产量以每年 30% ~ 40% 的高速度持续增长，至 1999 年已达 200MW/年；太阳能电池的应用范围越来越广，尤其是光伏屋顶计划，为太阳能光伏发电展现了无限光明的前景。

五、太阳能光伏发电优缺点

1. 太阳能光伏发电的主要优点

（1）结构简单，体积小且轻。能独立供电的太阳能电池组件和方阵的结构都比较简单，输出 45 ~ 50W 的晶体硅太阳能电池组件，体积为 450mm × 985mm × 4.5mm，质量为

7kg。空间用太阳能电池尤其重视功率质量比，现时一般为60～100W/kg。美国ECD公司以有机薄膜为衬底制造的非晶硅太阳能电池，功率质量比可达5kW/kg。容量为40kW的薄膜太阳能电池可卷绕成高40cm、ϕ60cm的一个带盘，质量约8kg，而1台40kW的柴油发电机组质量约2000kg。

（2）易安装，易运输，建设周期短。只要用简单的支架把太阳能电池组件支撑，使之面向太阳，即可以发电，特别适宜于作为小功率移动电源。配备单轴或双轴自动跟踪的太阳能电池系统，结构相对要复杂一点，但安装、运输仍然比较容易。一个6.5MW的太阳能光伏发电站，占地40hm^2，从平整地基开始，不足10个月即可运行发电。

（3）容易启动，维护简单，随时使用，保证供应。配备有蓄电池的太阳能光发电系统，其输出电压和功率都比较稳定。一套设计精良的太阳能光伏发电系统中，蓄电池往往处于浮充状态，无论白天、晚上都可供电，其所消耗的电能由太阳能电池在晴天时自动补充，启动和维护都十分简单，一年中往往只需要在遇到连续阴雨天最长的季节前后去检查太阳能电池组件表面是否被沾污、接线是否可靠、蓄电池电压是否正常等。大型光伏电站可用计算机控制运行。因而太阳能光伏发电的运行费用很低。

（4）清洁，安全，无噪声。光伏发电本身并不消耗工质，不向外界排放废物，无转动部件，无噪声，是一种理想的清洁安全的能源。即使是蓄电池，在充放电时释放的H_2、O_2和酸雾的量也极微。如果配用全密封蓄电池，则更加理想。

（5）可靠性高，寿命长。航天和地面用的太阳能电池组件，都要通过严格高低温试验、振动冲击试验以及其他各种环境试验。晶体硅太阳能电池寿命可长达20～35年。在光伏发电系统中，只要设计合理、选型适当，蓄电池的寿命也可长达10年。

（6）太阳能无处不有，应用范围广。中国广大地区平均每天在每平方米水平面上接收到的太阳辐射能约在4～6kWh之间。太阳能电池在－45～＋60℃范围内都能工作，不仅适宜于在边远地区作为独立的电源，尤其适合于制作太阳能屋顶和幕墙，建成生态能源房。

（7）降价速度快，能量偿还时间有可能缩短。世界人口的增加，是日益减少的化石能源所不能长久支持的，而日益提高效率和降低成本的太阳能电池却越来越有希望满足人类要求。通常定义能量回收时间T_B为：$T_B = P_c/P_w$

式中　P_c——制造太阳能电池所消耗能量；

　　P_w——太阳能电池在其工作寿命内的平均发电量。

以目前晶体硅太阳能电池的水平计算，硅材料价格为33美元/kg，基片厚度0.3mm，效率$\eta=15\%$，年产量50MW，则能量回收时间为4.7年。若将电池效率提高到$\eta=18\%$，基片减薄到0.20mm，年产量为200MW时，则能量回收时间为1.7年。薄膜太阳能电池的能量回收时间也可以降低到1～2年。据统计，太阳能光伏发电的成本，1950年为1.5美元/kWh，1987年为35美分/kWh，1992～1993年为24美分/kWh，2003年为14美分/kWh，与调峰电价相当，而到2010年可降为6～10美分/kWh，可以与市电竞争。中国太阳能电池的价格与国际相近。这预示着太阳能光伏发电有着光辉的前景。

2. 太阳能光伏发电的主要缺点

（1）能量分散，占地面积大。地表上能够直接获得的太阳辐照度最大的地区之一是西

藏高原，平均可达到约 1.2kW/m^2，而绝大多数地区能够获得的太阳能辐照度均不足 1kW/m^2。1MW 光伏电站占地约需 1 万 m^2。有人计算过，需把美国道路面积全部覆盖上太阳能电池，才能满足美国的电力需要。

（2）间歇性大。除了昼夜这种周期变化外，太阳能光伏发电还常常受云层变化的影响。小功率光伏发电系统可用蓄电池补充，大功率光伏电站的控制运行比常规火电厂、水电站、核电厂要复杂。

（3）地域性强。地理位置不同，气候不同，使各地区日照资源各异。因而功率相同的太阳能电池组件，在各地的实际发电量是不同的。故理想的光伏发电系统均要因地制宜地进行设计计算。

六、太阳能光伏发电应用

太阳能电池可以作为独立电源、便携式电源和光电探测器，也可以与公用电网相连并网发电；其容量，可以小到若干微瓦，大到数百兆瓦；其应用，从天上到地面，从家庭到公共电力，只要有阳光，均可应用。如图 2-5 所示。

- 联网发电
  - 集中式联网光伏电站
  - 分布式联网光伏发电系统（屋顶式，3～5kW）
- 独立系统
  - 太阳能空间电站
  - 人造卫星光伏电源
  - 独立光伏电站（5～500kW）
  - 风-光混合电站（5～500kW）
  - 风-光-油混合电站（10～1000kW）
  - 家用光伏电源系统（30～3000W）
  - 信号灯、航标灯光伏电源
  - 电视卫星地面接收站光伏电源
  - 光纤/微波通信中继站光伏电源
  - 阴极保护光伏电源
  - 空调制冷机光伏电源
  - 光伏水泵
  - 光伏船艇
  - 光伏汽车
  - 光伏充电器
  - 军用光伏电源
- 微功率系统
  - 光伏收音机
  - 光伏钟表
  - 光伏计算器
  - 光伏玩具
  - 光伏教具
- 光电探测器
  - 光伏照相机
  - 光伏医疗仪器
  - 可见光、近红外光光伏探测器
  - 各种光伏开关
  - 光伏照度计

图 2-5　光伏发电的应用

七、中国的光伏发电

中国从 1958 年开始进行光伏器件研究，20 世纪 70 年代初成功地制造空间光伏电源之后，即开展光伏技术的地面应用。中国研制的航标灯光伏电源、太阳能灯塔和气象用光伏电源、通信用光伏电源在20世纪70年代已开始使用，但规模很小。1977年，中国光伏电池产量只有1.1kW，价格高达200元/W，光电转换效率为6%～10%。

20世纪80年代开始，中国先后引进了一批美国的单晶硅太阳能电池和非晶硅太阳能电池生产设备，使得中国的光伏工业开始起步。至1987年，中国光伏电池产量达到100kW/年，晶体硅太阳能电池的价格降到40～45元/W，光电转换效率达到8%～12%。

到2000年底，中国已形成8.5MW/年的太阳能电池生产能力，其中，晶体硅太阳能电池产量为6.5MW/年，非晶硅太阳能电池产量为2.0MW/年。1997年，中国单晶硅光伏电池总产量为1.8MW，2001年达到3.0MW。价格从1997年的42～47元/W降为2001年的35～40元/W。其中非晶硅太阳能电池产量为400kW，价格为23～25元/W，光电转换效率为4%～6%。

以深圳为中心的周边地区已经形成中国最大的光伏器件及系统来料加工区，2000年用进口光伏电池封装组成的太阳能草坪灯、太阳能庭院灯和各种光伏系统出口总量达2MW以上。

近年来，已经筹建的太阳能光伏公司有宁波2MW/年太阳能电池用多晶硅片、河北保定3MW/年多晶硅太阳能电池、无锡10MW/年多晶硅太阳能电池和天津5MW/年非晶硅太阳能电池等。可以预期，在“十五”期间，我国光伏电池的生产能力将有很大增长，若与绿色奥运及西部大开发相结合，中国的光伏产业必将有一个巨大的飞跃。

据不完全统计，至2000年，中国安装的各类光伏系统的累计量已达20MW。

作为中国光伏事业的一部分，中国现有近17所大学和15个研究所从事太阳能光伏技术的研究开发和人才培养。高效晶体硅太阳能电池的光电转换效率已达21.0%，砷化镓太阳能电池为23.1%，多晶硅电池为14.5%，聚光电池为17%，$CuInSe_2$电池为8.0%，CdTe电池为7.0%，在硅衬底上的微晶硅薄膜电池为12.1%，非晶硅电池为11.2%。与工业生产紧密相关的光伏材料、器件结构、工艺和测试等研究工作一直在进行。

空间光伏系统的研制已完全可以满足中国自制的空间飞行器的需要，并开始为国外人造卫星配置光伏电源。

与太阳能光伏系统配套的BOS部件如逆变器、控制器以及蓄电池等部件的研制、生产从未停止。10kW以下的小功率控制器、逆变器均都能生产。光伏器件及系统的标准化工作、光伏检测装备的研制工作，也都在参照IEC标准要求积极进行。

据统计，至2000年，在中国8.5亿农民中有近3000万人口还未用上电。这些无电人口大都分散居住在边远地区，如西藏、新疆、内蒙古、甘肃、青海、云南、宁夏、陕西和四川西部等地，而那里的阳光资源却十分丰富。若每年向其中的5%即30万户提供家用光伏电源系统，每套平均功率50W，则需15MW光伏电池；若在2010年之前向其中的50%即300万户提供50W家用光伏电源系统，则需150MW光伏电池。由国家经贸委主持的全球环境基金和世界银行中国光伏电源市场商业化促进项目，计划到2005年，在青海、甘肃、内蒙古、新疆、西藏和四川西部地区推广20万套太阳能家用光伏电源系统，每套系统功率为10～50W，总容量达10MW。国家计委主持的“中国光明工程”和西部7省区“无电乡通电光伏发电工程”项目，拟在2010年前逐步解决西部无电地区人民供电问题。

与此同时，在沿海一些经济发达城市，已开始把太阳能路灯、太阳能草坪灯安装进住宅小区。在国际上十分时髦的太阳能光伏屋顶也已开始研究设计，并在北京、深圳、上海、南宁等地建成多处试验示范工程。

第二节 太阳能电池工作原理

一、太阳能电池的物理基础

(一) 固体的能带理论

描述电子在固体中的运动需要用固体能带理论。

1. 能带的形成

孤立原子中的电子只能在各个允许的壳层上运动。而在晶体中，各个原子互相靠得很近，不同原子的内、外壳层都有了一定的重叠，重叠壳层的电子不再属于原来的原子独自所有，可通过量子数相同且又互相重叠的壳层转移到相邻的原子上去，属于整个晶体所有，这就是晶体中的共有化运动。共有化运动的结果，使得孤立原子的单一能级分裂成为能带。每一能带由许多相距极近的能级组成。这些可为电子占据的能带为允带；两个允带之间的间隙不允许电子存在，称为禁带，又称为能隙。

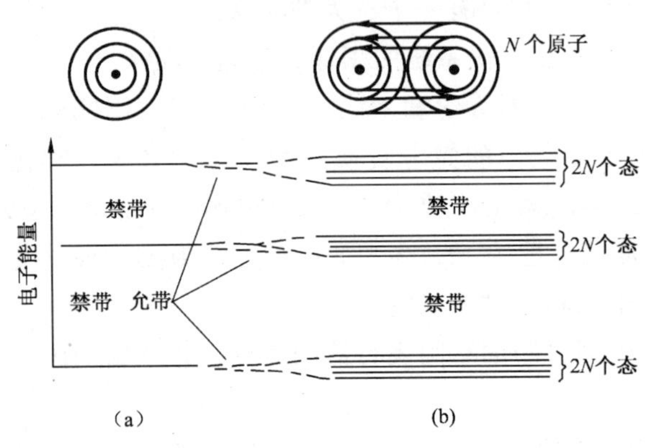

图 2-6 原子共有化运动使能级分裂为能带的示意图
(a) 孤立原子；(b) N 个原子共有化

图 2-6 示意地画出了原子共有化运动使能级分裂为能带的情况。其中，图 2-6(a)为孤立原子及其对应壳层的能级图；图 2-6(b)表示 N 个原子共有化后，能级分裂为 $2N$ 个能态。因为任何一块晶体中 N 都很大，因而晶体中每一个能带里能态密度极大，可以认为是连续的，或称为“准连续的”。

既然能带和原子间的距离有关，那么，不同的晶体结构、不同的晶向上的能带结构也不同，故实际晶体的能带和孤立原子能级间的关系远非如此简单。有时，两个分立的能级会互相交杂；或变为互相叠合的能带而禁带消失；或分裂为另外两组能带。这种过程称为轨道的杂化。硅原子的导带和价带就是轨道杂化而成。

未被电子填满的能带或空能带称为导带；已被电子填满的能带称为满带或价带。满带中的电子在外电场作用下不能移动，不能形成电流，故满带电子不起导电作用。下面我们就从原子结构和能带图像两个方面来考察金属、绝缘体和半导体的区别。

2. 金属、绝缘体、半导体

如图 2-7 (a) 所示，以铝 (Al) 为代表的金属中，自由电子组成了包围所有 Al 离子实的所谓“电子海”，能在晶体中自由运动（无规则热运动）。在电场作用下，自由电子可以作定向运动而导电。从能带图上可以看到，Al 的导带和价带重叠，禁带消失，满带中的电子在电场作用下，可以自由地进入导带，于是 Al 就是良导体。

而在二氧化硅（SiO_2）中，Si 和 O_2 之间存在着强的离子键，见图 2-7（b）。这些键几乎很难被打破，不可能提供能导电的自由电子，所以 SiO_2 是绝缘体。在能带图上可以看到，SiO_2 的价带和导带之间夹着很宽的禁带（$E_g \approx 5.2eV$），价带中所有能级都被电子充满，而导带几乎是空的，弱电场既不能使价带电子移动，又不能使它们跃迁到导带，因此 SiO_2 是一种良好的绝缘体。

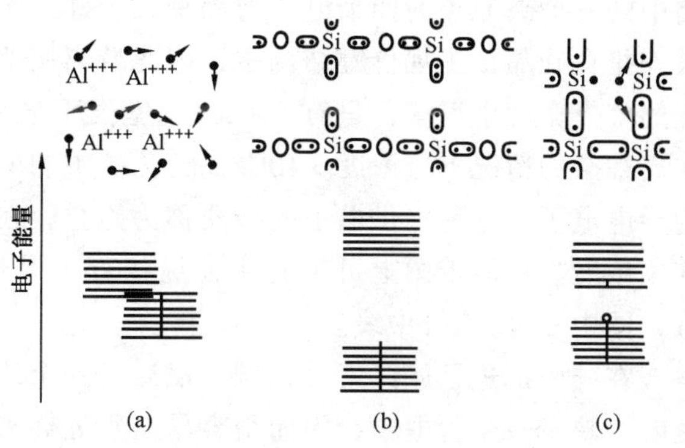

图 2-7　导体、绝缘体和半导体的原子结构和能带图像
（a）金属（能带交叠，即使极小的外加能量即引起导电）；（b）绝缘体（能带间距很大，不可能导电）；（c）半导体（导带中有少量电子，价带中有少量空穴，有一定的导电能力）

图 2-7（c）是介乎两者之间的半导体 Si 的情况。Si 原子之间靠共价键连结，是中等强度的键，只要硅原子有一些热运动，总会有一些键破裂，产生一些自由电子，而在键破裂之处产生等量的带正电的“空位”，称为“空穴”。附近键上的价电子能够跳进这个空穴，而附近键的破裂处又出现了另一个空穴，这样好像空穴从一个键移动到另一个键。在外电场作用下，半导体中的电子和空穴都可以移动而传导电流，带正电的空穴流和电流同向，电子流和电流反向。在能带图上，半导体 Si 的禁带并不像绝缘体那么宽，因此有一些电子可以因热运动从价带中跳到导带上去而在价带中留下空穴。有外电场时，导带中的电子在导带里向高能级运动而传导电流，同时价带中的电子不断地递补空穴的位置，好像空穴也在价带里向低能级运动，传导电流，因而半导体具有一定的导电能力。能带图的纵坐标表示电子总能量，导带的最低能量表示一个导电电子静止时的势能，故导带底 E_c 表示一个电子的势能，同样价带顶 E_v 表示一个空穴的势能。在导带中，运动电子的动能即等于本身能量与 E_c 之差；在价带中，运动空穴的动能等于本身能量与 E_v 之差。

（二）本征半导体和掺杂半导体

由同一种原子组成的半导体称元素半导体，两种以上原子组成的半导体称化合物半导体。

绝对纯的且没有缺陷的半导体称为本征半导体，非常纯的硅称为本征硅。本征硅中，导电的电子和空穴都是由于共价键破裂而产生的。这时的电子浓度 n 等于空穴浓度 p，这个浓度称为本征载流子浓度 n_i。本征载流子浓度随温度升高而增加，而随禁带宽度的增加而减小，在室温时硅的本征载流子浓度约为 $10^{10}/cm^3$。

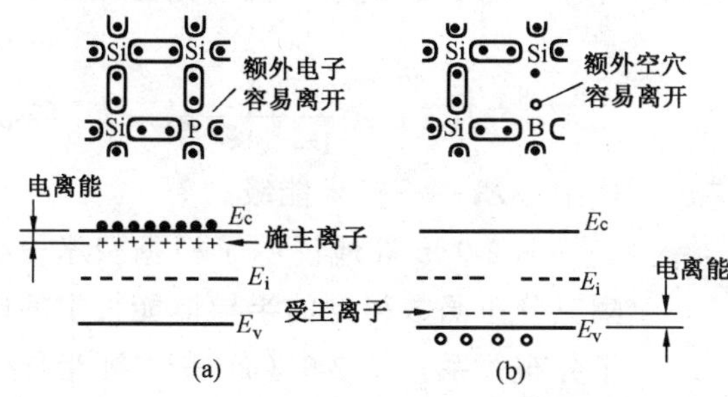

图 2-8　掺杂硅的原子图像和能带图像
（a）N 型半导体；（b）P 型半导体

根据需要在本征硅中掺入其他杂质以后就得到掺杂硅。若在硅中加进Ⅴ族元素（如磷）以后［见图 2-8（a）］，在硅的晶

格中的一个磷原子的四个电子与周围四个硅原子的电子形成共价键，还剩一个价电子不能被安排在硅晶格正规价键结构中，因此游离而使磷原子电离。这样，磷在硅中的电离能比硅的禁带宽度小很多，只有0.44eV。室温下硅原子的热运动动能已足以使它电离，除非在高掺杂的情况下（浓度$>10^{19}/cm^3$）。硅中的Ⅴ族元素在室温下全部电离而提供同等数量的导电电子，这种提供电子的杂质称为施主，在室温下可以认为电子浓度$n \approx N_D$，N_D为施主浓度。在能带图上可见施主能级接近于导带底，只要很小的能量就可使电子跳到导带，图中E_i为禁带中线。

在硅中加进Ⅲ族元素（如硼）以后，一个硼原子在晶格中与周围四个硅原子构成共价键时，缺少一个价电子，因而很容易从别处夺来一个价电子，自身电离成负离子。可以认为硼原子带着一个很易电离的空穴，电离能为0.45eV。在能带图中，这种杂质能级接近于价带顶E_v，热运动动能就能使空穴跳至价带。在室温下，硅中的Ⅲ族元素原子将全部电离，而向价带提供同等数量的空穴。在半导体中，从半导体接受电子的杂质称为受主。全电离时，空穴浓度$P \approx N_A$，N_A为受主浓度。

在实际半导体中，不同的杂质和缺陷都可能在禁带中产生附加的能级，价带中的电子先跃迁到这些能级上，然后再跃迁到导带中去，比电子从价带直接跃迁到导带去来得容易。因而虽然有少量杂质存在，却会显著地改变导带中的电子数和价带中的空穴数，从而显著地影响半导体的电导率。适当的杂质可以得到需要的导电类型，但不适当的杂质也可以使半导体成为废物，因而在掺杂之前必须将半导体提纯。

掺有施主的硅称N型硅。在N型硅中，电子浓度n_n远大于空穴浓度p_n，电流主要靠电子来输运，这里电子是多数载流子（简称多子），空穴是少数载流子（简称少子）。

掺有受主的硅称P型硅。在P型硅中，电子浓度n_p远小于空穴浓度p_p，电流主要靠空穴来载运，空穴为多子，电子为少子。

一般掺杂硅中，同时存在施主杂质和受主杂质，这时硅的导电类型由浓度较高的那种杂质决定。相应的多数载流子浓度由下式给出

$$n_n \approx N_D - N_A (N_D > N_A) \tag{2-1}$$

$$p_p \approx N_A - N_D (N_A > N_D) \tag{2-2}$$

（三）载流子浓度和费米能级

如上所述，在导带、价带中存在着大量的能态，加进了施主、受主以后，禁带中又引进了能态。对于一个一定能态E，电子占据它的几率$f(E)$，由费米—狄喇克统计分布函数给出

$$f(E) = \frac{1}{1 + e^{(E-E_F)/kT}} \tag{2-3}$$

式中　E_F——费米能级。

图2-9形象地说明了根据费米—狄喇克分布函数得到的半导体能带中的电子分布关系。图2-9（a）是本征半导体的对应关系图，其费米能级位于禁带中线。本征半导体的费米能级用E_i表示。

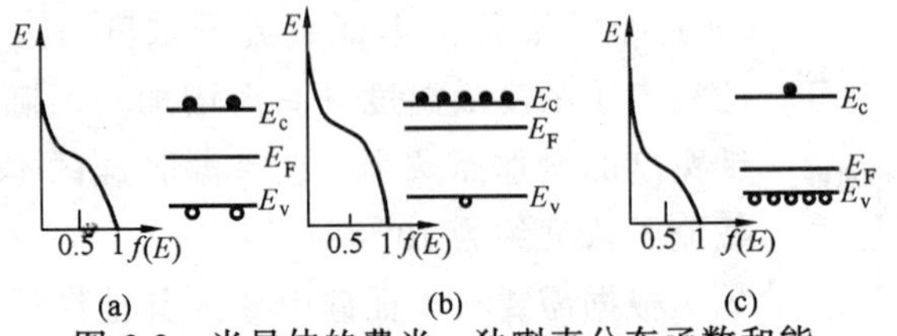

图2-9　半导体的费米—狄喇克分布函数和能带图的对应关系

(a) 本征型；(b) N型；(c) P型

在N型半导体中，费米能级连同整个费米—狄喇克分布函数将一起在能带图上向上移动。反之，在P型半导体中，费米能级和费米—狄喇克分布函数将一起在能带图上向下移动。图2-9（b）和图2-9（c）分别说明了这两种情况。

根据量子力学算出导带中的有效能态密度 N_c 和价带中的有效能态密度 N_v，就能算得半导体中电子浓度 n 和空穴浓度 p

$$n = N_c e^{-(E_c - E_F)/kT} \tag{2-4}$$

$$p = N_v e^{(E_v - E_F)/kT} \tag{2-5}$$

这里的两个指数项分别表示导带底 E_c 处的能态为电子占据的几率，以及价带顶 E_v 处的能态为空穴占据的几率。

从式（2-4）、式（2-5）可导出

$$n = n_i e^{(E_F - E_i)/kT} \tag{2-6}$$

$$p = n_i e^{(E_i - E_F)/kT} \tag{2-7}$$

式中　$E_i \equiv \frac{1}{2}(E_c + E_v) + \frac{1}{2}kT\ln\frac{N_v}{N_c}$。把式（2-4）、式（2-5）及式（2-6）、式（2-7）分别相乘，得

$$nP = N_c N_v e^{-(E_c - E_v)/kT} = N_c N_v e^{-E_g/kT} = n_i^2 \tag{2-8}$$

这里，$E_g = E_c - E_v$ 为禁带的宽度。这是一个非常重要的公式，它表明电子、空穴浓度之积与费米能级无关，因而也就与半导体的导电类型及电子、空穴各自的浓度无关。只要半导体处于平衡状态，这个公式始终成立，因此可以用它作为判别半导体是否处于平衡状态的依据。式（2-8）也称为平衡判据。

一块均匀掺杂的半导体，满足空间电荷中性的条件，半导体的任何体积内，净电荷密度 ρ 为0，即

$$\begin{aligned} \rho = q(p - n + N_D - N_A) = 0 \\ p - n = N_A - N_D \end{aligned} \tag{2-9}$$

把式（2-8）和式（2-9）合并，即可求出平衡时N型半导体的电子浓度 n_n 和P型半导体的空穴浓度 p_p（即多子浓度）。当净杂质浓度 $|N_D - N_A| \gg n_i^2$ 时，多子浓度由式（2-1）、式（2-2）表示。少子浓度为

$$n_p = \frac{n_i^2}{N_A - N_D} \approx \frac{n_i^2}{N_A} \tag{2-10}$$

$$p_n = \frac{n_i^2}{N_D - N_A} \approx \frac{n_i^2}{N_D} \tag{2-11}$$

当温度升高时，费米能级向本征费米能级靠近，电子和空穴浓度不断增加，不论P型还是N型硅，在温度很高时都会变成本征硅。

（四）电子和空穴的输运

室温时半导体中的电子和空穴始终在进行着无规则的热运动，这种热运动不时为碰撞所中断，过了足够长的一段时间以后，这种热运动并不引起净位移。有两种原因可以引起

电子、空穴发生净位移，即产生电子和空穴的输运，这就是漂移和扩散。外电场引起漂移，载流子的浓度差引起扩散。

1．漂移

半导体受外电场作用，在载流子的热运动上将叠加一个附加的速度，称为漂移速度。对于电子，漂移速度与电场反向；对于空穴，漂移速度与电场同向。这样，电子和空穴就有一个净位移，从而形成电流。

描述漂移运动的重要物理量是电子和空穴的平均速度 $\bar{v}_d$ 和迁移率 μ

$$\bar{v}_d = \mu_p\varepsilon, \mu = \frac{\bar{v}_d}{\varepsilon} = \frac{qt_c}{m}$$

式中 ε——外电场强度；

t_c——两次碰撞之间的平均时间间隔；

m——载流子的有效质量，是考虑了晶格对载流子运动的影响后，对载流子静止质量所作的修正；

q——载流子的电量。

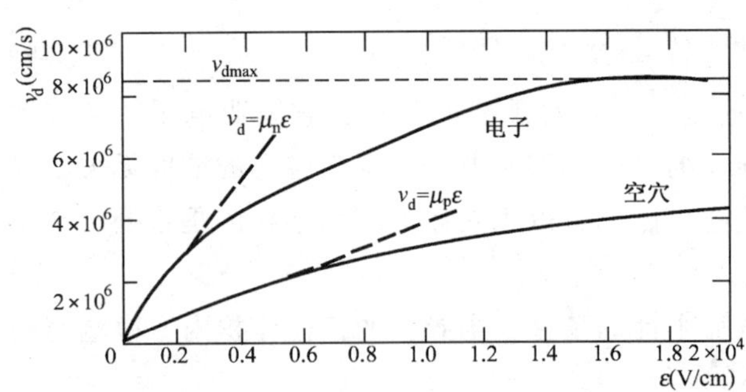

图 2-10 电场对硅中载流子漂移速度的影响

μ_n—电子的迁移率；μ_p—空穴的迁移率

上式只有在漂移速度远小于载流子热运动速度时才适用。硅中电子和空穴实测的漂移速度和电场的关系如图 2-10 所示。由图可见，在同一电场 ε 作用下，电子漂移速度大于空穴。

电子和空穴在漂移过程中受到碰撞[①] 而不断改变运动方向。引起碰撞的原因很多，主要是杂质散射和晶格散射。杂质散射正比于离化杂质总浓度；晶格散射随温度增加而增加。此外，晶体的缺陷和位错也能引起散射，使迁移率减小。

图2-11 给出了室温下硅中电子和空穴迁移率测量值与离化杂质总浓度的关系。可以看到，在低杂质浓度时，晶格散射起主要作用，迁移率较大；而当杂质浓度增加时，电子和空穴迁移率达到一个最小值。从图中还可以看到，电子的迁移率比空穴的迁移率大（因为空穴的有效质量比电子大），这是早期硅太阳能电池使用 N 型硅基片的原因。

在电场 ε 作用下，流过单位面积的电子和空穴的漂移电流密度 J_n、J_p 分别为

$$J_n = q(n_0 + \Delta n)\bar{v}_{dn} = q(n_0 + \Delta n)\mu_n\varepsilon \quad (2\text{-}12)$$

$$J_p = q(p_0 + \Delta p)\bar{v}_{dp} = q(p_0 + \Delta p)\mu_p\varepsilon \quad (2\text{-}13)$$

① 指非接触的弹性碰撞，即散射。

式中　n_0、p_0——半导体中平衡载流子浓度；

Δn、Δp——非平衡载流子浓度；

$\bar{v}_{dn}$——电子的漂移速度；

$\bar{v}_{dp}$——空穴的漂移速度。

2. 半导体的电阻率

从迁移率可以导出电阻率的概念。如图 2-12 所示，一块长为 L、截面积为单位面积的均匀半导体样品，在外电场 U 作用下，由式（2-12）、式（2-13），样品中的漂移电流密度 J 为

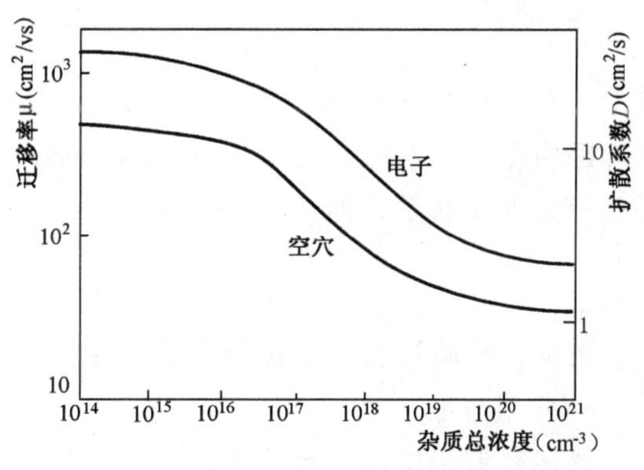

图 2-11　离化杂质总浓度对迁移率和扩散系数的影响

$$J = qn\bar{v}_{dn} + qp\bar{v}_{dp} = q(n\mu_n + p\mu_p)\frac{U}{L} \tag{2-14}$$

这个样品的电阻 R 为

$$R = L\rho = \frac{U}{J}$$

将此式和式（2-14）类比，即得到半导体的电阻率 ρ

$$\rho = \frac{1}{q(n\mu_n + p\mu_p)} \tag{2-15}$$

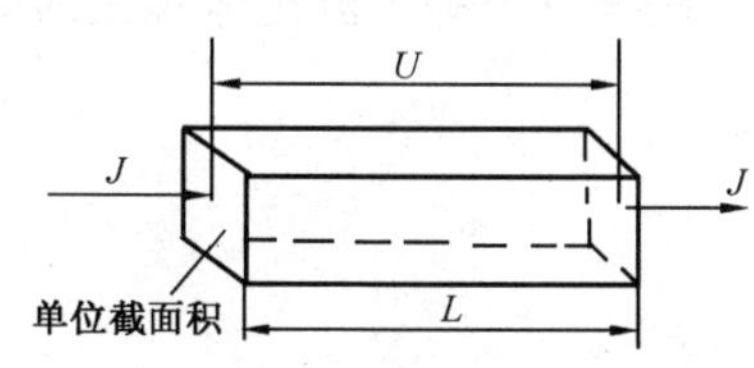

图 2-12　半导体样品在电场中

如前所述，迁移率依赖于离化杂质总浓度，因而依赖于受主和施主浓度之和，而电子及空穴浓度依赖于受主和施主浓度之差。因此，一般情况下，电阻率必须用图 2-11 所给出的迁移率数据，以及根据式（2-4）、式（2-5）得到的载流子浓度计算。

通常，电阻率和掺杂浓度的关系可以从手册中查出，这一关系适用于硅太阳能电池。

3. 扩散

在半导体中，如果电子（或空穴）的浓度不均匀，则电子（或空穴）将在浓度梯度的影响下扩散，也同样会使电子（或空穴）发生净位移，而产生扩散电流。显然，浓度梯度愈大，扩散愈快。通常用扩散系数 D 来描述不同材料中的扩散性质。

在一维情况下，若有空穴沿 X 方向扩散，则 X 方向存在空穴梯度 $\frac{dp(x)}{dx}$，因空穴浓度沿 X 方向越来越小，所以 $\frac{dp(x)}{dx}$ 是负值，这时垂直于 X 方向单位面积上空穴的扩散电流密度 $J_p(x)$ 为

$$J_p(x) = -D_p q\frac{dp(x)}{dx} \tag{2-16}$$

式中　D_p——空穴扩散系数。

同样，电子的扩散电流密度 $J_n(x)$ 为

$$J_n(x) = D_n q \frac{dn(x)}{dx} \tag{2-17}$$

式中　D_n——电子扩散系数。

因为漂移和扩散均与电子和空穴的热运动有关，故用爱因斯坦关系式表示扩散系数和迁移率的内在联系，即

$$D_n = \frac{kT}{q}\mu_n, D_p = \frac{kT}{q}\mu_p$$

可见，影响迁移率的机制如杂质散射、晶格散射等同样对扩散系数有影响。

4．扩散方程

描述载流子扩散运动的方程称为扩散方程。为求导扩散方程的一维形式，下面先讨论空穴扩散的情况。

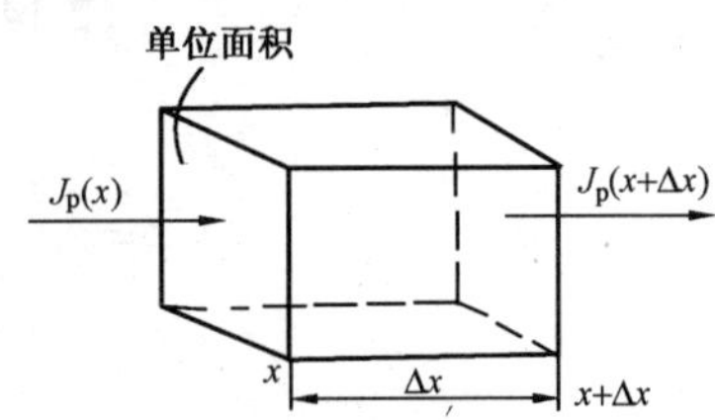

图 2-13　半导体样品中的空穴扩散电流

设空穴扩散时形成电流 $J_p(x)$［注意：$J_p(x)$ 是位置 x 的函数，空穴浓度 $p(x)$ 也是 x 的函数］。在 $J_p(x)$ 流动方向上取一厚度为 Δx 的体积元，如图 2-13 所示。其垂直于 $J_p(x)$ 的两个侧面大小均等于单位面积，而这两个侧面上的电流密度分别为 $J_p(x)$ 及 $J_p(x+\Delta x)$。这个体积元内的空穴浓度为 $p(x)$，空穴电荷量为 $qp(x)\Delta x$。假定在这体积元内，空穴没有产生，也没有复合，那么根据电荷守恒定律，体积元中空穴电荷的变化率应当等于流进体积元的电流与流出体积元的电流之差，即

$$q\Delta x \frac{\Delta p}{\Delta t} = J_p(x) - J_p(x + \Delta x)$$

当 $\Delta x \to 0$ 且 $\Delta t \to 0$ 时

$$\frac{J_p(x) - J_p(x + \Delta x)}{\Delta x} \longrightarrow \frac{-dJ_p(x)}{dx}$$

$$\frac{\Delta p}{\Delta t} \longrightarrow \frac{dp(x)}{dt}$$

故
$$\frac{dp(x)}{dt} = -\frac{1}{q}\frac{dJ_p(x)}{dx}$$

用式（2-16）代入上式，即得空穴扩散方程

$$\frac{dp(x)}{dt} = -\frac{1}{q}\frac{dJ_p(x)}{dx} = \frac{1}{q}D_p\frac{d^2p(x)}{dx^2} \tag{2-18}$$

同样，可以写出对于电子的扩散方程

$$\frac{dn(x)}{dt} = \frac{1}{q}\frac{dJ_n(x)}{dx} = -\frac{1}{q}D_n\frac{d^2n(x)}{dx^2} \tag{2-19}$$

式中的负号表示电子扩散方向与电流相反。

（五）产生与复合

载流子的“产生—输运—复合”过程，反映了包括太阳能电池在内的大多数半导体器件工作的全过程。研究半导体中载流子的产生、复合过程，和输运过程一样，对于分析太

阳能电池的工作性能极为重要。

1. 产生

如前所述，热平衡状态下的 N 型半导体必定满足 $n_{n0}p_{n0}=n_i^2$（热平衡判据）。受到光照时，价带中的电子吸收光子能量跃迁进入导带，在价带中留下等量空穴。这些多于平衡浓度的光生电子和空穴，称为非平衡载流子或过剩载流子，它们的浓度分别记为 Δn_n 和 Δp_n，且 $\Delta n_n=\Delta p_n$。这样，受光照的 N 型硅就进入了非平衡状态，这时电子和空穴的总浓度 n_n 和 p_n 为

$$\left.\begin{aligned} n_n &= n_{n0}+\Delta n_n \\ p_n &= p_{n0}+\Delta p_n \end{aligned}\right\} \tag{2-20}$$

这种由外界条件的改变而使半导体产生非平衡载流子的过程，称为载流子的注入（简称注入或激发）。由光照而产生光注入或光激发，由热运动引起热注入或热激发，电场则引起电注入或电激发。反之，半导体中载流子浓度积小于平衡载流子浓度积的情况，称为载流子的抽取（简称抽取）。太阳能电池除了在用作测量或信号转换的某些场合以外，一般只研究注入。按照注入水平，即根据所产生的过剩载流子数量的多少，把注入分为大注入和小注入两类。

大注入满足 $n_np_n \gg n_{n0}p_{n0}=n_i^2$

$$\Delta n_n \approx \Delta p_n > n_{n0}$$

小注入满足 $n_np_n > n_{n0}p_{n0}=n_i^2$

$$\Delta n_n \approx \Delta p_n < n_{n0}$$

非聚光太阳能电池都在小注入条件下工作，聚光电池在强光条件下工作满足大注入条件。

通常把单位时间、单位体积内产生的电子—空穴对的数目称为产生率，以 G 表示（光产生率为 G_L，热产生率为 G_T）。

2. 复合

当载流子浓度偏离了它的平衡值时，它们就有恢复平衡的倾向。在注入情况，恢复平衡是靠复合来实现；而在抽取情况，则靠载流子的产生实现。

单位时间、单位体积内复合掉的电子—空穴对数称复合率，因为复合一般都是通过热运动进行的，故用 R_T 表示。那么电子—空穴对的净复合率为 $U\equiv R_T-G_T$。在热平衡条件下，热激发率总是等于热复合率，而 $U=R_T-G_T=0$，其中的热产生率 G_T 和热复合率 R_T 只是温度的函数。

为了描述复合过程，引入一个重要的物理量——载流子的寿命。一个电子从产生到复合前的生存时间称为电子的寿命 τ_n，一个空穴从产生到复合前的生存时间称为空穴的寿命 τ_p。我们所指的寿命，均是在统计意义上讲的载流子的平均寿命，而不是指单个特定电子或空穴的寿命。在小注入条件，只需考虑少子寿命。

在 N 型半导体中，单位体积内的过剩空穴数为 Δp_n，单位时间、单位体积内的净复合率为 U，则 N 型半导体中空穴寿命 τ_p（单位为 s）为

$$\tau_p = \frac{\Delta p_n}{U} \text{ 或 } U = \frac{1}{\tau_p}(p_n - p_{n0}) \tag{2-21}$$

与此类似，P 型半导体中电子寿命 τ_n 为

$$\tau_n = \frac{\Delta n_p}{U} \text{ 或 } U = \frac{1}{\tau_n}(n_p - n_{p0}) \tag{2-22}$$

复合和产生互为逆过程，既然在产生时价带中的电子跃迁到导带要吸收能量，那么导带中的电子和价带中的空穴复合时也要以各种方式释放能量。主要方式有：①辐射复合，电子和空穴复合时放出光子，这一现象在直接复合时产生。②俄歇复合，复合时不直接放出光子，而是把多余的能量传给晶格，加强晶格的振动，也就是说，复合时发射声子，这一现象在高掺杂时显著。③复合时也可将多余能量传给其他载流子。

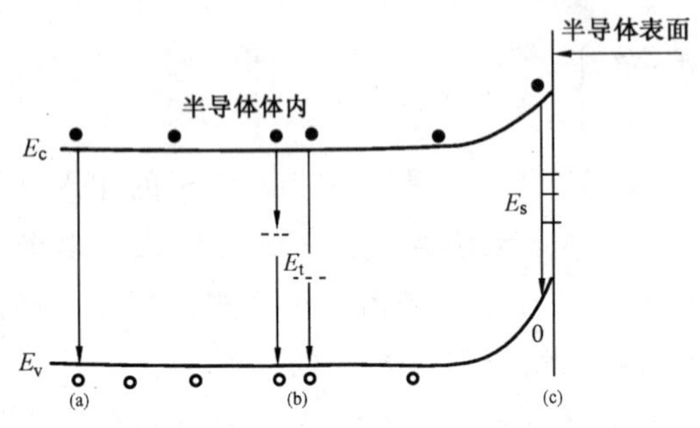

图 2-14　载流子的 3 种复合过程

(a) 直接复合；(b) 通过复合中心复合；(c) 表面复合

E_t—复合中心能级；E_s—表面复合中心能级

复合的微观过程比较复杂，通过长期研究，现已确认有 3 种复合机构：①直接复合。②通过复合中心的复合。③表面复合。这 3 种复合可能同时在同一半导体中发生，如图 2-14 所示。

以上 3 种复合机构都影响材料和器件的寿命，而所测量到的寿命 τ 也往往是表面寿命 τ_s 和体寿命 τ_v 的综合结果，它们的关系是

$$\frac{1}{\tau} = \frac{1}{\tau_v} + \frac{1}{\tau_s}$$

对于 P-N 结太阳能电池，P 区和 N 区的少子寿命均与整个电池的效率密切相关。

二、太阳能电池材料的光学性质

太阳能电池材料的光学性质，常常决定着太阳能电池的极限效率，而且也是工艺设计的依据。每一种光电材料，由于能带结构不同，因此光电特性各异。同一种元素的材料，若晶格结构不一样，也会有悬殊的光学特性。

实际半导体表面可能是粗糙的，因此多少存在着光的漫散射。半导体中的缺陷和应力也会影响折射率以及增加散射光。

（一）半导体对光的吸收

1. 吸收定律

如图 2-15 所示，当一束光谱辐照度为 I_0 的光正交入射到半导体表面上时，扣除反射后，进入半导体的光谱辐照度为 I_0（1 − R），在半导体内离前表面距离为 x 处的光谱辐照度 I_x 由吸收定律决定：

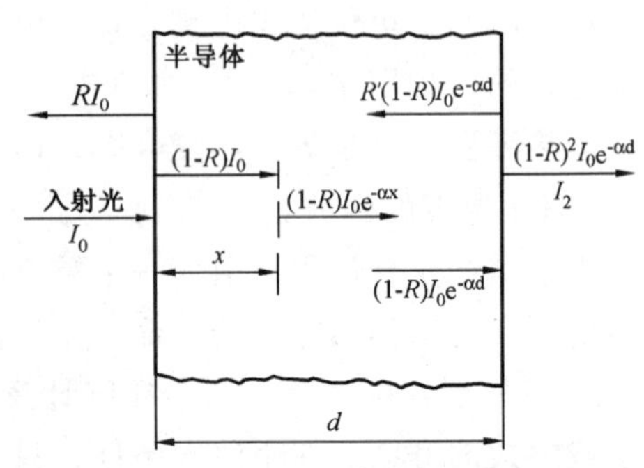

图 2-15　光垂直照射半导体薄片时发生反射、透射和吸收

$$I_x = I_0(1 - R)e^{-\alpha x} \tag{2-23}$$

式中 α——与波长有关的吸收系数；

R——反射率；

I_x——进入半导体的光到达 x 处的光谱辐照度。

单晶硅、砷化镓和一些重要太阳能电池材料的吸收系数与波长的关系如图 2-16 所示。

当薄片厚度为 d 时，我们可以得到关于透射率更完整的近似表达式（略去二次以上的内反射项）

$$T = \frac{I_2}{I_0} = (1 - R)^2 e^{-\alpha d}$$

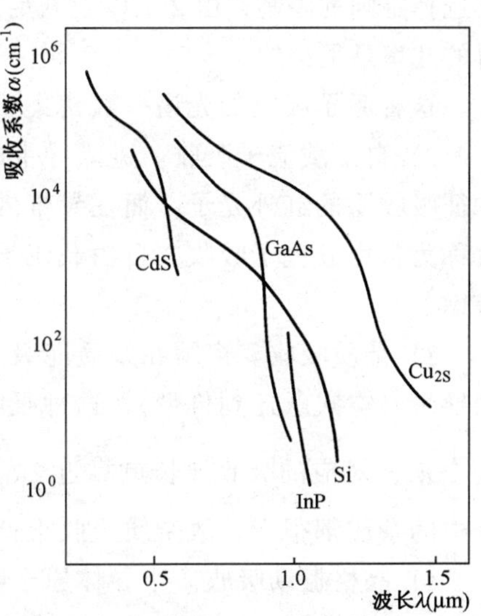

图 2-16 一些重要光电半导体材料的吸收系数和波长的关系

2. 本征吸收和非本征吸收

光在半导体中的吸收过程可以分为本征吸收和非本征吸收两类。

(1) 本征吸收。半导体能带图中位于价带的一个电子，吸收光子的能量后越过禁带进入导带，在价带留下一个空穴，形成了电子—空穴对。这种由电子在能带间跃迁而形成的吸收过程称为本征吸收，也就是半导体本身的原子对光的吸收。

在原子图像中，硅的本征吸收可以理解为一个硅原子吸收一个光子后受到激发，使得一个共价电子变成了自由电子，同时在共价键断裂处留下一个空穴。

实验发现，只有那些能量 $h\nu$ 大于禁带宽度 E_g 的光子，才能产生本征吸收。显然，入射光子必须满足

$$h\nu \geqslant h\nu_0 = E_g$$

或

$$\frac{hc}{\lambda} \geqslant \frac{hc}{\lambda_0} = E_g$$

式中 ν_0——刚好能产生本征吸收的光的频率（频率吸收限）；

λ_0——刚好能产生本征吸收的光的波长（波长吸收限）。

对于一种禁带宽度为 E_g 的半导体，必定存在着一个极限频率 ν_0（或极限波长 λ_0），当入射光的频率 $\nu < \nu_0$（或 $\lambda > \lambda_0$）时，便不能在半导体中产生本征吸收。本征吸收的极限波长 λ_0 可以表示为

$$\lambda_0 = \frac{1.24}{E_g(\text{eV})}(\mu\text{m})$$

(2) 非本征吸收。包括激子吸收、杂质吸收及晶格振动吸收等形式。

1) 激子吸收。本征吸收产生的电子和空穴，各自均可在导带和价带中自由运动，称为自由电子和自由空穴。但有时价带电子吸收能量 $h\nu < E_g$ 的光子后，也能受激而离开价带，但因能量不够，不能进入导带成为自由电子，这时电子实际上还和空穴保持着库仑力的互相

作用，形成了一个电中性的新系统，称为激子。能产生激子的光吸收称为激子吸收。

激子也可以看成是一个受激的电子—空穴团，它可以在晶体中运动，不形成电流。但是它在运动过程中要发生变化，或者受到别的能量（如晶格动能等）再度激发而形成自由电子—空穴对；或者电子、空穴复合，激子消失，同时发射能量相等的光子或声子。由于量子力学选择定则的限制，由 2 个以上满足 $h\nu < E_g$ 的光子通过激子态共同激发出光生电子—空穴对的几率是很小的。

这种激子吸收的光谱一般密集于本征吸收限的红外一侧。

2）自由载流子吸收。进入导带的自由电子（或留在价带的空穴）也能吸收波长大于本征吸收限的红外光子，而在导带内向能量高的能级运动（空穴向价带底运动），这种吸收称为自由载流子吸收。自由载流子吸收一般都是红外吸收，这一点在聚光电池中要加以考虑。

3）杂质吸收。束缚在杂质能级上的电子（或空穴）吸收光子后可以从杂质能级跃迁到导带（空穴跃迁到价带），这种吸收称为杂质吸收。杂质能级愈深，所需光子能量愈接近 $\frac{1}{2}E_g$，对应的吸收波长愈靠近 $2\lambda_0$ 处；杂质能级愈浅，则对应波长将远离吸收限。一般硅中的杂质都很少，故杂质吸收很低，例如硅中硼的吸收系数在 20/cm 以下。

4）晶格振动吸收。半导体原子吸收能量较低的光子，直接变成晶格振动的动能，从而在晶体吸收的远红外区形成一个连续的吸收带，这种吸收称为晶格振动吸收。硅中的晶格振动吸收系数一般也在 10/cm 以下。

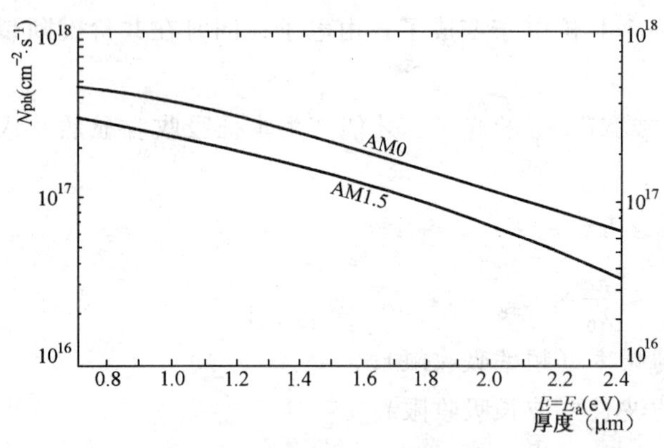

图 2-17 每平方厘米、每秒钟内在 AM0 和 AM1.5 光谱条件下能量大于 E_g 的光子数

半导体对光的吸收中最重要的是本征吸收，本征吸收发生在极限波长 λ_0 之内，其他各种吸收都在 λ_0 之外，甚至延伸到远红外区。对于硅材料而言，本征吸收系数比其他吸收系数大几十倍到几万倍，所以在一般照射条件下，只考虑本征吸收就可以了。因此可认为硅对于波长大于 1.15μm 的红外光是透明的。

图 2-17 为按能量分布的一种太阳光谱，横坐标为光子能量，纵坐标为光子流。光子能量范围只限于可见光及近红外。知道了这个太阳光谱和半导体的禁带宽度以后，就能计算每种材料能够在太阳光谱中利用多少光子数，如图 2-18 所示。假设半导体每吸收一个 $h\nu \geqslant E_g$ 的光子就产生一个电子—空穴对（即量子产额为 1），而且每一对光生载流子都对光电流有贡献的话，就得到按材料禁带宽度分布的极限光电流曲线。假设一个光电子跨越禁带后所具有的势能就等于它向外提供的电能，那么可在图 2-18 中的另一纵坐标上，标出极限输出功率和材料禁带宽度的关系。应当指出，在这些关系中，我们仅考虑了材料禁带宽度的影响，尚未考虑结势

垒的形式以及它们的工作特性。

（二）直接材料和间接材料

本征吸收都是光子激发电子从价带跃迁到导带，但跃迁又分直接跃迁和间接跃迁两种。

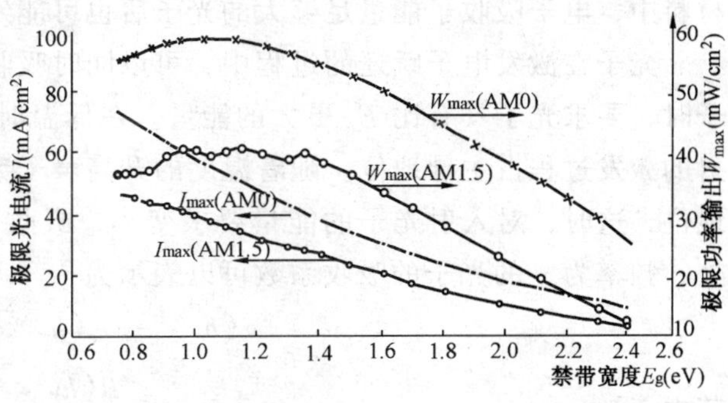

图 2-18 在 AM0 和 AM1.5 光谱条件下用各种禁带宽度的材料所能获得的极限光生电流和极限功率密度

半导体晶格振动的能量是不连续的，故也是量子化的，因此我们可以把晶格振动看成是声子，正如我们把光看成光子一样。声子动量大、能量小；而光子的能量大、动量小。严格地说，电子吸收光子的过程必须同时满足能量守恒和动量守恒，即

跃迁前后电子的能量差 = 光子的能量（$h\nu$）

跃迁前后电子的动量差 = 光子的动量

在砷化镓的能带图（图 2-19）中，导带最低点和价带最高点出现在同一个动量 k（$k=0$）处。砷化镓分子吸收了能量为 $h\nu \geqslant E_g$ 的光子后，在 A 点或 O 点发生电子跃迁，这时 AA′和表示动量空间的 k 坐标轴相交于 k_A 处，OO′与坐标轴相交于 $KO=0$ 处，AA′和 OO′都和 K 轴垂直，表明在 A 点和 O 点的电子，在跃迁前后各自的动量相等，这种跃迁称为直接跃迁。像砷化镓那样，只有直接跃迁能带结构的材料称为直接材料，直接材料对靠近吸收限处、频率为 ν 的光子的吸收系数可以表示为

$$\alpha(h\nu) = q^2\left[\frac{2m_h^* m_e^*}{m_h^* + m_e^* nch^2 m_e^*}\right]^{3/2}[h\nu - E_g]^{1/2}$$

式中 m_h^*——价带中空穴的有效质量；

m_e^*——导带中电子的有效质量；

n——折射率。

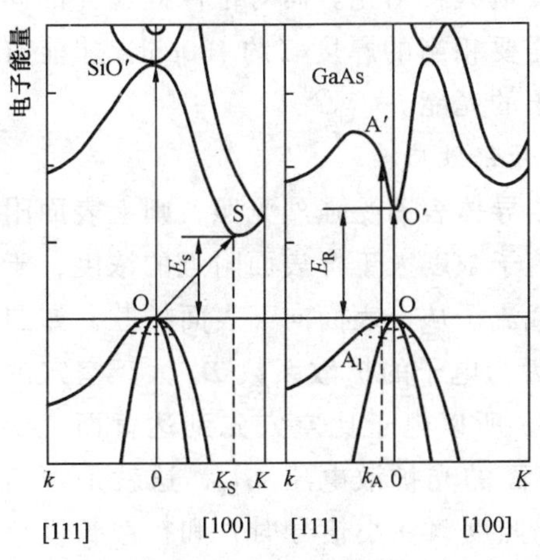

图 2-19 硅和砷化镓的能带结构图

上式只适用于 $h\nu > E_g$ 的光子，对于 $h\nu < E_g$ 的光子，吸收系数为 0。

在硅的能带图中，价带顶 O 点的动量 $K_O=0$，导带底 S 点的动量 $K_S>0$，电子吸收 $h\nu \geqslant E_g$ 的光子后，从 O→S 的跃迁虽然满足能量守恒，却不满足动量守恒。那么从 O→S 的跃迁能否发生呢？测量表明，O→S 的跃迁仍然发生。因此，电子在发生 O→S 的跃迁过程中，必须同时吸收声子，以补足跃迁前后的动量差。因为声子能量很小，可以忽略声子能量对电子的影响。电子的这种 O→S 的跃迁称为间接跃迁。像硅这样具有间接跃迁能带结构的材料称为间接材料。在间接

材料中，电子吸收了能量足够大的光子后也可能发生 O→O′的直接跃迁。

光子在激发电子跃迁的过程中，可以同时吸收声子，也可以同时发射声子。在发射声子时，要求光子具有比 E_g 更大的能量。在低温时，半导体中的声子数很少，包含声子发射的激发过程占主导地位。随着温度的升高声子数增加，包含声子吸收的激发过程占主导地位，这时，对入射光子的能量要求变小，吸收限向长波移动。间接材料对靠近吸收限处、频率为 ν 的光子的吸收系数可以表示为

$$\alpha(h\nu) = \alpha_e(h\nu) + \alpha_a(h\nu)$$

其中

$$\alpha_e(h\nu) = \frac{B(h\nu - E_g + E_p)^2}{1 - e^{-Ep/kT}}$$

$$\alpha_a(h\nu) = \frac{B(h\nu - E_g + E_p)^2}{e^{Ep/kT} - 1}$$

式中 B——常数；

E_p——声子能量；

$\alpha_e(h\nu)$——包含声子发射过程的吸收系数；

$\alpha_a(h\nu)$——包含声子吸收过程的吸收系数。

图 2-20 示出硅和砷化镓吸收系数和光子能量的关系，可以看到，直接材料砷化镓的吸收系数曲线陡峭地上升，且上升后不大随波长变化。在间接材料硅的曲线中，吸收系数在吸收限 λ_0 以后随光子能量逐渐上升，表明发生的是间接跃迁，而当光子能量继续增加时，在 α 达到 $10^4 \sim 10^6$/cm 范围内则发生直接跃迁。图 2-20 示出了在 AM0 和 AM1.0 光谱条件下，硅和砷化镓的厚度与利用太阳能的关系。由图可知，对于像砷化镓那样的直接材料，只要很薄的一片（约几 μm）就可以有效地吸收阳光。而对于像硅这样的间接材料，却需要相当的厚度（约 100μm）才能有效地吸收太阳的光能。

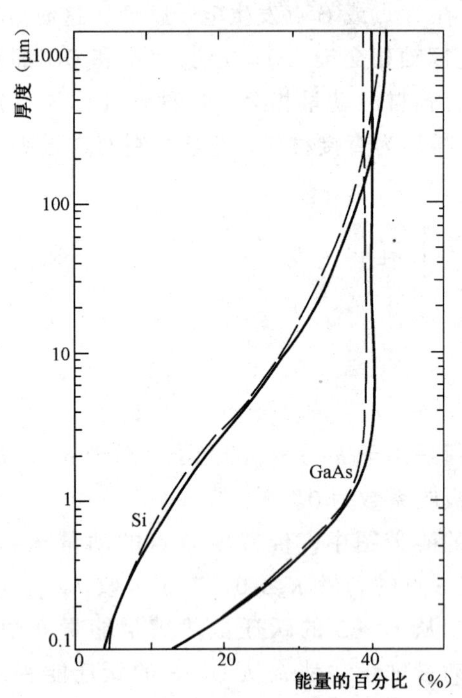

图 2-20　在 AM0 和 AM1.0 光谱条件下硅和砷化镓的厚度与利用太阳能的百分率

实线—AM0 光谱条件下；虚线—AM1.0 光谱条件下

（三）丹倍效应

如果半导体表面受强烈光照，则上表面附近的光生载流子浓度大于背表面附近的浓度，于是将有光生载流子从上表面向下表面扩散，如图 2-21 所示。因为电子的扩散系数 D_n 大于空穴的扩散系数 D_p，所以电子比空穴先到达背面，于是下表面出现了负电荷，并产生了由上表面指向下表面的光扩散电压 U_{De}，这就是丹倍效应。U_{De}称为丹倍电动势。丹倍电动势正比于光谱辐照度（在小信号时）和扩散长度。对于本征半导体 U_{De}有最大值，表面复合速率增大，U_{De}减小。对于硅电池，因厚度不大，

丹倍电动势只有很小的影响，在 AM0 光谱条件下，$U_{De}<$ 2mV，而在聚光电池中需要考虑。

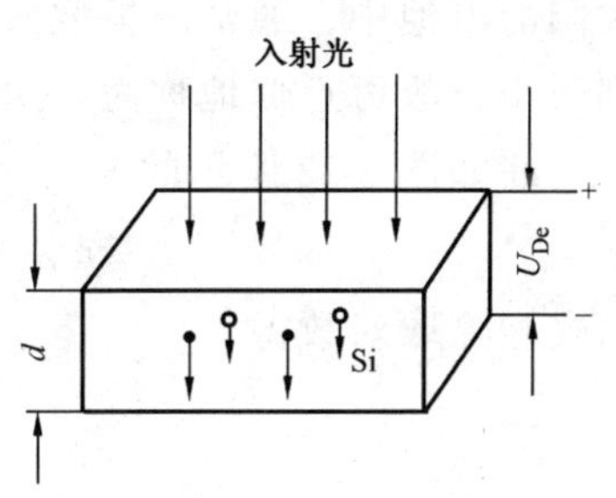

图 2-21 产生丹倍效应的原理图

三、同质结太阳能电池

同质结太阳能电池主要依靠 P-N 结的光生伏打效应来工作。

（一）P-N 结的形成及内建电场

当 P 型半导体和 N 型半导体紧密结合连成一块时，在两者的交界面处就形成 P-N 结。实际上，同一块半导体中的 P 区和 N 区的交界面就称为 P-N 结。P-N 结早被誉为晶体管、集成电路的心脏，对于仅有一个 P-N 结的太阳能电池也毫不例外。

设两块均匀掺杂的 P 型硅和 N 型硅，其掺杂浓度分别为 N_A 和 N_D。在室温下，硼、磷原子全部电离，因而在 P 型硅中均匀分布着浓度为 p_p 的空穴（多子）及浓度为 n_p 的电子（少子）。在 N 型硅中类似地均匀分布着浓度为 n_n 的电子（多子）及浓度为 p_n 的空穴（少子）。当 P 型硅和 N 型硅互相接触时，如图 2-22（a）所示，交界面两侧的电子和空穴的浓度不同，于是界面附近的电子将通过界面向右扩散运动，而空穴则向左扩散运动。界面左侧附近的电子流向 P 区后，就剩下了一薄层不能移动的电离磷原子 P^+，如图 2-22（b）和图 2-22（d）所示，形成一个正电荷区，阻碍 N 区电子继续流向 P 区，也阻止 P 区空穴流向 N 区。类似的过程也使界面右侧附近剩下一薄层不能移动的电离硼原子 B^-，它阻碍 P 区空穴向 N 区及 N 区电子向 P 区的继续流动。于是界面层两侧的正、负电荷区形成了一个电偶层，称为阻挡层，如图 2-22（b）所示。因为电偶层中的电子或空穴几乎流失或复合殆尽，所以阻挡层也称作耗尽层。又因为阻挡层中充满了固定电荷，故又称空间电荷区，其中存在由 N 区指向 P 区的电场，称为“内建电场”，如图 2-22（e）所示。显然，在内建电场作用下，将产生空穴向左而电子向右的漂移运动，其方向恰与扩散运动相反。图 2-22（c）为 N 区和 P 区的杂质分布；图 2-22（d）为空间电荷区电荷分布；图 2-22（e）为空间电荷区电场强度分布，可以看到极大值 ε_{max}出现在 N 区和 P 区接触面上；（f）为各区载流子分布；（g）为 P-N 结的能带图。

P-N 结形成过程也可以从能带图得到说明。N 型半导体中电子浓度大，费米能级 E_{Fn} 位置较高；P 型半导体空穴浓度大，故费米能级 E_{Fp}位置较低。当两者相互紧密接触时，电子将从费米能级高处向低处流动，而空穴则相反。与此同时，在由 N 区指向 P 区的内建电场影响下，E_{Fn}连同整个 N 区能带下移，E_{Fp}则连同 P 区能带上移，价带和导带弯曲形成势垒，直到 $E_{Fn}=E_{Fp}=E_F$ 时停止移动，达到平衡，在形成 P-N 结的半导体中有了统一的费米能级 E_F。图 2-22（g）中，E_{ip}、E_{in}分别表示 P 区和 N 区中的本征费米能级，而它们与该区实际费米能级之差除以基本电荷 q 为 $U_{Fp}=(E_{ip}-E_{Fp})/q$，$U_{Fn}=(E_{Fn}-E_{in})/q$。U_{Fp}、U_{Fn} 称为各区的费米势，而 $U_D=U_{Fn}+U_{Fp}$ 为总的费米势。热平衡时总费米势即为空间电荷区两端间的电动势差 U_D（也称 P-N 结自建电压、接触电动势差或内建电动势差）。

根据杂质在 P-N 结中的分布情况，P-N 结有突变结和线性缓变结之分。类似图 2-22（c）所示，杂质分布称突变结，在缓变结中，杂质浓度梯度较小，耗尽区往往比较宽。在太阳能电池中，通常用扩散法制 P-N 结，表面杂质浓度很高，扩散层很薄，结深和耗尽区都很小，故可近似地称为单边突变结。

在如图 2-22 所示的 P-N 结中，空间电荷区以外

$$n_{n0} = n_i e^{(E_{Fn}-E_i)/kT}, n_{p0} = n_i e^{-(E_{Ep}-E_i)/kT}$$

两式相除取对数得

$$U_D = \frac{kT}{q}\ln\frac{n_{n0}}{n_{p0}} = \frac{kT}{q}\ln\frac{N_D N_A}{n_i^2} \qquad (2\text{-}24)$$

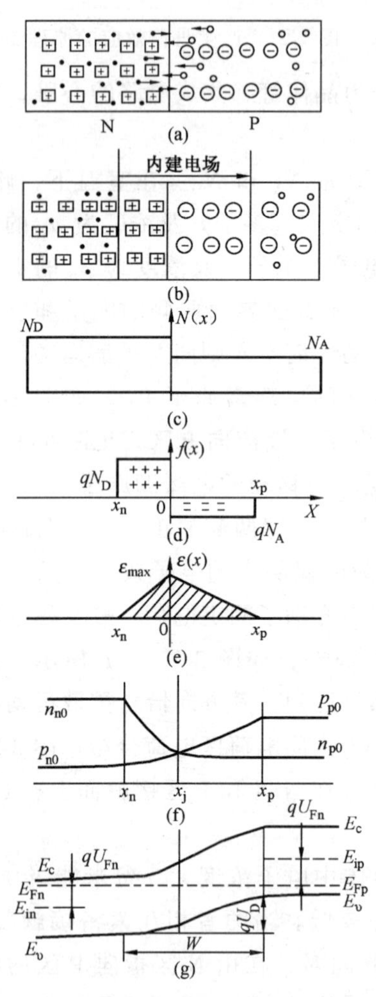

图 2-22 理想突变 P-N 结中杂质、电荷、电场强度、载流子分布及能带图

(a) N 型硅和 P 型相接触；(b) 形成了 P-N 结，有确定的空间电荷区；(c) N 区和 P 区杂质浓度分布；(d) 空间电荷区电荷分布；(e) 空间电荷区电场分布；(f) 各区载流子浓度分布；(g) P-N 结能带结构

⊞—电离的磷原子；⊖—电离的硼离子；·—电子；○—空穴；硅原子未画出

可见，在一定温度下，突变结两边掺杂浓度高，则自建电压 U_D 大；禁带宽度大时，n_i 小，U_D 也大。

势垒宽度就是阻挡层宽度。在平衡的 P-N 结中，电偶层两边分别带有等量异号电荷。设图 2-22（b）中的半导体具有单位截面积，则有

$$N_D x_n = N_A x_p$$

式中 x_n——N 区中空间电荷层厚度；

x_p——P 区中空间电荷层厚度。

利用泊松方程

$$\frac{d^2 U(x)}{dx^2} = \begin{cases} -\dfrac{qN_D}{\epsilon_r \epsilon_0} & x_n \leqslant x \leqslant 0 \\ -\dfrac{qN_A}{\epsilon_r \epsilon_0} & x_p \geqslant x \geqslant 0 \end{cases}$$

式中 $U(x)$——x 处的静电动势；

ϵ_r、ϵ_0——材料的相对介电系数和真空介电系数。

对泊松方程两边积分，并代入边界条件，即得 P-N 结中最大电场强度为

$$\varepsilon_{max} = \frac{qN_D x_n}{\epsilon_r \epsilon_0} = \frac{qN_A x_p}{\epsilon_r \epsilon_0}$$

那么也像图 2-22（e）所示，静电动势总变化量等于电场强度分布的总面积，即

$$U_D = \frac{1}{2}\varepsilon_{max}(x_p + x_n) = \frac{1}{2}\varepsilon_{max} W$$

突变结耗尽区总宽度 $W = x_p + x_n$ 与结上静电动势变化总量的函数关系为

$$W = \sqrt{\frac{2\epsilon_r \epsilon_0}{q}\frac{N_A + N_D}{N_A N_D} U_D}$$

通常在 N^+/P 或 P^+/N 太阳能电池中，P-N 结两边浓度差很大（$N_A \gg N_D$），即可以把它当作单边突变结

近似。当有外电压 U 存在时

$$W=\sqrt{\frac{2\epsilon_r\epsilon_0}{qN_A}(U_D-U)} \tag{2-25}$$

硅太阳能电池的 W 值见表 2-6。

表 2-6　硅太阳能电池结电容和相应耗尽区宽度

基区材料电阻率 (Ωcm)	P-N 结电容 ($\mu F/cm^2$)	耗尽区宽度 W (μm)	基区材料电阻率 (Ωcm)	P-N 结电容 ($\mu F/cm^2$)	耗尽区宽度 W (μm)	基区材料电阻率 (Ωcm)	P-N 结电容 ($\mu F/cm^2$)	耗尽区宽度 W (μm)
10	0.0145	0.75	1	0.038	0.28	0.1	0.106	0.098

（二）反偏压与正偏压

如前所述，平衡 P-N 结中，在自建电压 U_D 作用下形成的漂移电流等于由载流子浓度差形成的扩散电流，而使 P-N 结中净电流为 0。外加电压将使 P-N 结处于非平衡状态。若 P 区接正，N 区接负，则外加电压 U_F 与 U_D 反向，U_F 称为正向电压。正偏时结势垒高度减低为 $q(U_D-U_F)$，于是 N 区中有大量电子扩散到 P 区，P 区也有大量空穴扩散到 N 区，形成由 P 指向 N 的可观的扩散电流，也称正向电流。随着正向电压的增加，P-N 结中扩散电流大大超过由 P-N 结中剩余的电动势 U_D-U_F 作用下形成的漂移电流，于是得到如图 2-23 中第一象限所示的正向电流电压特性，又称正向伏安特性。

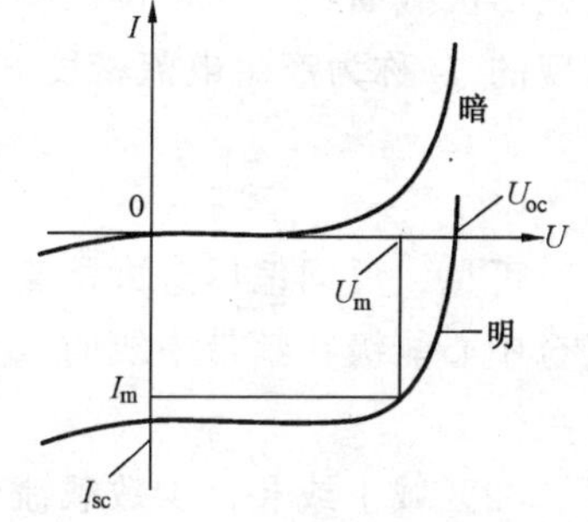

图 2-23　P-N 结的整流特性和太阳能电池的明暗特性

P-N 结的整流特性和太阳能电池的暗特性相同，受照射时暗特性曲线下移，成为明特性曲线

若 P 区接负，N 区接正，则外加电压 U_R 与 U_D 同向，U_R 称为反向电压。此时，势垒高度增加为 $q(U_D+U_R)$，势垒宽度也增加，于是 N 区中的电子及 P 区中的空穴都难于向对方扩散。相反，增强了少子的漂移作用，把 N 区中的空穴驱向 P 区而把 P 区中的电子拉向 N 区在结中形成了由 N 指向 P 的反向电流，因少子数目较少，所以反向电流一般都很小。图 2-23 中第三象限示出了 P-N 结的反向电流电压特性，也称反向伏安特性。P-N 结正、反向导电性很悬殊的差别即是 P-N 结的整流特性。

图 2-23 也相当于同质结太阳能电池的暗特性。P-N 结伏安特性是分析太阳能电池工作特性的重要根据。

1. 反偏

在图 2-24 中，依次把 N^+ 区、耗尽区、P 区分别设为Ⅰ、Ⅱ、Ⅲ区。反偏时，因耗尽区内电子、空穴浓度小而电阻大，故可以认为反偏电压 U_R 全部降落在Ⅱ中。Ⅰ及Ⅲ中载流子浓度大而电阻小，可认为是无电场作用的中性区，而总的反向电流密度 J_R 为各区对反向电流密度贡献之和

$$J_R=(J_1+J_3)+J_2 \tag{2-26}$$

先讨论 J_2。若反偏电压 $U_R\gg\frac{kT}{q}$，由于Ⅱ中存在 U_D+U_R 的电动势，载流子浓度远

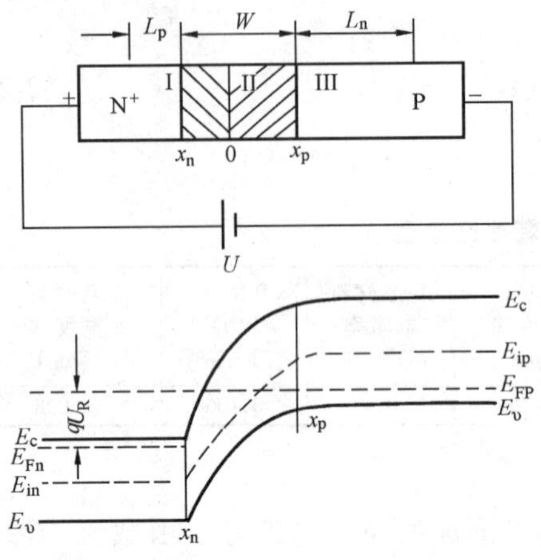

图 2-24　反偏压 P-N 结及其能带图

远低到其平衡浓度以下，即 $np \ll n_i^2$，因为一部分载流子已被扫出耗尽区（空穴扫至 P 区，电子扫至 N 区）。载流子浓度的降低，使得通过复合中心发生的 4 个复合—产生过程只有 2 个发射过程是重要的，另 2 个俘获过程可以忽略。因为它们的速率正比于自由载流子浓度，而自由载流子浓度在反偏耗尽区内是很少的。

在稳态情况，这 2 个发射过程能够起作用的唯一途径是交替进行，于是耗尽区内的复合中心交替地发射电子和空穴。

每产生一个电子—空穴对，就立即被势场扫出耗尽区，从而对外电路提供一个电子电荷。假设耗尽区截面积均为单位面积，宽度为 W，则耗尽区体积为 $W\times1$，由于耗尽区内产生而出现的 J_2 称为产生电流密度

$$J_2 = q\mid U\mid W = \frac{1}{2}q\frac{n_i}{\tau_0}W \tag{2-27}$$

可见，反向偏压愈大，W 愈宽，其中包含的复合中心愈多，产生电流 J_2 就愈大。当复合中心能级在禁带中线时，τ_0 与温度无关，但 J_2 因为正比于 n_i，与 n_i 一样与温度 T 有关。

在区域Ⅰ或Ⅱ，少数载流子仅仅是通过扩散而运动。如果在耗尽区边界 x_n 附近的 N 区内有电子—空穴对产生，则通过扩散而到达 x_n 的空穴立即被耗尽层中的电场扫向 P 区；与此相反，从 P 区扩散到耗尽区边界 x_p 的电子将被扫向 N 区。这些电流分量 J_1、J_3 称为扩散电流密度。

可以认为，只有那些在耗尽区边界以外，一个扩散长度距离以内产生的那些少数载流子，才能到达耗尽区的边界，而被电场扫到耗尽区的另一端去，对扩散电流作出贡献。那些在离耗尽区边界一个扩散长度距离以外的中性区中产生的电子—空穴对，则复合掉了。于是可写出扩散电流密度分量

$$J_1 = q[\text{N 区单位体积净产生率}]\times[\text{N 区少子扩散长度}]$$

$$J_3 = q[\text{P 区单位体积净产生率}]\times[\text{P 区少子扩散长度}]$$

显然，耗尽区边界处的少子浓度低于体内，$p_n \ll p_{n0}, n_p \ll n_{p0}$，于是这个区域内热平衡时单位体积净产生率为

$$U = \frac{p_n - p_{n0}}{\tau_p}$$

寿命为

$$\tau_p = \frac{1}{\sigma v_t N_t}$$

则有

$$J_1 = q\frac{p_{n0}}{\tau_p}L_p = qD_p\frac{p_{n0}}{L_p}$$

类似地，有

$$J_3 = q\frac{n_{p0}}{\tau_n}L_n = qD_n\frac{n_{p0}}{L_n}$$

总的反偏扩散电流分量 J_0 为

$$J_0 = J_1 + J_3 = q\left(D_p\frac{p_{n0}}{L_p} + D_n\frac{n_{p0}}{L_n}\right) \tag{2-28}$$

由此可见，扩散电流密度的表达式是不含有外加电压的，所以只要有足够大的外电压 $U_R \gg \frac{kT}{q}$，扩散电流就是饱和的，故 J_0 也称为反向饱和电流密度，它对温度的依赖关系与 n_i^2 一样。将式（2-27）、（2-28）代入式（2-26）可得总的反向电流密度

$$J_R = q\left(D_p\frac{p_{n0}}{L_p} + D_n\frac{n_{p0}}{L_n}\right) + \frac{1}{2}q\frac{n_i}{\tau_0}W \tag{2-29}$$

2. 正偏

当 P-N 结处于正偏压 U_F 时（P 区接电源正极，N 区接负极），仍可认为 N 区、P 区电阻较小，耗尽区电阻大，正向压降主要降落在耗尽区上。当大量电子从 N 区越过耗尽区界面 x_p 后，即成为 P 区的过剩的少子，以 P 区少子的扩散方式在 P 区继续扩散，在几个扩散长度范围内复合，这些 N 区来的电子在 P 区形成一个扩散层。同理，从 P 区来到 N 区的空穴也在 N 区内形成了一个扩散层。在这两个扩散层中间夹着一个耗尽区，电子和空穴在这 3 个区域中不断地因复合而消失，而损失的电子和空穴将分别通过 N 区和 P 区上的接触电极从电源得到补充。可以说，正向电流即为各区中单位时间由电子—空穴对的复合引起的。在图 2-25 中，设上述 3 个区域为Ⅰ、Ⅱ、Ⅲ区，则正向电流密度 J_D 可表示为

$$J_D = (J'_1 + J'_3) + J'_2 \tag{2-30}$$

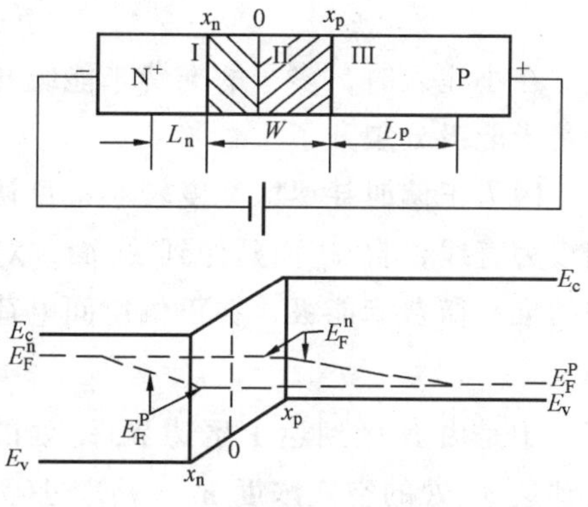

图 2-25　正偏压 P-N 结及其能带图

中性区内的复合电流分量 J'_1、J'_3 称为扩散电流，耗尽区的电流分量 J'_2 称为复合电流。

在稳态情况，在 N 区扩散层中，小注入时可不考虑电场影响，则电子扩散方程为

$$D_n = \frac{d^2 n_p(x)}{dx^2} - \frac{n_p(x) - n_{p0}}{\tau_n} = 0 \tag{2-31}$$

考虑边界条件：①在 $x = x_p$ 处，电子浓度 $n_p(x)|_{x_p} = n_p(x_p)$；②在远离 x_p 面处，电子浓度等于 P 区电子平衡浓度，即 $n_p(\infty) = n_{p0}$。其解为

$$n_p(x) = n_{p0} + [n_p(x_p) - n_{p0}]e^{\frac{x_p - x}{L_n}}$$

式中　L_n——电子扩散长度。

电子扩散长度 L_n 与电子扩散系数 D_n 及电子寿命 τ_n 的关系满足

$$L_n = \sqrt{D_n \tau_n}$$

这时，进入P区的电子流提供的扩散电流分量 J'_3 为

$$J'_3 = -qD_n \frac{\mathrm{d}n_p}{\mathrm{d}x}\bigg|_{x_p} = qD_n \frac{n_p(x_p) - n_{p0}}{L_n} \tag{2-32}$$

同理可得

$$p_n(x) = p_{n0} + [p_{n0} - p_n(x_n)]\mathrm{e}^{\frac{x_n - x}{L_p}}$$

$$J'_1 = -qD_p \frac{p_n(x_n) - p_{n0}}{L_p} \tag{2-33}$$

式中　L_p——空穴扩散长度。

空穴扩散长度 L_p 与空穴扩散系数 D_p 及空穴寿命 τ_p 的关系满足

$$L_p = \sqrt{D_p \tau_p}$$

在非平衡的半导体中，利用准平衡条件，即利用电子的准费米能级 E_F^n 和空穴准费米能级 E_F^p 代替平衡费米能级 E_F 后，即可写出非平衡时的电子浓度及空穴浓度

$$\left.\begin{aligned} n &= n_i \mathrm{e}^{(E_F^n - E_i)/kT} \\ p &= n_i \mathrm{e}^{(E_i - E_F^p)/kT} \end{aligned}\right\} \tag{2-34}$$

在小注入时，多子的准费米能级几乎和平衡费米能级相同，少子的准费米能级则从平衡费米能级分裂开了。

因为正偏时耗尽区宽度较小，可认为电子越过耗尽区时浓度不发生变化，电子准费米能级为直线，自 x_n 面延伸到 x_p 面，对空穴也类同。在图2-25中，E_F^n、E_F^p 即为电子和空穴的准平衡费米能级，在正偏空间电荷区中，满足

$$E_F^n - E_F^p = qU_F$$

于是由N区到达P区边界 x_p 处的电子浓度 n_p（x_p）即等于N区中的电子浓度 n_{n0}，而到达 x_n 处的空穴浓度 p_n（x_n）也等于P区中的空穴浓度 p_{p0}，即

$$n_p(x_p) = n_{n0} = n_i \mathrm{e}^{(E_F^n - E_i)/kT} = n_{p0}\mathrm{e}^{qU_F/kT}$$

$$p_n(x_n) = p_{p0} = n_i \mathrm{e}^{(E_i - E_F^p)/kT} = p_{n0}\mathrm{e}^{qU_F/kT}$$

在正偏的单边突变结中（即常规硅太阳能电池的结构），由于 $n_{p0} = n_i^2/N_A$，$p_{n0} = n_i^2/N_D$，将这两式代入式（2-32）和式（2-33），得

$$\left.\begin{aligned} J'_1 &= qD_n \frac{n_i^2}{N_A L_n}(\mathrm{e}^{qU_F/kT} - 1) \\ J'_3 &= qD_p \frac{n_i^2}{N_D L_p}(\mathrm{e}^{qU_F/kT} - 1) \end{aligned}\right\} \tag{2-35}$$

耗尽区内的复合电流分量正比于复合率

$$J'_2 = -q\int_0^w U\mathrm{d}x \tag{2-36}$$

由于 U 与 n 和 p 有关，而 n 和 p 均与距离 x 有复杂的关系，故这一积分就变得很繁

杂。但是，如果作适当的近似，则可得到比较有意义的结论。

如同我们在反偏时考虑过的那样，现在仍然假设耗尽区中的复合中心都是靠近禁带中线附近的最有效的复合中心，即满足 $E_t = E_i$,且 $\sigma_p = \sigma_n = \sigma$ ，此时净复合率 U 可表示为

$$U = \sigma v_i N_i \frac{pn - n_i^2}{n + p + 2n_i}$$

利用式（2-34），即认为整个耗尽区内电子和空穴浓度之积为

$$pn = n_i^2 e^{qU_F/kT}$$

于是净复合率 U 为

$$U = \sigma v_t N_t \frac{n_i^2(e^{qU_F/kT} - 1)}{n + P + 2n_i}$$

对于给定的正偏压 U_F，耗尽区中（$n+p$）值最小时，U 有最大值。既然 pn 和（$p+n$）都为常量，这个极小条件可写为

$$dp = -dn = \frac{pn}{p^2}dp$$

或

$$p = n$$

在耗尽区内的 P-N 结的理想结面上，上述条件成立，这时载流子浓度

$$p = n = n_i e^{qU_F/2kT}$$

于是 U 的最大值为

$$U_{max} = \sigma v_t N_t \frac{n_i^2(e^{qU_F/kT} - 1)}{2n_i(e^{qU_F/2kT} + 1)}$$

$$\approx \frac{1}{2} \sigma v_t N_t n_i (e^{qU_F/2kT} - 1)$$

代入式（2-36）可得复合电流 J'_2

$$J'_2 = \frac{1}{2} q \frac{n_i}{\tau_0} W(e^{qU_F/2kT} - 1) \tag{2-37}$$

将式（2-35）、（2-36）代入式（2-30），可得 P-N 结被外电压 U_F 正向偏置时总的正向电流密度 J_D

$$J_D = \left(qD_n \frac{n_i^2}{N_A L_n} + qD_p \frac{n_i^2}{N_D L_p}\right)(e^{qU_F/kT} - 1) + \frac{1}{2} q \frac{n_i}{\tau_0} W(e^{qU_F/2kT} - 1) \tag{2-38}$$

由此可见，当 $U_F \gg \frac{kT}{q}$ 时，复合电流正比于 $e^{eU_F/2kT}$，扩散电流正比于 $e^{qU_F/kT}$。

若不考虑耗尽区 J'_2 的影响，则 P-N 结的正向电流密度 J_D 可简化为

$$J_D = \left(\frac{qD_n n_i^2}{L_n N_A} + \frac{qD_p n_i^2}{L_p N_D}\right)(e^{qU_F/kT} - 1)$$

令 J_0 为忽略 P-N 结耗尽区影响时的反向饱和电流密度，同式（2-28）一样

$$J_0 = \frac{qD_n n_i^2}{L_n N_A} + \frac{qD_p n_i^2}{L_p N_D} \tag{2-39}$$

则

$$J_D = J_0(e^{qU_F/kT} - 1) \tag{2-40}$$

这就是著名的肖克莱方程，它反映了理想情况下 P-N 结的正偏电流密度与偏压、反向

饱和电流密度及温度的关系。

考虑了复合电流 J'_2 后，正向电流可以写成

$$J_D = J_0(e^{qU_F/AkT} - 1) \tag{2-41}$$

A 称为二极管曲线因子。当 $A=1$ 时，扩散电流为主；$A=2$ 时，复合电流为主；当两种电流相近时，A 在 $1\sim2$ 之间。

（三）P-N 结电容

如前所述，P-N 结的空间电荷区内存在着正、负电荷数精确相等的电偶层，在外电场作用下，电偶层的宽度 W 将随外界电压变化，因而电偶层中的电量也随外加电压变化。根据电容的定义 $C = \dfrac{\Delta Q}{\Delta U} = \dfrac{dQ}{dU}$，可求出 P-N 结的电容。如果用平行板电容器类比，则单位面积的结电容为

$$C = \frac{\epsilon_r \epsilon_0}{W}$$

这是在小注入条件下，对任意杂质分布都适用的一种很好的近似，在反偏时符合得更好。将式（2-25）代入上式，得

$$C = \sqrt{\frac{q\epsilon_r\epsilon_0 N_A}{2(U_D + U_R)}} \tag{2-42}$$

或写成

$$\frac{1}{C^2} = \frac{2}{q\epsilon_r\epsilon_0 N_A}(U_R + U_D)$$

显然，测出不同反偏时的 C 值，并以$\dfrac{1}{C^2}$、U_R 分别作为纵、横坐标作图，则直线的斜率给出衬底杂质浓度 N_A，而截距给出自建电压 U_D，并由此可算出耗尽区的宽度 W。另外，通过测量反偏压和电容的关系，再作适当的微分变换，还可以直接求出杂质分布。

测量 P-N 结结电容，可为硅太阳能电池提供一些必要的参数。在硅太阳能电池用作发电时，结电容对工作特性并没有多大影响，而在用作信号转换时，结电容与频率特性有密切的关系。

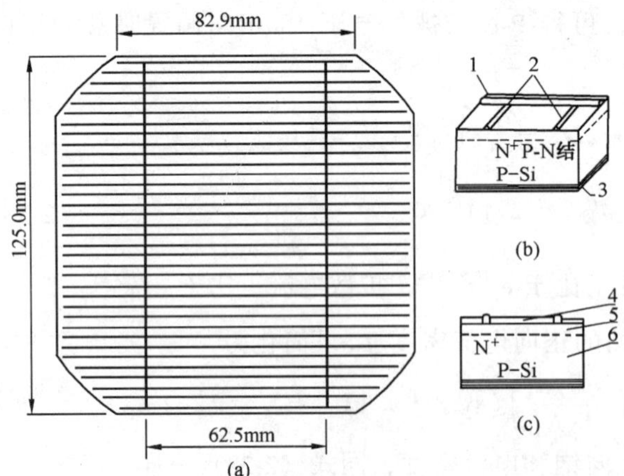

图 2-26　N^+/P 硅太阳能电池的基本结构

(a) 为方形硅太阳能电池；(b) 部分立体图；(c) 相应的断面图
1—金属电极主栅；2—金属上电极细栅；3—金属底电极；4—减反射膜；5—顶区层（也称扩散层）；6—体区层（也称基区层）

表 2-6 给出了 N^+/P 型硅太阳能电池的结电容和相应的耗尽区宽度的数值。

（四）硅太阳能电池构造和工作原理

硅太阳能电池外形和基本结构如图 2-26 所示，图 2-26（a）为方形太阳能电池外形图；图 2-26（b）为纵剖面图。基体材料为一薄片 P 型单晶硅（厚度在 0.4mm 以下），上表面为一层 N^+ 型的顶区，并构成一个 P-N^+ 结。顶区表面有栅状的金属电极，背表面为金属底电极。上、下电极分别和 N^+ 区和 P 区形成欧姆接触，整个上表面还均匀地覆盖着减反射膜。

当入射光照在电池时，能量大于硅禁带宽度的光子穿过减反射膜进入硅中，在N区、耗尽区和P区中激发出光生电子—空穴对。光生电子—空穴对在耗尽区中产生后，立即被内建电场分离，光生电子被送进N区，光生空穴则被推进P区。根据耗尽近似条件，耗尽区边界处的载流子浓度近似为0，即 $p = n = 0$。在N区中，光生电子—空穴对产生以后，光生空穴便向P-N结边界扩散，一旦到达P-N结边界，便立即受到内建电场作用，被电场力牵引作漂移运动，越过耗尽区进入P区，光生电子（多子）则被留在N区。P区中的光生电子（少子）同样的先因为扩散、后因为漂移而进入N区，光生空穴（多子）留在P区。如此便在P-N结两侧形成了正、负电荷的积累，产生了光生电压，这就是“光生伏打效应”。当电池接上一负载后，光电流就从P区经负载流至N区，负载中即得到功率输出。

图2-27为不同状态下硅太阳能电池的能带图。图2-27（a）为无光照、处于热平衡状态时的P-N结能带图，有统一的费米能级，势垒高度为 $qU_D = E_{Fn} - E_{Fp}$。图2-27（b）为稳定光照时，P-N结处于非平衡状态，光生载流子积累出现光电压，使P-N结处于正偏，费米能级发生分裂。因为电池处于开路状态（没有接负载），故费米能级分裂的宽度等于 qU_{oc}，剩余的结势垒高度为 $q(U_D - U_{oc})$。图2-27（c）为有稳定光照，电池处在短路状态（负载为0），原来在P-N结两端积累的光生载流子通过外电路复合，光电压消失，势垒高度为 qU_D，各区中的光生载流子被内建电场分离，源源不断地流进外电路，形成短路电流 I_{sc}。图2-27（d）为有光照和有外接负载时，一部分光电流在负载上建立电压 U，另一部分光电流和P-N结在电压 U 的正向偏压下形成的正向电流抵消。费米能级分裂的宽度正好等于 qU，而这时剩余的结势垒高度为 $q(U_D - U)$。

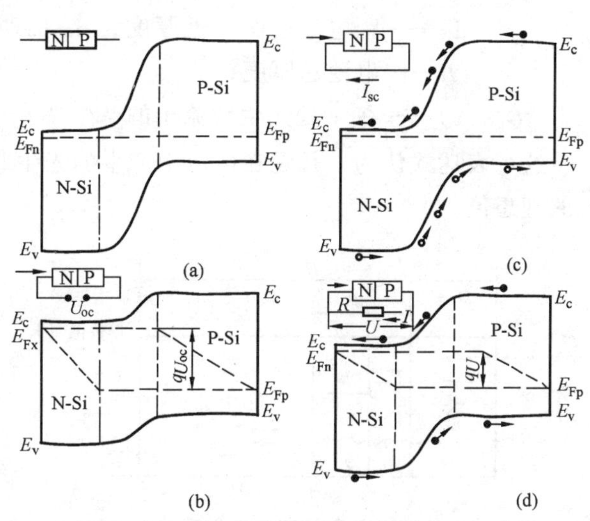

图2-27　不同状态下硅太阳能电池的能带图

（a）无光照射时；（b）有光照开路时；（c）有光照短路时；（d）有光照有负载存在时

（五）光电流和光电压

1. 光电流

光生载流子的定向运动形成光电流。如果投射到电池上的光子中，能量大于 E_g 的光子均能被电池吸收，而激发出数量相同的光生电子-空穴对，且均可被全部收集，则光电流密度的最大值为

$$J_{Lmax} = qN_{ph}(E_g)$$

式中　$N_{ph}(E_g)$ ——每秒钟投射到电池上的能量大于 E_g 的总光子数。

考虑光的反射、材料的吸收、电池厚度以及光生载流子的实际产生率以后，光电流密

度可表示为

$$J_L = \int_0^{\infty}[\int_0^H q\Phi(\lambda)Q[1-R(\lambda)]\alpha(\lambda)e^{-\alpha(\lambda)x}dx]d\lambda$$

$$= \int_0^{\infty}\int_0^H qG_L(x)dxd\lambda$$

$$G_L(x) = \Phi(\lambda)Q[1-R(\lambda)]\alpha(\lambda)e^{-\alpha(\lambda)x} \quad (2\text{-}43)$$

式中 $\Phi(\lambda)$——投射到电池上波长为 λ、带宽为 $d\lambda$ 的光子数；

Q——量子产额，即一个能量大于 E_g 的光子产生一对光生载流子的几率，通常可令 $Q\approx1$；

$R(\lambda)$——和波长有关的反射因数；

$\alpha(\lambda)$——对应波长的吸收系数；

dx——距电池表面 x 处厚度为 dx 的薄层；

H——电池总厚度；

$G_L(x)$——在 x 处光生载流子的产生率。

这个表达式认为，凡是在电池中产生的光生载流子均可对光电流有贡献，因而是光电流的理想值。

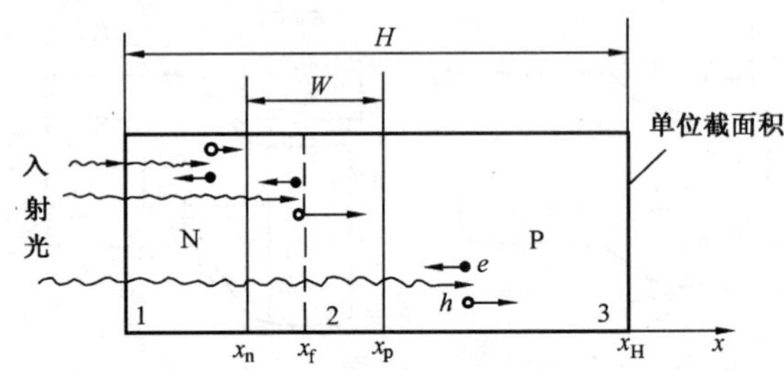

图 2-28　计算光电流时所用的太阳能电池结构

由上述光电流形成过程可知，在如图 2-28 所示简化的太阳能电池结构图中：①太阳能电池的 N 区、耗尽区和 P 区中均能产生光生载流子。②各区中的光生载流子必须在复合之前越过耗尽区，才能对光电流有贡献，所以求解实际的光生电流必须考虑到各区中的产生和复合、扩散和漂移等各种因素。为简单起见,先讨论波长为 λ、带宽为 $d\lambda$、光子数为 $\Phi(\lambda)$的单色光照射太阳能电池的情况。

类似 P-N 结正偏，在单位面积的太阳能电池中我们把 $J_L(\lambda)$ 看为各区贡献的光电流密度之和

$$J_L(\lambda) = J_n(\lambda) + J_c(\lambda) + J_p(\lambda) \quad (2\text{-}44)$$

其中，$J_n(\lambda)$、$J_c(\lambda)$、$J_p(\lambda)$ 分别表示 N 区、耗尽区和 P 区贡献的光电流密度。在考虑各种产生和复合机制以后，即可求出每一区中光生载流子的总数和分布，从而求出电流密度。

先考虑 J_n 和 J_p，根据肖克莱关于 P-N 结的理论模型，假设如图 2-28 所示的太阳能电池满足：

(1) 光照时太阳能电池各区均满足 $pn > n_i^2$，即满足小注入条件。

(2) 耗尽区宽度 W < 扩散长度 L_p，并满足耗尽近似。

(3) 基区少子扩散长度 L_p > 电池厚度 H，结平面为无限大，不考虑周界的影响。

(4) 各区杂质均已电离。

于是参考以上所述可列出在一维情况下，描写太阳能电池工作状态的基本方程：

对 N 区
$$J_p = q\mu_p p_n \varepsilon_n - qD_p \frac{dp_n}{dx} \tag{2-45}$$

$$\frac{dp_n}{dt} = G_L - U_n - \frac{1}{q}\frac{dJ_p}{dx} \tag{2-46}$$

对 P 区
$$J_n = q\mu_n n_p \varepsilon_p + qD_n \frac{dn_p}{dx} \tag{2-47}$$

$$\frac{dn_p}{dt} = G_L - U_p + \frac{1}{q}\frac{dJ_n}{dx} \tag{2-48}$$

以及
$$\frac{d\varepsilon}{dx} = \frac{q}{\varepsilon_r \varepsilon_0}(N_D - N_A + p + n) \tag{2-49}$$

式中 J_n、J_p——电子、空穴电流密度，C/cm^2s；

n_n、n_p——N 区电子、空穴浓度，cm^{-3}；

p_n、p_p——P 区电子、空穴浓度，cm^{-3}；

μ_n、μ_p——电子、空穴的迁移率，$\mu m^2/sV$；

D_n、D_p——电子、空穴的扩散系数，cm^2/s；

L_n、L_p——电子、空穴的扩散长度，$\mu m/s$；

τ_n、τ_p——电子、空穴的寿命，μs；

N_D、N_A——施主、受主的浓度，cm^{-3}；

q——单位电荷电量，C；

ε（ε_n、ε_p）——N 区电场强度和 P 区电场强度，c/cm^2；

ε_r、ε_0——材料的相对、绝对介电系数；

G_L——光生载流子产生率，$1/cm^3s$；

U（U_n、U_p）——电子复合率和空穴复合率，$1/cm^3s$。

方程（2-45）称为电流密度方程，它表示 N 区中的空穴决定的电流密度等于空穴的漂移分量与扩散分量的代数和。方程（2-46）称为连续性方程，它表示在单位时间单位体积的半导体中，空穴浓度的变化量等于净产生率（产生率减去复合率）与空穴流密度梯度的代数和。其中末项前的负号分别表示扩散流的方向和空穴浓度梯度方向及电流密度方向均相反。方程（2-47）、（2-48）分别为 P 区中由电子决定的电流密度方程和连续性方程。式（2-49）称为泊松方程，它表示半导体中电动势的空间分布和空间电荷的关系。

（1）均匀掺杂。对于一个 P-N 结太阳能电池，只需把实际参数代入以上方程，即可求出光电流来。但是这样太复杂了，须依靠电子计算机进行数值解。通常为了分析光电流与半导体材料特性参数之间的关系，我们可以假设一些特定的条件，以大大地简化方程，求得解析解。如假定在图 2-29 所示的太阳能电池中，P-N 结为突变结，P 区和 N 区都均匀掺杂，空间电荷区外不存在电场，迁移率 μ_n、μ_p 和扩散系数 D_n、D_p 均和距离无关。于是当电池被一束光谱辐照度为 $\Phi(\lambda)$ 的单色光（$\lambda > \lambda_0$）稳定照射时，电池中任一部分的载流子浓度不随时间变化，即 $\frac{\partial n_p}{\partial t} = 0$，$\frac{\partial p_n}{\partial t} = 0$，于是方程（2-46）、（2-48）变为

$$G_{Ln}-U_n-\frac{1}{q}\frac{\partial J_p}{\partial x}=0 \tag{2-50}$$

$$G_{Lp}-U_p+\frac{1}{q}\frac{\partial J_n}{\partial x}=0 \tag{2-51}$$

1）N 区。用式（2-45）对 x 求导，因 ε_n 为 0，故

$$\frac{\partial J_p}{\partial x}=qD_p\frac{\partial^2 p_n}{\partial x^2} \tag{2-52}$$

据式（2-43），考虑光生电子—空穴对的产额为 1 时，N 区中在 x 处的光产生率为

$$G_n(x)=\Phi(\lambda)\alpha(1-R)e^{-\alpha x} \tag{2-53}$$

根据肖克莱-里德-霍尔-萨支唐的模型，N 区的复合率 U_n 为

$$U_n=\frac{\sigma_n v_t N_t(p_n n_n-n_i^2)}{n_n+p_n+2n_i\text{ch}[(E_t-E_i)/kT]}\approx\frac{p_n-p_{n0}}{\tau_p} \tag{2-54}$$

把式（2-52）、式（2-53）、式（2-54）代入式（2-50）得

$$D_p\frac{\partial^2 p_n}{\partial x^2}-(1-R)\Phi(\lambda)\partial e^{-\alpha x}-\frac{p_n-p_{n0}}{\tau_p}=0 \tag{2-55}$$

这是一个二阶常微分方程,其通解为

$$(p_n-p_{n0})=A\text{ch}\left(\frac{x}{L_p}\right)+B\text{sh}\left(\frac{x}{L_p}\right)-\frac{\alpha\Phi(1-R)\tau_p}{\alpha^2L_p^2-1}e^{-\alpha x} \tag{2-56}$$

为了求出通解中的常数 A 和 B，我们利用 N 区的两个边界条件：

①在电池表面 $x=0$ 处，复合率正比于表面复合速度 s_p，即

$$D_p\left.\frac{d(p_n-p_{n0})}{dx}\right|_{x=0}=s_p(p_n-p_{n0})$$

②在靠近 P-N 结空间电荷区边缘 x_n 处，空穴浓度差为 0，即

$$p_n-p_{n0}=0\quad(x=x_n)$$

把这两个边界条件代入式（2-56），得

$$p_n-p_{n0}=\frac{\alpha\Phi(1-R)\tau_p}{\alpha^2L_p^2-1}\times\left[\frac{\left(\frac{s_pL_p}{D_p}+\alpha L_p\right)\text{sh}\frac{x_n-x}{L_p}+e^{-\alpha x_n}\left(\frac{s_pL_p}{D_p}\text{sh}\frac{x}{L_P}+\text{ch}\frac{x}{L_p}\right)}{\frac{s_pL_p}{D_p}\text{sh}\frac{x_n}{L_p}+\text{ch}\frac{x_n}{L_p}}-e^{-\alpha x}\right]$$

于是，到达 P-N 结边缘的空穴电流密度为

$$J_p=\frac{q\Phi(1-R)\alpha L_p}{\alpha^2L_p^2-1}\times\left[\frac{\left(\frac{s_pL_p}{D_p}+\alpha L_p\right)-e^{-\alpha x_n}\left(\frac{s_pL_p}{D_p}\text{ch}\frac{x_n}{L_p}+\text{sh}\frac{x_n}{L_p}\right)}{\frac{s_pL_p}{D_p}\text{sh}\frac{x_n}{L_p}+\text{ch}\frac{x_n}{L_p}}-\alpha L_pe^{-\alpha x_n}\right] \tag{2-57}$$

2）P 区。对 P 区可作同样处理，只是 P 区的两个边界条件不同。

①在 P-N 结耗尽区边缘电子浓度差为 0，即

$$n_p-n_{p0}=0,\ x=x_n+W$$

②在背表面处

$$D_n \frac{d(n_p - n_{p0})}{dx}\bigg|_{x=H} = s_n(n_p - n_{p0})$$

设 H' 为 P 区总厚度，$H' = H - x_n - W$，于是得到

$$n_p - n_{p0} = \frac{\alpha\Phi(1-R)\tau_n}{\alpha^2 L_n^2 - 1} e^{-\alpha(x_n+W)}$$

$$\times\left[\operatorname{ch}\frac{x - x_n - W}{L_n} e^{-\alpha(x - x_n - W)} - \frac{\frac{s_n L_n}{D_n}\left(\operatorname{ch}\frac{H'}{L_n} - e^{-\alpha H'}\right) + \operatorname{sh}\frac{H'}{L_n} + \alpha L_n e^{-\alpha H'}}{\frac{s_n L_n}{D_n}\operatorname{sh}\frac{H'}{L_n} + \operatorname{ch}\frac{H'}{L_n}} \operatorname{sh}\frac{x - x_n - W}{L_n}\right]$$

以及 $$J_n = \frac{q\Phi(1-R)\alpha L_n}{\alpha^2 L_n^2 - 1} e^{-\alpha(x_n+W)}\left\{\alpha L_n - \left[\frac{\frac{s_n L_n}{D_n}\left(\operatorname{ch}\frac{H'}{L_n} - e^{-\alpha H'}\right) + \operatorname{sh}\frac{H'}{L_n} + \alpha L_n e^{-\alpha H'}}{\frac{s_n L_n}{D_n}\operatorname{sh}\frac{H'}{L_n} + \operatorname{ch}\frac{H'}{L_n}}\right]\right\} \tag{2-58}$$

3）耗尽区。在 P-N 结耗尽区中存在着较强的漂移电场，且宽度 W 又很小，可以认为在耗尽区中产生的光生载流子均可被电场分离，所以

$$J_c(\lambda) = \int_0^w q\Phi(1-R)e^{-\alpha x}dx \approx q\Phi(1-R)e^{-\alpha x_n}(1 - e^{-\alpha W}) \tag{2-59}$$

单色光稳定照射时，太阳能电池中的光电流只需将式（2-57）~式（2-59）代入式（2-44）相加。因为太阳光是一个复色光源，总的光电流密度还需参照式（2-43）对所有波长积分，即

$$J_L = \int_0^\infty J_L(\lambda)d\lambda$$

（2）非均匀掺杂，电场为常数。任意一个 P-N 结太阳能电池都远较这种模型复杂，例如 N 区或 P 区的杂质由表面向体内杂质浓度减少，可以是高斯分布、余误差分布或更为复杂的分布，因而 N 区中存在着漂移电场，故扩散系数、少子寿命等都不是常数。为简单起见，假设 N 区或 P 区中存在恒定电场，并设扩散系数、少子寿命在 N 区中仍为常数以后，式（2-50）中的$\frac{\partial J_p}{\partial x}$应当用下式代入

$$\frac{\partial J_p}{\partial x} = q\mu_n\varepsilon_n\frac{\partial p_n}{\partial x} - qD_p\frac{\partial^2 p_n}{\partial x^2} \tag{2-60}$$

所得微分方程为

$$D_p\frac{\partial^2 p_n}{\partial x^2} - q\mu_n\varepsilon_n\frac{\partial p_n}{\partial x} + \alpha\Phi\ (1-R)\ e^{-\alpha x} - \frac{p_n - p_{n0}}{\tau_p} = 0 \tag{2-61}$$

利用在 $x=0$ 处，$D_p\frac{\partial p_n}{\partial x} - \mu_p p_n\varepsilon_n = S_p\ (p_n - p_{n0})$，及在 $x = x_n$ 处 $p_n - p_{n0} = 0$ 的边界条件，由式（2-61）解得 N 区存在均匀电场 ε_n 时的光电流表达式

$$J_p = \frac{q\Phi(1-R)\alpha L_p^*}{(\alpha + E_p^*)^2 L_p^{*2} - 1}\left\{\frac{(\alpha - E_p^*)L_p^* e^{E_p^* x_n} - e^{x_n/L_p^*}e^{-\alpha x_n}}{\left(\frac{S_p L_p^*}{D_p} + E_p^* L_p^*\right)\operatorname{sh}\frac{x_n}{L_p^*} + \operatorname{ch}\frac{x_n}{L_p^*}}\right.$$

$$+\frac{\left(\frac{S_pL_p^*}{D_p}+E_p^*L_p^*\right)\left(e^{E^*\tau_n}-e^{x_n/L_p^*}e^{-\alpha x_n}\right)}{\left(\frac{S_pL_p^*}{D_p}+E_p^*L_p^*\right)\mathrm{sh}\frac{x_n}{L_p^*}+\mathrm{ch}\frac{x_n}{L_p^*}}-\left[(\alpha+E^*)L_p^*-1\right]e^{-\alpha x_n}\Bigg\} \tag{2-62}$$

利用在 $x=x_n+W$ 处，$n_p-n_{p0}=0$，及在 $x=H$ 处 $D_n\frac{\partial n_p}{\partial x}+\mu_n n_p\varepsilon_p=-S_n\ (n_p-n_{p0})$ 的边界条件，类似地可得到基区中有均匀电场 ε_p 存在时的光电流表达式

$$J_n=\frac{q\alpha\Phi(1-R)L_n^*e^{-E_n^*x_n}e^{\alpha W}}{(\alpha-E_n^*)^2L_n^{*2}-1}\times\left\{\left[(\alpha-E_n^*)L_n^*-1\right]e^{-(\alpha-E_n^*)x_n}+e^{-(\alpha-E_n^*)(H-W)}\right\}$$

$$\times\left\{\frac{\beta-\left(E_n^*+\frac{S_n}{D_n}\right)L_n^*\left[e^{-H'/L_n^*}e^{(\alpha-E_n^*)H'}-1\right]}{\left(E_n^*+\frac{S_n}{D_n}\right)L_n^*\mathrm{sh}\frac{H'}{L_n^*}+\mathrm{ch}\frac{H'}{L_n^*}}\right\} \tag{2-63}$$

$$\beta=e^{-H'/L_n^*}e^{(\alpha-E_n^*)/L_n^*}-(\alpha-E_n^*)L_n^*$$

式中 $E_p^*=\frac{q\varepsilon_n}{2kT}$、$E_n^*=\frac{q\varepsilon_p}{2kT}$——N 区、P 区中分别存在的电场 ε_n、ε_p 归一化后的电场；

$L_p^*=\frac{1}{\sqrt{E_p^{*2}+(1/L_p)^2}}$、$L_n^*=\frac{1}{\sqrt{E_n^{*2}+(1/L_n)^2}}$——N 区中空穴及 P 区中电子的有效扩散长度；

$H'=H-(x_n+W)$——基区厚度；

S_p、S_n——空穴和电子的表面复合速度。

耗尽区中光电流的表达式仍然可用式（2-59）。如将式（2-62）、式（2-63）和式（2-59）相加，再对光谱中所有波长积分，即可得总光生电流的表达式。

以上这些电流的表达式，都在一定程度上进一步反映了太阳能电池中各参数和光电流之间的内在联系，而要比较彻底的弄清各参数之间的关系，求出最佳的配合，还要依靠微观测量手段的发展和计算机的应用。

由式（2-57）~式（2-59）可以看出，太阳能电池各区对光电流的贡献不同，实验也已经证实了这一点。如图 2-28 所示，顶区产生的光电流对紫光区敏感，约占总光电流的 5%~12%（随顶区厚度而变）；空间电荷区的光生电流对可见光敏感，约占 2%~5%；基区产生的光电流对红外光灵敏，占 90%左右，是总光生电流的主要组成部分。如图 2-29 所示 N^+/P 硅太阳能电池的收集效率随波长变化的关系中可以证明这一结论。当然，电池的结构不同，各区的贡献也不同。

(3) 短路电流。受照射的太阳能电池被短路时，P-N 结处于 0 偏压，这时，短路电流密度 J_{sc} 等于光生电流密度 J_L，而正比于入射光谱辐照度，即

$$J_{sc}=J_L\propto N_{ph}\propto\Phi$$

2. 光电压

由于光照而在电池两端出现的电压称为光电压，它像外加于 P-N 结的正偏压一样，与

内建电场方向相反，这光电压减低了势垒高度，而且使耗尽区变薄。太阳能电池在开路状态的光电压称为开路电压。

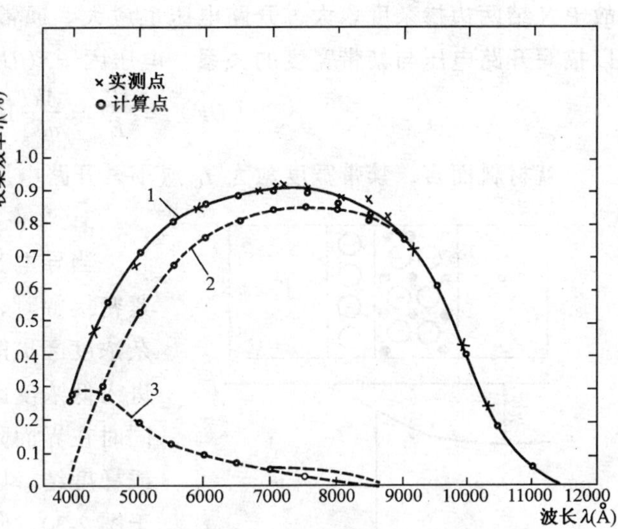

图 2-29 N⁺/P 电池的收集效率随波长变化曲线

1—总的光电流（实测）；2—基区贡献的光电流（计算值）；3—扩散层贡献的光电流（计算值）

有光照时，内建电场所分离的光生载流子形成由 N 区指向 P 区的光电流 J_L，而太阳能电池两端出现的光电压即开路电压 U_{oc} 却产生由 P 区指向 N 区的正向结电流 I_D。在稳定光照时，光电流恰好和正向结电流相等（$J_L = J_D$）。P-N 结的正向电流可由式(2-41) 表示为

$$J_D = J_0\left(e^{-qU/AkT} - 1\right)$$

于是有 $J_L = J_0\left(e^{qU_{oc}/AkT} - 1\right)$

两边取对数整理后，当 $A \to 1$ 时得

$$U_{oc} = \frac{AkT}{q}\ln\left(\frac{J_L}{J_0} + 1\right) \tag{2-64}$$

在 AM1.0 光谱条件下，$\frac{J_L}{J_0} \gg 1$，所以

$$U_{oc} = \frac{AkT}{q}\ln\frac{J_L}{J_0} \tag{2-65}$$

显然，U_{oc}随 J_L 增加而增加，随 J_0 增加而减小。似乎开路电压也随曲线因子 A 增加而增加，实际上 A 因子的增加，也与 J_0 的增加有关，所以总的来说，A 因子大的电池开路电压不会大。在略去产生电流影响时，据式（2-36）反向饱和电流密度为

$$J_0 = qD_n\frac{n_i^2}{N_A L_n} + qD_p\frac{n_i^2}{N_D L_p}$$

因为

$$n_i^2 = N_A N_D e^{-qU_D/kT}$$

故

$$J_0 = \left(qD_n\frac{N_D}{L_n} + qD_p\frac{N_A}{L_p}\right)e^{-qU_D/kT} = J_{00}e^{-qU_D/kT} \tag{2-66}$$

其中

$$J_{00} = qD_n\frac{N_D}{L_n} + qD_p\frac{N_A}{L_p}$$

U_D 为最大 P-N 结电压，等于 P-N 结势垒高度。把式(2-66)代入式(2-65)，当 $A = 1$ 时可得

$$U_{oc} = U_D - \frac{kT}{q}\ln\frac{j_{0d}}{J_L} \tag{2-67}$$

在低温和高光谱辐照度时，U_{oc}接近 U_D，U_D 越高 U_{oc}也越大。因 $U_D \approx \frac{kT}{q}\ln\frac{N_D N_A}{n_i^2}$，

故P-N结两边掺杂度愈大，开路电压也愈大。通常把 U_{oc}和 E_g 之比称为电压因子（UF），以描写开路电压与禁带宽度的关系，电压因子（UF）可表示为

$$(UF)=\frac{U_{oc}}{E_g}=\frac{AkT}{qE_g}\ln\left(\frac{J_L}{J_0}+1\right) \tag{2-68}$$

就材料而言，禁带宽度愈大 I_0 愈小，开路电压愈高。

3. 漂移电场的作用和背电场（BSF）电池

当导电类型相同而掺杂浓度不同的两块半导体紧密接触时，高浓度一侧的多子将越过界面向低掺杂浓度区扩散，于是高浓度一侧出现的电离杂质和进入低浓度区的多子形成电偶层，出现了自建电场，同时在界面附近建立了势垒，这种势垒称为浓度结或梯度结。以P型半导体为例，浓度结的能带图示于图2-30，假设其中P及 P^+ 区都均匀掺杂，自建电场方向由P指向 P^+。类同于P-N结，可求得热平衡时 $P-P^+$ 界面处的接触势垒高度 qU_g 为

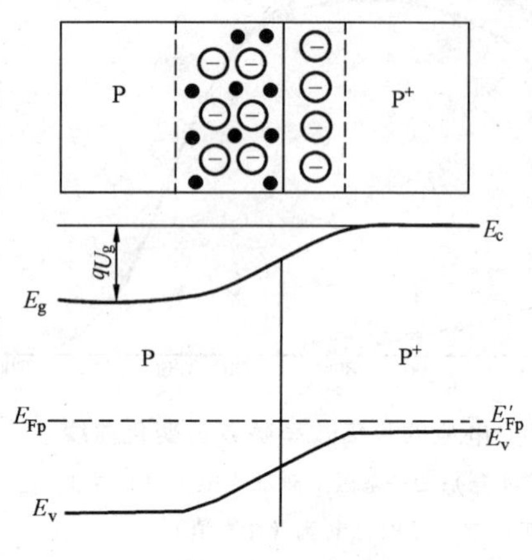

图2-30　$P-P^+$ 浓度结能带图

$$qU_g=E_{Fp}-E_{FP^+}=\frac{kT}{q}\ln\frac{N_A^+}{N_A} \tag{2-69}$$

显然，把 $P-P^+$ 结与 N^+-P 结叠加在一起以后，在 $P-P^+$ 结之间的总内建电动势 U_B 为式（2-24）与式（2-69）之和

$$U_B=U_D+U_g=\frac{kT}{q}\ln\frac{N_D^+N_A}{n_i^2}+\frac{kT}{q}\ln\frac{N_A^+}{N_A}=\frac{kT}{q}\ln\frac{N_D^+N_A^+}{n_i^2} \tag{2-70}$$

可见总势垒高度增加了。

当 $P-P^+$ 结受到光照时，P区中的光生电子若向 P^+ 区运动，将被 $P-P^+$ 结势垒反射回去，而 P^+ 区中的光生电子则因势能较高，可顺着 $P-P^+$ 结势垒流向P区。这些光生电子进入P区后，在 $P-P^+$ 结两侧出现与自建电动势相反的光电压，因而在 N^+-P-P^+ 的太阳能电池中，在 $P-P^+$ 结处的光电压与 N^+-P 结相同，$P-P^+$ 结增加了电池的总开路电压，而开路电压的极大值 $(U_{oc})_{max}$ 就是 U_B。另外，P^+ 区的少子浓度低于P区，所以在 N^+-P 电池中加进 $P-P^+$ 结以后，便减少了从基区到 N^+ 区的注入电流，即减少了暗电流。从式（2-67）知，暗电流的减少将使实际开路电压增加。

在 N^+-P 电池基区的背面附加一个 $P-P^+$ 结的电池称为背电场(BSF)电池。实际背电场电池的杂质分布和能带结构示于图2-31中。测出各区杂质浓度分布以后，用泊松方程

$$\frac{d^2U(x)}{dx^2}=-\frac{N(x)}{\varepsilon_r\varepsilon_0},\frac{d\varepsilon}{dx}=\frac{N(x)}{\varepsilon_r\varepsilon_0}$$

及相应的边界条件可求出 N^+、P、P^+ 区的电场强度及电动

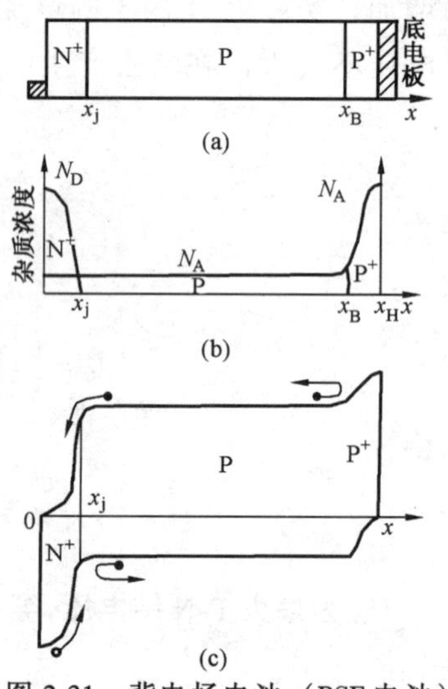

图2-31　背电场电池（BSF电池）的杂质分布和能带结构

(a) 剖面图；(b) 杂质分布；(c) 能带结构

势随 x 的变化曲线。然后利用类似于前面讲过的方法，由式（2-45）~式（2-49）等方程组可解得各区光电流及暗电流的解析式。显然，各区中漂移电场在不发生高掺杂效应时，具有的显著优点是：

（1）加速光生少子输运，增加了光电流。

（2）由于少子复合下降而减少了暗电流，背电场还可能把向背表面运动的光生少子反射回去重新被收集。当然，背电场对薄电池和材料电阻率较高时适用。实验中发现，当基区厚度大于一个电子扩散长度时，背电场就不起作用，因为被反射回去的少子在到达 P-N 结前即被复合了。

（3）可以增加开路电压，但实验发现基体材料电阻率低于 0.5Ωcm（即 $N_A > 10^{17}/cm^3$）时，背电场已不起作用。

（4）改善了金属和半导体的接触，减少了串联电阻，整个电池的填充因子也得到改善。

（六）等效电路、输出功率和填充因数

1. 等效电路

当受光照射的太阳能电池接上负载时，光生电流流经负载，并在负载两端建立起端电压，这时太阳能电池的工作情况可用图 2-32 所示等效电路来描述。图中把太阳能电池看成能稳定地产生光电流 I_L 的电流源（只要光源稳定），与之并联的有一个处于正偏压下的二极管及一个并联电阻 R_{sh}（也称跨接电阻）。显然，二极管的正向电流 $I_D = I_0(e^{qU/AkT} - 1)$ 和旁路电流 I_{sh} 都要靠 I_L 提供，剩余的光电流经过一个串联电阻 R_S 流出太阳能电池而进入负载 R_L。对于实际的太阳能电池，应当把它看成由很多个具有这种等效电路结构的电池单元（也称子电池）并联而成，因而应当把如图 2-32 所示的等效电路中的各个参量视为集中参量（即各子电池参量的总和）。萨支唐发表的一种适合于计算机分析的太阳能电池的等效电路，避开了解繁杂的联立方程，只需把必要的数据代入即可求解。

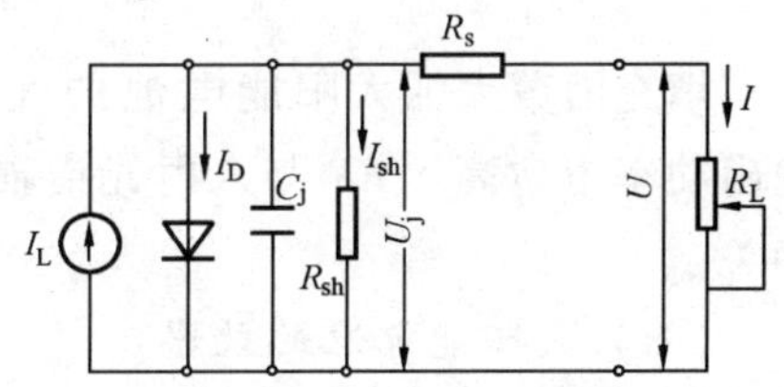

图 2-32　P-N 结太阳能电池等效电路图

2. 输出功率

当流进负载 R_L 的电流为 I，负载的端电压为 U 时，由图 2-32 可以得到

$$I = I_L - I_D - I_{Rh} = I_L - I_0(e^{q(U-IR_s)/AkT} - 1) - \frac{I(R_S + R_L)}{R_{sh}}$$

$$U = IR_L$$

$$P = IU = \left[I_L - I_0(e^{q(U-IR_s)/AkT} - 1) - \frac{I(R_s + R_L)}{R_{sh}}\right]U$$

$$= \left[I_L - I_0(e^{q(U-IR_s)/AkT} - 1) - \frac{I(R_s + R_L)}{R_{sh}}\right]^2 R_L$$

式中的 P 就是太阳能电池被照射时在负载 R_L 上得到的输出功率。当负载 R_L 从 0 变到无穷大时，即可画出如图 2-33 所示太阳能电池的负载特性曲线。曲线上的任一点都称为工作点，工作点和原点的连线称为负载线，负载线的斜率的倒数即等于 R_L，与工作点对应的横、纵坐标即为工作电压和工作电流。调节负载电阻 R_L 到某一值 R_m 时，在曲线上

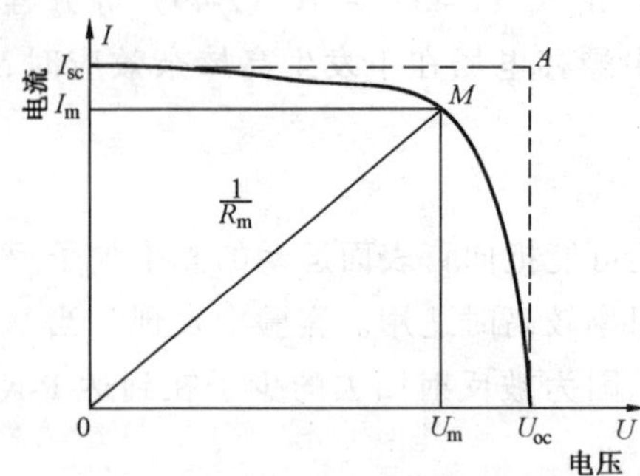

图 2-33 太阳能电池的负载特性曲线

得到一点 M,对应的工作电流 I_m 和工作电压 U_m 之积最大,即

$$P_m = I_m U_m \tag{2-71}$$

一般称 M 点为该太阳能电池的最佳工作点（或称最大功率点），I_m 为最佳工作电流，U_m 为最佳工作电压，R_m 为最佳负载电阻，P_m 为最大输出功率。

3. 填充因数

最大输出功率与（$U_{oc} \times I_{sc}$）之比称为填充因数（FF），也就是图 2-33 中四边形 OI_mMU_m 与四边形 $OI_{sc}AU_{oc}$面积之比，这是用以衡量太阳能电池输出特性好坏的重要指标之一。

$$FF = \frac{P_m}{U_{oc}I_{sc}} = \frac{U_m I_m}{U_{oc}I_{sc}} \tag{2-72}$$

填充因数表征太阳能电池的优劣，在一定光谱辐照度下，FF 愈大，曲线愈“方”，输出功率也愈高。FF 与入射光谱辐照度、反向饱和电流、A 因子、串联及并联电阻密切相关。

（七）太阳能电池的效率

1. 效率

太阳能电池受照射时，输出电功率与入射光功率之比 η 称为太阳能电池的效率，也称光电转换效率。

$$\eta = \frac{P_m}{A_t P_{in}} = \frac{I_m U_m}{A_t P_{in}} = \frac{(FF) I_{sc} U_{oc}}{A_t P_{in}} = \frac{(FF)(UF) I_{sc} E_g}{A_t P_{in}} = \frac{(FF)(UF) I_{sc} E_g}{A_t \int_0^{\infty} \Phi(\lambda) \frac{hc}{\lambda} d\lambda} \tag{2-73}$$

式中　　A_t—— 包括栅线图形面积在内的太阳能电池总面积；

$P_{in} = \int_0^{\infty} \Phi(\lambda) \frac{hc}{\lambda} d\lambda$—— 单位面积入射光功率。

在式(2-73)的效率表达式中,如果把 A_t 换为有效面积 A_a(也称活性面积),即从总面积中扣除栅线图形面积,从而算出的效率要高一些,这一点在阅读国内、外文献时应特别注意。

不同工作温度对效率有影响，随温度升高，各种太阳能电池的效率均要下降。

2. 硅太阳能电池的效率分析

美国的普林斯最早算出硅太阳能电池的理论效率为 21.7%。20 世纪 70 年代，华尔夫(M. Wolf)又作过详尽的讨论，也得到硅太阳能电池的理论效率在 AM0 光谱条件下为 20%～22%，以后又把它修改为 25%（AM1.0 光谱条件）。

估计太阳能电池的理论效率，必须把从入射光能到输出电能之间所有可能发生的损耗都计算在内。其中有些是与材料及工艺有关的损耗，而另一些则是由基本物理原理所决定的。考虑了所有的损耗以后，可画出如图 2-34 所示的损耗分类及方框图，每一个方块表示一种损耗。

考虑了以上各项损失以后，便得到硅太阳能电池在 AM1.0 光谱条件下的理论效率和实际效率，如图 2-34 所示。

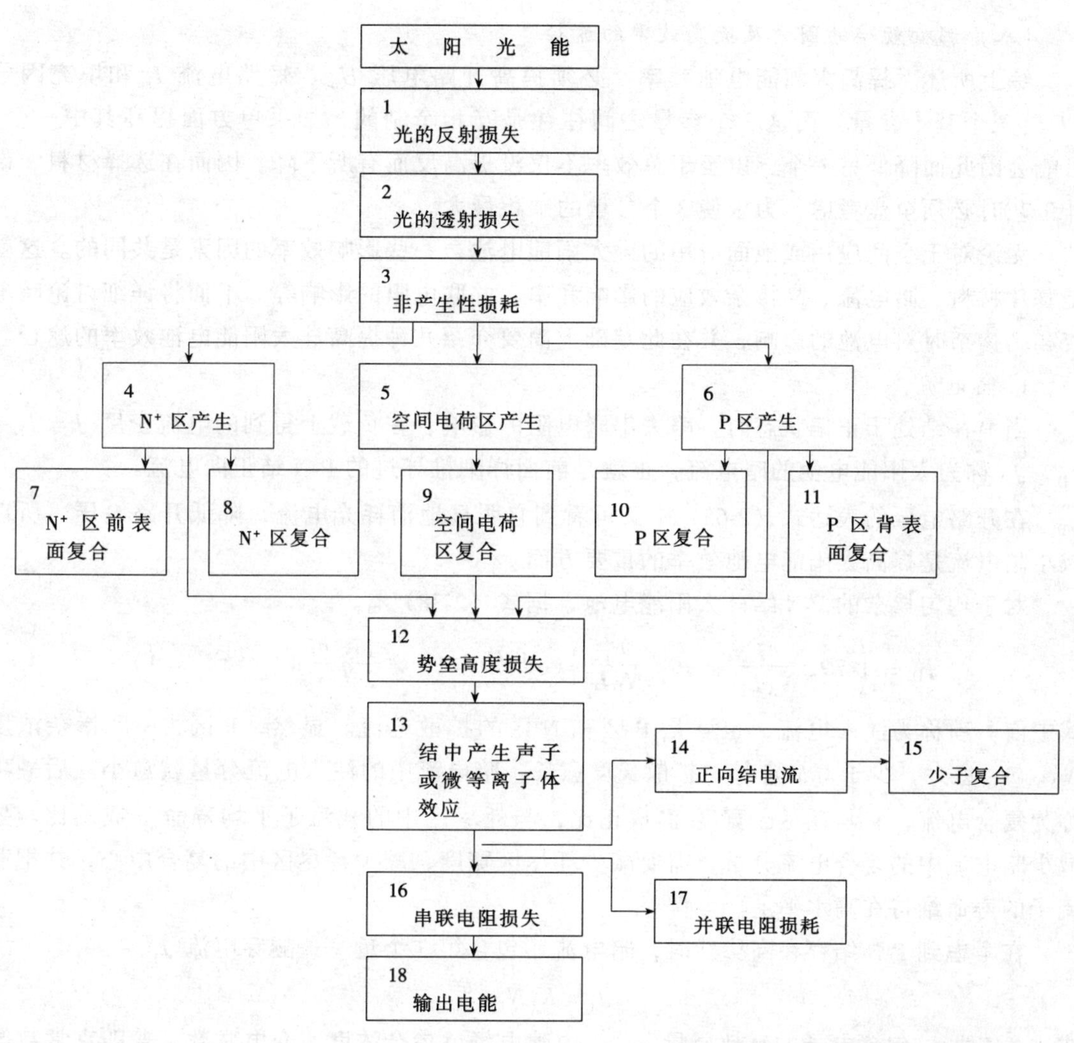

方框图的说明	考虑该损失时能量的利用率（%）	考虑该损失后剩余的太阳能（%）
可供能量转换的入射光能	100	100
反射损失 3%	97	97
长波损失：波长大于 1.1μm 的光（$h\nu < E_g$）透过电池，23%	77	74
被电池吸收的光未能产生光生载流子。理论计算时视为 0	100	74
短波损失：一个 $h\nu > E_g$ 的光子激发出光生载流子以后，多余的能量不能被利用，43%	57	42
光生空穴—电子对在各区复合。在前表面和背表面靠表面复合，其他均靠复合中心复合，16%	84	35
光生载流子被 P-N 结分离时，产生结区损失。包括产生声子和微等离子效应损失、结电流损失以及少子复合损失等，以势垒高度损失为主，26.3%	73.7	25.8
串、并联电阻损失，3%	97	25
在最佳负载上得到的电功率		25

图 2-34　N^+/P 型硅太阳能电池能量损失分类方框图（AM1.0 光谱条件下）

（八）影响效率的因素及提高效率的途径

综上所述，提高太阳能电池效率，必须提高开路电压 U_{oc}、短路电流 I_{sc}和填充因子 FF 这三个基本参量。而这 3 个参量之间往往是互相牵制的，如果单方面提高其中一个，可能会因此而降低另一个，以至于总效率不仅没提高反而有所下降。因而在选择材料、设计工艺时必须全盘考虑，力求使 3 个参量的乘积最大。

无论对于空间应用或地面应用的硅太阳能电池，一些影响效率的因素是共同的。这就是基片材料、暗电流、高掺杂效应的影响和串、并联电阻的影响等。下面将详细讨论暗电流和高掺杂时对电池的影响，并在此基础上简要介绍几种提高硅太阳能电池效率的途径。

1. 暗电流

当 P-N 结处于正偏状态时，略去串联电阻的影响，在负载上得到的电流密度 $J = J_L - J_D$，J_D 称为太阳能电池的暗电流，也就是前面详细推导过的 P-N 结正向电流。

在开路电压的表达式（2-65）中又可看到它明显地消耗光电流，降低开路电压，所以减小暗电流是提高太阳能电池效率的重要方面。

对于均匀掺杂的 P-N 结硅太阳能电池，据式（2-38）有

$$J_D = \left(qD_n \frac{n_i^2}{N_A L_n} + qD_p \frac{n_i^2}{N_D L_p}\right)(e^{qU/kT} - 1) + \frac{1}{2} q \frac{n_i}{\tau} W(e^{qU/2kT} - 1)$$

式中前一项称为注入电流，也就是 P 区和 N 区的扩散电流。显然，P 区、N 区掺杂浓度 N_A、N_D 愈大，少子寿命愈长，扩散长度愈长，暗电流中的注入电流分量就愈小。后一项称为复合电流，它与耗尽区宽度 W 成正比，与耗尽区中的载流子平均寿命 τ 成反比。要减少暗电流中的复合电流分量，需要减少耗尽区宽度，减少耗尽区中的复合中心，并把载流子的寿命维持在高水平上。

在考虑到 P-N 结存在高掺杂时，暗电流还包含第 3 个量——隧穿电流 J_t

$$J_t = K_1 N_t e^{BU}$$

式中 K_1——包含电子的有效质量 m^*、内建电场、掺杂浓度、介电常数、普朗克常数等的一个系数；

N_t——能够为电子或空穴提供隧道的能态密度。

$$B = \frac{8\pi}{3h}\sqrt{m^* \varepsilon_0 \varepsilon_r N_{DA}}$$

式中 N_{DA}——P-N 结区的平均掺杂浓度；

m^*——载流子的有效质量；

B——一个与温度无关的系数。

N 区的电子因为有 P-N 结势垒的阻挡，一般不能穿过结势垒，但有少数靠近 P-N 结；原来在 N 区导带中的电子却可以通过禁带中的深能级（这些深能级由其他杂质或缺陷构成）隧穿过 P-N 结势垒与价带中的空穴复合，这种过程称为隧道效应。那些靠近 P-N 结、原来在价带中的空穴也可以类似地隧穿复合。由隧道效应产生的电流称隧穿电流，隧穿电流主要在高掺杂的 P-N 结区附近发生。

J_t 与温度无关，即使在极低温度时也可测出。在 0 偏压附近由 1 ~ 10Ωcm 材料制作的

硅太阳能电池，注入电流为 $10^{-9}A/cm^2$，复合电流约为 $10^{-5}A/cm^2$，在低电压时复合电流要小一个数量级。所以对于宽禁带的材料或在低温、低光谱辐照度时，注入电流的影响特别重要。而对于窄禁带材料或在高温、高光谱辐照度时，复合电流变得更为主要。

用式（2-41）表示的一般太阳能电池的暗电流中

$$J_D = J_0 \left(e^{qU/AkT} - 1 \right)$$

式中 J_0 应当包括复合电流、隧穿电流中的非指数项。曲线因子 A 与工艺有关，在品质优良的太阳能电池上，$A \approx 1$；而在劣质电池中，$A = 2$ 以至更大。图 2-35 为 $\lg I\text{-}U$ 特性曲线。可以较清楚地看到，在电压小于 0.1V 的一段是由旁路电阻 R_{sh} 引起的；0.2～0.5V 的一段是由 $A = 1$ 和 $A = 2.86$ 两种指数函数交叠的结果，偏低电压处以 $A = 2.86$ 为主，偏高电压处以 $A = 1$ 为主；在 0.5V 以上的曲线是串联电阻的影响。假设电池的短路电流为 $30mA/cm^2$ 时，就会有 30mV 损失在 1Ω 的串联电阻上。这可以从电池的等效电路图上看出。

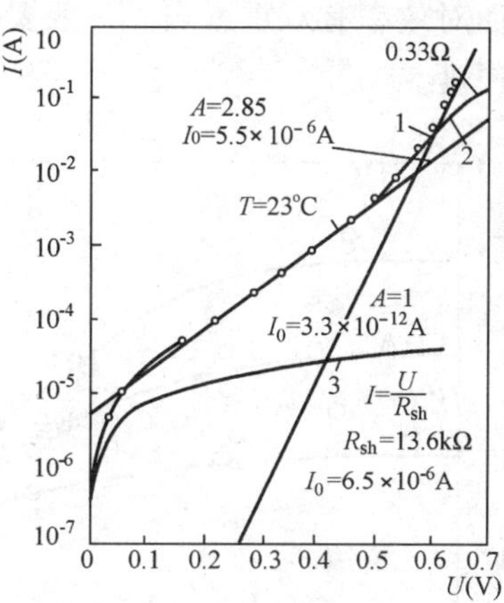

图 2-35 硅太阳能电池的伏安特性和正向、反向二极管特性曲线（用半对数坐标表示）

1—伏安特性曲线；2—正向二极管特性；3—反向二极管特性

减小暗电流和 A 因子的办法是：①减少空间电荷区的复合能级（包括隧道态），为此必须减少重金属杂质以及其他能够作为复合中心的杂质、缺陷等出现在空间电荷区。②抑制高掺杂效应。③增加各区少子寿命。④加强漂移场减少表面复合等。

2. 高掺杂效应

如前所述，由开路电压公式

$$U_{oc} = \frac{AkT}{q} \ln\left(\frac{I_L}{I_0} + 1 \right) = U_D - \frac{AkT}{q} \ln \frac{I_{00}}{I_L}$$

于是预言，基区和扩散区的掺杂浓度越高，开路电压越高，用 0.01Ωcm 的硅片可以做出 U_{oc} 高于 0.7V 的电池。但是在实验中始终未能得到，其原因即是存在“高掺杂效应”。硅中杂质浓度高于 $10^{18}/cm^3$ 称为高掺杂，由于高掺杂而引起的禁带收缩、杂质不能全部电离和少子寿命下降等等现象统称为高掺杂效应。

（1）禁带收缩。造成禁带收缩的主要原因是：①硅的能带边缘出现了一个能带尾态，于是禁带缩小到两个尾态边缘间的宽度。②随着杂质浓度的增加，杂质能级扩散为杂质能带，并且有可能和硅的能带相接（或称简并，杂质能带和硅能带简并），而使硅的能带延伸到杂质能带的边缘，禁带也就变小。③高浓度的杂质使晶格发生宏观应变（畸变），从而造成禁带随空间变化而使禁带缩小。这 3 种原因定性地表示于图 2-36 中。

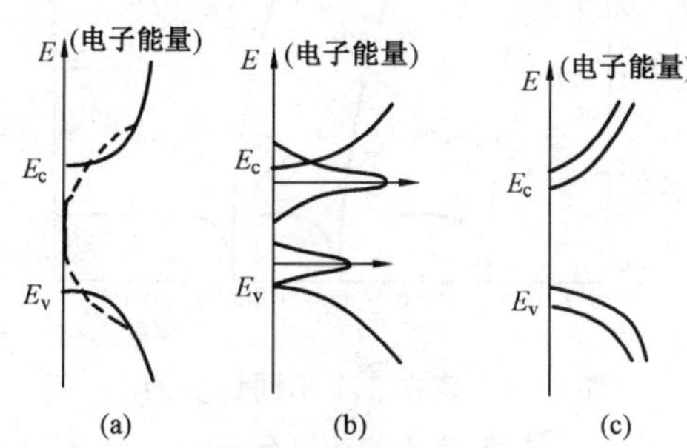

图 2-36 有效禁带收缩的 3 种定性表示

（a）能带尾态；（b）杂质能带；（c）晶格应变

（2）载流子寿命下降。少子寿命对于太阳

能电池效率极为敏感，各区中由光激发出的过剩少数载流子必需在它们通过扩散和漂移越过 P-N 结之前不复合，才能对输出电流有贡献。因此，我们希望扩散层及基区中的少子寿命都足够地长。少子寿命长不仅可以增加光电流，而且会减少复合电流、增加开路电压，从而对效率有双重影响。一般要求扩散层及基区中少子寿命必须保证少子扩散长度大于各区厚度。

据肖克莱—里德—霍尔和萨的复合理论，P 区和 N 区中的少子寿命 τ_n 及 τ_p 与复合中心密度成反比，而与掺杂浓度无关。但对硅寿命实测结果表明，可能达到的最大寿命与掺杂浓度有一定的关系。图 2-37 示出了扩散长度和杂质浓度的关系，虽然有些离散，但仍可看到两种趋势：①扩散长度（因而寿命）随掺杂浓度增加而减少。②N 型材料的实测值 L_p 高于 P 型材料的 L_n（在高掺杂时），两者同时急剧减少。其原因是：①高掺杂引起晶体缺陷密度增加。

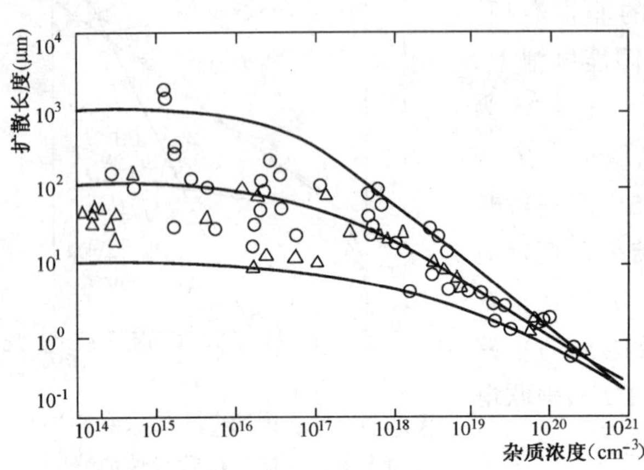

图 2-37　实测扩散长度和杂质浓度的关系

○—L_p；△—L_n

林特霍姆（F.A.Lindholm）指出，高掺杂引起缺陷密度按浓度的 4 次方增加。由前面的分析知，缺陷增加意味着载流子寿命下降。②由于禁带变窄和耗尽区收缩，通过隧道效应的复合增加，尤其是通过深能级上的隧穿复合增加，减少了载流子的寿命。③由于表面层中多子密度很高，通过晶格碰撞而发生的俄歇电子复合增多，也使得载流子寿命变小。在电阻率小于 0.1Ωcm 时，少子寿命受俄歇复合限制而与掺杂浓度有关。

$$\tau_e = \frac{1}{C_n N_A^2}$$

式中 $C_n = 1.2 \times 10^{-31} \mathrm{cm^6/s}$，称为俄歇复合常数。实测的 τ_e 与上式符合得很好。

（3）杂质不能全部电离，使有效掺杂浓度下降，从而使开路电压下降。如果高掺杂发生在扩散区顶部，还有更坏的影响。以图 2-38 中的曲线为例，结深 $x_j = 0.4\mu m$，表面处浓度约为 $5 \times 10^{20}/\mathrm{cm^3}$，浓度分布的曲线形状严重偏离高斯分布或余误差分布。在靠近表面宽约 1.5μm 的一薄层内杂质浓度很高，且不随距离而变化，人们称之谓“死层”、“非活性层”。在死层中，存在着大量的填隙磷原子、位错和缺陷，少子寿命极短

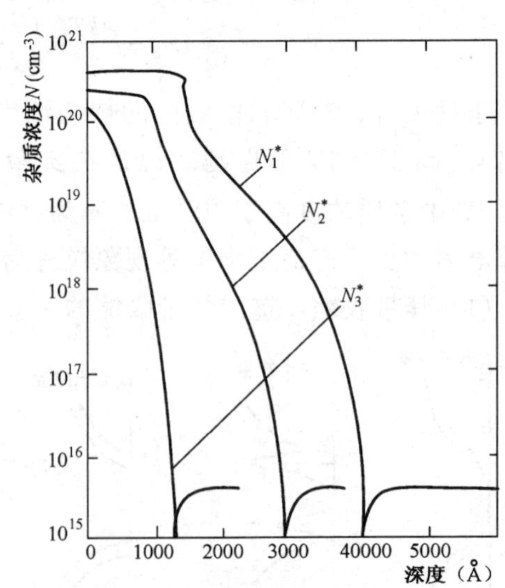

图 2-38　磷在 3 个不同深度的扩散层中的浓度分布

用 N^*—杂质的积分表面浓度，$N_1^* = 4 \times 10^{14}/\mathrm{cm^2}$，$N_2^* = 2 \times 10^{15}/\mathrm{cm^2}$，$N_3^* = 6 \times 10^{15}/\mathrm{cm^2}$

(远低于 1ns 以下)，光在死层中激发出的光生载流子都无为地复合掉了。

进一步的分析指出，死层区就是高掺杂区。高掺杂区中只有部分杂质原子能够电离，已电离的杂质浓度称为有效杂质浓度 N_{eff}。

$$N_{eff}=\frac{N_D}{1+2e^{\Delta E_D/kT}}$$

式中　N_D——施主杂质浓度；

ΔE_D——施主杂质电离能。

当 $N_D \leqslant 10^{18}/cm^3$ 时，$N_D \approx N_{eff}$；当 $N_D > 10^{18}/cm^3$ 时，$N_D > N_{eff}$。图 2-39 示出了几种高掺杂情况的有效杂质浓度分布。由图可见，表面浓度大于 $10^{19}/cm^3$ 时，在掺杂区的近表面处出现了一个倒向（与正常的杂质分布相反）的电离杂质分布。这种倒向分布形成一个阻止少子向 P-N 结边缘扩散的倒向电场，从而增加了少子的复合。可以认为，这个倒向电场的边缘即为“死层”的边缘。由图还可看出，$N_s = 10^{19}/cm^3$ 的高斯分布还不至于使掺杂区出现倒向电场，也可以把 $10^{19}/cm^3$ 看成是表面浓度的上限。

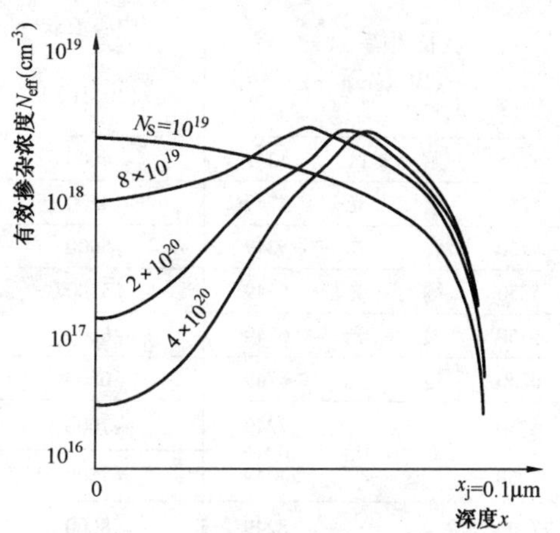

图 2-39　0.1Ωcm 太阳能电池扩散层中的有效杂质分布

（具有不同表面浓度时均有实际的高斯分布）

表 2-7 指出，照射在硅上的短波长太阳光（例如蓝—紫光），在近表面约 2μm 处就几乎全被吸收，而长波部分则约需 500μm 厚才基本上被吸收完。因为任何波长的光谱辐照度都是靠近表面处最强，因而表面层中吸收的光子总数，总是大于体区中同样厚度一层硅中吸收的光子总数，故表面层对任何太阳能电池都是极为重要的。由图 2-18 可知，表面 0.5μm 的一层硅即能吸收约 9%的太阳能（AM0、AM1.0 光谱条件下）。据现行太阳能电池工艺，P-N 结的结深一般在 0.25～0.5μm 之间，恰好表面层就是掺杂层。所以死层对于电池的性能影响很大。

禁带收缩减小开路电压，使本征载流子浓度增加，从而增加反向饱和电流；寿命缩短又使表面层和空间电荷区中复合电流变大，加上死层的影响，都使短路电流及效率下降。高掺杂效应的影响如图 2-40 所示。这是在给定扩散区杂质浓度以后，体区掺杂浓度与开路电压的关系。实线为未考虑高掺杂效应时的理论值，虚线为考虑高掺杂效应后的理论值，圆圈为实测到的最大值。

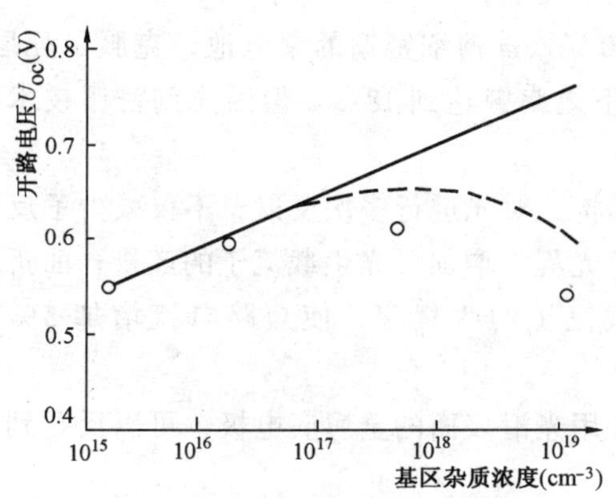

图 2-40　实测和预测开路电压和基区杂质浓度关系

实线—简单理论曲线；虚线—高掺杂理论曲线；圆圈—实测点

如果基区掺杂浓度在 $10^{17}/cm^3$ 以下（>0.1Ωcm），那么只有扩散层中存在高掺杂（$10^{19}\sim5\times10^{20}/cm^3$），这样就会使得表面层和空间电荷区中产生的暗电流成为整个暗电流的主要部分，从而影响开路电压和短路电流，这是电池制作中应当重视的。

表 2-7　　太阳光谱在单晶硅中的穿透深度

波长间隔 $\Delta\lambda$ (10^{-8}cm)			中心波长 λ (10^{-8}cm)	吸收系数 $\alpha(x)$ (cm^{-1})	穿透深度 x (10^{-4}cm)	
					$\frac{I(x)}{I_0}=0.5$	$\frac{I(x)}{I_0}=0.01$
3725	紫外光区	4249	4000	6.0×10^4	0.12	0.77
4250	紫光	4749	4500	2.2×10^4	0.31	2.1
4750	青光	5249	5000	1.2×10^4	0.58	3.8
5250	绿光	5749	5500	6.8×10^3	1.0	6.8
5750	黄光	6249	6000	4.1×10^3	1.7	11
6250	橙光	6749	6500	3.0×10^3	2.3	15
6750	红光	7249	7000	2.0×10^3	3.5	23
7250		7749	7500	1.5×10^3	4.6	31
7750	红外光区	8249	8000	1.2×10^3	5.8	38
8250		8749	8500	9.2×10^2	7.5	50
8750		9249	9000	6.4×10^2	11	72
9250		9749	9500	4.5×10^2	15	100
9750		10249	10000	2.4×10^2	29	190
10250		10749	10500	8.2×10	85	560
10750		11249	11000	1.0×10	690	4600

目前对于高掺杂效应的理论和实验研究正在进行中，希望在这方面的深入研究能为太阳能电池效率的提高带来新的突破。

3. 提高效率的途径

20 世纪 70 年代以来，对于改进硅太阳能电池效率的努力是多方面的，有的已经取得明显的成功，有的显示了成功的希望，主要有以下几点：

（1）紫光电池。采用 0.1～0.15μm 浅结和 30 条/cm 精细密栅的紫电池，克服了死层，提高了电池的蓝紫光响应，在 AM1.0 光谱条件下效率曾达到 18%。但因光刻密栅技术的难度而未能大规模推广。

（2）绒面电池。依靠表面金字塔形的方锥结构，对光进行多次反射，不仅减少了反射损失，而且改变了光在硅中的前进方向并延长了光程，增加了光生载流子的产量；曲折的绒面又增加了 P-N 结面积，从而增加对光生载流子的收集率，使短路电流增加 5%～10%，并改善电池的红光响应。

（3）背表面的光子反射层。在电池的背面使用光滑表面的金属底电极，可以反射到达底表面的红光，增加电池的红光响应和短路电流。

（4）优质减反射膜的选择。恰当的选择可提高短路电流。

（5）退火和吸杂。采用适当的热退火、氢退火、激光退火或杂质吸附的办法，可以提高各区的少子寿命，从而提高光电流和光电压。但在俄歇复合的高掺杂区内，寿命受热处理的影响较小。

(6) 正面高低结太阳电池。背面高低结（BSF）电池业已投入工业生产。萨支唐等人详细分析了在常规 N^+-P 电池的扩散层引入一个 N^+-N 高低结，构成 N^+NP 电池以及 N^+NPP^+ 电池的工作特性。并且指出，引入 N^+-N 正面高低结之后，开路电压和效率均有大幅度提高。1976 年有人用外延的方法先做 N-P 结，再用扩散或离子掺杂法做成 N^+NP 高低结太阳能电池，在 AM1.0 光谱条件下，开路电压已达 636mV。

(7) 理想化的硅太阳电池模型。考虑到绒面技术、背表面场技术和光学内反射等方面所取得的成绩，以及对重掺杂材料中俄歇复合和能带变窄效应的进一步了解，材料掺杂和工艺水平的提高（少子寿命的提高，表面复合速率降低），华尔夫在新的理想化的太阳能电池模型下作了新的计算，预言在 AM1.0 的光谱条件下，有希望获得约 25% 的最高效率。

理想化的电池模型假设有一个厚的表面层（2～4μm）、窄的耗尽区（0.05～0.06μm）和薄的基区（50～100μm），表面层和基区中均无静电场，表面复合均为 0，正面有绒面结构，背面存在着光学内反射层。为了获得高的 U_{oc} 和 U_m 值，新电池 P 区和 N 区的掺杂浓度均低于产生高掺杂效应的极限浓度，这样就可获得最高的效率。随着半导体器件工艺的发展，上述理想的太阳能电池效率有希望接近。表 2-8 示出了这种计算的主要结果。

（九）太阳能电池的辐射损伤和耐辐照特性

在地球周围的外层空间存在着一个被太阳风扭曲的地磁场（如图 2-41 所示），长期以来它俘获了大量天然和人工（高空核爆炸）带电粒子，形成了地球内外辐射带（范艾伦带），其主要成分是电子和质子。此外，外层空间还有太阳耀斑质子和银河宇宙射线存在。

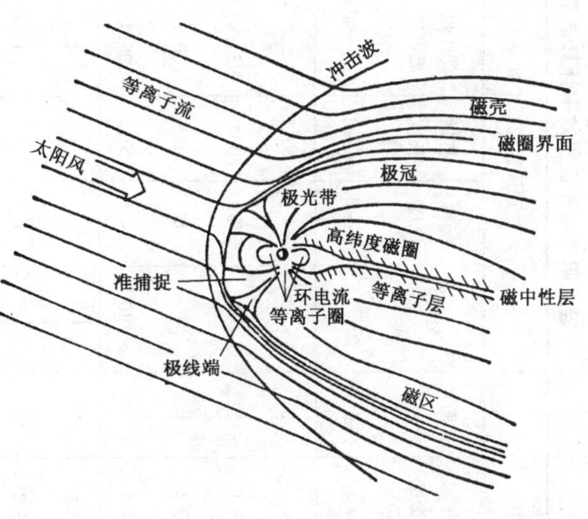

图 2-41　正午—半夜地球子午面磁域图

半导体受高能粒子（电子、质子、中子、γ 射线等）照射时，高能粒子将会把半导体中的一些原子电离或者从晶格里的正常位置移出，而形成一个空位和一个间隙原子。接着这空位和间隙原子又很快地和存在于半导体中的别的杂质（如氧等）形成更加复杂的晶格缺陷。这些缺陷在禁带中引进了能够起受主、施主或复合中心的各种能级。有效掺杂度和折射率也会因此而发生变化。我们把半导体受高能粒子辐照后产生缺陷的情况，统称为辐射损伤。辐射损伤对材料最重要的影响是减少了少子寿命，辐照对 P-N 结硅太阳能电池来说主要是基区寿命下降。

通常用损伤系数 K_τ 来描述材料的损伤程度

$$\frac{1}{\tau} = \frac{1}{\tau_0} + K_\tau \phi$$

表 2-8　　硅太阳能电池极限效率计算结果概要

序号	硅片厚度 d (μm)	基区(1),P型				正面区(2),N型					阻挡层		整个电池			
		杂质浓度 N_A (cm^{-3})	扩散长度 L_n (μm)	光生电流密度 $J_L^{(1)}$ (mA/cm^2)	表面复合速度 s_1 (cm/s)	杂质浓度 N_d (cm^{-3})	标称厚度 x_f (μm)	扩散长度 L_p (μm)	光生电流密度 $J_L^{(2)}$ (mA/cm^2)	表面复合速度 s_2 (cm/s)	标称厚度 Δx_j (μm)	光生电流密度 $J_L^{(j)}$ (mA/cm^2)	光生电流密度 J_L (mA/cm^2)	开路电压 U_{oc} (V)	曲线因数 CF	转换效率 η (%)
1	150	7×10^{14}	1670	14.1	0	5×10^{17}	4	60.3	26.0	0	1.18	1.8	41.9	0.665	0.84	23.6
2	100	5×10^{15}	604	9.1		5×10^{16}	10	135	31.8		0.24	0.08	41.1	0.681	↓	↓
3		5×10^{16}	226	10.2		↓	8	135	30.5		0.20	0.15	40.8	0.700	0.85	24.3
4	↓			14.5		5×10^{17}	4	60.3	26.0		0.15	0.27	↓	0.701	↓	↓
5	200			14.9									41.1	0.687	0.84	24.0
6	50			13.2			↓		↓			↓	39.5	0.717	0.85	24.2
7				8.8			8		30.5			0.11	39.4	0.719		
8	↓			23.0			1		15.5			1.0	39.5	0.716	↓	↓
9	150			24.5			↓		15.4				41.0	0.692	0.84	24.1
10	↓	↓	↓	10.6			8		30.3		↓	↓	↓	↓	↓	↓
11	50	5×10^{17}	97.6	13.0		↓	4	↓	26.0		0.06	0.11	39.1	0.748	0.85	25.12
12	↓	↓	↓	18.0		2×10^{18}	2	21.8	20.7		0.05	0.19	38.9	0.747		25.0
13	25	2×10^{18}	34.5	12.7	↓	↓	3	↓	23.8	↓	0.04	0.10	36.6	0.756		23.8
14	100	5×10^{16}	226	14.5	10	5×10^{17}	4	60.3	26.0	10	0.15	0.27	40.7	0.700	↓	24.3
15	↓	↓	↓	14.3	100	↓	↓	↓	25.8	100	↓	↓	40.4	0.690	0.84	23.8

式中　τ_0——辐照前少子寿命；

τ——辐照后少子寿命；

ϕ——粒子通量。

辐照结果使硅太阳能电池输出性能衰降（如图 2-42 所示），光谱响应敏感区向蓝光移动（如图 2-43 所示）。理论和实验均证明，各种结构的太阳能电池耐辐照性能是不一样的：N-P 电池优于 P-N 电池；基体电阻率 10Ωcm 电池优于 2Ωcm 电池；薄电池优于厚电池；非背场电池优于背场电池等等。不同种类和不同能量的高能粒子对同一种电池的损伤程度也不一样，一般都随辐照剂量的增加而增加。

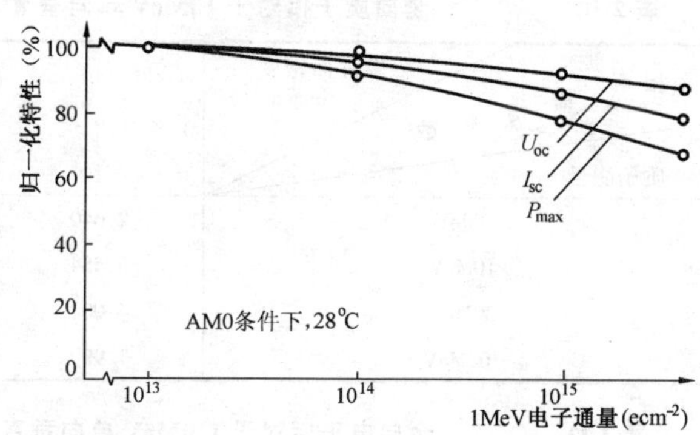

图 2-42　1MeV 电子辐照硅太阳能电池性能变化

为了减少辐照衰降，空间硅太阳能电池一般用熔融石英或铈稳定盖片保护。国产盖片一般采用铈稳定盖片，不同厚度盖片对太阳能电池的保护效果见表 2-9。

表 2-9　　不同厚度盖片对太阳能电池的保护效果

P_{max}相对衰降（%） / 1MeV电子通量（ecm^{-2}） / 盖片面密度（mgcm^{-2}）	1×10^{14}	3×10^{14}	6×10^{14}	1.3×10^{15}
0	6	13	18	24
123	4	8	12	17
215	1.3	2.6	4.5	7.6

注　样品为 N/P 型电池，10Ωcm，0.3mm 厚，20×20mm² 常规硅电池。

为了便于预计太阳能电池空间辐照损伤，通常引进相对损伤系数，其定义是，某种类型与能量的一个全向粒子对带有一定面密度盖片太阳能电池的损伤相当于对无盖片电池产生相同损伤所需的单向垂直入射 1.0MeV 电子或 10MeV 质子的数量。相对损伤系数一般通过大量的实验来确定，其结果见表 2-10 和表 2-11。其中 1MeV 的电子通量为 10MeV 的质子通量的 3000 倍。

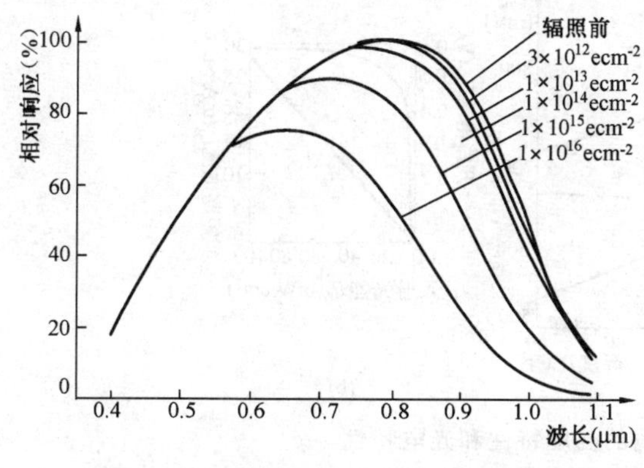

图 2-43　电子辐照相对光谱响应的变化

引进了相对损伤系数以后，设计者可以根据某一空间任务的辐照环境，方便地计算太阳能电池方阵所需经受 1.0MeV 电子的等效通量，进而可以用实验室易实现的单向垂直入射 1.0MeV 电子对无盖片太阳能电池的辐照数据来预计太阳能电池方阵空间辐照衰降值。

表 2-10　　全向质子相对于 10MeV 单向垂直入射质子的相对损伤系数

相对损伤系数 / 盖片面密度 ($mgcm^{-2}$) / 质子能量	0	5.59	33.5	112
3MeV	2.640	2.298	0	0
10MeV	5.554	5.634	6.965	8.423
30MeV	4.004	4.005	3.938	3.926
100MeV	1.999	2.001	2.013	2.039

表 2-11　　全向电子相对于 1.0MeV 单向垂直入射电子的相对损伤系数

相对损伤系数 / 盖片面密度 ($mgcm^{-2}$) / 电子能量	0	5.59	33.5	112
1MeV	0.5000	0.4657	0.3607	0.1934
5MeV	4.40	4.34	4.12	3.66
10MeV	8.30	8.25	8.03	7.52

辐射损伤并非完全是永久性的，在某种程度变化的环境中，可以得到部分恢复。因而受辐照的电池或用离子注入法制成 P-N 结以后，需要通过热退火、激光退火、电子束退火等手段来消除辐射损伤。尤其是在硅中掺进适量的锂（Li）以后，Li 可以很快地帮助硅恢复辐射损伤，而使掺锂的硅太阳能电池具有所谓“自愈特性”。即掺 Li 硅太阳能电池经受辐照而产生损伤后，在一般工作条件下放置一段时间，就能自行克服损伤使性能得到恢复。

（十）硅太阳能电池的温度特性和光电特性

图 2-44（a）示出了硅太阳能电池的温度特性，开路电压随温度升高而下降，短路电流随温度升高而升高，电池的输出功率（直接影响到效率）随温度升高而下降。每升高 1℃，损失率约为 0.35%～0.45%，也就是说，在 20℃工作的硅太阳能电池的输出功率要比在 70℃工作时高 20%。

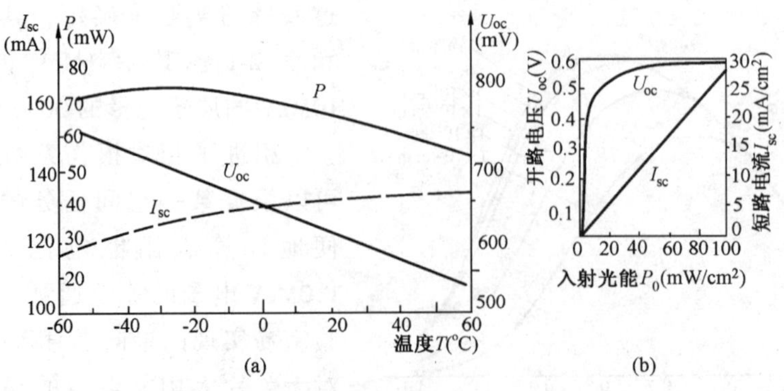

图 2-44　硅太阳能电池的温度特性和光电特性

（a）温度特性；（b）光电特性

地面应用的硅太阳能电池一般工作在 -40 ~ +70℃之间，空间应用的硅太阳能电池可在 -135 ~ +125℃条件下工作。用于探测地内行星（如地球轨道内侧的金星、水星等）的宇宙飞船要求太阳能电池在高温和高辐照度下工作；而探测地外行星（如木星、土星等），要求太阳能电池在低辐照度和低温下能正常工作，所以太阳能电池的温度特性和光电特性对空间应用更为重要。

硅太阳能电池的光电特性示于图 2-44（b），短路电流随光谱辐照度增加而增加，强光时线性很好，因而对光谱作适当修正后，硅太阳能电池可作照度计用。开路电压随光谱辐照度增加而呈指数上升。弱光时增加很快；强光下趋于饱和。利用曲线的迅速上升部分，太阳能电池可作弱光的光谱辐照度测量。

四、肖特基结太阳能电池

肖特基结太阳能电池依靠肖特基势垒（SB）的光生伏打效应而工作。近年来已发展成一族 CIS 电池，其中 C 代表导体（包括金属“M”、高掺杂的半导体“S”及近乎导体的电介质“E”）；I 代表绝缘层（包括氧化层“O”）；S 代表半导体。所有这些电池都依靠一个单边突变的肖特基结来分离在基体半导体材料中产生的光生载流子。因此，了解肖特基势垒的构成和特性是非常必要的。

（一）金属及半导体的功函数

由于正离子的吸引，绝大多数电子都只能在金属内部的能级上运动；只有少数能量特别大的电子可以逸出体外。将金属置于真空中，并设真空中存在一个静止电子的能级 E_0，则一个初始能量等于费米能级 $(E_F)_m$ 的电子从金属体内逸出到真空中所需的最小能量 W_m 称为金属的逸出功或功函数。

$$W_m = E_0 - (E_F)_m$$

功函数实际上标志着电子被正离子吸引的强弱，其大小一般为几个电子伏。太阳能电池常用金属的功函数见表 2-12。

表 2-12　　太阳能电池常用金属功函数 W_m　　（单位：eV）

金属名称	Mg	Al	Ni	Cu	Ag	Au	Ti	Be	Pt	Cr	Pd	Hf	Sc	Mn
功函数 W_m	3.66	4.28	5.51	4.65	4.26	5.1	4.33	4.98	5.65	4.5	5.12	3.9	3.5	4.1

同样，一个初始能量等于费米能级 $(E_F)_s$ 的电子，从半导体内逸出到真空中所需的最小能量 W_s 称为该半导体的功函数

$$W_s = E_0 - (E_F)_s$$

因为半导体的费米能级随半导体掺杂浓度变化，故 W_s 也与掺杂浓度有关。为方便起见，通常把能量等于导带底 E_c 的电子从半导体内逸出到真空中所需的能量 x 称为半导体的电子亲合势

$$x = E_0 - E_c$$

利用亲合势，半导体的功函数又可表示为

$$W_s = x + [E_c - (E_F)_s] = x + E_n \quad (\text{N型})$$

$$W_s = x + E_g + [E_v - (E_F)_s] = x + E_g - E_p \quad (\text{P型})$$

其中 $$E_n = E_c - (E_F)_s$$

$$E_p = (E_F)_s - E_v$$

硅和砷化镓的功函数示于表 2-13。真空静止电子能级与金属及半导体费米能级的关系示于图 2-45（a）。

表 2-13　　Si 和 GaAs 的功函数 W_s

半导体名称	Si		GaAs	
导电类型	N	P	N	P
掺杂浓度（个/cm³）	10^{14}，10^{15}，10^{16}	10^{14}，10^{15}，10^{16}	10^{14}，10^{15}，10^{16}	10^{14}，10^{15}，10^{16}
功函数（eV）	4.32，4.26，4.20	4.82，4.88，4.94	4.44，4.37，4.31	5.14，5.21，5.27

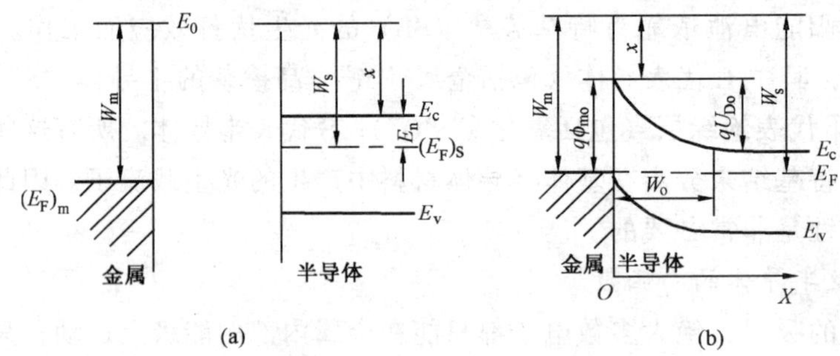

图 2-45　金属和 N 型半导体肖特基势垒的形成

（a）接触前；（b）接触后

（二）金属-半导体的接触势垒

以真空静止电子能级为基准，若金属功函数 W_m 大于某半导体功函数 W_s，则半导体的费米能级 $(E_F)_s$ 高于金属的费米能级 $(E_F)_m$。这样，当金属与半导体紧密接触时，由于费米能级的差别，界面附近半导体中的电子就会流向金属，在半导体表面形成由电离施主组成的空间正电荷区（即耗尽区），而在金属表面产生负电荷的积累层。这样就降低了金属的电动势，提高了半导体的电动势，从而使表面及内部的电子能级都发生相应的变化，直到两者的费米能级达到同一水平，形成动态平衡。这时半导体表面的耗尽区中出现由半导体指向金属的电场引起的漂移电流和从半导体流向金属的电子电流，二者数量相等，方向相反。金属和半导体间不再有净的电子流动，形成的接触电动势能差 qU_{Do}，完全抵消了原来费米能级的不同。这就是说，相对于金属的费米能级，半导体的费米能级下降了 $(W_m - W_s)$，若以真空中静止电子能级 E_0 为基准，则有

$$W_s - W_m = (E_F)_s - (E_F)_m = qU_{Do} \tag{2-74}$$

从金属到半导体出现的势垒高度 ϕ_{mo} 为

$$q\phi_{mo} = qU_{Do} + E_n = W_m - W_s + E_n = W_m - x \tag{2-75}$$

图 2-45 示出了金属-半导体接触势垒的形成及相应的势垒高度。其中，图 2-45（a）为接触前，图 2-45（b）为紧密接触后达到平衡状态时的势垒形状。由图 2-45（b）可以看出，当金属与 N 型半导体接触时，若 $W_m > W_s$，则在半导体表面附近形成表面势垒。势垒区中的

电子浓度比体内小得多，因而是一个高电阻层，又称阻挡层。

若金属和 N 型半导体接触时且 $W_m < W_s$，则电子将从金属流向半导体，金属表面带正电，在半导体表面形成负的空间电荷区，形成一个倒向势垒。内建电动势方向由金属指向半导体，它阻止电子从金属流出。在倒向势垒区中，电子浓度比体内高得多，因而是高电导层，称为反阻挡层。这时的能带图如图 2-46 所示。

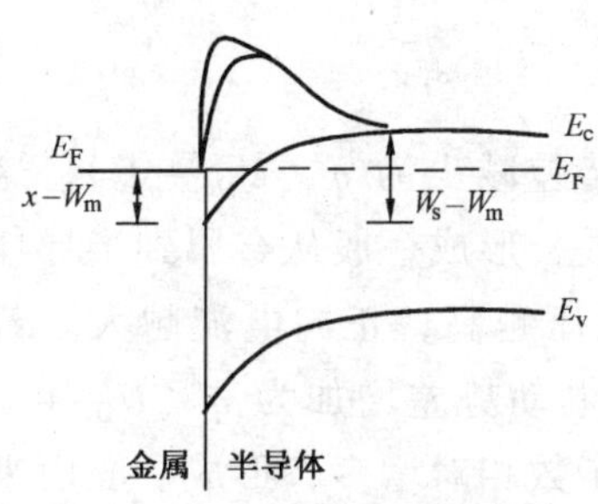

图 2-46　金属和 N 型半导体接触反阻挡层的能带图（$W_m < W_s$）

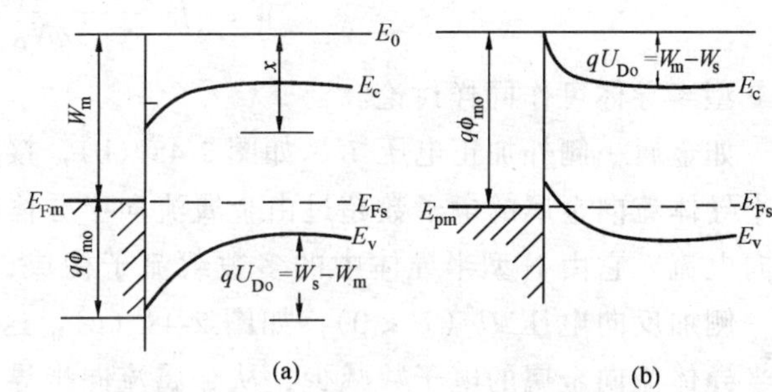

图 2-47　金属和 P 型半导体接触能带图

（a）P 型阻挡层（$W_m < W_s$）；（b）P 型反阻挡层（$W_m > W_s$）

金属和 P 型半导体接触时，形成阻挡层的条件恰好与 N 型相反。当 $W_m < W_s$ 时，金属中的电子流向 P 型半导体，出现由电离受主构成的负空间电荷区，能带向下弯曲，形成 P 型阻挡层。当 $W_m > W_s$ 时，P 型半导体中的电子流向金属，在 P 型半导体表面层内出现空穴积累层，能带向上弯曲，形成电阻很小的 P 型反阻挡层。金属和 P 型半导体接触能带图见图 2-47。图中同时给出了相应的势垒高度值。一些金属与硅和砷化镓接触的势垒高度值 ϕ_{mo}见表 2-14。

表 2-14　　**金属与硅和砷化镓接触的势垒高度 ϕ_{mo}**

金　属	ϕ_{mo}（V）			金　属	ϕ_{mo}（V）		
	N-Si	P-Si	N-GaAs		N-Si	P-Si	N-GaAs
金（Au）	0.80	0.35	0.90	铂（pt）	0.90	—	0.86
银（Ag）	0.56～0.79	0.55	0.88	铂硅（PtSi）	0.85	—	—
铝（Al）	0.50～0.77	0.58	0.80	钨（W）	0.66	—	0.80
铬（Cr）	0.58	—	—	铜（Cu）	—	0.51	0.82
镍（Ni）	0.67～0.70	0.51	—	铍（Be）	—	0.56	—
钼（Mo）	0.58	—	—				

所有金属和半导体形成的阻挡层称为肖特基势垒。反阻挡层因为有高电导性，可作为半导体的欧姆接触。

在讨论 P-N 结时所采用的耗尽近似，同样适用于肖特基结。若半导体均匀掺杂，则肖特基势垒空间电荷区的电离施主也均匀分布，且等于 qN_D（N_D 为施主浓度）。设势垒宽度为 W_0，则利用泊松方程，可得到无光照射时肖特基结势垒宽度 W_0

$$W_0 = \sqrt{\frac{2\varepsilon_0\varepsilon_r(\phi_{mo} - E_n)}{qN_D}} = \sqrt{\frac{2\varepsilon_0\varepsilon_r U_{Do}}{qN_D}}$$

其中，$U_{Do} = (W_s - W_m)/q$ 为金属和半导体的接触电动势差

（三）肖特基势垒的正反向特性

若有外加电压存在于金属与半导体间时，金属与半导体的费米能级都有一个相对位移 qU。在 U 不太大时，从金属到半导体的势垒高度不变，而势垒宽度和形状发生改变，见图 2-48。当在有外加电压 U 时，势垒宽度

$$W = \sqrt{\frac{2\varepsilon_0\varepsilon_r(U_{Do} \pm U)}{qN_D}}$$

对 P 型半导体可作同样讨论。

如金属一侧外加正电压 U，如图 2-48（b），接触电动势差减少为 $q(U_{Do} - U)$，这时从半导体流向金属的电子数超过由金属流向半导体的电子数，形成一股从金属到半导体的正向电流。它由 N 型半导体中的多数载流子构成，外加电压越高，正向电流越大。若金属一侧加反向电压 U（$U < 0$），如图 2-48（c），这时接触电动势差增加为 $q(U_{Do} + U)$，从半导体流向金属的电子数减少，从金属流向半导体的电子数相对增多，形成一股由半导体到金属的反向电流。这个反向电流由 N 型半导体中的少数载流子构成。由于金属中的电子必须越过 $q\phi_{mo}$ 的势垒才能进入半导体，而 $q\phi_{mo}$ 不随外加电压 U 变化，所以反向电流有一饱和值，不随外界电压变化，数值也比较小。肖特基势垒的正、反向伏安特性相似于 P-N 结的整流特性（见图 2-23）。

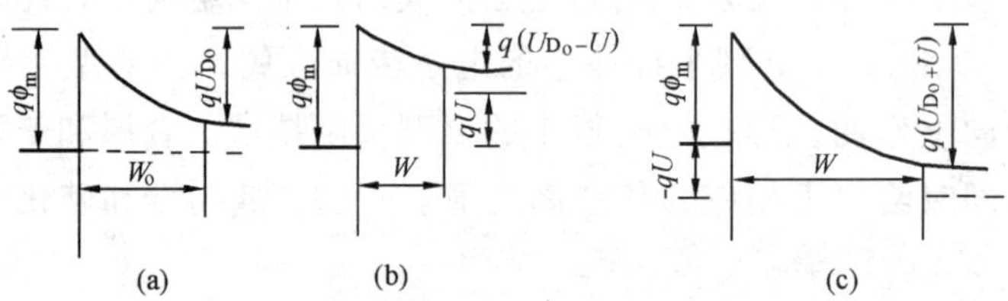

图 2-48　外加电压对肖特基垫垒的影响

（a）$U = 0$；（b）$U > 0$；（c）$U < 0$

假设 N 型阻挡层很薄，远小于电子扩散长度，这时半导体中的电子只要有大于 $q(U_{Do} + U)$ 的能量，即可超越势垒而进入金属；而金属中的电子，只要有大于 $q\phi_{mo}$ 的能量，也可超越势垒而进入半导体。因而计算正反向电流，就归结为计算超越势垒进入各方的电子数，这显然是一种理想情况。

令电流的正方向是从金属到半导体，则从半导体到金属的电子流形成的电流密度 J_{sm} 为

$$J_{sm} = \frac{4\pi q m_n^* k^2}{h^3} T^2 e^{-\frac{q\phi_{mo}}{kT}} e^{\frac{qU}{kT}}$$

$$= A^* T^2 e^{-\frac{q\phi_{mo}}{kT}} e^{\frac{qU}{kT}} \tag{2-76}$$

其中
$$A^* = \frac{4\pi q m_n^* k^2}{h^3}$$

称为有效理查森常数。Si、GaAs 的理查森常数见表 2-15。

表 2-15　Si、GaAs 的 A^*/A 值

半 导 体	Si	GaAs
P 型	0.660	0.620
N 型（111）	2.200	0.068（低电场）
N 型（100）	2.100	1.200（高电场）

注　A 为热电子向真空发射的理查森常数，$A=4\pi qmk^2/h^3=120A/cm^2k^2$，$m$ 为电子静止质量

电子从金属到半导体所面临的高度不随外加电压变化。所以，从金属到半导体的电子流形成的电流密度 J_{sm} 是常量。它应与热平衡条件下即 $U=0$ 时的 J_{sm} 大小相等，方向相反。

$$J_{ms}=-J_{sm|U=0}=-A^*T^2e^{-\frac{q\phi_{mo}}{kT}}$$

于是总电流密度为

$$J_D=J_{sm}+J_{ms}=A^*T^2e^{-\frac{q\phi_{mo}}{kT}}\left(e^{\frac{qU}{kT}}-1\right)=J_{sT}\left(e^{\frac{qU}{kT}}-1\right) \tag{2-77}$$

而

$$J_{sT}=A^*T^2e^{-\frac{q\phi_{mo}}{kT}} \tag{2-78}$$

J_{sT} 称为饱和电流，与外加电压无关，而是强烈地依赖于温度的函数。

（四）实际的肖特基势垒

实际肖特基势垒与以上的理论模型有相当的分歧，主要表现在以下几方面。

1. 表面态的影响

在晶体表面上的一个硅原子只能和周围 3 个硅原子有共价键，存在一个未配对的价电子，即有一个未被饱和的键，称为悬挂键。这个悬挂键对应的能态就叫表面态。对于“洁净”的硅表面，每平方厘米有 10^{15} 个硅原子，故悬挂键有 $10^{15}/cm^2$，于是“洁净”表面的表面态密度为 $10^{15}/cm^2$。实际的硅表面往往覆盖了一层二氧化硅层，许多硅原子的悬挂键被二氧化硅层的氧原子所饱和，故实测的表面态密度要低一些。由于硅与二氧化硅的格子并不完全匹配，总有一部分悬挂键不被饱和，所以表面态总是存在的。

悬挂键可以和体内交换电子，例如 N 型硅的悬挂键可以从体内获得电子使表面带负电，这样，表面附近出现数量相等的正空间电荷层，使表面附近的能带弯曲，结果在半导体和金属接触之前即已形成表面的势垒。巴丁等人根据表面能级的理论计算求得，金刚石结构的晶体，其表面态密度较高（高于 $10^{13}/cm^2$）时，在表面处的费米能级位于禁带宽度的 1/3 处，这个值又称巴丁极限。N 型和 P 型半导体的表面能带图示于图 2-49。N 型半导体表面的悬挂键起受主作用，对 P 型半导体，悬挂键起施主作用。表面势垒高度分别约为

N 型半导体　　$qU_{Do}\approx\frac{2}{3}E_g-E_n$

P 型半导体　　$qU_{Do}\approx\frac{1}{3}E_g-E_p$

表面态的能量连续分布，在费米能级 E_F 以下的表面态基本上被电子填满，而 E_F 以上的能级则几乎全空着。当半导体表面态密度很高时，金属—半导体的接触势垒与金属功函数及半导体掺杂度无关，主要由半导

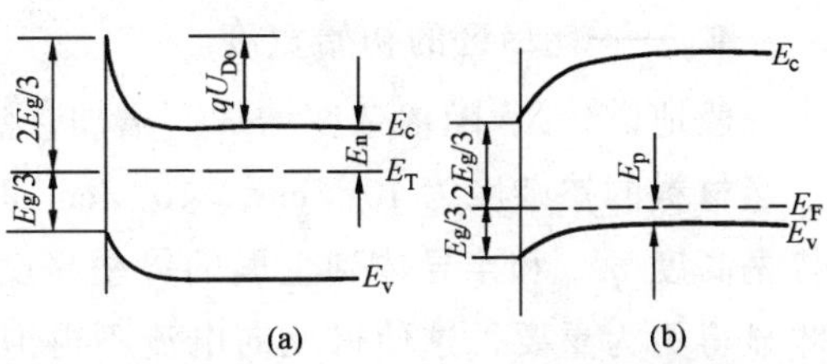

图 2-49　表面能级密度大时的半导体能带图

（a）N 型半导体；（b）P 型半导体

体的表面性质决定。这当然也是极端的情形。实际表面还存在缺陷和外来原子的吸附，表面状态非常复杂，势垒高度主要由实验确定。了解了半导体表面势的重要影响，便不难理解，当 $W_m < W_s$ 时，也可能形成 N 型阻挡层。表面态影响势垒形状，自然也影响着势垒的伏安特性。

2. 镜像力的影响

一个离开金属表面距离为 x 的电子，将在金属中感应出一个正电荷。这个电子对感应正电荷之间的吸引力和这个电子对一个位于（$-x$）处的正电荷的吸引力相当。位于（$-x$）处的正电荷是假设的称为镜像电荷，这种吸引力称为镜像力 F，其表达式为

$$F = \frac{-q^2}{4\pi\varepsilon_0 (2x)^2} = \frac{-q^2}{16\pi\varepsilon_0 x^2}$$

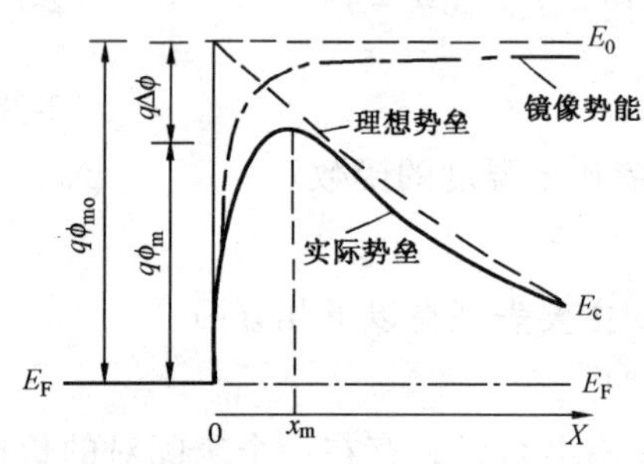

图 2-50 镜像力对肖特基势垒的影响

虚线—未考虑镜像力时势垒形状；点划线—镜像势能曲线（势能零点取在 $q\phi_o$ 处）；实线—考虑镜像力以后的势垒形状

这个离开金属表面距离为 x 的电子的势能称为镜像势能，它等于把一个电子由无穷远移到 x 处所作的功 $\int_\infty^x F\mathrm{d}x = q^2/16\pi\varepsilon_0 x$ 。

金属和半导体接触形成势垒时，空间电荷区中的正电荷面对着金属同样应当考虑镜像力的作用，因为正电荷在半导体中，故镜像势能可以写为 $q^2/16\pi\varepsilon_0\varepsilon_r x$。肖特基势垒在考虑镜像力的影响后就要变形。平衡时的势垒形状如图 2-50 所示。

从图 2-50 可以看出，镜像力不仅使势垒顶降低了 $q\Delta\phi$，而且使势垒顶向半导体内移动 x_m。可以算得

$$\Delta\phi = \frac{1}{4}\left(\frac{2q^3 N_D (U_{Do} - U)}{\pi^2 \varepsilon_0^3 \varepsilon_r^3}\right)^{1/4}$$

$$x_m = \frac{1}{4 (\pi N_D W_0)^{1/2}}$$

式中 N_D——半导体施主浓度；

ε_0——真空介电常数；

ε_r——相对介电常数；

U——加到肖特基结上的电压；

W_0——耗尽区的初始宽度。

一般地讲，$\Delta\phi$ 随掺杂度增加而增加，随正向偏压增加而减少，随反向电压增加而增加。当材料的掺杂度为 $10^{15}/cm^3$、$10^{17}/cm^3$ 时，x_m 分别为 50Å 和 15Å。于是金属到半导体的势垒高度 $q\phi_{mo}$和半导体到金属的势垒高度 qU_{Do}都需要降低 $q\Delta\phi$ 镜像力。在反向电压大时才显得更为重要，这使得反向电流不再饱和而随反向电压增加而增加。

3. 隧道效应的影响

量子力学中关于隧道效应的原理指出，能量低于势垒顶的电子也有一定的几率穿过这

个势垒，穿透的几率与电子能量及势垒的厚度有关。在考虑隧道效应对肖特基势垒的影响时，可以假定，对于一定能量的电子，存在一个临界的势垒厚度 x_c，即具有这种能量的电子都可以隧穿过厚度小于 x_c 的一薄层势垒，但都不能够隧穿过厚度大于 x_c 的势垒。也就是在总的势垒宽度中，有一薄层势垒对一定能量的电子是不起作用的，效果上等于降低了势垒的总高度。据计算，考虑隧道效应后的势垒降低量 $\Delta\phi_\tau$ 为

$$\Delta\phi_\tau = \left[\frac{2q^3 N_D}{\varepsilon_r \varepsilon_0}\ (U_{Do} - U)\right]^{1/2} x_c$$

式中，x_c 由不同的电子能量确定。由此可见，$\Delta\phi_\tau$ 也随反向电压加大，而随正向电压变小，它对势垒形状的影响与镜像力相同。为了解释肖特基势垒的正反向伏安特性理论和实验的差异，除上述 3 点以外，还进一步考虑过载流子在空间电荷区或界面上的各种复合；电子在金属表面的反射以及电子和光学声子的散射等多种模型。与同质结的 P-N 结理论相比，关于肖特基势垒的电子输运理论还有待进一步深入。考虑以上 3 种因素后，U_{Do} 应当用 U_D 代替，ϕ_{mo}用 ϕ_m代替。$U_D = U_{Do} - \Delta\phi - \Delta\phi_\tau$，$\phi_m = \phi_{mo} - \Delta\phi - \Delta\phi_\tau$。

在耗尽区的复合电流以及被正向电压牵引从半导体表面漂移到 N 区复合的空穴电流也是正向电流的一部分，故实际工作中也可以像在 P-N 结中一样，引进一个二极管因数 N（或称曲线因数），于是式（2-78）的正向电流可表示为

$$J_D = J_{ST}\ (e^{\frac{qU}{nkT}} - 1) \tag{2-79}$$

其中

$$J_{ST} = A^{**} T^2 e^{\frac{q\phi m}{kT}}$$

用 n 值表示肖特基结正反向电流和理论值的偏离程度，通常取 $n = 1 \sim 2$。并在反向电流 J_{ST}中用修正理查森常数 A^{**}，代替有效理查森常数 A^*，以显示在 J_{ST}中考虑了影响势垒的因素。

（五）肖特基结太阳能电池的构造和工作原理

肖特基结太阳能电池几乎具有 P-N 结太阳能电池相同的外形，其结构很简单，即在 N 型或 P 型半导体表面上敷一层透明的金属层；在金属层上制作栅状金属电极汇集光电流；在半导体的背表面覆盖上作欧姆接触用的金属底电极。在透明金属层上要涂覆一层减反射膜，典型的金—硅肖特基太阳能电池和金—二氧化硅—硅肖特基太阳能电池结构如图 2-51 所示。

透明金属层和半导体形成肖特基势垒。当光入射时，透过金属的光进入半导体，其中能量 $h\nu > E_g$ 的光子被半导体中的耗尽区和基区吸收，产生光生电子—空穴对。耗尽区中的光生电子—空穴对一旦产生即被耗尽区中的内建场扫出；电子被扫进 N 型半导体中，空穴被扫到金属表面。基区中的光生电子—空穴对产生后向耗尽区边缘扩散，在边缘附近光生电子是多子，被势垒反射回去，光生空穴（少子）即被势垒区中的电场扫进金属。这样，光照使半导体耗尽区两侧产生电荷积累，在金属和半导体之间的肖特基势垒区形成由金属指向半导体的光生电压，这就是肖特基电池的光生伏打效应。当有外负载联接于正电极和底电极之间时，有光生电流流经负载，在负载上获得电功率输出。

从以上所述肖特基电池的结构和工作原理来看，肖特基电池像一个 P^+ 区掺杂浓度很

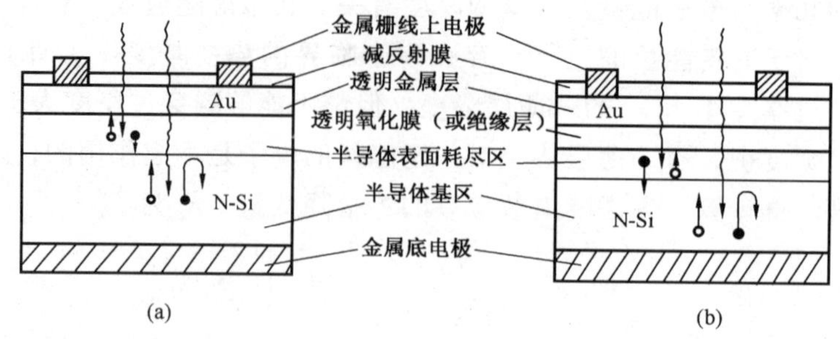

图 2-51　典型的肖特基太阳能电池结构

(a) MS 电池；(b) MOS（或 MIS）电池

○—空穴；●—电子

大、宽度很小（趋于 0）的 P^+-N 结太阳能电池。因而可把肖特基电池比做一个具有结深为 0 的 P^+-N 结太阳能电池，这样的比拟，对了解肖特基太阳能电池的某些特性是有益的。当然，光也可在金属中激发出光生电子，使之越过 ϕ_m 而被收集，但由金属层所提供的光电流极为微弱，往往小于总光电流的 1%，可忽略不计。

（六）光电流、光电压和光电转换效率

1. 光电流

肖特基太阳能电池中的光电流，几乎完全可以采用前面推导单位面积 P-N 结光电流的方法。只是在肖特基太阳能电池中的光电流 I_L，只要考虑半导体表面耗尽区和基区的贡献就可以了。于是在稳定的单色光 Φ 照射下，光电流 I_L 为

$$I_L = I_c + I_n \tag{2-80}$$

式中　I_c——耗尽区贡献的光电流分量；

I_n——基区贡献的光电流分量。

当 N 型硅均匀掺杂，N 区中少子扩散长度 L_p 远大于耗尽区宽度 W_0（$L_p \gg W_0$），并不考虑结的边缘效应时，在单位结面积上，可得 N 区的光生空穴对光电流的贡献 I_n

$$I_n = \frac{q\Phi'\alpha L_p}{\alpha^2 L_p^2 - 1} T e^{(-\alpha W)} \times \left[\alpha L_p - \frac{\frac{sL_p}{D_p}\left[\mathrm{ch}\left(\frac{H'}{L_p}\right) - e^{-\alpha H'}\right] + \mathrm{sh}\left(\frac{H'}{L_p}\right) + \alpha L_p e^{-\alpha H'}}{\frac{sL_p}{D_p}\mathrm{sh}\left(\frac{H'}{L_p}\right) + \mathrm{ch}\left(\frac{H'}{L_p}\right)}\right] \tag{2-81}$$

式中　s——基区背表面复合速度；

H'——扣除耗尽区宽度 W 的基区宽度（$H' = H - W$）；

Φ'（λ）——扣除各项反射和吸收损失后到达金属表面的单色光辐照度；

α——半导体的吸收系数；

W——耗尽区宽度；

L_p、D_p——N 区中空穴的扩散长度、扩散系数；

T——金属的透光率。

如果背电极是欧姆接触，则式（2-81）可简化为

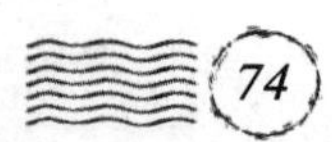

$$I_n = \frac{q\Phi\alpha L_p}{(\alpha^2 L_p^2 - 1)} T e^{-\alpha W}\left[\alpha L_p - \frac{\mathrm{ch}\left(\frac{H'}{L_p}\right) - e^{-\alpha H'}}{\mathrm{sh}\left(\frac{H'}{L_p}\right)}\right] \tag{2-82}$$

不考虑耗尽区中的复合，则耗尽区中产生的光生电子—空穴对都能利用，耗尽区中的电流 I_c 为

$$I_c = \int_0^W q\Phi' T d e^{-\alpha x} dx = -q\Phi' T\alpha e^{-\alpha W} \tag{2-83}$$

将式（2-82）、(2-83）代入式（2-80)，即得某种单色光稳定照射时的光电流。如果是太阳光或其他复色光源，则总光电流必然是在整个光谱范围内各单色光所产生的电流的总和。

由此可见，在肖特基太阳能电池中，耗尽区就在半导体表面，紫外光和紫光即可被利用，相当于一个没有死层的很好的紫光电池。

实际情况要复杂得多，光在到达半导体以前要经过减反射层、透明金属层以及几乎总是存在的二氧化硅层等。每一层对光均有或多或少的吸收，且光在每两层的交界面上都可能发生反射及散射，从而直接影响肖特基太阳能电池的光谱响应和总的光生电流。前面所述的镜像力使半导体表面约几十 Å 的薄层内势场减弱，也影响电池的紫光响应。太薄的金属膜透光性好，但由此带来的串联电阻可能大大降低电功率的输出。若采用密栅，则金属膜的厚度可以降到 50μm。

2. 光电压

当受照射的肖特基太阳能电池开路时，光生空穴使 N 型半导体一侧带负电荷，金属表面带正电荷，产生由金属指向半导体的光电压即开路电压 U_{oc}（方向与肖特基内建电动势相反)，使肖特基结处于正偏。在稳定光照时，流过结的光电流 I_L 恰等于正向偏压 U_{oc} 作用下产生的正向电流 I_D，由式（2-79）可以写出

$$I_L = I_D = I_{sT}\left(e^{\frac{qU_{oc}}{nkT}} - 1\right) \tag{2-84}$$

两边取对数，整理后即得到肖特基太阳能电池的开路电压 U_{oc}表达式

$$U_{oc} = \frac{nkT}{q}\ln\left(\frac{I_L}{I_{sT}} + 1\right) \tag{2-85}$$

从式（2-85）看到，U_{oc}也随光电流的增加而增加，随反向电流 I_{sT}的增加而减少，利用式（2-85）对 U_{oc}作变换

$$U_{oc} \approx \frac{nkT}{q}\ln\frac{I_L}{I_{sT}}(I_L \gg I_{sT}) = \frac{nkT}{q}(\ln I_L - \ln I_{sT}) \tag{2-86}$$

因为 $I_{sT} = A^* T^2 e^{-\frac{q\phi_m}{kT}}$，设 $n = 1$，有

$$\ln I_{sT} = \ln A^* T^2 - \frac{q\phi_m}{kT} \tag{2-87}$$

将式（2-87）代入式（2-86）得

$$U_{oc} = \phi_m - \frac{kT}{q}\ln\frac{A^* T^2}{I_L} \tag{2-88}$$

式（2-88）清楚地示出了 U_{oc}随 ϕ_m 增加而增加的关系，而影响 ϕ_m 的因素，前已讨论，在此不再赘述。

肖特基电池是一种多子器件，因为它的暗电流根本不同于 P-N 结电池中的暗电流。P-N 结处于正向偏压，暗电流是由耗尽区的另一侧漂移过来，又通过扩散而复合掉的少数载流子所贡献的，因而 P-N 结的暗电流可以通过提高基区的掺杂度或在基区引进背场（BSF）等来减少。肖特基结处于正偏压时，暗电流主要由从半导体发射到金属的多数载流子所贡献，因而不能用在基区引进背场或提高基区掺杂度的办法来减小；相反地，暗电流随掺杂度提高而稍有增加。当掺杂度高于 $10^{17}/cm^3$ 以后，大量的隧穿电流伴随发射电流产生，而使暗电流急剧增加。所以，肖特基太阳能电池的开路电压 U_{oc}不随基区掺杂度增加而增加，反而要减少，随掺杂度增加的镜像电位也减低了开路电压。因此，开路电压较低是肖特基电池的不足之处。

通常用以制作肖特基电池的半导体材料基片电阻率都不能太低，所以在电池背面引入背电场（BSF），对于限制光生少子在背面的复合、减少接触电阻仍然是有一定的意义的。

3. 效率

当肖特基太阳能电池外接负载后，光照负载特性曲线形状与 P-N 结太阳能电池的图 2-33 相仿，因而可以沿用分析 P-N 结太阳能电池输出特性时所用的方法，以及名词术语如最佳功率、最佳负载、曲线因子、填充因数、光电转换效率等等，甚至等效电路图 2-32 也可以沿用。

如果肖特基太阳能电池的势垒高度能够接近半导体材料的禁带宽度，则光电转换的理论效率最多与 P-N 结电池相同。对金属—硅肖特基太阳能电池，这一效率为 22%左右，对于金属—砷化镓太阳能电池，约为 25%左右。实际上，因半导体表面态的存在，开路电压难以提高，一般肖特基太阳能电池的效率要低得多。

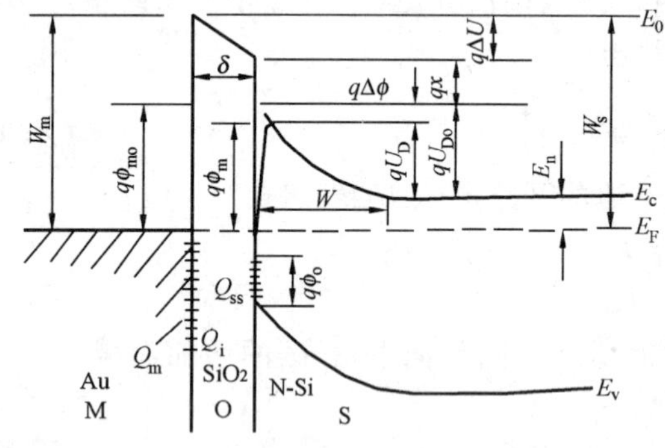

图 2-52　MOS结构太阳能电池能带图

W_m、W_s—金属、半导体功函数；ΔU—界面层上电动势差；χ—半导体电子亲合势；$\Delta\phi$—镜像力等造成的势垒降低量；$q\phi_{mo}$、$q\phi_m$—未考虑和考虑 $q\Delta\phi$ 后金属到半导体面临的势垒高度；U_{Do}、U_D—未考虑和考虑 $\Delta\phi$ 时半导体内建电动势；Q_m—金属表面负电荷量；Q_i—绝缘层中电荷量；Q_{ss}—半导体表面电荷量；$q\phi_o$—半导体表面呈电中性时的势垒高度；W—耗尽区宽度；E_0—真空静止电子能级

（七）MOS 或 MIS 太阳能电池

实验发现，在金属 M 和半导体 S 之间夹进一层极薄的氧化物 O（如 SiO_2）或绝缘体 I（如 SiN 等）构成 MOS 或 MIS 太阳能电池［见图 2-51（b）］，具有比 MS 肖特基太阳能电池更高的开路电压和转换效率。图 2-52 为一典型的 MOS 结构太阳能电池的能带图。

各物理量的意义多数已在图中说明，需要补充的是：

（1）ΔU 为氧化层中的电动势差，满足 $q\Delta U = W_s - W_{mo}$。

（2）金属表面电荷电量等于半导体表面电荷和表面空间电荷电量之和而符号相反，

$Q_m = -(Q_i + Q_{ss} + Q_{sc})$，整个系统保持电中性（$Q_{sc}$为半导体空间电荷量）。

(3) δ很小，光生载流子可以自由透过。

近年来，通过对MOS、MIS、SIS等太阳能电池的深入研究发现：通过选择绝缘层的厚度，同时配以适当功函数的金属，就可以限制MIS电池中的暗电流，而不限制光生少子通过，从而使多子产生的暗电流低于少子产生的暗电流。这样，就得到其暗电流的构成类似于同质结太阳能电池的少子MIS器件；而把那些暗电流中多子发射仍占优势的MIS电池称为多子器件。

引进的氧化物能够限制多子发射的原因：或者是由于有效的金属—半导体势垒的增加；或者是由于多子隧穿几率的减少；或者是助长了带大俘获截面的表面态；或者是减少了半导体表面的多子数目，都有可能。总的来说，需要在半导体表面形成一强反型层，才能有效地限制由多子发射形成的暗电流。界面层的厚度和顶层金属的功函数是决定电池性能的关键性参数。界面层的厚度必须厚得足以抑制多数载流子的电流，但又必须薄得足以不限制导体—半导体之间少数载流子的隧穿。一般绝缘层最佳厚度为10～20μm。

MOS电池的势垒高度ϕ_{mo}由下式决定

$$q\phi_{mo} = W_m - q\Delta U - x - \frac{q(Q_{ss} + Q_i)\delta}{\varepsilon_i} \tag{2-89}$$

式中 $\Delta U = \varepsilon\delta$——氧化层中的电压降；

ε——氧化层中的场强；

Q_{ss}、Q_i——表面态和界面态中的电荷；

δ——氧化层厚度；

ε_i——氧化物介电常数。

对多子MOS器件中单位结面积上的正向电流可以表示为

$$J_D \approx A^{**}T^2[e^{-\frac{q\phi_m}{kT}}][e^{-\sqrt{x_e}\delta}][e^{\frac{qU}{nkT}} - 1] \tag{2-90}$$

式中 x_c——对于多子隧穿的有效势垒高度；

n——二极管曲线因数。

显然，当$\delta = 0$时，MOS电池的J_D表达式与MS电池相同。多子MOS电池的开路电压可表示为

$$U_{oc} \approx \frac{nkT}{q}\left[\ln\frac{J_{sc}}{k^* T^2} + \frac{q\phi_m}{kT} + \sqrt{x_e}\delta\right] \tag{2-91}$$

而对于少子MOS太阳能电池，其正向电流与P-N同质结电池类同

$$\left.\begin{aligned} J_D &\approx \frac{qD_n n_{po}}{L_n}[e^{\frac{qU}{nkT}} - 1] \\ U_{oc} &\approx \frac{nkT}{q}\ln\left(\frac{J_{sc}L_n}{qD_n n_{po}}\right) \end{aligned}\right\} \tag{2-92}$$

以上表达式中J_{sc}为光生电流密度。无论在多子器件或少子器件中，光生电流的表达式同式（2-39），而且认为光生电流均能几乎无损失地隧穿过I层。

实际研究中发现，采用P型硅和低势功函数金属（如Al、Cr、Mn等）更容易得到性能良好的MIS电池。因为低势垒金属—二氧化硅系统中由过量的硅原子构成的正电荷容易强化半导体表面的势垒反型层，而获得较高的开路电压。对界面层的物理机制的解释还有待于深入。

多子MOS器件具有MS肖特基电池相同的缺点；而少子MOS器件则好像是一个有浅结而无死层的高效P-N同质结电池。它的理论效率与同质结相同，而实际制成的Al-SiO_2-pSiMIS少子电池的实测效率也已经达到18%，与高效N^+-P型Si太阳能电池相近。

描述同质结太阳能电池工作情况的等效电路、效率、最佳负载、曲线因数、最大功率、输出功率等的一般表达式都适用于所有的MIS太阳能电池。

五、异质结太阳能电池

（一）异质结的构成及其能带图

异质结也有突变型异质结及缓变型异质结之分。若两种材料的过渡区只有几个原子层大小（$<1\mu m$），则称为突变结。若过渡区长达几个少子扩散长度则称缓变结。目前用作太阳能电池的都是突变异质结。

根据构成异质结的两种半导体材料的导电类型，异质结又可以分为反型结和同型结两种。导电类型相反的两种半导体构成反型异质结，如P型硫化亚铜（P-Cu_2S）和N型硫化镉（N-CdS）构成反型异质结硫化亚铜—硫化镉，表示为Cu_2S-${}_N$CdS；两种导电类型相同的构成同型异质结，如P型硅（P-Si）和P型磷化镓（P-Gap）构成同型异质结硅—磷化镓，表示为${}_p$Si-${}_p$Gap。在表示异质结的符号中，一般都把禁带宽度小的材料写在前面或上面。在异质结太阳能电池中通常用禁带宽度小的材料做太阳能电池的基区，而用禁带宽度大的材料做太阳能电池的顶区（迎光面），这样做是为了减少顶区对光的吸收，让基区吸收更多的光子。所以“顶区材料”也有“窗口材料”之名。

1.P-N反型异质结能带图

图2-53（a）为形成突变异质结之前，两种材料的热平衡能带图。图中，E_{g1}、E_{g2}分别表示两种半导体材料的禁带宽度；E_{p1}为费米能级E_{F1}和价带底E_{v1}的能量差；E_{n2}为费米能级E_{F2}和导带底E_{c2}的能量差；W_{s1}、W_{s2}分别为两种材料的功函数，等于真空静止电子能级E_0和费米能级E_{F1}、E_{F2}的能量差；x_1、x_2分别为两种材料的电子亲合势，等于E_0和导带底E_{c1}、E_{c2}之差；ΔE_c、ΔE_v分别为两种材料的导带底、价带顶能级之差；W_1、W_2分别为界面x_0两边空间电荷区宽度。

当两块半导体紧密接触后，因为$W_{s1}>W_{s2}$，所以N型半导体中的电子流向P型半导体，空穴则反向流动，直到两块半导体中的费米能级拉平为止，满足$E_{F1}=E_{F2}=E_F$，整个系统处于平衡状态，如图5-53（b）。这时在界面x_0附近N型半导体一边出现正空间电荷区，P型半导体一侧出现负空间电荷区。由于不考虑界面态，所以在x_1到x_2的整个空间电荷区中，正空间电荷数等于负空间电荷数，正、负空间电荷产生的电场也称内建电场。内建电场使空间电荷区的能带发生弯曲，形成异质结势垒，P区的导带和价带向下弯曲qU_{D1}，N区的导带和价带向上弯曲qU_{D2}。因为两种材料的介电系数不同，所以电场和能带在交界面x_0处不连续。导带在N型一侧出现尖峰，P型一侧形成凹口。尖峰和凹口

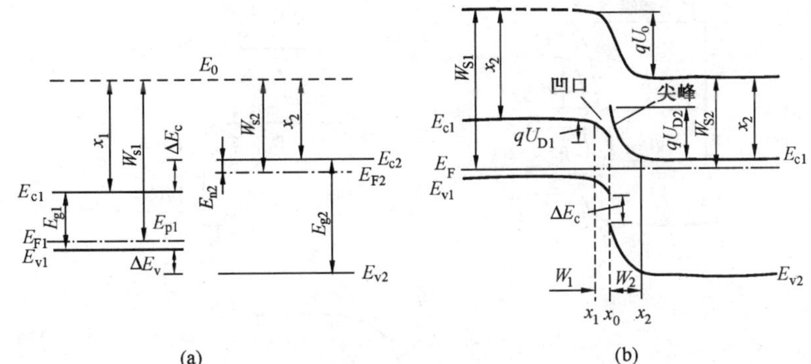

图 2-53 形成突变 P-N 异质结前后平衡能带图

(a) 接触前；(b) 接触后

的能量差应当恰好等于接触前导带能量差 ΔE_c

$$\Delta E_c = x_1 - x_2 = q(U_{D2} - U_{D1}) \tag{2-93}$$

价带顶在 x_0 处形成不连续的“断口”，断口的宽度恰好等于接触前两种材料价带顶能级之差 ΔE_v

$$\begin{aligned}\Delta E_v &= (x_2 + E_{g2}) - (x_1 + E_{g1}) = (E_{g2} - E_{g1}) - (x_1 - x_2)\\ &= (E_{g2} - E_{g1}) - \Delta E_c\end{aligned} \tag{2-94}$$

而且
$$\Delta E_c + \Delta E_v = E_{g2} - E_{g1} \tag{2-95}$$

以上 3 式对所有突变异质结均适用，ΔE_c 和 ΔE_v 可以为正数，也可以为负数。总的能带弯曲量等于原两块半导体费米能级之差

$$qU_D = q(U_{D1} + U_{D2}) = E_{F2} - E_{F1}$$

$$U_D = U_{D1} + U_{D2}$$

2.N-P 异质结、N-N 异质结和 P-P 异质结能带图

N-P 异质结、N-N 异质结和 P-P 异质结如图 2-54。在突变异质结中，若 $x_1 = x_2$、$E_{g1} = E_{g2}$、$\varepsilon_{r1} = \varepsilon_{r2}$则和普通 P-N 结一样。

突变同型异质结的平衡能带图见图 2-54（b）和图 2-54（c）。

3. 考虑界面态时的能带图

两种半导体构成异质结时，由于下列原因均可能在界面层存在界面态：①两种材料晶格常数不同，出现所谓“晶格失配”，悬挂键密度为界面处两种材料键密度之差。②两种材料在界面处晶格结构不完整。③两种材料热膨胀系数不同，冷热变化后引起界面处键的破裂或应力。④两种材料的组成原子在界面附近的互扩散。⑤界面层在制造时引进的杂质污染等等。在界面态比较多时，如前所述，表面态将产生表面势而使表面处能带弯曲，在构成异质结时则表面态使能带畸变。

（二）突变异质结的电特性

1. 内建电动势和势垒宽度

和同质 P-N 结的情况类似，通过求解交界面 x_0 两边空间电荷区的泊松方程，在耗尽近似下可求得突变反型异质结的两个耗尽区中的内建电动势 U_{D1}、U_{D2}，进行线性迭加即

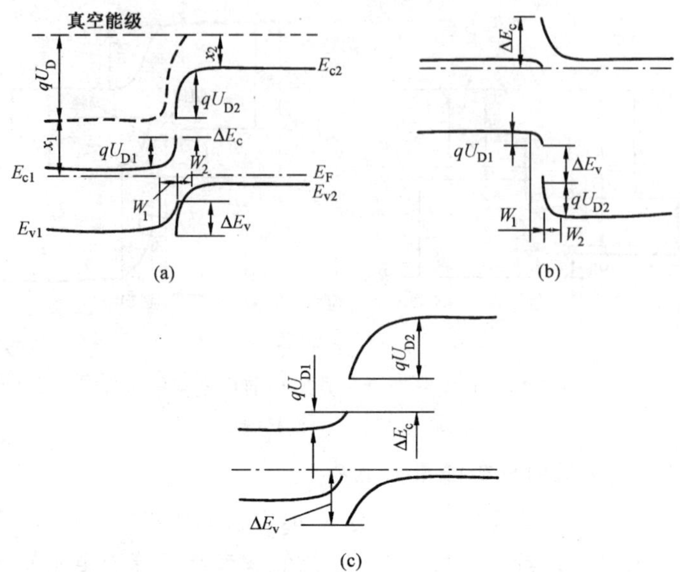

图 2-54　N-P 异质结、N-N 异质结和 P-P 异质结能带图

(a) N-P 异质结；(b) N-N 异质结；(c) P-P 异质结

得总的内建电动势 U_D。对于如图 2-53 所示的平衡 P-N 型突变异质结，若两边都均匀掺杂，则

$$U_{D1}=\frac{qN_{A1}W_1^2}{2\varepsilon_0\varepsilon_{r1}} \tag{2-96}$$

$$U_{D2}=\frac{qN_{D2}W_2^2}{2\varepsilon_0\varepsilon_{r2}} \tag{2-97}$$

$$W_1=\sqrt{\frac{2\varepsilon_0\varepsilon_{r1}U_{D1}}{qN_{A1}}} \tag{2-98}$$

$$W_2=\sqrt{\frac{2\varepsilon_0\varepsilon_{r2}U_{D2}}{qN_{D2}}} \tag{2-99}$$

式中　W_1、W_2——两个耗尽区的宽度；

ε_{r1}、ε_{r2}——两种材料的相对介电常数；

ε_0——真空介电常数；

N_{A1}——P 型材料受主浓度；

N_{D2}——N 型材料施主浓度。

若令 $W=W_1+W_2$ 为异质结耗尽区总宽度，$U_D=U_{D1}+U_{D2}$为异质结总内建电压，则

$$U_D=\left(\frac{q}{2\varepsilon_{r1}\varepsilon_{r2}\varepsilon_0^2}\right)\left[\varepsilon_{r2}\varepsilon_0N_{A1}\left(\frac{N_{D2}W}{N_{A1}+N_{D2}}\right)^2+\varepsilon_{r1}\varepsilon_0N_{D2}\left(\frac{N_{A1}W}{N_{A1}+N_{D2}}\right)^2\right] \tag{2-100}$$

$$W=\left[\frac{2\varepsilon_{r1}\varepsilon_{r2}\varepsilon_0^2\ (N_{A1}+N_{D2})^2U_D}{qN_{A1}N_{D2}\ (\varepsilon_{r2}\varepsilon_0N_{D2}+\varepsilon_{r2}\varepsilon_0N_{A1})}\right]^{1/2} \tag{2-101}$$

当 P-N 型异质结上存在外加电压 U 时，只需将这些公式中的 U_D、U_{D1}、U_{D2}分别用

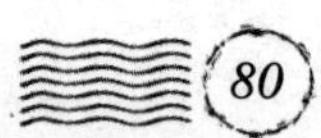

$(U_D - U)$、$(U_{D1} - U_1)$、$(U_{D2} - U_2)$ 代替即可，而 U_1、U_2 则分别为加到两个耗尽区上的分电压，并满足 $U = U_1 + U_2$。

以上公式，把脚标 1 与 2 互换后，即可用于突变 N-P 异质结。

同型突变异质结的 E_g 小的一侧是积累层，E_g 大的一侧为耗尽层。从电中性条件和泊松方程求得的内建电动势为超越函数，对 N-N 型平衡态同型突变异质结计算后，有关公式给出如下

$$U_D = U_{D1} + \left(\frac{\varepsilon_{r1}}{\varepsilon_{r2}}\right)\left(\frac{N_{D1}}{N_{D2}}\right)\left[\left(\frac{kT}{q}\right)\left(e^{\frac{qU_D}{kT}} - 1\right) - U_{D1}\right]$$

当 $U_{D1} < kT/q$ 时

$$U_{D1} \approx \frac{kT\varepsilon_{r2} N_{D1}}{q\varepsilon_{r1} N_{D2}}\left[\left(1 + \frac{2q\varepsilon_{r1} N_{D1} U_D}{kT\varepsilon_{r2} N_{D2}}\right)^{1/2} - 1\right]$$

$$U_{D2} = U_D - U_{D1}$$

$$W_2 = \left[\frac{2\varepsilon_2 U_{D2}}{qN_{D2}}\right]^{1/2}$$

在非平衡态，有外加电压时，只要用 $(U_D - U)$、$(U_{D1} - U_1)$、$(U_{D2} - U_2)$ 分别代替以上式子中的 U_D、U_{D1}、U_{D2} 即可。把施主浓度改为受主浓度，则这几个公式可适用于 P-P 突变异质结。

2. 结电容

突变反型异质结的势垒电容，其计算方法与同质 P-N 结相同。对 P-N 异质结

$$Q = \frac{N_{A1} N_{D2} qW}{N_{A1} + N_{D2}} = \left[\frac{2\varepsilon_0 \varepsilon_{r1} \varepsilon_{r2} qN_{A1} N_{D2}\ (U_D - U)}{\varepsilon_{r1} N_{A1} + \varepsilon_{r2} N_{D2}}\right]^{1/2}$$

由微分电容定义 $C = \mathrm{d}Q/\mathrm{d}U$ 可得单位面积势垒电容和外电压的关系为

$$C = \left[\frac{\varepsilon_0 \varepsilon_{r1} \varepsilon_{r2} qN_{A1} N_{D2}}{2\ (\varepsilon_{r1} N_{A1} + \varepsilon_{r2} N_{D2})\ (U_D - U)}\right]^{1/2}$$

若将上式写成如下形式

$$\frac{1}{C^2} = \frac{2\ (\varepsilon_{r1} N_{A1} + \varepsilon_{r2} N_{D2})\ (U_D - U)}{\varepsilon_0 \varepsilon_{r1} \varepsilon_{r2} qN_{A1} N_{D2}} \tag{2-102}$$

则对某一突变反型异质结作出 $\frac{1}{C^2} - U$ 的图线，并外推至 $\frac{1}{C^2} = 0$ 处，即可求得内建电动势高度 U_D，而直线的斜率为

$$\frac{\mathrm{d}\left(\frac{1}{C^2}\right)}{\mathrm{d}U} = \frac{2\ (\varepsilon_{r1} N_{A1} + \varepsilon_{r2} N_{D2})}{\varepsilon_0 \varepsilon_{r1} \varepsilon_{r2} qN_{A1} N_{D2}}$$

若已知一种半导体材料的杂质浓度，可由斜率算出另一种半导体中的杂质浓度。

对于 N-N 型同型突变异质结，当 $N_{D1} \gg N_{D2}$ 时，结电容公式为

$$C = \left[\frac{q\varepsilon_{r2} \varepsilon_0 N_{D2}}{2\ (U_D - U)}\right]^{1/2}$$

作 $\frac{1}{C^2} - U$ 直线，外推到 $\frac{1}{C^2} = 0$，可得 U_D 值。从直线斜率也可求出 E_{g2} 的施主浓度 N_{D2}。上

式中的施主浓度若改为受主浓度，则可得到 P-P 突变异质结的公式。

3. 异质结的正、反向伏安特性

异质结在外加正、反向偏压时，也可观察到类似于 P-N 结的整流特性，见图 2-23。正向偏压时可以看到正向电流随正向电压增加而增加。反向偏压时，反向电流较小，且随反向电压增加缓慢地增加。由于异质结界面态的影响，解释异质结伏安特性涉及到异质结正偏、反偏时电流输送机构，这比 P-N 结要复杂得多。已经提出了 5 种模型：①扩散模型。认为异质结中的非平衡载流子是以扩散方式通过势垒区，因而可以像同质结那样利用肖克莱模型。②发射模型。认为非平衡载流子以热电子发射的方式穿过势垒，从一种材料进入另一种材料形成电流。③发射—复合模型。认为交界面上存在大量界面态，电子和空穴可以用热发射的方式克服势垒在界面态上复合。这样 P-N 异质结就成为 P 型半导体—金属和金属—N 型半导体两个肖特基势垒相串联的状态，电压电流特性主要由势垒高度大的一方决定。④隧道—复合模型。认为电子和空穴是以隧穿方式到达界面，在界面态上复合。当然在界面上复合的电子和空穴也有以扩散或热发射的方式到达界面的。⑤隧道模型。在隧道—复合模型中不考虑界面上的复合。实际上这些模型都只能解释一部分实验结果。我们可以看到在异质结界面两侧的势垒，有些与 P-N 结的空间电荷区相似，又有些与肖特基势垒的空间电荷区相似。若不考虑界面附近的复杂情况，并认为耗尽区满足耗尽近似，则可用扩散模型来计算正偏时的伏安特性。

N-P 异质结根据界面处势垒“尖峰”的大小又可以分为两种情况：①正反向势垒。“尖峰”高于材料 2 导带底，见图 2-55（a）；②负反向势垒。“尖峰”低于材料 2 导带底，见图 2-55（b）。显然，载流子在这两种势垒中的输送情况是不同的。现在以负反向势垒为例用扩散模型讨论正偏情况，见图 2-55（c）。

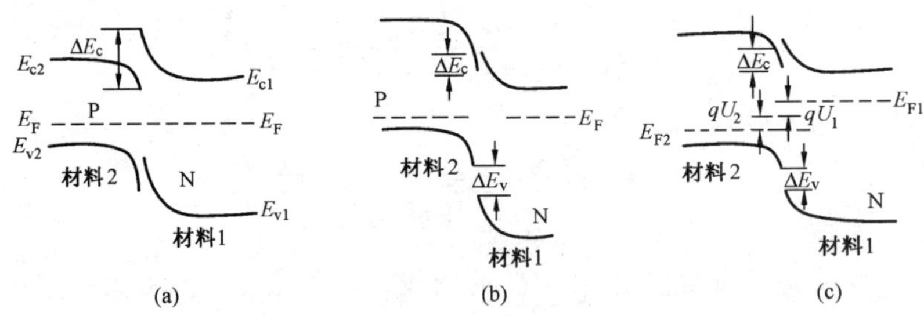

图 2-55　P-N 异质结的两种势垒及负反向势垒正偏时的能带图

（a）正反向势垒（热平衡时）；（b）负反向势垒（热平衡时）；

（c）负反向势垒（正偏压时）

在热平衡时，空穴由 P 型半导体的价带到 N 型半导体的价带，遇到的势垒高度为（$qU_D+\Delta E_v$）。而电子由 N 型半导体的导带到 P 型半导体的导带遇到的势垒高度为（$qU_D-\Delta E_c$）。因（$qU_D+\Delta E_v$）>（$qU_D-\Delta E_c$），所以通过势垒的主要是电子流，空穴流可以忽略。当异质结加正向电压 U 时，界面两侧的势垒区在外电场作用下势垒高度下降，势垒宽度变窄，总的势垒高度为（U_D-U），于是有更多的电子越过界面，从 N 型半导体进入P型半导体，形成了由P型流向N型的正向电流。由于电子进入P区，P区及N区的电子充填水平及电子的位能发生了改变，费米能级发生分裂。在P区中费米能级 E_{Fp}连同整个能带相对平衡，费米能级 E_F 下降 qU_2，而在N区中则相对上升了 qU_1。正向偏压下的能带图如图2-55（c）所示。在外电压 U 不太大时，忽略势垒区的产生与复合。可以得到，正偏电压等于 U 时，流过单位结面积上的正向电流 I_D 为

$$I_D = qn_2\left[\frac{D_n}{\tau_n}\right]^{1/2}\left[e^{-\frac{(qU_D-\Delta E_c)}{kT}}\right]\left[e^{\frac{qU}{kT}}-1\right] \tag{2-103}$$

式中 D_n——电子扩散系数；

τ_n——电子寿命；

n_2——平衡时P区电子浓度；

U_D——势垒总高度；

ΔE_c——界面处导带能级差。

仿照同质结，我们不妨也将式（2-103）变换成如下形式

$$I_D = I_{he}\left[e^{\frac{qU}{mkT}}-1\right] \tag{2-104}$$

式中 $m=1\sim2$，是考虑了界面上的复杂情况后引进的二极管曲线因数；I_{he}称异质结二极管反向电流，它除了应当包含

$$I_{he} = qn_2\left(\frac{D_n}{\tau_n}\right)^{1/2}\left[e^{-\frac{(qU_D-\Delta E_c)}{kT}}\right]$$

之外，还应当包含异质结中可能产生的其他复合电流（如隧穿电流等），由式（2-103）、（2-104）可以看到异质结在正偏压时，有类似于同质结的正向特性，参考图2-24。因为 I_{he} 的复杂性，反向特性偏离很多。

（三）异质结太阳能电池的构造和工作原理

异质结太阳能电池的外形也可以与同质结太阳能电池相同。它的结构是：在P型基片上，覆盖一层N型顶区层，两者的交界面构成一异质结，然后在顶区层上面制做栅状金属电极，背面制做底面金属电极。为了减少反射损失，在顶区层上同样需要覆盖一层透明的减反射层。异质结太阳能电池的构造如图2-56所示。

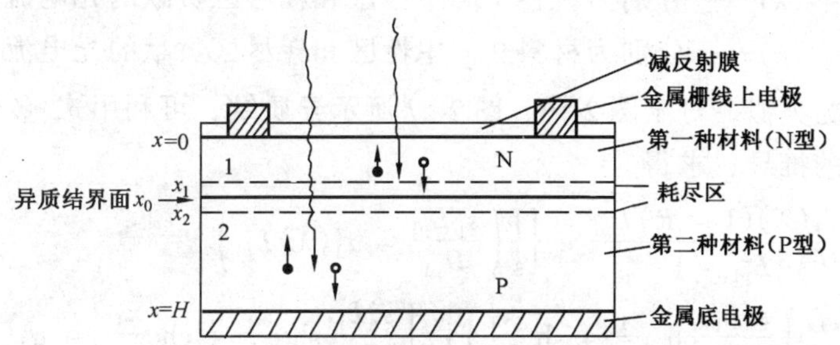

图2-56　典型的异质结太阳能电池的结构

异质结太阳能电池受到照射时，光透过减反射膜后，光谱中 $h\nu \geq E_{g1}$的光子首先被材料1吸收，激发出光生电子—空穴对，未被吸收完的光继续前进，在材料2中 $h\nu \geq E_{g2}$的

光子被吸收后产生光生电子—空穴对。因为材料 1 和 2 的耗尽区都在异质结界面 x_0 处，所以，1 区中的光生空穴（少子）向下扩散运动，到达耗尽区边界 x_1 时，被内建电场扫进 2 区；2 区中的光生电子（少子）向上运动到达耗尽区边界 x_2 时，被内建电场扫进 1 区。在空间电荷区 $x_1 \rightarrow x_2$ 之间，产生的光生载流子立即被电场分离，空穴被扫到 1 区，电子被扫到 2 区。于是异质结两侧出现光生电荷的积累，产生了光电压，形成了异质结的光生伏打效应。当上电极和底电极间接有负载时，从底电极流出的光生电流在负载上建立电压并输出功率。由此可见，异质结太阳能电池的工作原理几乎和同质结太阳能电池一样。

图 2-57 为无光照和有光照时异质结太阳能电池能级图。从图中可见，在无光照时，电池中有同一的费米能级，内建电动势 ε 由 N 指向 P；当有光照时，在空间电荷区两边出现光生电荷积累，光生电压 U_{oc}与 ε 相反。

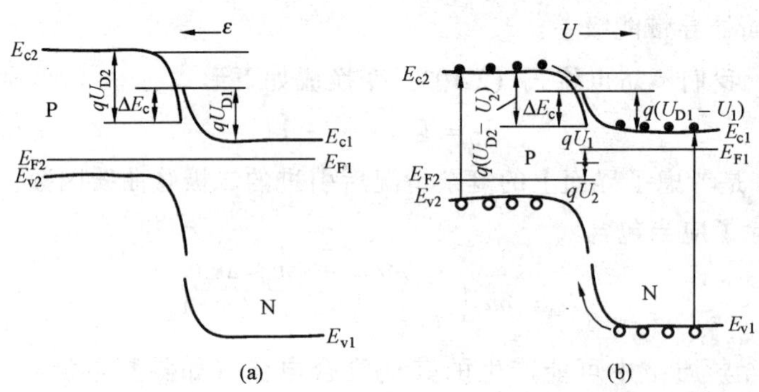

图 2-57　异质结太阳能电池能级图

(a) 无光照时；(b) 有光照时

（四）光电流

设异质结的两个区都均匀掺杂，且除耗尽区外中性区不存在电场。在辐照度为 $\Phi(\lambda)$、波长为 λ 的单色光稳定照射下，异质结光电流密度 $J_L(\lambda)$ 为各区光电流之和

$$J_L(\lambda) = J_1(\lambda) + J'_1(\lambda) + J'_2(\lambda) + J_2(\lambda) \tag{2-105}$$

式中　$J_1(\lambda)$、$J'_1(\lambda)$——分别为材料 1 的中性区和耗尽区贡献的光电流密度；

$J_2(\lambda)$、$J'_2(\lambda)$——分别为材料 2 的中性区和耗尽区贡献的光电流密度。

与 P-N 结情况类似，对于图 2-56、图 2-57 所示异质结，可利用式（2-45）~式（2-49）等，并进行类似的推导，求得

$$J_1(\lambda) = \frac{q\Phi(\lambda)\alpha_1(\lambda)(1-R)L_{p1}}{\alpha_1^2(\lambda)L_{p1}^2 - 1} \times \left\{\left[\left(\frac{s_p L_{p1}}{D_{p1}} + \alpha_1(\lambda)L_{p1}\right) - e^{-\alpha_1(\lambda)x_1}\left(\frac{s_p L_{p1}}{D_{p1}}\mathrm{ch}\frac{x_1}{L_{p1}} + \mathrm{sh}\frac{x_1}{L_{p1}}\right)\right] \Big/ \left[\frac{s_p L_{p1}}{D_{p1}}\mathrm{sh}\frac{x_1}{L_{p1}} + \mathrm{ch}\frac{x_1}{L_{p1}}\right] - \alpha_1(\lambda)L_{p1}e^{-\alpha_1(\lambda)x_1}\right\} \tag{2-106}$$

$$J_2(\lambda) = \frac{q\Phi(\lambda)(1-R)\alpha_2(\lambda)L_{n2}e^{-\alpha_1(\lambda)(x_1+w_1)}e^{-\alpha_2(\lambda)w_2}}{\alpha_2^2(\lambda)L_{n2}^2 - 1}$$

$$\times \left\{ \alpha_2(\lambda) L_{n2} - \left[\frac{s_n L_{n2}}{D_{n2}} \left(\text{ch} \frac{H'}{L_{n2}} - e^{-\alpha_2(\lambda) H'} \right) + \text{sh} \frac{H'}{L_{n2}} + \alpha_2(\lambda) L_{n2} e^{-\alpha_2(\lambda) H'} \right] \Big/ \left[\frac{s_n L_n}{D_{n2}} \text{sh} \frac{H'}{L_{n2}} + \text{ch} \frac{H'}{L_{n2}} \right] \right\} \tag{2-107}$$

$$J'_1(\lambda) = q\Phi(\lambda)(1 - R) e^{-\alpha_1(\lambda) x_1} [1 - e^{-\alpha_1(\lambda) w_1}] \tag{2-108}$$

$$J'_2(\lambda) = q\Phi(\lambda)(1 - R) e^{-\alpha_2(\lambda)(x_1 + w_1)} [1 - e^{-\alpha_2(\lambda) w_2}] \tag{2-109}$$

式中 α_1（λ）、$\alpha_2(\lambda)$——材料 1 和 2 对相应波长的吸收系数；

s_p、s_n——前表面、背表面复合速度；

L_{p1}、L_{n2}——两种材料少子扩散长度；

D_{p1}、D_{n2}——两种材料的少子扩散系数；

W_1、W_2——材料 1、2 的耗尽区宽度，分别由式（2-98）、式（2-99）决定；

H——电池总厚度（不包括减反射膜），$H' = H -（x_1 + W_1 + W_2）$；

x_1、x_2——材料 1、2 的耗尽区边界；

x_0——异质结界面。

把式（2-106）~式（2-109）代入式（2-105），即得单色光稳定照射时的光生电流。对整个太阳光谱积分后可得总光生电流。所得到的表达式自然是理想情况下得到的。因为我们在推导过程中作了如下假定：①异质结界面上没有表面态，因而没有附加的复合。②导带不连续度 ΔE_c 很小（$< kT/q$），因而对由材料 1 进入材料 2 的光生电子不起阻挡作用(在 N-P 异质结中，则要假设价带不连续度 ΔE_v 很小)。否则，这两种因素将大大减少光生电流。由此可以推论：只有那些晶格匹配好、热膨胀系数相近、少子寿命长且 ΔE_c 或 ΔE_v 比较小的异质结，才有希望做异质结太阳能电池。

一般认为，磷化镓—硅、硫化锌—硅、硒化锌—砷化镓、砷化铝—砷化镓和砷化铝镓—砷化镓可制成良好的太阳能电池。

从光电流的表达式可以看到，异质结的光谱响应的短波部分可由材料 1 决定，而长波部分可由材料 2 决定。选择不同的 E_{g1}、α_1（λ）、E_{g2}、α_2（λ）的材料和厚度的组合可以得到更符合太阳光谱的光谱响应曲线。通常异质结太阳能电池的 1 区较薄，$x_1 < \frac{1}{\alpha_1}$或 $x < L_{p1}$。光电流的主要成分由少子寿命较长的 2 区提供（$E_{g1} > E_{g2}$）。

（五）光电压

异质结的开路电压要视能带结构而定，最大开路电压当然不会超过内建电动势 U_D。对于 P-N 型突变异质结

$$qU_D = E_{g2} + \Delta E_c - (E_F - E_{v2}) - (E_{c1} - E_F) \tag{2-110}$$

对 N-P 型异质结

$$qU_D = E_{g1} - \Delta E_c - (E_F - E_{v1}) - (E_{c2} - E_F)$$

因 $\Delta E_v + \Delta E_c = (E_{g1} - E_{g2})$，代入上式，得

$$qU_D = E_{g2} + \Delta E_v - (E_F - E_{v1}) - (E_{c2} - E_F) \tag{2-111}$$

而同质结太阳能电池中

$$qU_D = E_g - (E_F - E_v) - (E_c - E_F) \tag{2-112}$$

将式（2-112）和式（2-110）、式（2-111）相比立即发现，在异质结中 qU_D 比同质结高 ΔE_c 或 ΔE_v。当然，ΔE_c、ΔE_v 可以为正或为负。若取正值，那么就有希望得到比同质结更高的开路电压，从而获得比同质结更高的转换效率。实际上并非如此，因为由异质结能带图 2-53 ~ 图 2-55 可以看出，当 ΔE_c 或 ΔE_v 为正值时，电子或空穴这两种光生载流子在从一种材料进入另一种材料时，必然受到严重的阻挡而不能通过，结果只剩一种光生载流子对光生电流有贡献。与此同时，反向电流变得很大，所以高的光电压和大的光电流不能兼得。

当受照射的电池开路时，光生电流 J_L 等于正向电流，参照式（2-104），有

$$J_L = J_{hc}[e^{\frac{qU_{oc}}{mkT}} - 1] \tag{2-113}$$

两边取对数，整理后得

$$U_{oc} = \frac{mkT}{q}\ln\left(\frac{J_c}{J_{he}} + 1\right) \tag{2-114}$$

注意，这个表达式中 J_{he}仅仅包括了暗电流的扩散电流（或称注入电流分量）。一般来说，这个分量小于同质结电池。但是，暗电流还有另两个重要部分：耗尽区复合电流和隧道电流。由于界面处晶格失配造成的混乱，将大大增加耗尽区的复合中心，从而使复合电流超过扩散电流。电子和空穴直接通过界面上的界面态（由于制造过程中引进的界面上的悬挂键、外来杂质、两种材料元素互扩散后引进的晶格紊乱等）发生隧道效应而产生隧穿电流。当然电子和空穴也可以通过禁带中的其他空能态发生隧道效应，通过几个接联的隧道效应，越过耗尽区形成隧穿电流。这两种隧穿电流之和，使得隧道电流成为异质结暗电流的主要成分。通常隧道电流 J_t 表示为

$$J_t = K_1 N_t e^{\frac{4}{3}\left(\frac{h}{2\pi}\right)\left(\frac{m^* e}{N}\right)^{1/2}} U_D$$

式中 K_1——取决于有效质量、介电常数和内建电场的常数；

N_t——结中或结附近的有效态密度（包括界面态）；

h——普朗克常数；

N——杂质浓度；

m^*——有效质量。

此外，载流子传输过程中在界面处还可能发生量子力学的散射等而增加暗电流。

由于暗电流的复杂性和不确定性，所以式（2-114）表示的开路电压只适用于一些晶格匹配很好、界面态极小的理想异质结太阳能电池。

如果 J_L 较小，而 J_{he}变大，则 U_{oc}不可能大。

在异质结背面加上背电场，可以减少基区少子的复合，并减少暗电流，故可以像同质结中一样提高开路电压、减小接触电阻并增加内反射。

（六）异质结太阳能电池的效率

综上所述，异质结太阳能电池和同质结太阳能电池的工作原理有些相像，因而分析同质结太阳能电池工作特性时所使用的等效电路及分析方法均可适用于异质结太阳能电池。

当异质结太阳能电池工作时，用图 2-32 的等效电路改变负载 R 从 $\infty \rightarrow 0$ 时，同样可画出异质结的光照负载特性曲线，类似于图 2-33。在最佳工作点可获得最大光电输出功率 P_m，其效率 η 的表达式为

$$\eta = \frac{P_m}{P_0 A_t} = \frac{FFI_{sc}U_{oc}}{P_0 A_t}$$

式中 P_0——单位面积光的输入功率；

A_t——电池总面积；

I_{sc}——短路电流；

U_{oc}——开路电压；

FF——填充因数。

异质结太阳能电池理论效率与单用禁带宽度较小的材料做成同质结太阳能电池理论效率几乎相同。与同质结太阳能电池相比，异质结太阳能电池的最大优点是：①用禁带宽度大的材料做窗口层，避免了同质结中令人讨厌的“死层”，可以让更多的光透进基区层。如果把窗口层做得较薄，并仔细选择基区层材料，使之有较长的少子寿命和合适的禁带宽度，则光可以在基区中得到完善的吸收。②大禁带宽度高掺杂后可以减少表面薄层电阻，减少电池的串联电阻，而不发生高掺杂效应。③可以用两种或两种以上材料的禁带宽度来调节异质结太阳能电池的光谱响应范围，而且比较容易实现用变禁带宽度材料来制太阳能电池。实际上因为 E_g 大的材料，平衡少子浓度少，少子寿命比较短，故窗口材料中收集的光生载流子比较少，主要的光谱响应还是由基区性质决定。这些原因，尤其是前两个原因，使异质结太阳能电池较适用于作聚光电池。

影响效率的因素有一些与同质结相同，有些重要的差别是：①除了表面反射以外，在异质结界面层上因两种材料折射率不同而可能有 3% ~ 4% 以下的界面反射损失。②暗电流。同质结电池的暗电流 3 个组成部分的大小排列往往是扩散电流（或称注入电流）> 复合电流 > 隧道电流。异质结太阳能电池中，大小的次序要完全倒过来，尤其是隧道电流和复合电流，强烈地与某一异质结电池的材料和制造工艺有关；加上其中的一些细致的复合机理目前尚未弄清，所以要预测其大小是十分困难的，而恰恰是这两种电流对电池的输出特性影响最大，往往是异质结太阳能电池效率不高的主要原因。

第三节 太阳能电池制造工艺

本节以多晶硅太阳能电池工艺流程为主线，介绍太阳能电池的制备方法。

一、硅材料制备

（一）硅材料来源

硅材料来源于优质石英砂，也称硅砂。在我国山东、江苏、湖北、云南、内蒙古、海南等省区都有分布。将硅砂转换成可用的硅材料的工艺流程为

硅砂 $\xrightarrow[\text{电炉}]{\text{焦炭}}$ 硅铁（冶金硅）（含硅 97% ~ 99%）$\xrightarrow{\text{盐酸}}$ 三氯氢硅 $\longrightarrow$ （CH_4 硅烷）$\xrightarrow{\text{还原} + H_2}$ 多晶硅

(二) 多晶硅锭制造

1. 杜邦法

杜邦法即硅原料的 $SiCl_4$ 锌还原法。

2. 三氯氢硅法（也称西门子法）

三氯氢硅法主要有 3 个关键工序：

(1) 硅粉与 HCl 在液态化床上进行反应形成三氯氢硅（TCS）。

(2) 对 TCS 进行分馏，以达到 PPb 级超纯状态。

(3) 将超纯 TCS 用 H_2 通过化学气相沉积（CVD）法还原成多晶硅。

3. 硅烷法

日本小松公司进行硅烷生产的工艺是基于下列化学反应的

$$2Mg + Si \longrightarrow Mg_2Si$$

$$Mg_2Si + 4NH_4Cl \xrightarrow[\text{液 } NH_3]{} SiH_4 + 2MgCl_2 + 4NH_3$$

$$SiH_4 \longrightarrow Si + 2H_2$$

硅烷法成本比三氯氢硅法高一些，但多晶硅的质量也较高。

4. 多晶硅基片（铸造型、硅带型）的生产

体型多晶硅太阳能电池的生产方法主要有以下两种：

(1) 向石墨铸模里注入熔融硅生产多晶硅的方法（铸造法）。

(2) 由熔融硅直接使多晶硅成长为膜状的方法（硅带法或膜片法）。

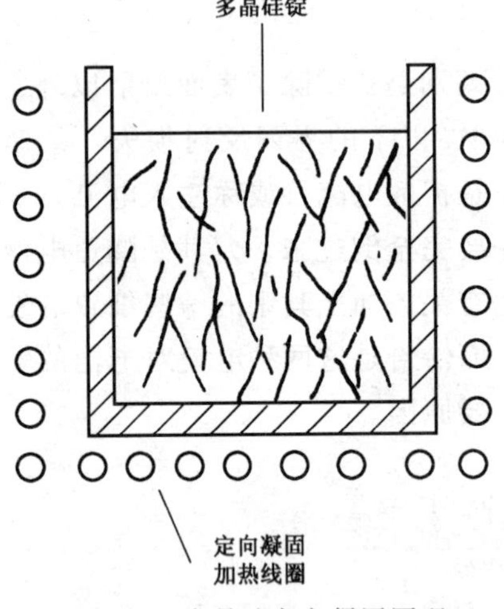

图 2-58　多晶硅定向凝固原理

5. 铸锭多晶硅制备

直接由西门子法而得到的多晶硅棒，因未掺杂等原因，不易用来直接制造多晶硅太阳能电池。把熔化的硅经过定向凝结后，即可获得掺杂均匀、晶粒较大且呈纤维状的多晶硅铸锭。与拉制单晶硅锭相比，铸锭多晶硅的加工费可降低 10 倍。多晶硅定向凝固原理如图 2-58 所示。

(三) 单晶硅锭制造

30 多年来，制造高纯单晶硅的方法几乎没有重大突破。普通用于工业生产的只有切克劳斯基法和区熔法。

1. 切克劳斯基法（CZ）法

切克劳斯基法是把籽晶引向融熔的硅液，然后一面旋转，一面提拉，粒大的单晶硅棒即按照籽晶的晶向生长出来。

掺杂可在熔化硅前进行。利用许多杂质在硅凝结时和熔化时熔解度之差，使一些有害杂质浓集于坩埚底部。所以提拉过程也有纯化作用。图 2-59 为切克劳斯基法拉制单晶硅的示意图。

目前已能用此法拉制直径大于 Φ6 英寸、重达百千克的大型单晶硅锭。

2. 区熔法（FZ 法）

区熔法指用水冷的高频线圈环绕硅单晶棒，使硅棒内产生涡电流自身加热，硅棒局部熔化，出现浮区，及时缓慢移动高频线圈，并使硅棒一端旋转，则熔化的硅又重新结晶。利用硅中杂质的分凝现象，硅纯度增加了，反翻移动高频线圈，可使硅棒的中段反复提纯，直至极高的纯度。区熔法也称浮区熔法，是目前制造高效和超高效单晶硅太阳能电池原料的唯一方法。因受线圈功率的限制，区熔硅棒的直径一般不宜太大。区熔法示意图如图 2-60 所示。

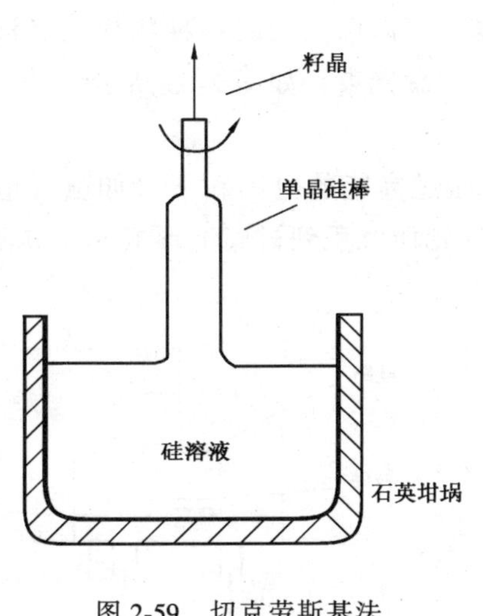

图 2-59　切克劳斯基法拉制单晶硅示意图

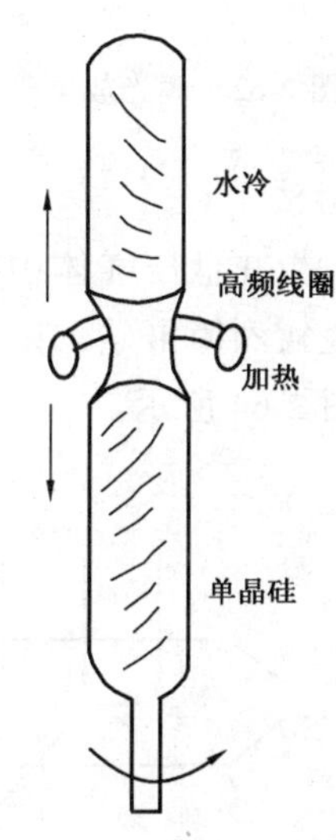

图 2-60　区熔法示意图

（四）片状硅（带硅）制造

片状硅（带硅），因为减少了切割损失而一直受到人们的关注。片状硅的主要生产方法有定边喂膜法（FEG 法）、蹼状枝晶法、硅筒法、带带法和滴转法等。这些方法目前尚未投入大规模工业化生产。

（五）非晶或微晶硅膜制造

利用化学气相沉积法（CVD 法）和物理气相沉积法（PVD 法）均可以获得非晶硅膜。在衬底温度很高时（600～800℃），非晶硅膜可以转变为微晶硅膜，或直接得到微晶硅膜。

1．热化学气相沉积法

热化学气相沉积法的原理是利用硅烷热分解，即可得到非晶硅膜，热化学气相沉积示意图如图 2-61 所示。

$$SiH_4 \xrightarrow[\text{热分解}]{\text{高温}} Si + 2H_2\uparrow$$

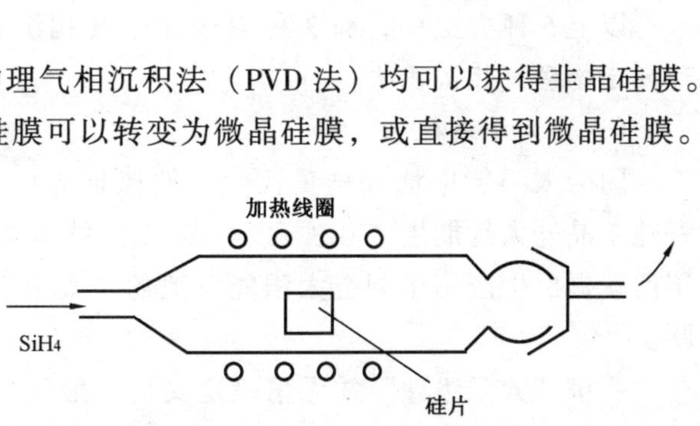

图 2-61　热化学气相沉积示意图

2．辉光放电法

辉光放电法的原理是硅烷在高压交流或直流辉光放电条件下，即可在较低的温度下获得非晶硅膜。因为这一方法具有设备简单、容易掺杂等特点，目前的非晶硅电池多数都利用此法。辉光放电气相沉积过程如图 2-62 所示，其反应方程式为

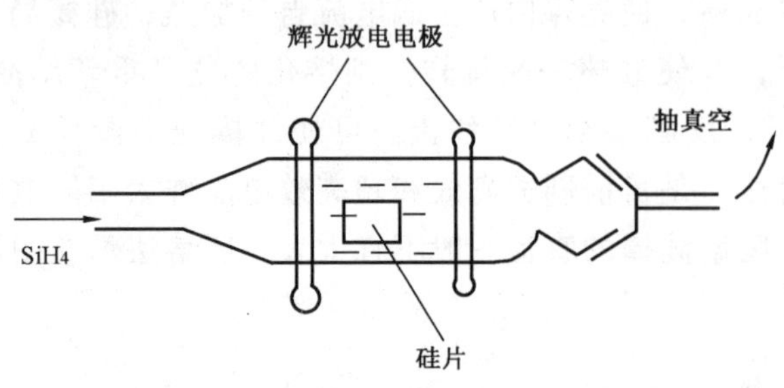

图 2-62　辉光放电气相沉积示意图

$$SiH_4 \xrightarrow{\text{电离分解}} Si + 2H_2$$

3. 光化学气相沉积法

光化学气相沉积法是用一种恰好能割断硅氢键的激光束照射衬底，当硅烷通过衬底表面时即有硅原子沉积到衬底上，形成高质量的非晶硅膜。当然，也可以用强大的特种频率的微波束来代替激光束，如图 2-63 所示。

4. 溅射法

溅射法指在低压气体中射频或直流放电，通过高能的电离粒子（如氩气电离成氩离子）不断地猛烈撞击硅，让一部分硅原子脱离硅靶而沉积到衬底上形成非晶硅薄膜。其工作原理如图 2-64 所示。

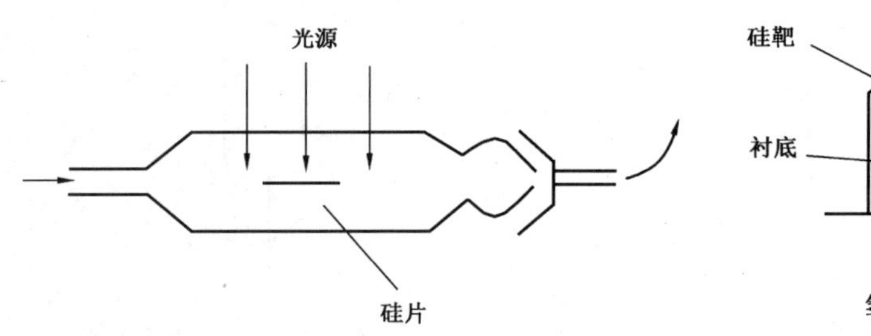

图 2-63　光化学气相沉积示意图

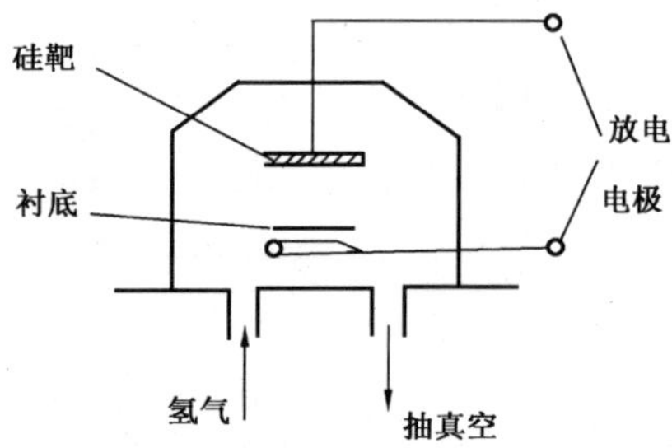

图 2-64　溅射法沉积示意图

5. 电子束蒸发法

电子束蒸发法是用高能电子束照射硅块，使其局部熔化、蒸发，沉积到衬底上形成非晶硅膜，如图 2-65 所示。

以上 5 种方法中，前 3 种属于化学气相沉积法，后 2 种属于物理气相沉积法。

（六）太阳级硅

因为太阳能电池耗硅量巨大，按照现有的技术水平，每吨单晶硅大约能生产 0.3～0.4MW 太阳能电池。因而 30 年前就提出生产用于制造太阳能电池的“太阳级硅”的问题。

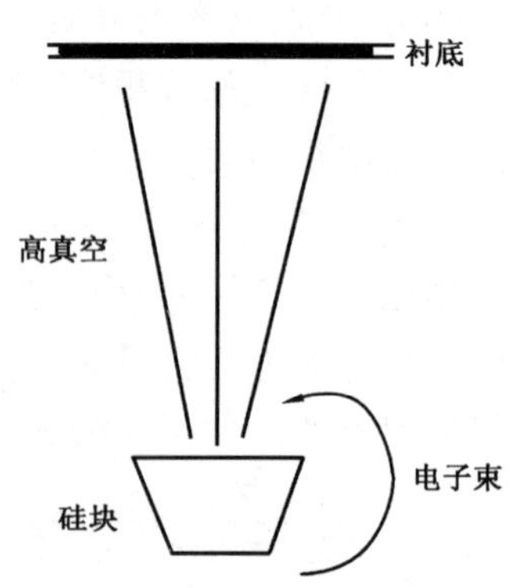

图 2-65　电子束蒸发示意图

所谓“太阳级硅”并无精确定义。一般认为能够制造出效率为 10% 的太阳能电池的廉价硅材料都可称为太阳能级硅。而能够用于制造集成电路的硅称为“电路级硅”。为了探测各种不同的杂质原子对于太阳能电池效率的影响，科学家们花费了巨大的精力进行实验研究，得到如图 2-66 所示结果。

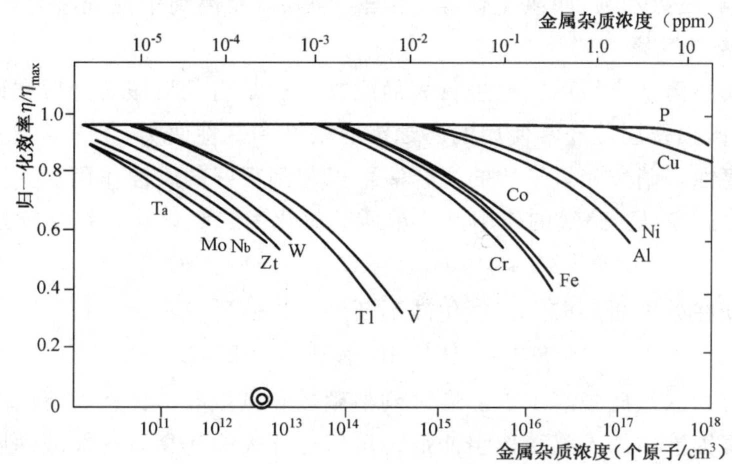

图 2-66　不同杂质对硅太阳能电池效率的影响

由图 2-66 可知，钽、钼、铌、锆、钨、钛、钒等元素浓度在 $10^{13}\sim10^{14}/cm^3$ 即对硅太阳能电池效率产生很大影响；而镍、铝、钴、铁、锰、铬等元素要在 $10^{15}cm^3$ 以上有影响；磷和铜浓度高达 $10^{18}/cm^3$ 时对硅太阳能电池的效率才有少量影响。

二、多晶硅太阳能电池制造工艺

多晶硅太阳能电池以其材料低成本的优势迅速发展，到 2000 年，其产量已占世界太阳能电池总产量的 48.86%，居第 1 位。铸造多晶硅太阳能电池的转换效率已高达 19.8%（面积为 $4cm^2$，AM1.5 光谱条件下）。多晶硅太阳能电池正在引导着目前的太阳能电池市场。以降低太阳能电池组件成本为目标的多晶硅太阳能电池的生产分为四个阶段，即原料技术、基片技术、电池技术和组件技术。下面以多晶硅为例介绍太阳能电池的工艺流程。多晶硅太阳能电池工艺流程框图如图 2-67 所示。

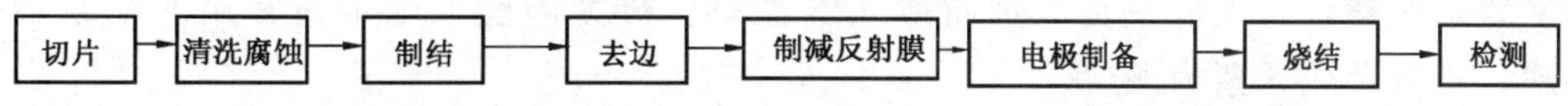

图 2-67　多晶硅太阳能电池工艺流程框图

柱形晶粒的多晶硅太阳能电池结构如图 2-68 所示。

（一）硅片的表面处理

硅片的表面准备是制造硅太阳能电池的第一步主要工艺，它包括硅片的化学清洗和表面腐蚀。

1. 硅片的化学处理

通常由单晶棒所切割的硅片表面可能污染的杂质大致可归纳为 3 类：①油脂、松香、蜡等有机物质。②金属、金属离子及各种无机化合物。③尘埃以及其他可溶性物质。通过一些化学清洗剂可以达到去污的目的。常用的清洗剂有高纯水、有机溶剂（如甲

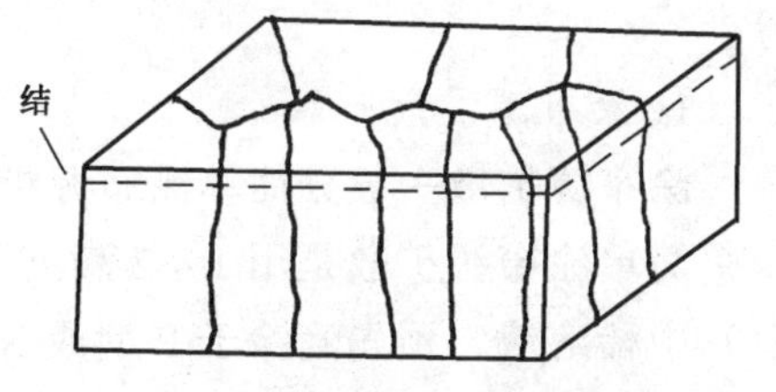

图 2-68　柱形晶粒的多晶硅太阳能电池结构

苯、二甲苯、丙酮、三氯乙烯、四氯化碳等)、浓酸、强碱以及高纯中性洗涤剂等。

2. 硅片的表面腐蚀

硅片经过初步清洗去污后，要进行表面腐蚀。这是由于机械切片后在硅片表面留有平均 30~50μm 厚的损伤层。通常使用的腐蚀液有酸性和碱性两类。

(1) 酸性腐蚀。硝酸和氢氟酸的混合液可以起到很好的腐蚀作用。其溶液配比为浓硝酸:氢氟酸 = 10:1~2:1。硝酸的作用是使单质硅氧化为二氧化硅，其反应方程式为

$$3Si + 4HNO_3 = 3SiO_2 + 2H_2O + 4NO$$

而氢氟酸使在硅表面形成的二氧化硅不断溶解，使反应不断进行，其反应方程式为

$$SiO_2 + 6HF = H_2[SiF_6] + 2H_2O$$

生成的络合物六氟硅酸溶于水。通过调整硝酸和氢氟酸的比例，溶液的温度可控制腐蚀速度，如在腐蚀液中加入醋酸作缓冲剂，可使硅片表面光亮。一般酸性腐蚀液的配比为

硝酸:氢氟酸:醋酸 = 5:3:3 或 6:1:1

其中起主要作用的是硝酸和氢氟酸。硝酸和氢氟酸溶液的不同配比对硅片表面有重要影响。

(2) 碱性腐蚀。硅可与氢氧化钠、氢氧化钾等碱的溶液起作用，生成硅酸盐并放出氢气，其化学反应方程式为

$$Si + 2NaOH + H_2O = Na_2SiO_3 + 2H_2$$

影响腐蚀效果的主要因素是腐蚀液的浓度和温度。

(二) 扩散制结

制结过程是在一块基体材料上生成导电类型不同的扩散层，它和制结前的表面处理均是电池制造过程中的关键工序。制结方法有热扩散法、离子注入法、外延法、激光法及高频电注入法等。下面主要介绍热扩散法。

扩散是物质分子或原子运动引起的一种自然现象。热扩散制 P-N 结的方法为用加热方法使Ⅴ族杂质掺入 P 型硅或Ⅲ族杂质掺入 N 型硅。硅太阳能电池中最常用的Ⅴ族杂质元素为磷，Ⅲ族杂质元素为硼。

对扩散的要求是获得适合于太阳能电池 P-N 结需要的结深和扩散层方块电阻。浅结死层小，电池短波响应好，而浅结引起串联电阻增加，只有提高栅电极的密度，才能有效提高电池的填充因子，这样就增加了工艺难度。结深太深，死层比较明显。如果扩散浓度太大，则引起重掺杂效应，使电池开路电压和短路电流均下降。在实际电池制作中，应综合考虑各个因素，因此太阳能电池的结深一般控制在 0.3~0.5μm，方块电阻平均为 20~70Ω。硅太阳能电池所用的主要热扩散方法有涂布源扩散、液态源扩散以及固态源扩散等。

1. 涂布源扩散

涂布源扩散一般分简单涂布源扩散和二氧化硅乳胶源涂布扩散两种。

简单涂布源扩散是用 1~2 滴五氧化二磷 (P_2O_5) 或三氧化二硼 (B_2O_3) 在水 (或乙醇) 中稀溶液，预先滴涂于 P 型或 N 型硅片表面作杂质源与硅反应，生成磷或硼硅玻璃。沉积在硅表面的杂质元素在扩散温度下向硅内部扩散。因而形成 P-N 或 N-P 结。

工业生产中的涂布源方法有喷涂、刷涂、丝网印刷、浸涂和旋转涂布等。某个方法成本是否低廉，是否适宜于小批量生产涂源扩散工艺，主要取决于扩散温度、扩散时间和杂质源浓度。最佳扩散条件常随着硅片的性质和扩散设备而变化。

二氧化硅乳胶实际上是一种有机硅氧烷的水解聚合物，它能溶于乙醇等有机溶剂中，并形成有一定黏度的溶液，它在100～400℃下烘烤后，逐步形成无定型的二氧化硅。二氧化硅乳胶可通过在硅酸乙酯中加水和无水乙醇，经过水解的方法获得，也可以通过将四氯化硅通入醋酸后加乙醇制得。在乳胶中适量溶解五氧化二磷或三氧化二硼等杂质，并经乙醇稀释，就可以得到可用的二氧化硅乳胶源。

2. 液态源扩散

液态源扩散有三氯氧磷液态源扩散和硼的液态源扩散等方式。它是通过气体携带的方法将杂质带入扩散炉内实现扩散的。其原理如图2-69所示。

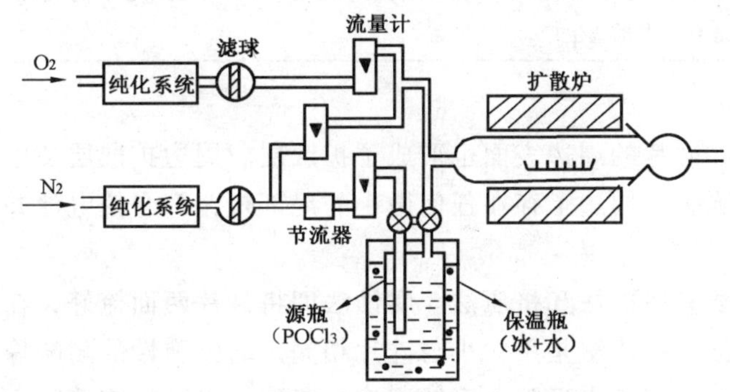

图 2-69 三氯氧磷扩散装置原理示意图

对于P型电阻率为5～15Ωcm的多晶硅片，其三氯氧磷扩散过程如下：

(1) 将扩散炉预先升温至扩散温度（800～850℃）。先通入大流量的氮气（500～1000mL/min)，驱除管道内气体。如果是新处理的石英管，还应接着通源，即通小流量氮气（40～200mL/min）和氧气（30～200mL/min)，使石英壁吸收至饱和状态。

(2) 取出经过表面准备的硅片，装入石英舟，推入恒温区，在大流量氮气（500～1000mL/min）保护下预热5min。

(3) 调小流量，使氮气流量为40～200mL/min，氧气流量为30～200mL/min。通源时间为15～60min。

(4) 失源（即停止通氮气和氧气)，然后通大流量的氮气5min，以赶走残存在管道内的源蒸气。

(5) 把石英舟拉至炉口降温5min，取出扩散好的硅片。

在进行硼的液态源扩散时，其扩散装置与三氯氧磷的扩散装置相同，但不需通氧气。

3. 固态氮化硼源扩散

固态氮化硼源扩散通常采用片状氮化硼作源，在氮气保护下进行扩散。片状氮化硼的制作方法有两种：可用高纯氮化硼棒切割成和硅片大小一样的薄片，也可用粉状氮化硼冲压成片。扩散前，氮化硼片预先在扩散温度下通氧30min，使氮化硼表面的三氧化二硼与硅发生反应，形成硼硅玻璃沉积在硅表面，硼向硅内部扩散。氮气流量较低时，可使扩散更为均匀。

4. 几种扩散方法的比较

将几种扩散方法加以比较，得出如表 2-16 所示结论。

表 2-16　　几种扩散方法的比较

扩散方法	特　点
简单涂布源扩散	设备简单，操作方便；工艺要求较低，比较成熟；扩散硅片中表面状态欠佳，P-N 结面不太平整；对于大面积硅片薄层，电阻值相差较大
二氧化硅乳胶源涂布扩散	设备简单，操作方便；扩散硅片表面状态良好；P-N 结平整；均匀性、重复性较好；改进涂布设备可适用于自动化流水线生产
液态源扩散	设备和操作比较复杂；扩散硅片表面状态好；P-N 结面平整，均匀性、重复性较好；工艺成熟
氮化硼固态源扩散	设备简单，操作方便；扩散硅片表面状态好；P-N 结面平整，均匀性、重复性比液态源扩散好；适合于大批量生产

（三）去边

扩散过程中，在硅片的周边表面也形成了扩散层。周边扩散层使电池的上下电极形成短路环，必须将它除去。周边上存在任何微小的局部短路都会使电池并联电阻下降，以至成为废品。

去边的方法主要有腐蚀法和挤压法。腐蚀法即将硅片两面掩好，在硝酸、氢氟酸组成的腐蚀液中加以腐蚀。挤压法是用大小与硅片相同、略带弹性的耐酸橡胶或塑料与硅片相间整齐地隔开，施加一定压力后阻止腐蚀液渗入缝隙，以取得掩蔽的方法。

目前工业化生产多用等离子干法腐蚀，在辉光放电条件下通过氟和氧交替对硅片作用，去除含有扩散层的周边。

（四）去除背结

去除背结常用的方法有：化学腐蚀法、磨片法和蒸铝或丝网印刷铝浆烧结法。

1. 化学腐蚀法

化学腐蚀是较早使用的一种方法。该方法可同时除去背结和周边的扩散层，因此可省去腐蚀周边的工序。腐蚀后，背面平整光亮，适合于制作真空蒸镀的电极。前结的掩蔽一般用涂黑胶的方法。黑胶是用真空封蜡或质量较好的沥青溶于甲苯、二甲苯或其他溶剂制成。硅片腐蚀去背结后用溶剂溶去真空封蜡，再经过浓硫酸或清洗液煮清洗。

2. 磨片法

磨片法是用金钢砂将背结磨去的方法。也可以将携带砂粒的压缩空气喷射到硅片背面，除去背结。背结除去后，磨片后背面形成一个粗糙的硅表面，因此适应于化学镀镍背电极的制造。

3. 蒸铝或丝网印刷铝浆烧结法

前两种去除背结的方法对于 N^+/P 和 P^+/N 型电池都适用，蒸铝或丝网印刷铝浆烧结法仅适用于 N^+/P 型太阳能电池制作工艺。

蒸铝或丝网印刷铝浆烧结法是在扩散硅片背面真空蒸镀或丝网印刷一层铝，加热或烧

结到铝—硅共熔点(577℃)以上烧结合金(见图 2-70)。经过合金化以后,随着降温,液相中的硅将重新凝固出来,形成含有一定量的铝的再结晶层。它实际上是一个对硅掺杂的过程。它补偿了背面 N^+ 层中的施主杂质,得到以铝掺杂的 P 型层,由硅—铝二元相图(图 2-71)可知,随着合金温度的上升,液相中铝的比率增加。在足够的铝量和合金温度下,背面甚至能形成与前结方向相同的电场,称为背面场。目前该工艺已被用于大批量工业化生产,从而提高了电池的开路电压和短路电流,并减小了电极的接触电阻。

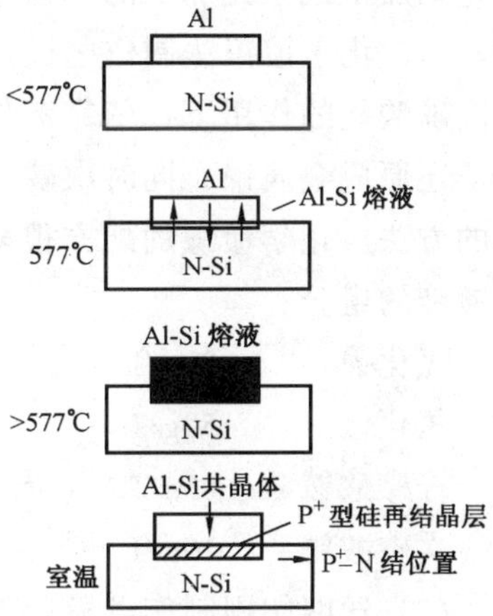

Al
<577℃
N-Si
Al
Al-Si 熔液
577℃
N-Si
Al-Si 熔液
>577℃
N-Si
Al-Si共晶体
P^+ 型硅再结晶层
室温
N-Si
P^+-N 结位置

图 2-70　硅合金过程示意图

背结能否烧穿与基体材料的电阻率、背面扩散层的掺杂浓度和厚度、背面蒸镀或印刷铝层的厚度、烧结的温度以及时间和气氛等因素有关。

(五) 制作上下电极

电极就是与 P-N 结两端形成紧密欧姆接触的导电材料。习惯上把制作在电池光照面上的电极称为上电极；把制作在电池背面的电极称为下极或背电极。制造电极的方法主要有真空蒸镀、化学镀镍、铝浆印刷烧结等。铝浆印刷是目前在商品化电池生产中大量被采用的工艺方法。

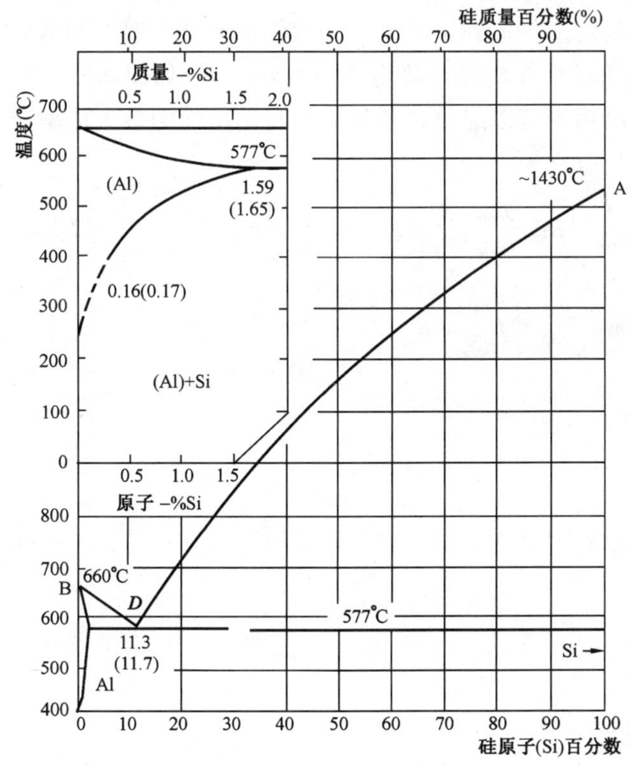

图 2-71　硅—铝二元相图

制作上下电极的材料一般应满足下列要求：

(1) 能与硅形成牢固的接触。

(2) 接触电阻比较小，应是一种欧姆接触。

(3) 有优良的导电性。

(4) 遮挡面积小，一般小于 8%。

(5) 收集效率高。

(6) 可焊性强。

(7) 成本低。

(8) 污染小。

(9) 体电阻小。

(10) 宜于加工。

欧姆接触一般分高复合接触、低势垒接触和高掺杂接触等形式，其制作方法有：

(1) 真空蒸镀法。真空蒸镀法一般指用光刻方法或用带电极图形掩膜的电极模具板制作电极的方法。掩膜由光刻加工或激光加工的不锈钢箔或铍铜箔制成。

（2）化学镀镍法制作电极。化学镀镍法是利用镍盐（氯化钠或硫酸镍）溶液在强还原剂次磷酸盐的作用下，依靠镀件表面具有的催化作用，使次磷酸盐分解出生态原子氢将镍离子还原成金属镍，同时次磷酸盐分解析出磷，因此在镀件表面上获得镍磷合金的沉积镀层的方法。化学镀镍的配方很多。碱性溶液用于半导体镀镍比酸性溶液好。下面是一种典型镀液的组分：

氯化镍　　30g/L

氯化铵　　50g/L

柠檬酸铵　　65g/L

次磷酸钠　　10g/L

（3）丝网印刷制作电极。真空蒸镀和化学镀镍制作电极是一种传统的制作方法，这一方法存在工艺成本较高、耗能量大、批量小以及不适宜于自动化生产等缺陷。为了降低生产成本和提高产量，人们将厚膜集成电路的丝网漏印工艺引入太阳能电池的生产中。目前，该工艺已走向成熟，线条的宽度可降到 50μm，高度达到 10～20μm。

上电极设计的一个重要方面是上电极金属栅线的设计。当单体电池的尺寸增加时，这方面就变得愈加重要。图 2-72 为几种地面电池上电极的设计方法。普通电极的设计原则是使电池的输出最大，即电池的串联电阻尽可能小且电池的光照作用面积尽可能大。

如图 2-73 所示，金属电极一般由主线和栅线两部分构成，主线是直接将电流输到外部的较粗部分，栅线则是为了把电流收集起来传递到主线上去的较细的部分。图 2-73（a）所示电极具有对称分布的特性，根据这种对称性，可以将电极分解成 12 个如图 2-73（b）所示的单体电池。这种单电池的最大输出功率可以通过计算得到。将单电池的最大功率输出归一化后，栅线和主线的电阻功率损耗分别为

$$P_{\mathrm{rf}}=\frac{1}{m}B^2R_{\mathrm{smf}}\frac{J_{\mathrm{mp}}}{U_{\mathrm{mp}}}\frac{S}{W_{\mathrm{F}}} \tag{2-115}$$

$$P_{\mathrm{rb}}=\frac{1}{m}A^2BR_{\mathrm{smb}}\frac{J_{\mathrm{mp}}}{U_{\mathrm{mp}}}\frac{S}{W_{\mathrm{B}}} \tag{2-116}$$

式中　A、B——单电池的面积；

J_{mp}——最大功率点的电流密度；

U_{mp}——最大功率点电压；

R_{smf}——电极的栅线电阻；

R_{smb}——主线金属层薄层电阻；

W_{F}——单电池栅线平均宽度；

W_{B}——单电池主线平均宽度；

S——栅线线距；

P_{rf}——栅线电阻功率损耗；

P_{rb}——主线电阻功率损耗。

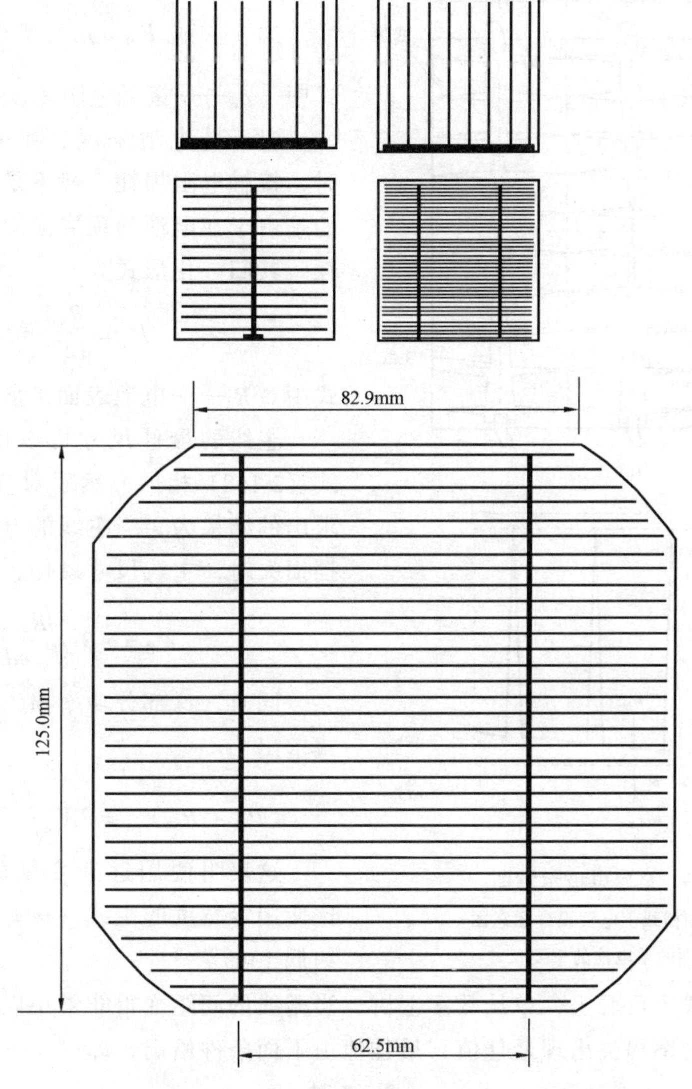

图 2-72　几种地面电池上电极设计方法

R_{smf}和 R_{smb}分别为电极的栅线和主线的金属层的薄层电阻。在某些情况下，这两种电阻是相等的。而在另一些情况下，如浸过锡的电池，在较宽的主线上又盖了一层较厚的锡，R_{smb}就比较小。如果电极各部分是线性地逐渐变细，则 m 值为 4；如果宽度是均匀的，则 m 值为 3。

由于栅线和主线的遮挡而引起的功率损失是

$$P_{sf} = \frac{W_F}{S} \tag{2-117}$$

$$P_{sb} = \frac{W_B}{S} \tag{2-118}$$

忽略直接由半导体流向主线的电流，接触电阻损耗仅仅是由于栅线所引起的，这部分

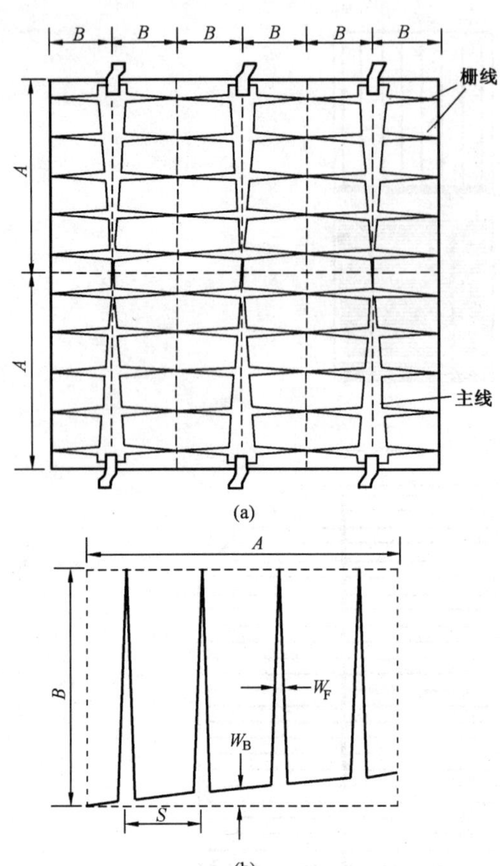

图 2-73 金属电极示意图

(a) 主线和栅线上电极设计示意图；
(b) 典型的单电池的重要尺寸

功率损耗一般近似为

$$P_{cf} = \rho_c \frac{J_{mp}}{U_{mp}} \frac{S}{W_F} \tag{2-119}$$

式中 ρ_c——接触电阻率。

对于硅电池来说，在一个太阳下工作时，接触电阻损耗一般不是主要问题。余下的是由于在电池的顶层横向电池所引起的损耗。其归一化形式为

$$P_{tl} = \frac{R_s J_{mp}}{12 U_{mp}} S^2 \tag{2-120}$$

式中 R_s——电池表面扩散层的方块电阻。

主线的最佳尺寸可以由式（2-116）和式（2-118）相加，然后对 W_B 求导而得出。求出的结果为，当主线的电阻损耗等于其遮挡损失时，主线尺寸最佳，这时

$$W_B = AB \sqrt{\frac{R_{smb} J_{mp}}{m U_{mp}}} \tag{2-121}$$

同时，这部分功率损失的最小值可由下式求出

$$(P_{rb} + P_{sb})_{min} = 2A \sqrt{\frac{R_{smb} J_{mp}}{m U_{mp}}} \tag{2-122}$$

这表明使用逐渐变细的主线（$m = 4$）比使用等宽度的主线（$m = 3$），功率损失大约低 13%。

从上面一些式子可看出，单从数字上讲，当栅线的间距变得非常小以至横向电流损耗可忽略不计时，功率损失出现最佳值，最佳值由下面条件给出，即

$\delta \to 0$ 时

$$\frac{W_F}{S} = B \sqrt{\frac{R_{smf} + \rho_c m / B^2}{m} \frac{J_{mp}}{U_{mp}}} \tag{2-123}$$

即

$$(P_{rf} + P_{cf} + P_{sf} + P_{tl})_{min} = 2B \sqrt{\frac{R_{smf} + \rho_c m / B^2}{m} \frac{J_{mp}}{U_{mp}}} \tag{2-124}$$

实际上，这个最佳值不可能得到。在特定的条件下，要保持产品有较高的成品率，W_F 及 S 的最小值均受到工艺条件的限制。

在这种情况下，可通过简单的迭代法实现最佳栅线的设计。若把栅线宽度 W_F 取作在特定工艺条件下的最小值，则对应于这个最小的 S 值能够用渐近法求出。对某个设定值 S'，可计算出相应的各部分功率损失 P_{rf}，P_{cf}，P_{sf}和 P_{tl}。然后，可按下式求出一个更接近最佳值的值 S''

$$S''=\frac{S'\ (3P_{sf}-P_{rf}-P_{cf})}{2\ (P_{sf}+P_{tl})} \tag{2-125}$$

这个过程将很快收敛到一个不变的值上。从式（2-124）计算的 S 值是一个过高的估计值，由这个估计值可求出最佳的初试值。用式（2-124）所算出的 S 值的一半作初试值，即可得到一个稳定的迭代结果。

对于下电极的要求是尽可能布满背面。对于丝网印刷，覆盖面积将影响到填充因子。

（六）减反射膜制作

光照射到平面的硅片上，其中一部分被反射，即使对绒面的硅表面，由于入射光产生多次反射而增加了吸收，也有约11%的反射损失。在硅片上覆盖一层减反射膜层，可大大降低光的反射，图2-74中示出1/4波长减反射膜的原理。从第2个界面返回到第1个界面的反射光与第1个界面的反射光相位差为180°，所以前者在一定程度上抵消了后者。

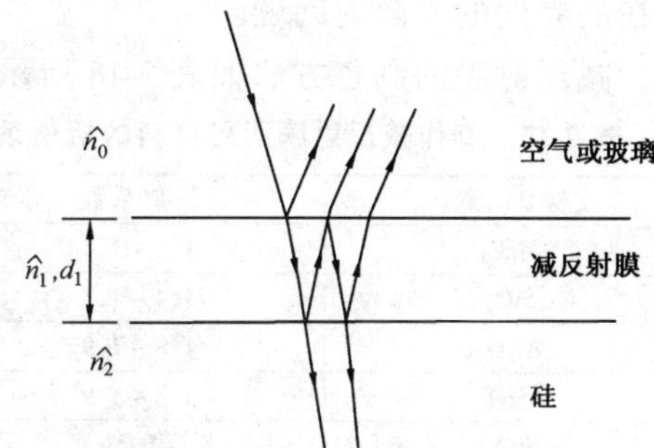

图 2-74　由1/4波长减反射膜产生的干涉效应

在正常入射光束中，从覆盖了一层厚度为 d_1 的透明层的材料表面反射的能量所占比例的表达式为

$$R=\frac{r_1^2+r_2^2+2r_1r_2\cos\theta}{1+r_1^2r_2^2+2r_1r_2\cos2\theta} \tag{2-126}$$

式中 r_1、r_2 由下式得出

$$r_1=\frac{n_0-n_1}{n_0+n_1},\quad r_2=\frac{n_1-n_2}{n_1+n_2} \tag{2-127}$$

式中　n_i——不同媒质层的折射率。由下式给出

$$\theta=\frac{2\pi n_1 d_1}{\lambda} \tag{2-128}$$

当 $n_1d_1=\lambda_0/4$ 时，反射有最小值

$$R_{\min}=\left(\frac{n_1^2-n_0n_2}{n_1^2+n_0n_2}\right)^2 \tag{2-129}$$

如果反射率是其两边材料的折射率的几何平均值（$n_1^2=n_0n_2$），则反射值为0。对于在空气中的硅电池（$n_{si}=3.8$），减反射膜的最佳折射率是硅折射率的平方根（即 $n_{opt}=1.9$）。图2-75中的一条曲线表示出在硅表面覆盖有最佳折射率（$n_{opt}=1.9$）的减反射膜的情况下，从硅表面反射的入射光的百分比与波长的关系。

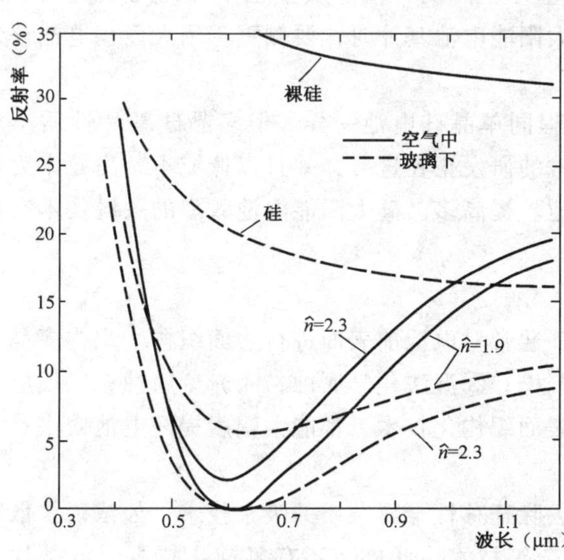

图 2-75　从裸露的硅表面和从覆盖有折射率为1.9和2.3的减反射膜的硅表面反射的正常入射光的百分比与波长的关系

在图 2-75 中，减反射膜厚度的选取使得波长在 600nm 处产生最小的反射；虚线表示将硅封装在玻璃或有类似折射率的材料之下的结果。

电池通常装在玻璃之下（$n_0=1.5$）。这使减反射膜的折射率的最佳值增加到大约 2.3。覆盖有折射率为 2.3 的减反膜的电池在封装前和封装后对光的反射情况也表示在图 2-75 中。商品化太阳能电池中使用的一些减反射膜材料的折射率见表 2-17。除了有合适的折射率外，减反射膜材料还必须是透明的。减反射膜常沉积为非结晶的或无定形的薄层，以防止在晶界处的光散射问题。

减反射膜的制备方法如表 2-18 所示。

表 2-17　制作减反射膜所用材料的折射系数

材　料	折射系数
MgF_2	1.3～1.4
SiO_2	1.4～1.5
Al_2O_3	1.8～1.9
SiO	1.8～1.9
Si_3N_4	约 1.9
TiO_2	约 2.3
Ta_2O_5	2.1～2.3
ZnS	2.3～2.4

表 2-18　减反射膜的制备方法

方法	材料	成膜
真空镀膜和离子镀膜法	SiO	类金刚石膜
溅射法	Ta_2O_5	IT 膜
	Nb_2O_5	SiO_2、TiO_2
印刷法	TiO	Ta_2O_5
喷涂法	Ti（OC_2H_5）$_4$	钛酸乙酰
PECVD 沉积法	Si_3N_4	

（七）提高多晶硅太阳能电池效率的关键技术

多晶硅基片的最大特点是有大量晶向不同的晶粒和晶界不均匀地分布着。生产过程中引入的各种结晶缺陷、杂质、位错，且在电池生产的热过程中发生变化，即使在同一基片、同一电池结构、同一工艺过程的情况下，电池性能也是不均匀的。转换效率为 19.8%的太阳能电池，是用 Earosolare 铸造基片生产的，基片质量也很不均匀（高质量的区域接近 FZ 晶体硅）。因而在评价和分析太阳能电池基片时，要侧重于用大面积电池评价性能或检测电池性能的面分布。

多晶硅太阳能电池的基本生产工艺过程同单晶硅电池一样，但多晶硅基片性质不均匀，适合于各种多晶硅基片的电池生产技术的研发正在进行，并且以低成本、高效率为目标，把各种电池生产技术结合起来生产电池。提高多晶硅太阳能电池效率的关键技术有以下几方面：

1. 陷光技术

为了增强太阳能电池表面的陷光效果，通常对电池前表面进行表面织构。织构多晶硅电池的方法主要有：①机械刻槽；②激光刻槽；③湿法化学腐蚀；④光刻腐蚀；⑤反应离子腐蚀等。具有不完整晶面的多晶硅基片表面织构化技术，都能大幅度提高电池效率。

2. 改善硅片质量技术

多晶硅片质量研究的一个方向，就是去除迁移性金属杂质的吸杂技术，如浓磷扩散吸杂、Al 吸杂、背面损伤或离子注入损伤吸杂等技术。此外，还有氢钝化技术，但基片不同则氢处理的效果不同。

3. 表面/背面钝化技术

关于表面钝化技术，很难做一般性讨论。最高效率 19.8%的铸造多晶硅太阳能电池

采用的是具有去除杂质效果的 TCA（Trichloroethne Ambient）氧化的方法。

第四节 太阳能光伏发电系统设备构成

太阳能光伏发电系统是通过太阳能电池吸收阳光，将太阳的光能直接变成电能输出。但是，单个太阳能电池往往因为输出电压太低，输出电流不合适，晶体硅太阳能电池本身又比较脆，不能独立抵御外界恶劣条件，因而在实际使用中需要把单体太阳能电池进行串、并联，并加以封装，接出外连电线，成为可以独立作为光伏电源使用的太阳能电池组件（Solar Module 或 PV Module，也称光伏组件）。光伏组件输出功率从零点几瓦到数百瓦不等。若干块光伏组件经串、并联后组成太阳能电池方阵（Solar Array 或 PV Array，也称光伏方阵）。光伏方阵输出功率从数瓦到数十千瓦不等。作为一个完整的光伏发电系统，还需有控制器、逆变器、支架、输配电缆、开关、熔断器等一整套“平衡系统”（BOS 系统，Balance of System，有时也称“配套系统”）与太阳能电池组件或方阵相配才能正常工作。

光伏发电系统按照是否聚光，可分为聚光发电系统和非聚光发电系统两大类。

聚光电池的优点是光电转换效率高。缺点是需要精密的、长期稳定可靠的聚光器和跟踪器，而且还要考虑散热。这样，不仅增加了系统的复杂性，也增加了造价和运行维护费。随着平板式太阳能电池大幅降价，地面上的聚光发电系统正在逐渐失去竞争力。

按照供能方式，通常可将光伏发电系统分为独立光伏发电系统（也称离网系统）、并网光伏发电系统和混合光伏发电系统。

下面首先介绍光伏发电系统中至关重要的太阳能电池组件和方阵、配套蓄电池、控制器和逆变器等构成设备，然后介绍独立和并网光伏发电系统的工作原理、特点以及计算机优化设计方法。

一、太阳能电池组件和方阵

具有外部封装及内部连接、能单独提供直流电输出的最小不可分割的太阳能电池组合装置，叫太阳能电池组件等。

由两个或两个以上的太阳能电池组件在机械和电气上按一定方式组装在一起，并且有固定的支撑结构而构成的直流发电单元，叫太阳能电池方阵。

简明地说，多个单体太阳能电池互联封装后成为组件，多个太阳能电池组件互联拼装后成为方阵。

像任何半导体元器件一样，即使是同一条生产线，用同一种工艺制造出的单体太阳能电池或太阳能电池组件，其电气特性也会多少有一点差异，由于篇幅限制，在此不再详述。

（一）晶体硅太阳能电池组件

当今世界实用化的太阳能电池组件主要有单晶硅太阳能电池组件、多晶硅太阳能电池组件、刚性衬底薄膜太阳能电池组件（主要是非晶硅薄膜太阳能电池组件和碲化镉薄膜太阳能电池组件）以及柔性薄膜太阳能电池组件等。

单晶硅太阳能电池和多晶硅太阳能电池统称为晶体硅太阳能电池。由于大面积（如面积 $200 \times 200mm^2$，$\phi 200mm$，厚度 $\delta = 0.2 \sim 0.3mm$）的硅片比较脆，而单体电池的输出电压又仅在 0.45～0.60V 之间，因而需要首先将若干个单体电池进行串（并）联以获得必要的输出电压、电流（功率），然后再根据实际用途的需要进行封装。

组件的封装结构、封装材料和封装工艺与组件的工作寿命、可靠性和成本，有着密切的关系，但有时会被忽视。

1. 组件的封装结构

图 2-76～图 2-79 为几种典型的太阳能电池组件封装结构剖面图。

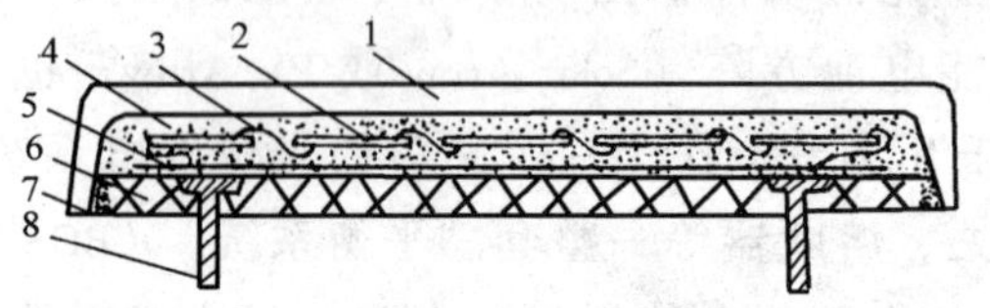

图 2-76　玻璃壳体式太阳能电池组件示意图

1—玻璃壳体；2—太阳能电池；3—互连条；4—粘接剂；5—衬底；6—下底板；7—边框线；8—电极接线柱

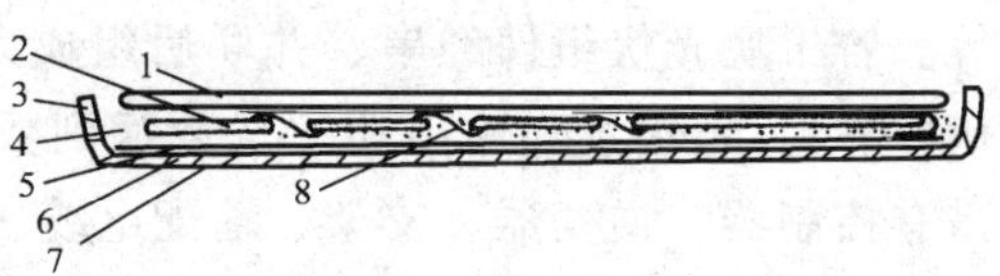

图 2-77　底盒式太阳能电池组件示意图

1—玻璃盖板；2—太阳能电池；3—盒式下底板；4—粘接剂；5—衬底；6—固定绝缘胶；7—电极引线；8—互连条

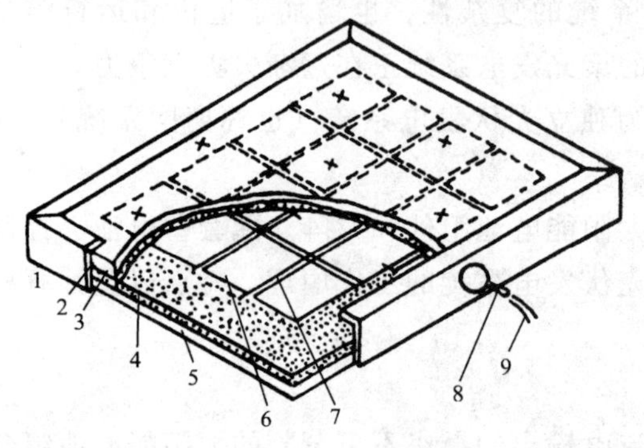

图 2-78　平板式太阳能电池组件示意图

1—边框；2—边框封装胶；3—上玻璃盖板；4—粘接剂；5—下底板；6—太阳能电池；7—互连条；8—引线护套；9—电极引线

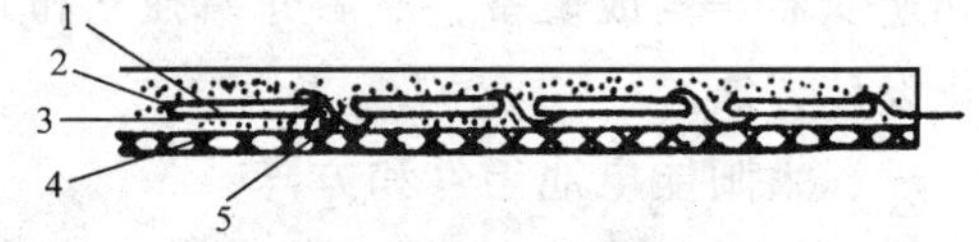

图 2-79　全胶密封太阳能电池组件示意图

1—太阳能电池；2—粘接剂；3—电极引线；4—下底板；5—互连条

实用的太阳能电池组件还要配备边框、接线盒等，如图 2-80 所示。

2. 组件的封装材料

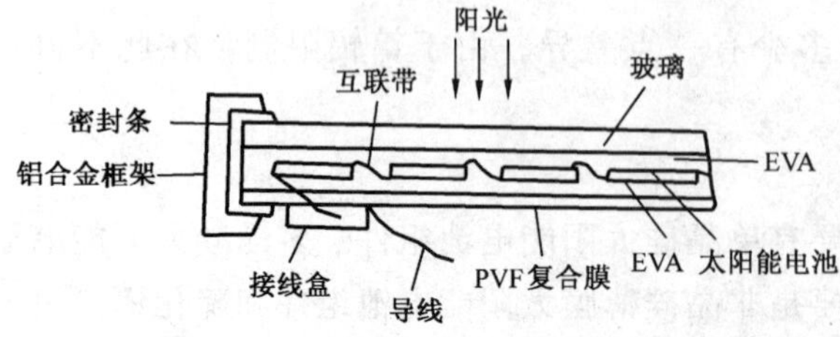

图 2-80　太阳能电池组件结构剖面图

（1）上盖板。上盖板覆盖在太阳能电池的正面，构成组件的最外层，既要透光、坚固、耐风霜雨雪，并且要能经受沙砾、冰雹的冲击，对电池起到长期保护作用。

作上盖板的材料有钢化玻璃、聚丙

烯酸类树脂、氟化乙烯丙烯、透明聚酯以及聚碳酯等。目前，低铁水白钢化玻璃是最为普通的上盖板材料，在这种玻璃表面加上微金字塔结构后，还可以增加漫反射光的吸收并减少玻璃表面造成的光污染。

(2) 粘结剂。粘结剂是固定太阳能电池和保证上下盖板密合的关键材料，对它的要求为：

1) 在可见光范围内具有高透光性，抗紫外光老化。

2) 具有一定的弹性，缓冲不同材料之间的热胀冷缩。

3) 具有良好的电绝缘性能和化学稳定性，本身不产生有害于太阳能电池的气体或液体。

4) 有优良的气密性，能阻止外界潮气或其他有害气体对太阳能电池的侵蚀。

5) 能适用于自动化的组件封装。

(3) 底板。底板同样要对电池有保护作用，有时也要有支撑作用。一般的要求为：

1) 具有良好的耐气候性能，能隔绝从背面进来的潮气或其他有害气体。

2) 层压温度下不起任何变化。

3) 与粘结材料结合牢固。

底板所用的材料一般为玻璃、铝合金、有机玻璃、TPF 以及高分子聚氟膜等。目前较多应用的是 TPF 复合膜。

(4) 边框。平板组件必须有边框，以保护组件和组件与方阵支架的连接固定。边框与粘结剂构成对组件边缘的密封。主要材料有不锈钢、铝合金、橡胶以及增强塑料等。

3. 太阳能电池组件封装工艺

不同结构的组件有不同的封装工艺。这里仅介绍平板式太阳能电池组件的封装工艺流程，如图 2-81 所示。

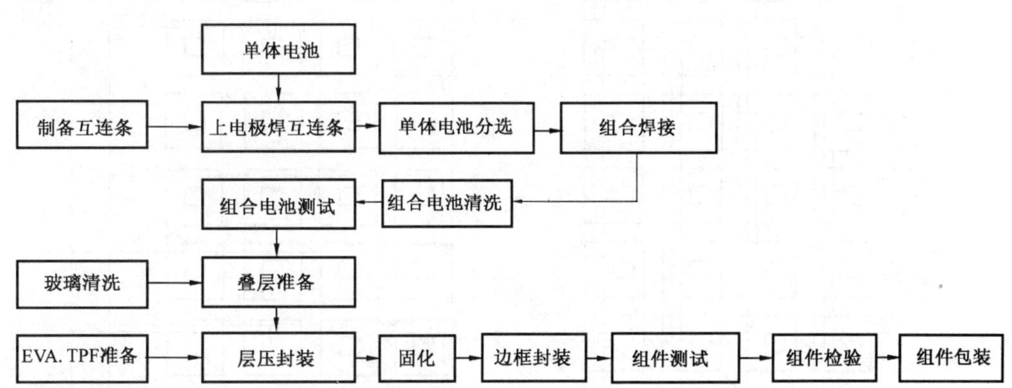

图 2-81　平板式太阳能电池组件制作工艺流程图

(二) 太阳能电池方阵

太阳能是一种低密度的平面能源，需要用大面积的太阳能电池方阵来采集。而太阳能电池组件的输出电压不高，需要用一定数量的太阳能电池组件经过串并联构成方阵。有时甚至需要数十个以至数千个方阵才能满足大功率太阳能光伏发电站的要求。

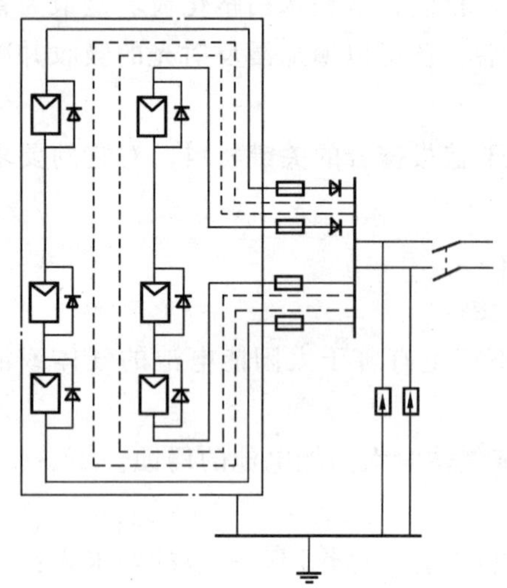

图 2-82 太阳能电池方阵电气连接图

1. 结构

平板式光伏方阵的结构依用户的需要而定。按电压等级来分，独立光伏系统电压往往被设计成与蓄电池的标称电压相对应，或是它们的整数倍，而且与用电器的电压等级一致，如 220、110、48、36、24、12V 等等。交流光伏供电系统和并网发电系统，方阵的电压等级往往为 110V 或 220V。对电压等级更高的光伏电站系统，则常用多个方阵进行串并联，组合成与电网等级相同的电压等级，如组合成 600V、10kV 等，再与电网连结。

太阳能电池方阵除了需要支架将许多太阳能电池组件集合在一起以外，还需要电缆、阻塞二极管和旁路二极管对太阳能电池组件实行电气连接，并需要配专用的、内装避雷器的分接线箱和总接线箱。有时为了防止鸟粪沾污太阳能电池方阵表面而引起热斑效应，还需在方阵顶上特别安装驱鸟器。

太阳能电池方阵的电气连接图如图 2-82 所示。

在将太阳能电池组件进行串并联组装成方阵时，应参考太阳能电池串并联所需要注意的原则，并应特别注意如下各点：

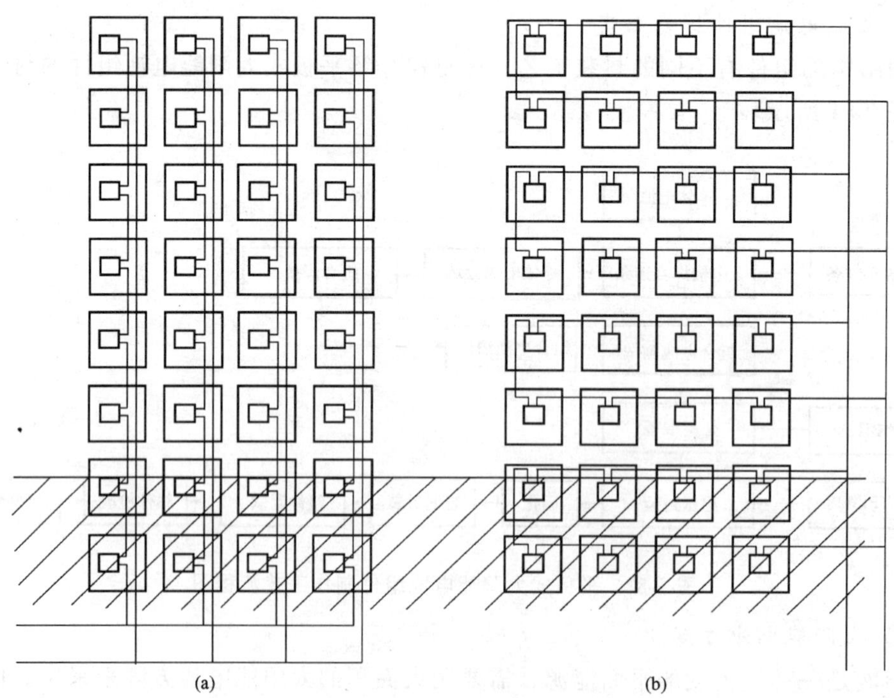

图 2-83 太阳能电池组件方阵

(a) 纵联横并；(b) 横联纵并

(1) 串联时需要工作电流相同的组件，并为每个组件并接旁路二极管。

(2) 并联时需要工作电压相同的组件，并在每一条并联线路串接阻塞二极管。

(3) 尽量考虑组件互联接线最短的原则。

(4) 要严格防止个别性能变坏的太阳能电池组件混入太阳能电池方阵。

图 2-83 为同样 64 块太阳能电池组件分别用 4 并 8 串方式组成方阵，但有 (a) 纵联横并和 (b) 横联纵并两种不同的电气连结。在图中可以看到，当遇到有局部阴影时，(a) 中连接的总线电压下降，输出电池也大幅下降，系统有可能不能正常工作；而 (b) 中连接的总线电压可保持不变，虽然少了一组电流，但系统却能正常工作。

2. 特性

太阳能电池组件及方阵的基本特性也同样要用在 IEC 标准条件下的开路电压 U_{oc}、短路电流 I_{sc}、最佳工作电压 U_m、最佳工作电流 I_m、最佳输出功率 P_m、填充因子 FF 以及光电转换效率 η 来表示。

$$\eta = \frac{I_m U_m}{P_0 A_a} = \frac{FF I_{sc} U_{oc}}{P_0 A_a}$$

在这里，P_0 是单位面积上接收到的太阳辐射能。按 IEC 标准，在 25℃、AM1.5 光谱条件下，$P_0 = 100\text{mW/cm}^2$。A_a 是组件及方阵面积，通常是指组件及方阵边框的实际面积。此时的面积即为该组件及方阵的效率。

方阵在室外工作，其输出功率和效率严重地受到温度和太阳辐照度的影响。通风良好可以降低组件的工作温度而提高方阵的输出。图 2-84 为太阳能电池方阵的光照伏安特性曲线。方阵的标称功率即是 IEC 标准条件下的最大输出功率 P_m

$$P_m = I_m U_m = FF I_{sc} U_{oc}$$

$$\eta = \frac{P_m}{P_0 A_a} = \frac{FF I_{sc} U_{oc}}{P_0 A_a} = \frac{I_m U_m}{P_0 A_a}$$

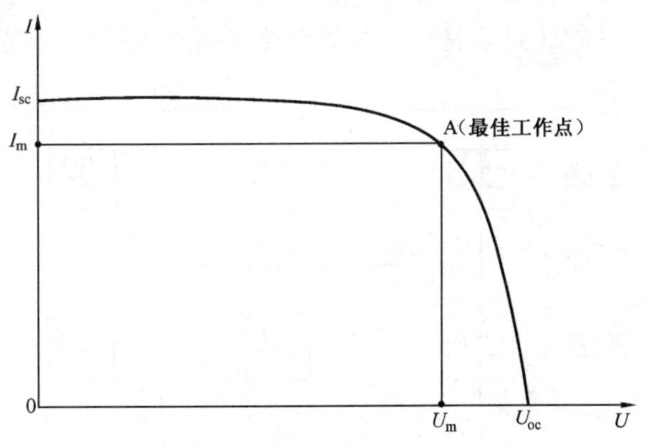

图 2-84 太阳能电池方阵的光照伏安特性曲线

式中 η——方阵的光电转换效率；

P_m——最大输出功率；

I_m——最佳工作电流；

U_m——最佳工作电压；

I_{sc}——短路电流；

U_{oc}——开路电压；

FF——填充因子；

P_0——标准条件下光功率；

A_a——方阵面积。

由组件组合成方阵时，将有电压损失和电流损失，因而将有输出功率的损失。

方阵的功率损失因子也可称为光伏方阵的组合因子 η_a。当有 n 个组件被组合成方阵时，其组合损失因子可表示为

$$\eta_a = \frac{P_m}{\sum_{i=1}^{n} P_{mi}}$$

式中 P_m——方阵的实际输出功率；

P_{mi}——n 个组件中每个组件的输出功率。

方阵的功率损失主要来源为组件特性不一致、串并联的二极管和接线损失等。

3. 测量

光伏方阵的测量很不容易在标准条件下进行，而通常是在自然阳光下用便携式光伏方阵测试仪进行检测后再转换到IEC标准条件的。特别注意的是要将标准参考电池放置在被测光伏方阵同一平面上，测量前用不透光的覆盖物将被测方阵严密覆盖，等待其温度与环境温度一致时突然揭开覆盖物，在尽可能短的时间里测完该方阵的光照伏安特性曲线及基本参数，与标准参考电池比对后算出该方阵在IEC标准状况下的输出功率。

4. 热斑效应

一个方阵在阳光下出现局部发热点的现象称为热斑效应。这种热斑往往在单个电池上发生。在较大的方阵中，严重时热斑的温度有可能高达200℃左右。热斑效应会使焊点融化，破坏封装材料（如无旁路二极管保护），甚至会使整个方阵失效。

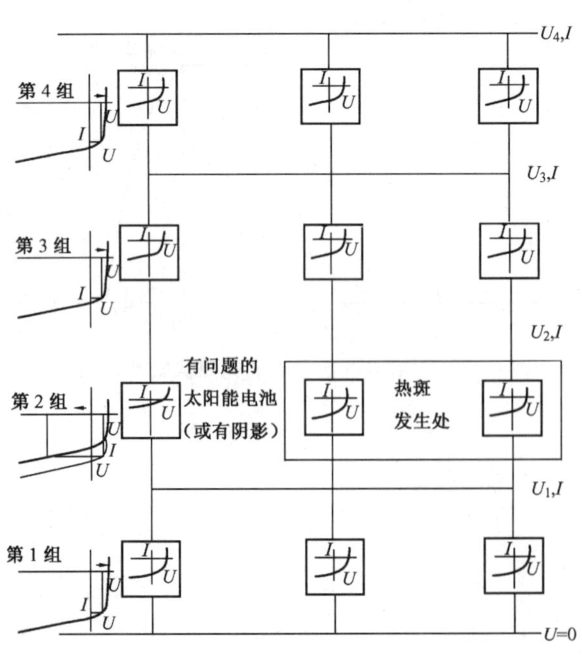

图 2-85　太阳电池组件热斑效应原理图

发生热斑效应的机理可以从图2-85所示太阳能电池方阵的工作状态中了解。图中，12个太阳能电池3并4串，设每个电池都有相同的光照I-U特性，每3个电池并联后的光照I-U特性示于图左侧。这4组并联电池串联后各结点的电压电流为：U_1，I、U_2，I、U_3，I和U_4，I。当由于某种原因第2组中左边的太阳能电池突然损坏，几乎没有电流输出时，右边的两个好电池中将流过整个串联电路中的总电流$3I$。从太阳能电池并联特性可知，这两个好电池在承受超过它的光生电流时，其工作点对应的电压进入反偏区U_2，有时U_2的绝对值可以比好电池的开路电压大数倍，这样，在这个与一个坏电池的并联电池组中，其他两个好电池上承受的功率是U_2I，而没有坏电池的并联电池组1、3、4组中承受的功率是UI，因为U_2是U的数倍，

于是那两个与坏电池并联的好电池开始快速升温，整个方阵在第2组里出现热斑。

在不可逆变的热斑效应出现之前，方阵中其他好电池组的输出也会受到影响。由于方阵的端电压 U_4 与蓄电池或控制器相联，所以其他所有的好电池也要分担坏电池组的影响而造成方阵输出功率的下降。

造成热斑效应的根源有个别坏电池的混入、电极焊片虚焊、电池由裂纹演变为破碎以及电池局部受到阴影遮挡等。

为避免热斑效应，除杜绝以上情况外，主要方法是加设旁路二极管，以增加方阵的可靠性。

二、贮能蓄电池

当前，太阳能光伏发电系统中普遍应用的贮能装置是蓄电池，常用的蓄电池有铅酸蓄电池和碱性镉镍蓄电池。由于铅酸蓄电池的功率价格比最优，因而应用最广、数量最多。

关于铅酸蓄电池的原理、性能及安装与使用维护等，许多关于蓄电池的专业书籍均有详细而系统的介绍，这里不再重复。

三、直流—交流逆变器

将交流电 AC 变换成直流电 DC 称为整流，完成整流功能的电路称为整流电路；而将直流电 DC 变换成交流电 AC 称为逆变，完成逆变功能的电路称为逆变电路。实现逆变过程的装置称为逆变器。由于大部分用电器是按交流电路设计的，所以各种 DC/AC 逆变器已经是光伏发电系统中的常见部件。现代逆变技术是建立在电力电子技术、半导体材料与器件技术、现代控制技术、脉宽调制（PWM）技术以及工业电子技术等学科之上的综合技术。

（一）逆变器分类

现代逆变技术种类很多，其主要分类方式如下：

（1）按逆变器输出能量的去向分类，分为有源逆变器和无源逆变器。

对太阳能光伏发电系统来说，在并网型光伏发电系统中需要有源逆变器，而在离网型光伏发电系统中需要无源逆变器。

（2）按逆变器相数分类，分为单相逆变器、三相逆变器和多相逆变器。

（3）按逆变器输出交流电的频率分类，分为工频逆变器（50～60Hz）、中频逆变器（几百 Hz～10kHz）和高频逆变器（10kHz～几 MHz）。

（4）按逆变器主电路形式分类，分为单端式（含正激式和反激式）逆变器、推挽式逆变器、半桥式逆变器和全桥式逆变器。

（5）按逆变器主开关器件的类型分类，分为晶闸管（也称可控硅 SCR）逆变器、大功率晶体管（GTR）逆变器、可关断晶闸管（GTO）逆变器、功率场效应晶体管（VMOS-FET）逆变器、绝缘门极晶体管（IGBT）逆变器和 MOS 控制晶体管（MCT）逆变器等。

（6）按逆变器稳定输出参量分类，分为电压型逆变器和电流型逆变器。

（7）按逆变器输出交流电的波形分类，分为正弦波逆变器和非正弦逆变器（方波、阶梯波、准方波等）。

（8）按控制方式分类，分为调频式（PFM）逆变器和脉宽调制式（PWM）逆变器。

(9) 按逆变开关电路的工作方式分类，分为谐振式逆变器、定频硬开关逆变器和定频软开关式逆变器。

(二) 逆变器结构及工作原理

典型的 DC/AC 逆变器主要由半导体功率集成器件和逆变电路两大部分组成。

1. 半导体功率集成器件

大功率半导体开关器件的发展是逆变器快速发展的基础，从普通晶闸管（SCR，俗称可控硅）到可关断晶闸管（GTO）和大功率晶体管（GTR）已经是一个飞跃，功率场效应晶体管（VMOSFET）和绝缘门极晶体管（IGBT）等新型器件的出现又增加了逆变器元器件的选择范围，近年来，新型的静电感应晶体管（SIT）、静电感应晶闸管（SITH）、MOS控制晶体管（MGT）、MOS 控制晶闸管（MCT）以及智能型功率模块（IPM）等大功率器件的出现，更使可供逆变器使用的电力电子开关器件向着高频化、节能化、全控化、集成化和多功能化方向发展。表 2-19 为逆变器用电力电子开关器件的分类。

表 2-19　逆变器用电力电子开关器件的分类

类　型	器件名称	器件符号
双极型	普通晶闸管	SCR
	双向晶闸管	TRIS
	可关断晶闸管	GTO
	静电感应晶闸管	SITH
	大功率晶体管	GTR
单极型	功率场效应晶体管	VMOSFET
	静电感应晶体管	SIT
复合型	绝缘门极晶体管	IGBT
	MOS 控制晶体管	MGT
	MOS 控制晶闸管	MCT
	智能型功率模块	IPM

2. 逆变电路

逆变器的核心是逆变开关电路，简称逆变电路。它通过半导体开关器件的导通与关断完成逆变的功能。但一个完整的逆变电路，除了主逆变电路外，还要有控制电路、输入电路、输出电路、辅助电路和保护电路等构成，如图 2-86 所示。

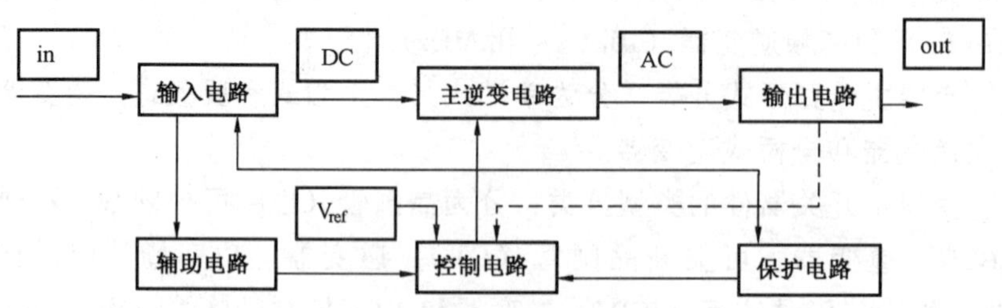

图 2-86　逆变电路基本结构图

各部分电路的主要功能如下：

(1) 输入电路。输入电路为主逆变电路提供可确保其正常工作的直流电压。

(2) 输出电路。输出电路对主逆变电路输出的交流电的质量（包括波形、频率、电压、电流幅值以及相位等）进行修正、补偿和调理，使之能满足用户要求。

（3）控制电路。控制电路为主逆变电路提供一系列的控制脉冲来控制逆变开关管的导通和关断，并配合主逆变电路完成逆变功能。在逆变电路中，控制电路与主逆变电路同样重要。

（4）辅助电路。辅助电路将输入电压转换成适合控制电路工作的直流电压。它包括多种检测电路。

（5）保护电路。保护电路包括输入过压欠压保护、输出过压欠压保护、过载保护，过流保护、短路保护及过热保护等。

（6）主逆变电路。主逆变电路是由半导体开关器件组成的变换电路，它分为隔离式和非隔离式两大类。变频器、能量回馈等都是非隔离式逆变电路，而 UPS、通信基础开关电流等则是隔离式逆变电路。隔离式逆变电路还包括逆变电压器。无论是隔离式或非隔离式主逆变电路，基本上都是由升压电路 Boost 和降压电路 Buck 两种电路不同拓扑形成组合而成。这些组合在隔离式逆变器主电路中就构成了单端式（正激式和反激式）、推挽式、半桥式和全桥式等形式的电路。这些电路既可以组成单相逆变器，也可组合成三相逆变器。

（三）PWM 脉宽调制技术

要有效地实现逆变技术中的功率变换，往往需要把半导体开关器件和主电路及控制电路合成整体来考虑。早期依靠基本的负载电阻—电容—电感组成的 RLC 谐振电路，在谐振过程中进行功率变换，称为 PFM 变换技术。PFM 变换技术具有开关损耗小、电磁干扰小、频率高、效率高等优点，但存在所需开关管的电压、电流额定值高及输出滤波困难等缺点。上世纪中后期，随着半导体开关器件的发展，出现了一种新的、简单的功率变换技术——PWM 脉宽调制技术用来进行功率变换，它不但可以有效地抑制谐波，并且动态响应好。

1.PWM 脉宽调制技术的基本原理

PWM 脉宽调制技术变换电路可以带电阻性负载，也可以带电感性负载，但它带这两种负载时的工作情况是不一样的。它们的基本电路形式分别为图 2-87（a）和图 2-87（b）。图中，R_L 和 L 分别代表电阻性负载和电感性负载；Q 为开关管；V 为续流二极管；U_d 为直流输入电源电压；U_G 为逆变主开关管的驱动控制信号的电压；U_T 为逆变主开关管的端电压。

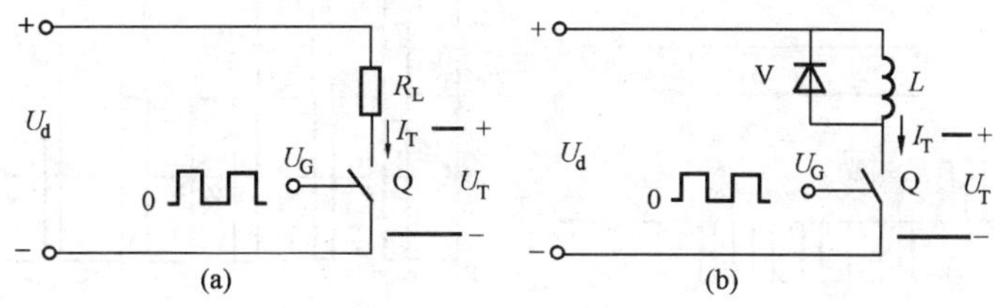

图 2-87　PWM 变换基本电路

PWM 脉宽调制技术的电路比较简单，其技术已经成熟，应用也已经非常普遍，其工作波形见图 2-88。

带电阻性负载时，有

$$I_m = \frac{U_d}{R}$$

带电感性负载时，电流是变化的，在 T_{ON}以内，有

$$\nabla i_T = \frac{U_d T_{ON}}{L}$$

当 L 很大时，可认为 I_T 基本不变，$I_T = I_m$。

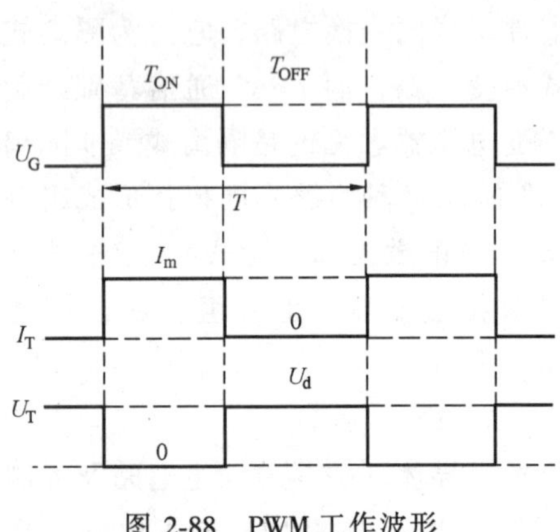

图 2-88　PWM 工作波形

PWM 脉宽调制技术的基本工作原理是：固定逆变器的工作频率，调节开关管导通的时间比例 δ，从而调节输出量（供给负载的电压和电流）的大小，以稳定输出。

由图 2-88 可以写出，占空比 δ 为

$$\delta = T_{ON}/(T_{ON} + T_{OFF}) = T_{ON}/T$$

需要指出的是，上面提到的 δ 为开关管导通的占空比。对于单端工作的功率变换电路，$\delta \leqslant 0.5$，它等于功率传输的占空比；而对于双端工作的功率变换电路，尽管也存在 $\delta \leqslant 0.5$，但是它等于功率传输的占空比的一半。功率传输最大占空比可约等于 1。

2.PWM 变换的特点和应用

PWM 变换几乎可以用于所有的逆变主电路拓扑形式。如单端式逆变主电路、推挽式逆变主电路、半桥式逆变主电路、全桥式逆变主电路、降压式逆变主电路、升压式逆变主电路、升降压式逆变主电路、隔离式逆变主电路、非隔离式逆变主电路、单相逆变主电路、三相逆变主电路、无源逆变主电路、有源逆变主电路、方波输出逆变主电路、正弦波输出逆变主电路、GTO 逆变主电路、GTR 逆变主电路、VMOSFET 逆变主电路及 IGBT 逆变

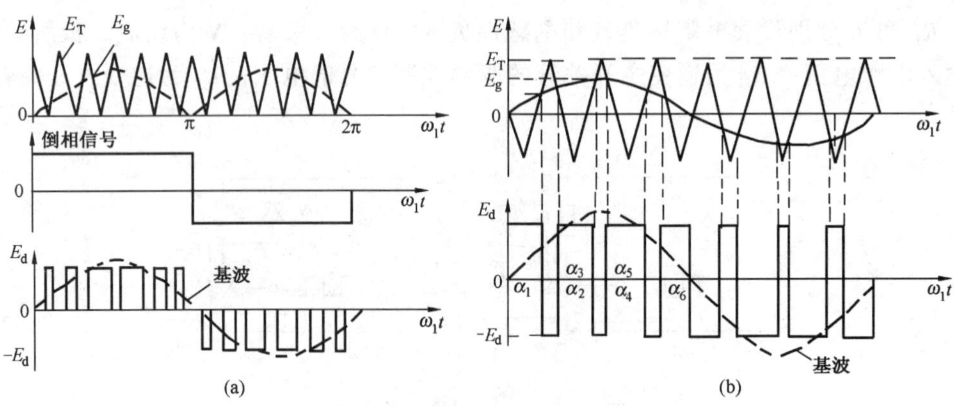

图 2-89　单相 SPWM 波形的产生

（a）单极性 SPWM 波形；（b）双极性 SPWM 波形

主电路等等，都可以采用 PWM 控制方式。

（四）正弦波 PWM 技术

正弦波 PWM 技术，也称 SPWM 技术，在使用中较为常见。单相 SPWM 比较简单，它一般有两种形式，如图 2-89（a）和图 2-89（b）所示。

1. 单极性 SPWM 波形

用单相正弦波整成单极性后，与单极性对称三角波比较的出脉冲列后，再用倒相信号倒相，见图 2-89（a）。

2. 双极性 SPWM 波形

直接用正弦波与双极性对称三角波比较即可得到双极性 SPWM 波形，见图 2-89（b）。

3. 三相 SPWM 波形

三相 SPWM 波形同样也有单极性和双极性两种，产生的方式也与单相 SPWM 类似。

三相 SPWM 波形的一种形式如图 2-90 所示。图中，e_T 为三角波信号；e_{Ra}、e_{Rb}、e_{Rc} 分别为三相正弦调制信号；E_{AO}、E_{BO}、E_{CO} 分别为 A、B、C 三相的 SPWM 波形。很显然，它们全都是双极性的。

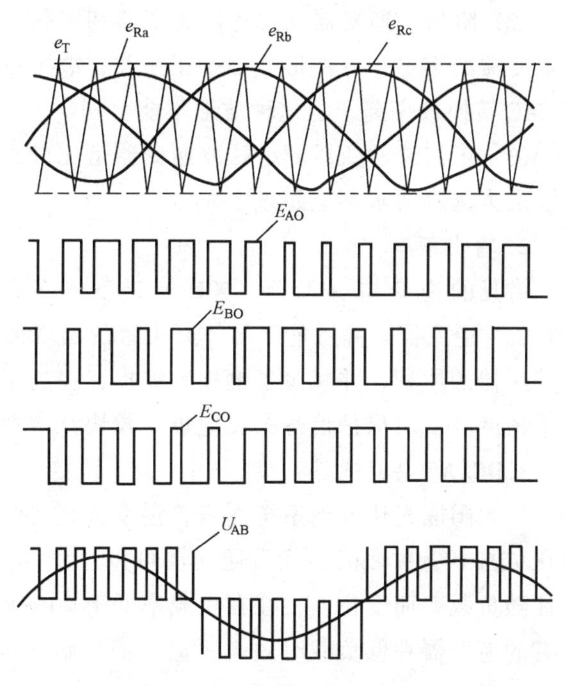

图 2-90　三相 SPWM 波形的产生

4.SPWM 的用途

单位正弦波 SPWM 主要用于单相 DC/AC 逆变器和 UPS 中。三相正弦波 SPWM 主要用于三相逆变器、三相 UPS 和三相有源逆变系统中，如并网光伏发电系统、并网风力发电系统等。

随着大规模集成电路制造技术的发展，早期的分立元件组装的 PWM 技术已被淘汰，取而代之的是有完善的过压、过流、欠压保护电路以及程序控制、遥控和同步运行功能的集成 SPWM 芯片。一种智能型的、主要由 SPWM 芯片组成的微小型逆变器已可以直接安装在光伏电池组件背面，即可将光伏电池组件发出的直流电直接变成标准的正弦波交流电而与电网相联，减少了光伏电池组件互连组装损失，为太阳能光伏建筑一体化提供了方便。

（五）逆变器基本特性及评价

各种不同的逆变器有不同的基本特性及技术规格要求。与太阳能光伏发电系统配套的逆变器的基本特性及评价如下。

1. 输出波形

常见的输出波形有方波、阶梯波（有时也称准正弦波）和正弦波，如图 2-91 所示。

（1）方波逆变器。方波逆变器的优点是线路简单、成本低；其缺点是高谐波、电压调

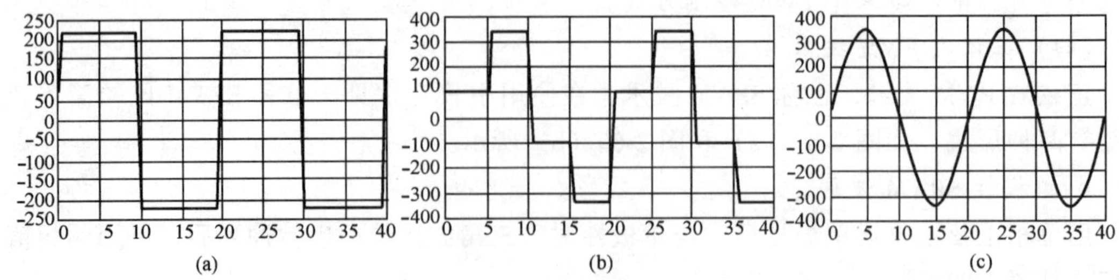

图 2-91　常见逆变器波形

(a) 方波逆变器；(b) 阶梯波逆变器；(c) 正弦波逆变器

整范围小、带感性负载（如电动机等）效率低、电磁干扰大、方波波形不好、当有附加光脉冲时，对用电器有影响。

(2) 阶梯波逆变器。阶梯波逆变器利用脉宽调制 PWM 电路，在一定程度上弥补了方波逆变器的不足，其波形类似于正弦波，故可以带包括感性负载在内的各种负载。虽然其 DC/AC 转换效率高，但这种波形不能上网。

(3) 正弦波逆变器。正弦波逆变器是比较理想的逆变器。在独立光伏系统中使用时，其波形失真度要求不应超过 5%。

2. 输出频率

常见的逆变器有工频（50Hz）逆变器、高频（20～200kHz）逆变器和甚高频（>200kHz）逆变器。高性能半导体开关管的出现使得逆变器的频率大大提高，从而大大减少了变压器的体积，并减少了铜损和铁损，提高了逆变的效率；另外，高频逆变器控制速度快、精度高，对保护信号的反应也比较快，增加了系统的可靠性。

3. DC/AC 转换效率

对太阳能光伏发电系统而言，逆变器的 DC/AC 转换效率十分重要。通常逆变器的效率在 70%～90%之间，优质逆变器可以达到 90%～96%。应当注意的是，逆变器的效率往往随负载率而变化。往往在负载率低于 20%和高于 80%时，DC/AC 转换效率要低一点。也有的逆变器在低负载时效率不高，而在负荷率超过 30%以后，DC/AC 效率一直保持在较高水平上，如图 2-92 所示。

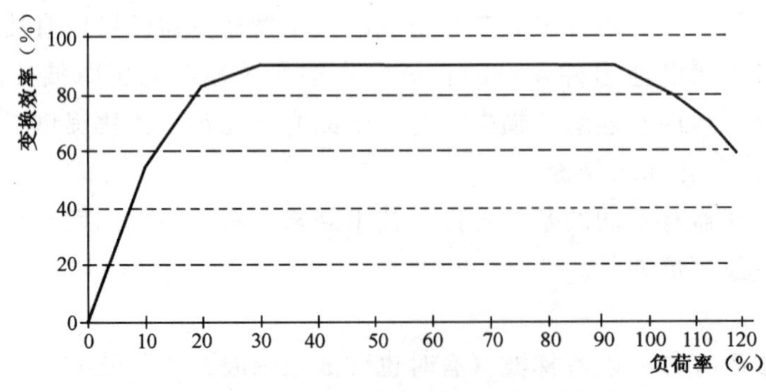

图 2-92　DC/AC 变换效率与负荷率关系

特别值得注意的是，测定非正弦波和非50Hz逆变器效率时，不能简单地用测50Hz正弦波的通用仪表来测量，必须用专用的方法和其他标定过的专用仪表来测定。

4. 工作温度

逆变器功率器件的工作温度直接影响到逆变器的输出电压、波形、频率、相位等许多重要特性。而工作温度又与环境温度、工作所在地的海拔、潮湿度以及工作状态有关。逆变器要满足极热和极冷地区的使用时，要预先设计其工作温度。

5. 工作环境

对于高频高压型逆变器，其工作特性与工作环境和工作状态有关。在高海拔地区，由于空气稀薄，容易出现电路极间放电或有局部能量产生影响工作。在高湿度地区，容易因结露而造成局部短路。因而对每一种逆变器，都要规定其适用的工作环境。

6. 电磁干扰和噪声

逆变器中的开关电路既容易产生电磁干扰，又容易因振动在劣质的铁心变压器上而产生噪声。因而在设计和制造中，必须控制电磁干扰和噪声的指标，使之满足有关标准及用户的要求。

7. 过载能力

在某些电视机、电动机等负载启动时，其瞬时功率可以为正常工作时功率的3～6倍。因而要求逆变器具备瞬时过载能力，也称峰值系数。另外，在特殊情况下，会有一些额外负载增加。这就要求逆变器有一定的额定过载能力。因此，在设计光伏发电系统时要留有余地。

8. 其他

逆变器的其他指标，如输入输出额定电压、电流的范围及精度要求、功率因数、额定输出功率、连续无故障时间、是否可以与几个逆变器同时并联运行的特性等，也都是评价和选用逆变器的指标，需要认真考察。

四、控制器

（一）控制器功能及分类

控制器是光伏发电系统的核心部件之一，也是平衡系统（BOS，Balance of System）的主要组成部分。在小型光伏系统中，控制器也称为充放电控制器，它主要起防止蓄电池过充电和过放电的作用。在大、中型光伏系统中，控制器担负着平衡管理光伏系统能量、保护蓄电池及整个光伏系统正常工作和显示系统工作状态等重要作用。控制器可以是单独使用的设备，也可以和逆变器制作成一体化机。大、中型光伏系统用的控制器应具有以下功能：

（1）防止蓄电池过充电和过放电，延长蓄电池寿命。

（2）防止太阳能电池方阵、蓄电池极性反接。

（3）防止负载、控制器、逆变器和其他设备内部短路。

（4）雷击引起的击穿保护。

（5）光伏系统工作状态显示。包括：①蓄电池荷电状态（SOC）显示和蓄电池端电压显示；②负载状态（耗量等）显示；③光伏方阵工作状态（充电电压、充电电流、充电量等）显示；④辅助电源工作状态显示；⑤环境状态（太阳辐射量、温度、风速等）显示。

（6）光伏系统信息（系统发电量、失电量、失电记录、故障记录等）储存。

（7）最优化的系统能量管理（光伏方阵最佳工作点跟踪 MPPT、温度补偿、择优补偿、挥优启动特殊负载及后备电源自动切换等）。

（8）光伏系统故障报警。

（9）光伏系统遥测、遥控、遥信功能等。

光伏系统控制器按实现控制的方式可分为逻辑控制方式和计算机控制方式两大类。

（二）逻辑控制方式控制器

以模拟电路和数字电路为主构成的控制器，通过测量系统有关电气参数，按预定逻辑进行运算和判断，从而实现其指定功能。基本的模拟控制电路有：①并联控制器；②串联控制器；③串并联混合控制器；④支路控制器；⑤自动断路器；⑥DC/DC 直流变换器；⑦最大功率跟踪器（MPPT）等。

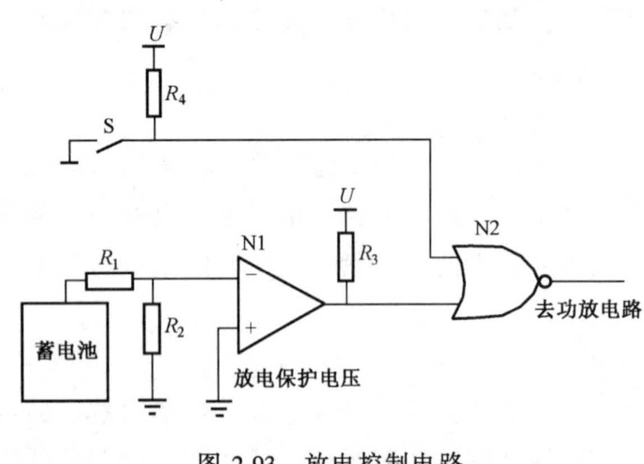

图 2-93　放电控制电路

图 2-93 是一种简单的放电控制电路，它通过比较器对蓄电池组端电压和放电保护电压进行比较。当蓄电池组端电压低于放电保护电压时，比较器 N1 输出高电平、N2 输出低电平，使放电开关断开，蓄电池停止放电；开关 K 用于禁止蓄电池放电，当开关 S 闭合时，不管蓄电池组处于何种状态，放电过程均被禁止。充电控制器工作原理与此类似。逻辑控制方式由于只考虑了蓄电池组一点或几点的状态，利用的信息较少，因而只能实现较简单的控制功能。由于计算技术的迅速普及和广泛应用，目前单纯采用模拟和数字电路实行控制功能的控制器，已较少应用于大、中型光伏发电系统，下面不再详述。

（三）计算机控制方式

计算机控制方式能全面集合光伏发电系统各种状态和各个部件工作状况的模拟量和数字量，充分利用计算机快速运算的能力及判断能力，对光伏系统实施最优化和智能化管理。

计算机控制方式分硬件和软件两大部分，这两部分相辅相成，缺一不可。

硬件部分以 CPU（中央处理器）为中心，由电压、电流、温度及各种状态检测电路获得系统及部件的各种状态、电压和电流、各处温度、各处太阳辐照度、风力以及各种运行指令等信息，通过模拟输入通道和数字输入通道将信息汇总于计算机。计算机经过运算、分析、判断后向执行机构发出调节信号及控制指令，通过模拟输出和数字输出通道将指令传达到执行机构，执行机构根据收到的信号和指令对光伏系统实行调节和控制。

软件是针对特定的系统设计的应用程序。它由调度程序和若干实现专门功能的软件模

块或函数组成。调度程序根据系统的当前状态，按照设定的方式完成有关信息的检测、输送、运算、判断、管理、告警、显示、保护、贮存、统计、分析以及根据设计要求对蓄电池充放电管理和控制等一系列功能。

由于计算机(特别是单片机)价格低廉,设计灵活,性能价格比好,可以作嵌入式控制器使用,目前独立光伏系统已较多采用计算机控制。由于许多独立光伏系统安装在边远地区,所以具有无人值守及遥测、遥控、遥信功能的智能型光伏发电系统具有极大的发展空间。

1. 智能型控制器结构

智能型控制器的基本结构是以CPU为核心，各功能部件通过系统总线与CPU相连，各部分共同在软件系统指挥下完成信号检测、控制调节、系统管理、操作显示、联机通信等任务。其结构框图如图2-94所示。

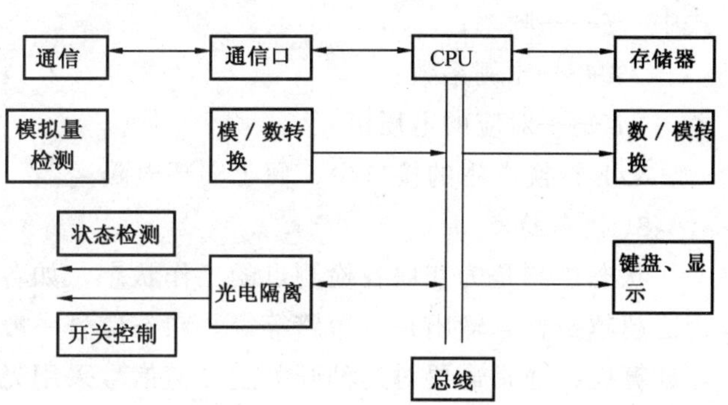

图 2-94　智能控制原理框图

CPU用于执行程序代码，控制外用设备和功能执行机构工作；存储器用于存放专门设计的应用程序，即程序指令，也可存储一些重要数据；模/数转换是将检测电路获得的电压、电流、温度等信号转变成计算机可以接受的数字信号；数/模转换是将计算机运算、判断、处理后生成的数字信号表达的指令转换为模拟电压、电流信号，对控制参数进行调节；光电隔离是将来自各单元电路和装置的开关状态，经光电隔离后送入计算机，同时也将计算机的指令经光电隔离后送到开关控制及各种执行机构，对系统进行控制；键盘、显示部分用于接受操作者的指令，输入参数，并显示系统运行状态及有关参数；通信接口用于实现联网通信，使光伏发电系统具有三遥功能，以便于联网监控管理。

2. 模拟信号测量

光伏发电系统中光伏方阵的I-V特性、蓄电池电压、充放电电流、环境温度等都为模拟量，需要由检测电路将这些物理量测准，然后由模/数转换电路将测到的模拟信号转换为数字信号才能被计算机接受。模拟信号测量电路如图2-95所示。

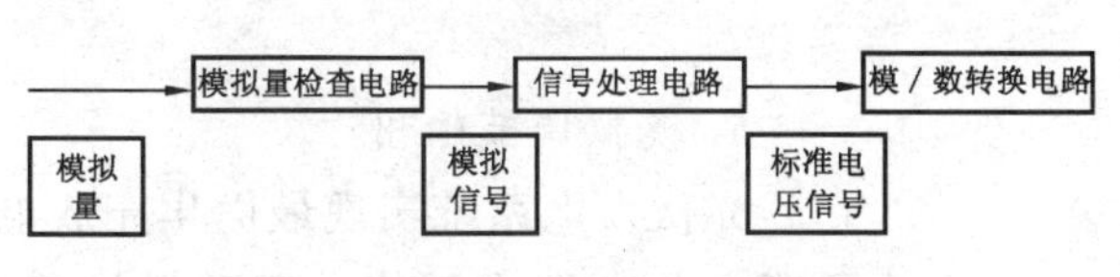

图 2-95　模拟信号测量电路框图

模拟量检测电路测出模拟信号，即模拟量及其变化，由信号处理电路将模拟信号转换为标准的电压信号，再由模/数转换电路将标准电压转换为数字信号。通常用于实现数/模转换的方法主要有A/D转换和V/F转换两种。

A/D转换大多采用集成A/D转换器实现，可根据需要选用不同位数（不同精度）和不同速度的A/D转换器。数字量与模拟量之间的线性关系为

$$D = D_{min} + k(U - U_{min})$$

$$k = \frac{D_{max} - D_{min}}{U_{max} - U_{min}}$$

式中　　　　U、D——为模拟电压和所对应的数字量；

U_{min}、U_{max}、D_{min}、D_{max}——模拟电压最大值及最小值及其对应的数字量；

k——转换系数。

V/F 转换实现模数转换更为简便。其原理是将模拟电压转变成频率信号，计算机通过测量频率就可得到对应的电压值，其转换关系为

$$f = hU$$

式中　f——频率；

h——比例系数；

U——对应的电压值。

V/F 转换占用的接口少，便于实现电隔离。

3. 状态检测

状态检测是为获取各检测点的工作状态，如各单元电路是否正常、电气和环境参数是否已超越报警、输出是否短路等等。状态信号一般为开关型二值信号。为防止电气故障损坏计算机，通常需要对这种开关型二值信号采用光电隔离。状态信号检测电路框图，如图 2-96 所示。

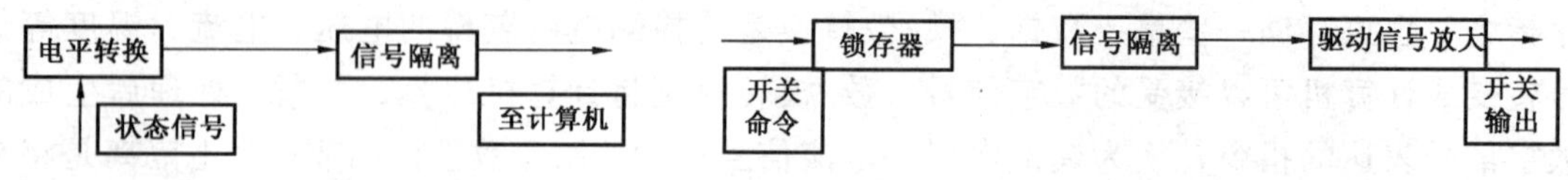

图 2-96　状态信号检测框图　　　　图 2-97　开关输出电路框图

4. 开关控制输出

图 2-97 为开关控制输出电路框图。由计算机输出的开关控制命令被锁存器锁存，经过光电隔离后对信号进行驱动放大，再送到功率电子开关、继电器等需要开关控制信号的部件，实现通断控制。

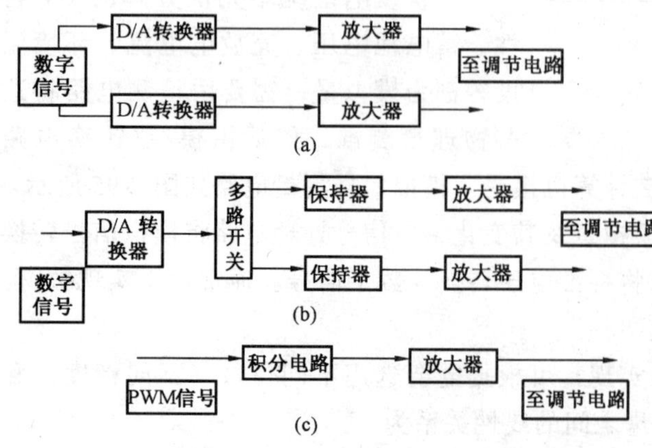

图 2-98　模拟调节输出电路框图

(a) 每一路采用一个 D/A 转换器；(b) 多路采用一个 D/A 转换器；(c) 采用 PWM 方式

5. 模拟调节输出

光伏发电系统实现最优化充放电，既可充分利用太阳能，又可保护蓄电池延长使用寿命。这些电压、电流模拟量的调节，由计算机输出控制信号通过调节电路来实现。计算机发出的数字信号与调节电路可接受的模拟信号间需要模/数转换，并通过功率放大，以驱动调节电路完成调节任务。

模/数转换有多种方式：图 2-98 中 (a) 和 (b) 采用 D/A 转换器将数字转换为模拟电压；图 2-98 (c) 采用 PWM 方式输出脉冲宽度调制信号，由

积分电路积分后获得模拟电压。图 2-98（a）中的每一路输出使用一个 D/A 转换器，结构清楚。图 2-98（b）中多路应用一个 D/A 转换器，减少了 D/A 转换器的数量，但需要用多路切换开关和保持器，结构较复杂，而且还要求计算机周期性更新保持器内容，以保证输出电压在期望值上不需要用 D/A 转换器。图 2-98（c）的电路，结构简单，便于实现隔离，成本也低。

6. 操作管理与数据、状态显示

光伏发电系统的操作管理需要用户干预调整，而系统状态及各种数据又都需要让用户知道，因而光伏发电控制系统需要配置操作键盘、按钮和显示设备。为使操作运行尽可能简单、直观，应尽量避免复杂操作。系统的运行由已设定的程序控制，在发生意外或故障时，控制器应当能够自行处理，并在必要时给出运行状态显示。要实现以上这些功能，往往只需要在对系统状态深入检查，或修改程序，或对各种参数进行深入分析时，才需要动用键盘操作。

数据显示可使用多种方法。当信息量较小时，采用 LED 或 LCD 显示器即可。

7. 联机通信

联机通信是太阳能光伏发电系统实现遥信、遥测、遥控功能的基础。通过联机通信，可以根据远端采集系统的运行数据向系统下达控制命令，实现对分散在不同区域的光伏发电系统及相关设备进行集中控制管理。联机通信是借助计算机来实现的。根据系统运行环境的差异和对通信速率的要求，联机通信可采用无线通信或有线通信等多手段，也可采用 485.LAPD 高速数据链路、DDN（Digital & Data Network）网及 Modem 等。

太阳能光伏发电系统的控制器是确保光伏系统可靠运行和高效运行的基础。大大小小的独立光伏系统，其控制器各不相同，可根据实际需要进行设计或选购。随着单片机的普及，中小型光伏系统也已开始采用正在快速发展的多功能智能化控制器。

第五节　独立光伏发电系统

独立光伏发电系统是指仅仅依靠太阳能电池供电的光伏发电系统或主要依靠太阳能电池供电的光伏发电系统，在必要时可以由油机发电、风力发电、电网电源或其他电源作为补充。从电力系统来说，kW 级以上的独立光伏发电系统也称为离网型光伏发电系统。本节将重点讨论独立光伏发电系统的结构、工作原理、系统设计的数理模型及设计方法。

一、独立光伏发电系统的结构及工作原理

（一）系统框图

独立光伏发电系统根据负载的特点可分为直流系统、交流系统和交直流混合系统。其主要区别在于系统中是否有逆变器。独立光伏发电系统框图如图 2-99 所示。

（二）工作原理

独立光伏发电系统的工作原理是：太阳能电池方阵吸收太阳光并将其转化成电能后，在防反充二极管的控制下为蓄电池组充电。直流或交流负载通过开关与控制器连接。控制器负责保护蓄电池，防止出现过充电或过放电状态，即在蓄电池达到一定的放电深度时，

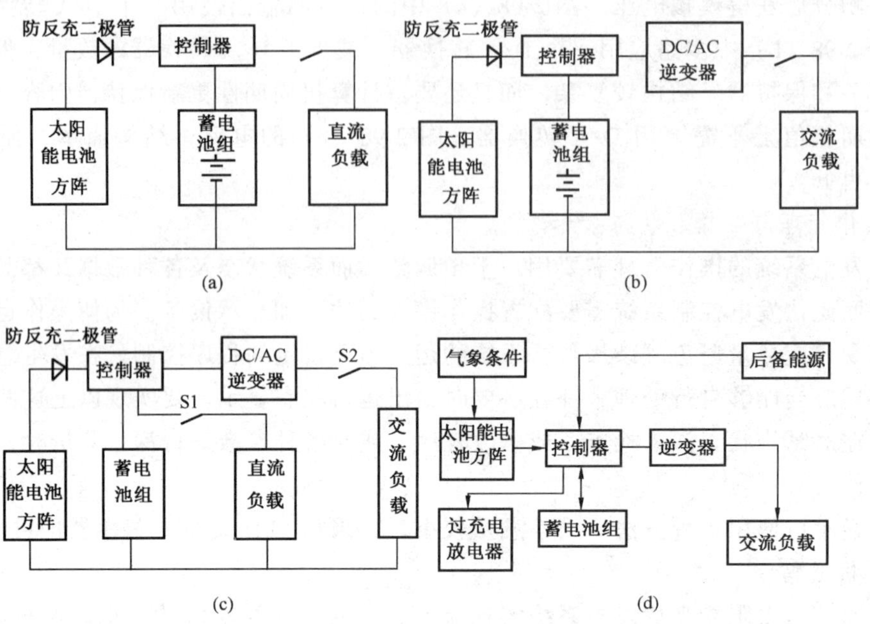

图 2-99　独立光伏发电系统框图

(a) 直流光伏系统；(b) 交流光伏系统；(c) 混合光伏系统；(d) 有后备能源和放电器的光伏系统

控制器将自动切断负载；当蓄电池达到过充电状态时，控制器将自动切断充电电路。有的控制器能够显示独立光伏发电系统的充放电状态，并能贮存必要的数据，甚至还具有遥测、遥信和遥控的功能。在交流光伏发电系统中，DC-AC 逆变器将蓄电池组提供的直流电变成能满足交流负载需要的交流电。

图 2-99 中的防反充二极管也称为"阻塞二极管"或"隔离二极管"。其功能是利用二极管的单向导电性，防止无日照时蓄电池组通过太阳能电池方阵放电。防反充二极管的最大输出电流必须大于太阳能电池方阵的最大输出电流，反向耐压要高于蓄电池组的最高电压。在太阳能电池方阵工作时，防反充二极管两端的电压降要尽量低（硅二极管一般为 0.6V，锗二极管为 0.3V，大功率肖特基二极管可以在 0.3V 以下），以便降低系统的功耗。

（三）系统构成

独立光伏发电系统由太阳能电池方阵、防反充二极管、控制器、逆变器、蓄电池组以及支架和输配电设备等部分构成。其中，太阳能电池方阵在国外文献中常被称为太阳能发电机（Solar Generator），而其余部分则被统称为太阳能发电机的"平衡系统"（Balance of System）或"配套系统"，简称"BOS"。有时 BOS 还包括太阳能电池方阵所占用的土地和防雷安全系统。当太阳能电池十分昂贵时，BOS 在整个独立光伏发电系统中所占的费用比例比较小，但随着太阳能电池的不断降价，BOS 所占费用比例在逐渐增加。

二、系统设计框图

各种独立光伏发电系统的总体设计视其用途不同、功率大小不同、使用环境和条件不同而异。显然，每一种独立光伏发电系统都要有针对性的独立设计。独立光伏发电系统的

总体设计包括容量设计、电气设计、机械结构设计、建筑设计、热力设计、防火防雷等安全设计、可靠性设计、包装运输设计、安装调试运行设计以及维修检测设计等等。其总体设计框图如图 2-100 所示。其中最具特色的是光伏发电系统的容量设计，它根据当地的太阳能辐照资源和使用要求，确定必要的太阳能电池方阵和蓄电池的规模容量。

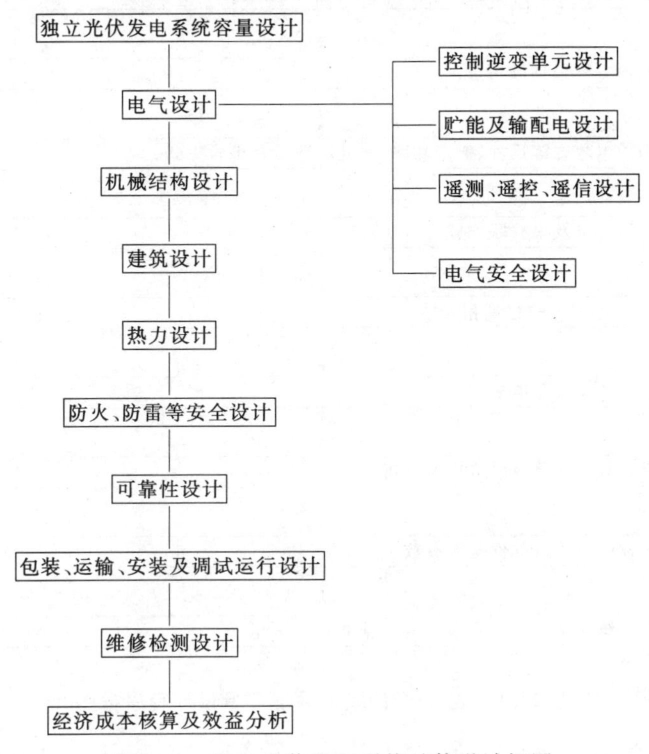

图 2-100　独立光伏发电系统总体设计框图

三、容量设计

容量设计的目标是要优化太阳能电池方阵容量和蓄电池组容量的相互关系，在保证独立光伏发电系统可靠工作的前提下，达到成本最低。设计中首先要求对当地的太阳能辐照资源、地理及气象数据有尽量详细的了解，一般要求掌握日平均太阳辐照量、月平均太阳辐照量和连续阴雨天数。依据各部件的数理模型，采用计算机仿真，可以拟合出太阳能电池方阵每小时发电量、蓄电池组充电量和负载工作情况，并预测在不同的供电可靠性要求下所需要的太阳能电池方阵及蓄电池组的容量。通过数值分析法，可以解析太阳能电池方阵容量及蓄电池组容量之间存在的相互关系，然后在特定的供电可靠性要求下，根据成本最低化的原则，确定二者各自的容量。独立光伏发电系统容量设计程序框图如图2-101所示。

（一）失电小时数（LOLH）

在容量设计中，“失电小时数”（Loss of Load Hours，简称 LOLH），直接与光伏发电系统的供电可靠性有关。一年中的失电小时数表示光伏发电系统能量的短缺程度，它并不包括因部件失效或系统维护必须花费的时间。因此，对失电小时数的计算是独立光伏发电系统容量设计的基础。如果独立光伏发电系统的失电小时数是 0，即系统全年供电可靠性是

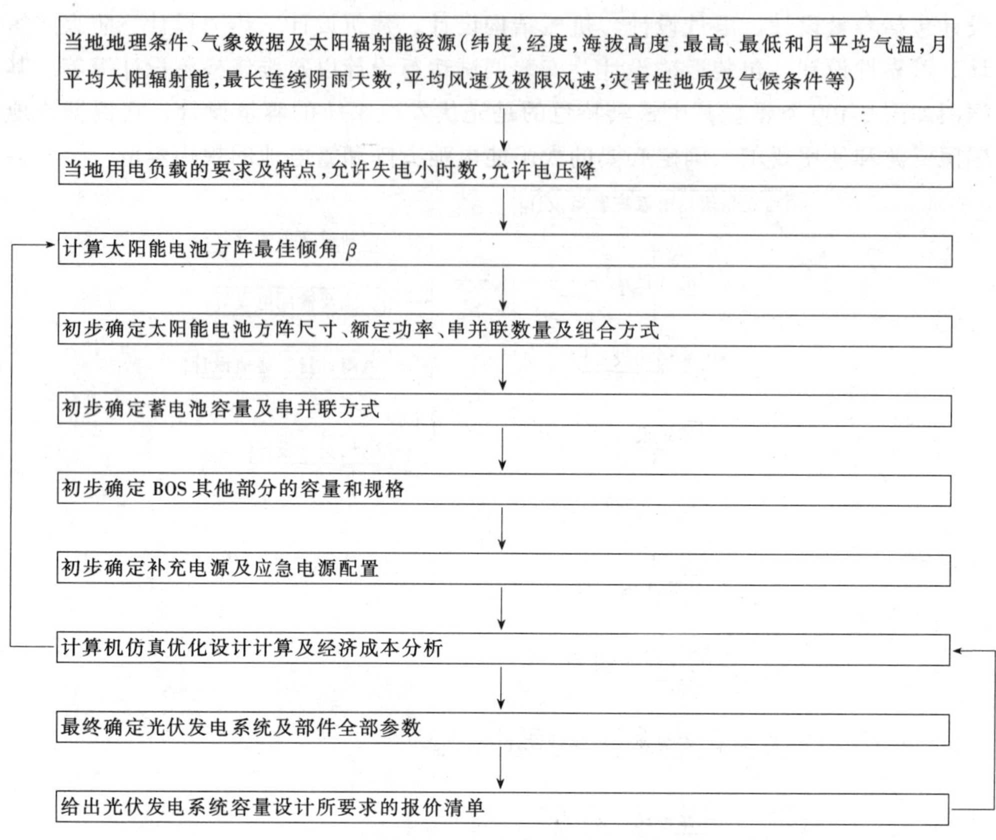

图 2-101　独立光伏发电系统容量设计程序框图

100%，就意味着在遇到一年中最长的连续阴雨天时仍然能保证系统正常运行。这就需要有足够的光伏方阵和蓄电池组组成光伏发电系统，这种独立光伏发电系统比较昂贵。若以当地 20 年来气象资料中最长连续阴雨天的记录为依据来预计未来 20 年中该地区最长连续阴雨天数，则系统造价还要增加。此时若考虑遇到最长连续阴雨天的几率，以此来设定系统的可靠性，并且在出现系统失电时用应急的油机发电或风力发电进行补充，以减少失电时间，就可节省数量可观的太阳能电池方阵及蓄电池组的容量，从而大幅度降低独立光伏发电系统的造价。在日照极其丰富的季节，为防止蓄电池组过充电，有时需要配备过充放电器（也称泄流器），将多余的电能释放掉。

（二）当地地理条件、气象数据及太阳辐射能资源

任何太阳能光伏发电系统都必须因地制宜，因而需提前取得当地地理条件、气象数据及太阳辐射能资源的基本数据，主要有：

（1）当地的经度、纬度、海拔高度及当地地质状况、地震状况、洪水状况；

（2）近 10 年月平均最高气温、最低气温、极高和极低气温；

（3）近 10 年月平均风速、极大风速及发生时间；

（4）近 10 年最长连续阴雨天数及发生几率；

（5）雷暴、沙尘暴、冰雹、暴雨等灾害性气象状况；

(6) 近10年月平均太阳辐射能、日照时数、日照百分率及月变化等。

月平均太阳辐射能可以用相近地区的数据通过外延或内插法计算求得，并根据日照时数、日照百分率及海拔高度等条件进行修正。

从气象站得到的资料一般只有水平面上的太阳总辐射量 H、直接辐射量 H_B 及散射辐射量 H_d，需用此三者表示出倾斜面上的太阳辐射量 H_T。

1. 倾斜面上的直接辐射分量 H_{BT}

$$H_{BT} = H_B R_B$$

式中 R_B——倾斜面上的直接辐射分量与水平面上直接分量的比值。

对于朝向赤道的倾斜面 β，有

$$R_B = \frac{\cos(\varphi - \beta)\cos\delta\sin(\omega_{ST}) + \frac{\pi}{180}\omega_{ST}\sin(\varphi - \beta)\sin\delta}{\cos\varphi\cos\delta\sin\omega_S + \frac{\pi}{180}\omega_S\sin\varphi\sin\delta}$$

$$\delta = 23.45\sin\left[\frac{360}{365}(284 + n)\right]$$

$$\omega_S = \cos^{-1}[-\tan\varphi\tan\delta]$$

$$\omega_{ST} = \min\{\omega_S, \cos^{-1}[\tan(\varphi - \beta)\tan\delta]\}$$

式中 φ——当地纬度；

β——方阵倾角；

δ——太阳赤角；

ω_S——水平面上日落时角；

ω_{ST}——倾斜面上日落时角。

2. 倾斜面上的天空散射辐射分量 H_{dT}

在各向同性时 $H_{dt} = \frac{H_d}{2}(1 + \cos\beta)$

3. 倾斜面上的地面反射辐射分量 H_{rT}

通常可将地面的反射辐射看成是各向同性的，其大小为

$$H_{rT} = \frac{\rho}{2}H(1 - \cos\beta)$$

式中 ρ——地面反射率，一般计算时，可取 $\rho = 0.2$。

地面反射率的数值取决于地面状态。不同地面状态的反射率如表2-20所示。

表2-20　　不同地面状态的反射率

地面状态	反射率	地面状态	反射率	地面状态	反射率
沙漠	0.24～0.28	干湿土	0.14	湿草地	0.14～0.26
干燥裸地	0.1～0.2	湿黑土	0.08	新雪	0.81
湿裸地	0.08～0.09	干草地	0.15～0.25	冰面	0.69

故斜面上太阳总辐射量为 $H_T = H_{BT} + H_{dT} + H_{rT}$

通常计算时用上式即可满足要求。如考虑天空散射的各向不同性，则可用下式计算

$$H_T = H_B R_B + H_d\left[\frac{H_B}{H_0}R_B + \frac{1}{2}\left(1 - \frac{H_B}{H_0}\right)(1 + \cos\beta)\right] + \frac{\rho}{2}H(1 - \cos\beta)$$

式中 H_0——大气层外面水平面上的太阳辐射量。

将历年逐月平均水平面上太阳直接辐射量及散射辐射量代入以上各公式，即可算出逐月辐射总量，然后求出全年平均日太阳辐射总量 H_T，单位化成 MWh/cm^2，除以标准日光谱辐照度 $100MW/cm^2$，即可求出年平均日照时数 T_m

$$T_m = \frac{H_T}{100}$$

（三）确定方阵最佳倾角 β

由前面的叙述可知，在倾斜面上获得的太阳总辐射量与方阵倾角 β 有直接关系。

太阳能电池方阵通常面向赤道放置，相对地平面有一定倾角。倾角不同造成各个月份方阵面接受的太阳辐射量差别很大。对于全年负载均匀的固定式光伏方阵，如果设计斜面的辐射量小，意味着需要更多的太阳能电池来保证向用户供电；如果倾斜面各月太阳辐射量起伏很大，意味着需要大量的蓄电池来保证太阳辐射量低的月份的用电供应。这些都会提高整个系统的造价，因此确定方阵的最佳倾角是光伏发电系统设计中不可缺少的一个重要环节。

对于方阵倾角的选择应结合以下要求进行综合考虑：

(1) 连续性。一年中太阳辐射总量大体上是连续变化的，多数是单调升降，个别也有少量起伏。

(2) 均匀性。倾角的选择最好满足使方阵表面上全年接收到的日平均辐射量比较均匀，以免夏天接收辐射量过大，造成浪费；而冬天接收到的辐射量太小，造成蓄电池过放以致损坏，降低系统寿命，影响系统供电稳定性。

(3) 极大性。选择倾角时，不但要使方阵表面上辐射量最弱的月份获得最大的辐射量，同时还要兼顾全年日平均辐射量不能太小。

(4) 特殊性。对特定的情况要做具体分析，有时要针对连续阴雨天最长的时段获取最多的太阳辐射能；夏天消耗功率多，方阵倾角的取值应使方阵夏日接收辐射量相对于冬天要多才合适；也有时考虑冬季积雪负重，故意将 β 增大；还要考虑到建筑整体的协同美观来确定方阵的 β 值等。

（四）当地用电负载模型

当地用户的用电负载模型是设计光伏电站的必要条件，应当尽量准确地把预计的日负载变化曲线和月负载变化曲线设定下来。若作为一个无电地区的集中供电系统，则要求提供供电方式（交、直流）、供电半径、电压等级、用电负荷的同时率及允许失电小时数等。图 2-102 为几种典型的每日用电负载模

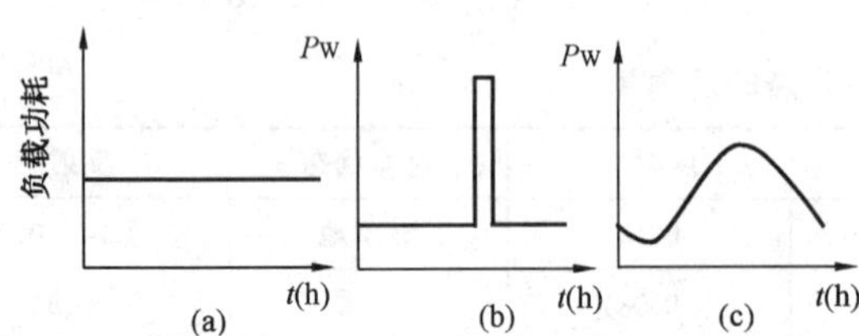

图 2-102 几种典型的每日（24h）用电负载模型
(a) 24h 用电负载恒定的情况；(b) 在终日恒定负载中有 1h 负载突然增大的情况；(c) 每日用电负载的变化情况

型。

每 min 曲线涵盖的面积即为该时段负载的耗电量 Q_L

$$Q_L(t) = \int_{t_1}^{t_2} P_w(t)\Delta t$$

若以类似的方法画出各月及全年的用电负载曲线，并将时段取为一个月或全年，则很容易获得各月负载耗电量或全年负载耗电量。

（五）环境温度模型

假设每天环境温度从极大到极小符合正弦曲线，于是有

$$T_a(t) = \frac{1}{2}\left[(T_{amax} + T_{amin}) + (T_{amax} - T_{amin})\sin\left(\frac{2\pi(t - t_p)}{24}\right)\right]$$

式中 $T_a(t)$——t 时刻环境温度；

T_{amax}——当天最高环境温度，也可近似取当月平均最高气温；

T_{amin}——当天最低环境温度，也可近似取当月平均最低气温；

t_p——当地最高温度出现的时间。

因为太阳能电池和蓄电池都对环境温度比较敏感，因而需要认真对待。

（六）光伏方阵的温度和伏安特性模型

（1）光伏方阵的表面温度与太阳辐射能、环境温度和风速有关

$$T_C = T_a + \theta_G(1 + \theta_{Ta}T_a)(1 - \theta_{vw}v_w)G$$

式中 T_C——光伏方阵表面温度，℃；

T_a——环境温度，℃；

θ_G——辐照度修正系数，$Q_G = 0.0138$；

θ_{Ta}——温度修正系数，$Q_{Ta} = 0.031$；

θ_{vw}——风速修正系数，$Q_{VW} = 0.042$；

v_w——风速，ms^{-1}；

G——方阵面接收到的太阳总辐照度，Wm^{-2}。

太阳能电池的品种和封装形式都会影响以上几个修正系数取值。风速修正系数还与方阵安装形式和位置有关，往往需要根据实际情况作进一步修正。

（2）并联型光伏方阵的伏安特性在已知总辐照度 G_0 和太阳能电池温度 T_{C0}时，为

$$I_0 = I_{SC}\left\{1 - C_1\left[\exp\left(\frac{U_0}{C_2U_{oc}}\right) - 1\right]\right\}$$

$$C_1 = \left(1 - \frac{I_{mp}}{I_{SC}}\right)\exp\left(-\frac{U_{mp}}{C_2U_{oc}}\right)$$

$$C_2 = \left(\frac{U_{mp}}{U_{OC}} - 1\right)\left[\ln\left(1 - \frac{I_{mp}}{I_{SC}}\right)\right]^{-1}$$

式中 I_0——方阵工作电流；

U_0——方阵工作电压；

I_{SC}——方阵短路电流；

U_{OC}——方阵开路电压；

C_1——方阵电流系数；

C_2——方阵电压系数；

U_{mp}——方阵最佳工作电压；

I_{mp}——方阵最佳工作电流。

当太阳总辐照度和太阳能电池温度变化时，可采用以下公式

$$I_1 = I_0 + I_{SC}\left(\frac{G_1}{G_0} - 1\right) + \alpha(T_C - T_{C0}) \quad (G_1、G_0 \text{为常数})$$

$$U_1 = U_0 + \beta(T_C - T_{C0})$$

$$\alpha = \frac{dI_{SC}}{dT}$$

$$\beta = \frac{dU_{OC}}{dT}$$

式中 α——短路电流 I_{SC}的温度系数；

β——开路电压 U_{OC}的温度系数。

（七）蓄电池放电模型

蓄电池的荷电量（SOC）每天都在变化中，蓄电池的端电压 U_B 也随充放电状态而异，蓄电池的内阻、自放电率和充放电率都对蓄电池的荷电量有影响

$$SOC(t + dt) = SOC(t)(1 - D_S dt) + K_1(U_B I_B - R_B I_B^2)dt$$

式中 SOC（t）和 SOC（$t+dt$）——t 时刻和 $t+dt$ 时刻蓄电池的荷电量，Wh；

D_S——蓄电池自放电速率，Wh^{-1}；

K_1——蓄电池充放电效率，%；

R_B——蓄电池内阻，Ω；

U_B——蓄电池端电压，V；

I_B——蓄电池电流，A。

对铅蓄电池，有以下经验公式

$$U_{BC} = 2 + 0.148R_2$$

$$U_{Bd} = 1.926 + 0.124R_2$$

$$R_{BC} = \frac{0.758 + 0.1309(1.06 - R_2)^{-1}}{SOC_{max}}$$

$$R_{Bd} = \frac{0.19 + 0.1037(R_2 - 0.14)^{-1}}{SOC_{max}}$$

$$R_2 = \frac{SOC(t)}{SOC_{max}}$$

式中 U_{BC}和 U_{Bd}——蓄电池充电电压和放电电压；

R_{BC}和 R_{Bd}——蓄电池充电和放电时内阻；

SOC（t）——t 时刻蓄电池的荷电量；

SOC_{max}——蓄电池充满时的荷电量。

(八) 控制器

控制器自身功耗由静态功耗和动态功耗两部分组成，与控制器的设计原理、结构及所采用元件密切相关。采用新型半导体器件的优质控制器，功耗小于整个光伏系统功耗的1%。

(九) 逆变器

DC/AC逆变器的逆变效率随负载多少而变，优质逆变器在满负荷的20%～80%之间都有较高的逆变效率，平均逆变效率可以高达90%～96%。随着电力电子学的发展，各种不同功率逆变器的逆变效率都会不断提高。

(十) 独立光伏发电系统可靠性指数

独立光伏发电系统全年失电小时数（LOLH，Loss of Load Hours）和全年失电次数（LOLE，Loss of Load Events）都会直接影响光伏发电系统的容量设计和系统的成本，也直接影响到辅助能源容量配备及控制程序的设计。图2-103表示某独立光伏发电系统一年中的失电小时数和失电次数的对应关系。图2-103（a）中 $Z(t)$ 1表示一年中光伏发电系统能满足负荷的供电时间；而 $Z(t)$ 0表示系统不能向负荷供电的时间即失电时间。图2-103（b）表示全年失电小时数累加的情况。

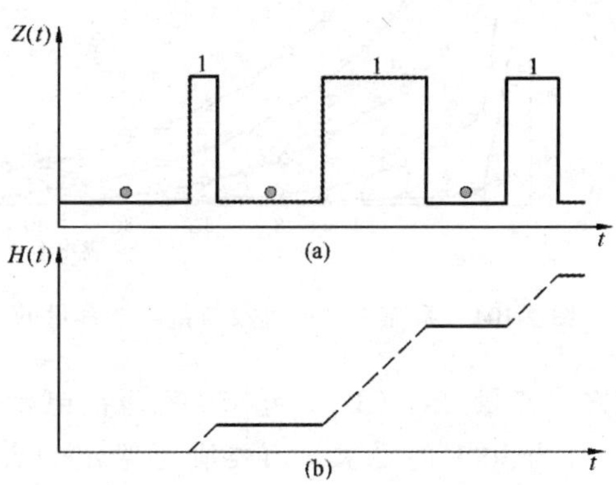

图2-103 光伏发电系统年失电次数和失电小时数对应关系
(a) 全年失电次数；(b) 全年失电小时数

在某时刻 t，光伏发电系统对负荷的供电状态 $Z(t)$ 为

$$Z(t)=\begin{matrix}1 & \text{系统向负荷停止供电}\\ 0 & \text{系统向负荷正常供电}\end{matrix}$$

在这里讨论的失电小时数不包括因各个部件的故障而造成系统停止工作的时间以及正常维修保养所需要停机时间。所以，这里讨论的失电小时数以及失电次数就是系统容量设计的可靠性。光伏方阵容量不足或贮能蓄电池组容量不足，都会引起失电小时数及失电次数增加。不同年份太阳辐射量的差异及负载量或耗电量的变化，也会造成失电小时数及失电次数的变化。这里还可以用各年份的失电频度（LOLF，Loss of Load Frequency）代替某一年的失电次数，作为独立光伏发电系统容量设计的可靠性评价指标。

四、计算机仿真结果和容量设计程序

输入某地气象数据，求出最佳倾面上光伏组件的电流电压参数，同时输入某地的用电负荷曲线、光伏方阵容量和蓄电池容量，暂时不考虑输配电损失，则可以应用以上数学模型和容量设计程序求得每年用电负荷的失电小时数的计算机仿真结果。

图2-104表示系统失电小时数与蓄电池容量的关系，包括由5种不同大小的光伏方阵及若干个蓄电池（每个标称为12V）组成的光伏发电系统。采用南方某地气象数据输入后，所得系统失电小时数与蓄电池容量的关系如图2-107所示。图2-107纵坐标为年失电

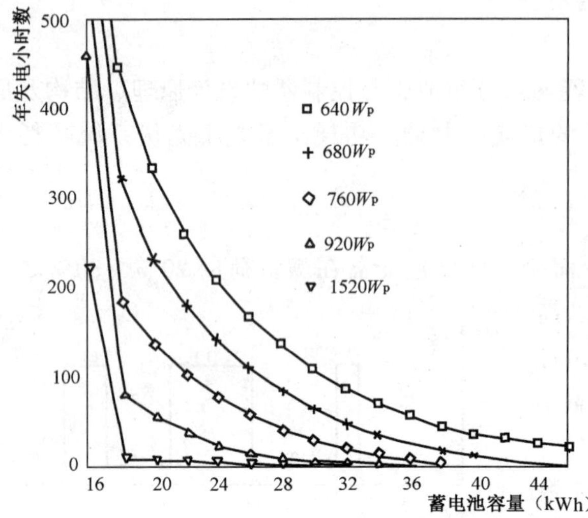

图 2-104　系统失电小时数与蓄电池容量的关系

小时数。横坐标为蓄电池容量 S_B，单位为 kWh。分别用 1520、920、760、650、640 W_p 几组不同容量的光伏方阵与蓄电池相配来显示与失电小时数的关系，显然光伏方阵容量大一点、蓄电池容量小一点，或光伏方阵小一点、蓄电池容量大一点，在一定范围内都能满足某一确定的失电小时数的要求。

图 2-105 是以蓄电池容量 S_B（单位为 kWh）为纵坐标，光伏方阵容量 P_W（W_p）为横坐标，选定失电小时数分别为 0、100、200、300、400、500h 等 6 种状态来显示蓄电池容量 S_B 和光伏方阵容量 P_W（W_p）的匹配关系。显然，光伏方阵容量 P_W（W_p）$\leqslant 520\,W_p$，蓄电池容量 $S_B < 0.8$kWh，均无法达到年失电小时数 LOLH 为 500h 的要求。而要满足给定的失电小时数，P_W（W_p）和 P_B 可以有多种组合。优化的容量设计主要由光伏系统的成本和太阳能电池组件及蓄电池的标准化规格来确定。

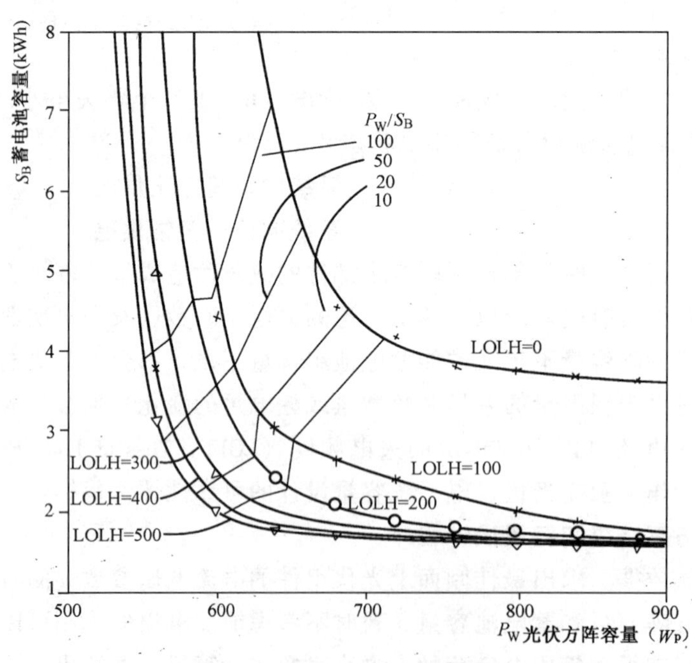

图 2-105　独立光伏发电系统优化设计曲线

设系统可靠性指数 R_0 为全年某个确定的失电小时数，则 R_0 是光伏方阵容量及蓄电池容量的函数 g（P_W，S_B），g（P_W，S_B）$= R_0$（LOLH）。

这种函数关系可从图 2-107 中看出，并可以从购买光伏方阵和蓄电池的成本来确定。当不考虑其他任何费用时，独立光伏发电系统的成本为 $C = P_{WC}P_W + S_{BC}S_B$

式中 C——光伏系统成本；

P_{WC}——光伏方阵单价；

S_{BC}——蓄电池单价；

P_W、S_B——光伏方阵和蓄电池的容量。

利用拉格朗日多项式函数求解上式，则有

$$L = P_{WC}P_W + S_{BC}S_B + m_L(g - R_0) \quad L = P_{WC}P_W + S_{BC}S_B + m_L(g - R_0)$$

式中 L——拉格朗日函数；

m_L——拉格朗日多项式。

$$P_{WC} + m_L \frac{dg}{dS_B} = 0$$

对上式求偏微分，得

$$S_{BC} + m_L \frac{dg}{dS_B} = 0$$

$$g = R_0$$

$$P_{WC} + m_L \frac{dg}{dP_B} = S_{BC} + m_L \frac{dg}{dS_B}$$

则

$$\frac{P_{WC}}{S_{BC}} = -\frac{dS_B}{dP_W}$$

根据太阳能电池组件标称功率及蓄电池标称容量规格取整后，即可最终确定光伏发电系统容量设计。

第六节　并网光伏发电系统

一、简介

光伏发电系统（以下简称光伏系统）的主流发展趋势是并网光伏发电系统。太阳能电池所发的电是直流，必须通过逆变装置变换成交流，再同电网的交流电合起来使用，这种形态的光伏系统就是并网光伏系统。

并网光伏系统可分为住宅用并网光伏系统和集中式并网光伏系统（电站）两大类。前者的特点是光伏系统发的电直接被分配到住宅内的用电负载上，多余或不足的电力通过连接电网来调节；后者的特点是光伏系统发的电直接被输送到电网上，由电网把电力统一分配到各个用电单位。目前，住宅用并网光伏系统在国外已得到大力推广，而集中式并网光伏系统由于目前成本较高，应用尚不多，但随着太阳能电池价格的逐年下降，可以预期不久的将来会有大的发展。由于两者在系统结构上差别不大，因此本节主要介绍住宅用并网光伏系统（见图 2-106）。

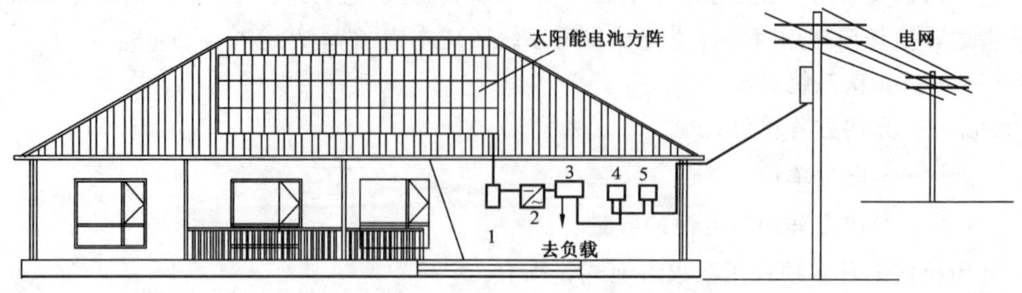

图 2-106　住宅用并网光伏发电系统

1—接线箱；2—并网逆变器；3—配电箱；4—电表（向电网输出）；5—电表（从电网引入）

并网光伏系统还可以分为有倒流系统［见图 2-107（a）］和无倒流系统［见图 2-107（b）］两类。有倒流系统是在光伏系统产生剩余电力时，将这些剩余电能送入电网，由于向同一电网提供方向相反的电力，因此称为倒流系统。当光伏系统电力不够时便由电网供电。这种系统往往是为光伏系统的能力大于负载或发电时间与负载用电时间不匹配而设计的。比如家庭并网光伏系统，由于输出电力受天气和季节约束，而用电又有时间段的区分，为了保证电力平衡，一般都设计成有倒流系统。无倒流系统是指光伏系统的功率始终小于或等于负载，电力不够时由电网提供，即光伏系统与电网形成并联向负载供电。对于无倒流系统，即使光伏系统因某种原因产生剩余电力，也只能通过某种手段放弃。由于不会出现光伏系统向电网输电的现象，因此称为无倒流系统。

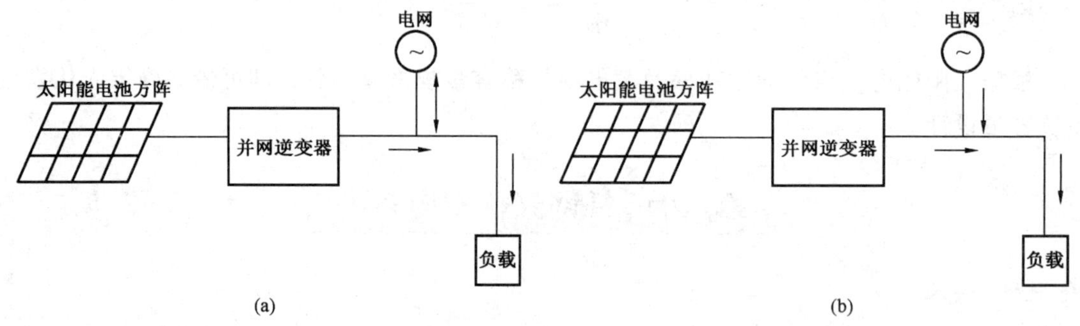

图 2-107　并网光伏发电系统供电形式

（a）有倒流系统；（b）无倒流系统

此外，根据光伏系统所连接电网电压的高低，又可以分为低压并网系统和高压并网系统。

并网光伏系统是发电设备，它同火力发电厂和水力发电站一样，必须遵守国家关于电力工业的法律法规。

二、并网光伏系统的设备构成

并网光伏系统主要由太阳能电池方阵和并网逆变器组成。并网逆变器是并网光伏系统的中心，没有它就谈不上并网。以下在简单介绍太阳能电池方阵后将重点介绍并网逆变

器。

（一）太阳能电池方阵

根据所需要的直流电压和发电功率，把多块太阳能电池组件（以下简称组件）通过串联和并联组合起来设置于屋顶或地面，即形成了太阳能电池方阵（以下简称方阵）。要构成方阵，需要使用金属构架把组件牢固地固定在屋顶或地面上。方阵的面积可大可小，比如设置10kW的方阵大约需要70～80m^2的面积。光伏系统的容量用标准太阳能电池方阵功率（组件最大功率之和）表示。光伏系统的功率与太阳辐照度和组件内的太阳能电池单片的温度有很大关系。一般将太阳辐照度1kW/m^2、AM1.5、单片温度25℃的标准条件下的最大功率作为标准太阳能电池方阵功率。

图2-108为方阵的电气回路构成。它由太阳能电池组件串、反向保护元件、旁路元件和接线箱几部分组成。所谓太阳能电池组件串就是把组件串联起来形成一个大块，以满足方阵所定的输出电压。各串联组件再通过反向保护元件并联起来。方阵的直流回路接地与否，视方阵最大输出电压而定。

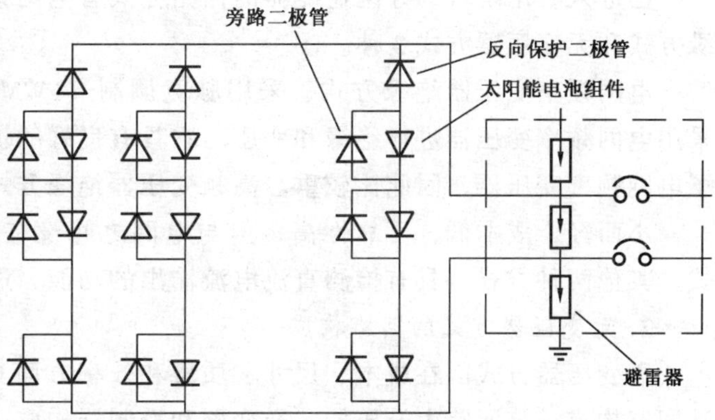

图2-108　太阳能电池方阵电气回路基本构成

（二）并网逆变器

并网逆变器大致由逆变器和并网保护器等部分组成。逆变器把方阵输出的直流电转换成与电网电力相同电压和频率的交流电，同时还起到调节电力的作用。当光伏系统输出的电力大于负载消耗的电力时，由倒流并网逆变器把剩余的电力倒流到电网中。相反，如果用户从光伏系统获得的电力不够时，则由并网逆变器从电网中引入不足部分。

并网逆变器的一个构成例子（绝缘变压器方式）如图2-109所示。逆变器的逆变部分采用大功率晶体管将直流高速切割，并转换成交流。控制部分的作用是对逆变部分进行控制，它由电子回路构成。保护部分也由电子回路构成，它在内部发生故障时起安全保护作用。逆变器有以下几个作用：①在输出电压和电流随太阳能电池温度以及太阳辐照度而变

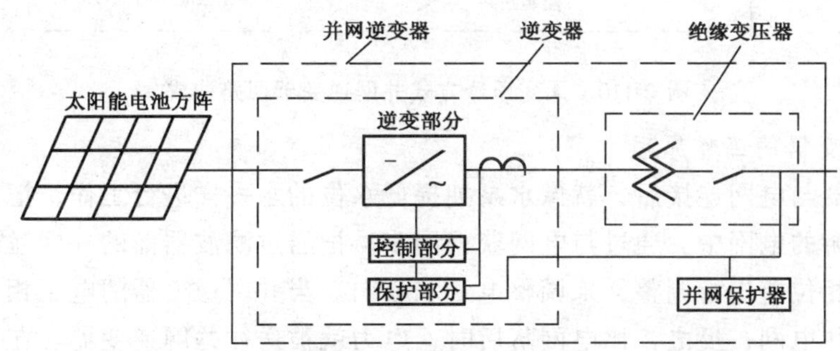

图2-109　并网逆变器的构成举例（绝缘变压器方式）

化时，总是输出太阳能电池的最大功率；②输出已抑制谐波的电流，以免把不良影响波及到电网；③倒流输出剩余电力时，自动调整电压，把用户的电压维持在所定范围。

并网保护器是一种安全装置。它主要用于频率上下波动的检测、欠电压的检测及电网的停电检测，并通过检测隔离光伏系统和电网。并网保护器一般都内装在逆变器中，但有时也另行设置。

另外，为了防止发生故障时太阳能电池的电流流入电网，在并网逆变器的输出端和用户电线之间设置绝缘变压器或把它内装在电力转换部分。

绝缘变压器方式的并网逆变器过去比较常用，但最近几年已广泛采用无变压器方式。

1. 并网逆变器的回路方式

已进入实用阶段的并网逆变器的回路方式有电网频率变压器绝缘方式、高频变压器绝缘方式和无变压器方式 3 种。

电网频率变压器绝缘方式，采用脉宽调制（PWM）逆变器产生电网频率的交流，并采用电网频率变压器进行绝缘和变压。它具有良好的抗雷击和削除尖波的性能。由于采用了电网频率变压器，因此比较重。高频变压器绝缘方式小而轻，但回路复杂。无变压器方式，小而轻，成本低，可靠性高，但与电网之间没有绝缘。除了电网频率变压器绝缘方式，其他两种方式都具有检测直流电流输出的功能，进一步提高了安全性。

2. 无变压器方式的回路构成

无变压器方式因在成本、尺寸、质量和效率方面具有优势而被广泛应用。图 2-110 为其回路构成。该回路由升压器、逆变器和控制器构成。升压器把太阳能电池的直流电压提升到无变压器逆变器所需要的电压。逆变器把直流转换成交流。控制器具有并网保护继电器功能。另外，还设置有并网所需的手动开关，以便在发生异常时把逆变器同电网隔离。

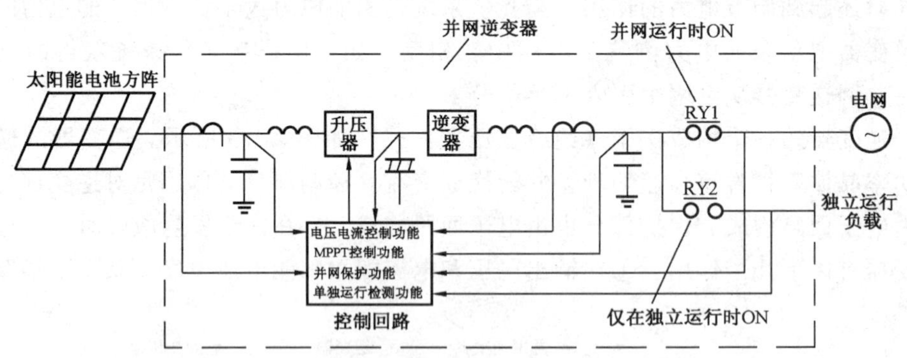

图 2-110　无变压器方式并网逆变器回路构成

3. 并网逆变器的工作原理

并网逆变器与电网连接后，就像水泵抽提低水位的水一样进行工作，把太阳能电池发的电推送到上游的电网中。通过与电网获得同步，把通过滤波器前的并网逆变器输出电压与电网电压的相位差进行调整，来调整电量和流向。当并网逆变器的电压相位比电网超前时，电力被送往电网；反之，比电网落后时，电力就被送往并网逆变器。在直流侧有蓄电池时，由电网侧通过并网逆变器给蓄电池充电。

这种工作原理类似与发电机的并联运行，两台发电机 A 和 B 并联运行时，通过增大发电机 A 的轴功率使发电机 A 的电压相位超前，可以增加发电机 A 的负载分配。

逆变器是并网逆变器的核心器件，下面举例对其输出功率调整方法做详细说明。图 2-111是电流控制电压型逆变器基本回路。逆变器始终对电网电压进行监视，在希望增大功率时，使门触发时间提前，其结果使逆变器输出电压的相位超前于电网电压。具体地说，就是让误差信号的相位超前（见图 2-112），通过加大电网电压同逆变器输出电压的相位角 θ 来增大输出功率。

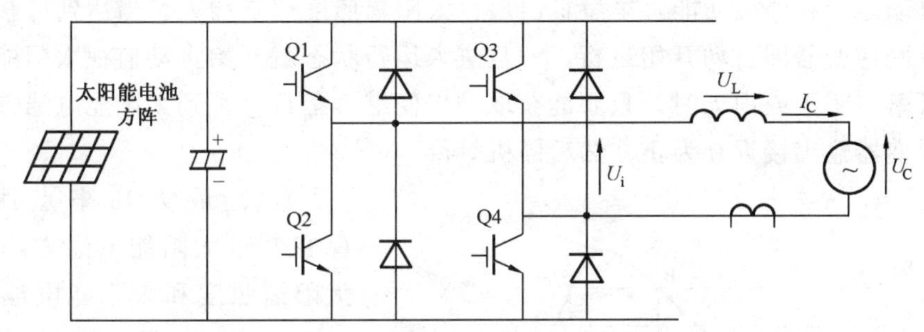

图 2-111 电流控制电压型逆变器基本回路

U_i—输出电压；U_L—电抗器电压；U_c—电网电压；I_c—输出电流

图 2-112 是并网用逆变器的输出矢量图，表示了逆变器的输出电压和电流同电网电压的关系。电抗器 L 称为并网电抗器，它还具有平滑 PWM 波形输出的作用。从矢量图可以看出，由于受到控制，逆变器的输出电流 I_c 总是与电网电压 U_c 同相，电抗器的电压降 U_L 相对于输出电流 I_c 总是超前 90°相位。参照该图，逆变器的输出功率 P 为

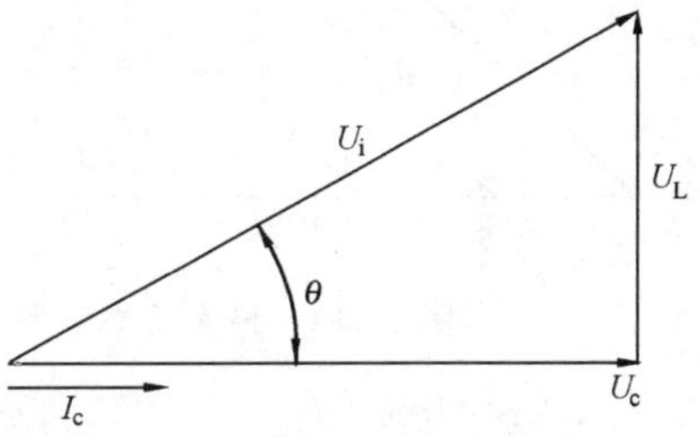

图 2-112 并网用逆变器的输出矢量图

$$P = U_c I_c \tag{2-130}$$

设电抗器 L 的阻抗为 ωL，则有

$$I_c = U_L / \omega L \tag{2-131}$$

根据矢量图可得到

$$U_L = U_i \cdot \sin\theta \tag{2-132}$$

把式（2-131）和式（2-132）代入式（2-130），则

$$P = U_c U_i \cdot \sin\theta / \omega L \tag{2-133}$$

从式（2-4）可知，控制 U_c 和 U_i 的相位角 θ，即可控制输出功率。

关于最大功率点跟踪控制，原理上与上述基本相同，即监视最大功率点的同时改变相位角 θ，能使太阳能电池方阵输出始终为最大。

4. 并网逆变器的功能

并网逆变器的基本功能，是把来自太阳能电池方阵的直流电转换成交流电，并把电力输送给与交流系统连接的负载设备，同时把剩余的电力倒流到电网中。还具有最大限度地发挥太阳能电池方阵性能的功能和异常时或故障时的保护功能，其主要功能是：①为尽可能有效地获取因天气而变动的太阳能电池方阵输出所需的自动运行和停机功能以及最大功率跟踪控制功能；②保护电网所需的防单独运行功能和自动电压调整功能；③电网或并网逆变器发生异常时，安全脱网或停下逆变器的功能。

下面对其主要功能加以说明。

(1) 自动运行和停机功能。早晨日出后，太阳辐照度逐渐增大，当达到可获取输出的条件时，并网逆变器即自动开始运行。一旦进入运行状态就开始自动监视太阳能电池方阵的输出。日落、阴天或雨天时，只要能获取输出便继续运行，直到太阳能电池方阵输出很小、并网逆变器输出接近 0 为止，然后停机等待。

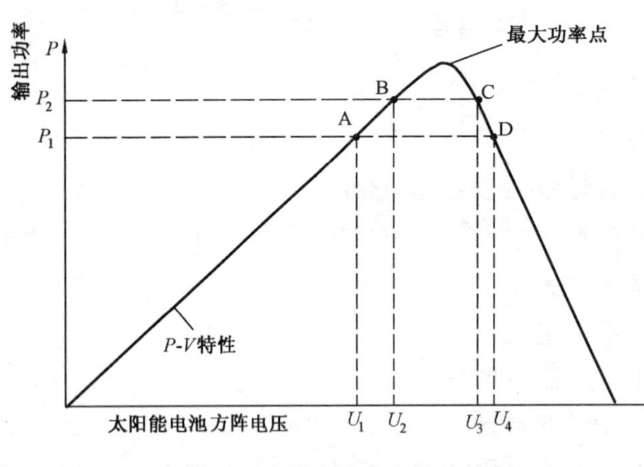

图 2-113　最大功率点跟踪控制

(2) 最大功率点跟踪控制 (MPPT)。太阳能电池方阵的输出随太阳辐照度和太阳能电池方阵表面温度而变动。因此需要跟踪太阳能电池的工作点并进行控制，使其始终处于最大输出，并获取最大输出。MPPT 控制就起到了这种作用。它每隔一定时间让并网逆变器的直流工作电压变动一下，测定此时的太阳能电池方阵输出功率并同前次做比较，始终使并网逆变器的直流电压沿功率变大的方向变化。图 2-113 表示最大功率点跟踪控制的一个例子。如图所示，在 A 点工作时，使工作电压从 U_1 变化到 U_2，当输出功率为 $P_1 < P_2$ 时，就把工作点改变到 U_2；反之，在 D 点工作时，因为输出功率为 $P_3 > P_4$，因此把工作点返回到 U_3。这样，最大功率点跟踪控制通过监视输出功率的增减来控制工作点，使其始终处于最大功率点。

(3) 防单独运行功能。在光伏系统处于并网的状态下电网发生停电时，如果负载功率与并网逆变器的输出功率相同，并网逆变器的输出电压和频率就不会变化，电压和频率继电器就无法检测出停电状态，光伏系统就有可能继续向电网供电。这种运行状态称为单独运行。

一旦发生单独运行，光伏系统将向处于停电状态的电网供电，这对工程检修人员将造成危害。为此需要停下光伏系统的运行，但是如上所述，在单独运行状态下无法通过电压继电器（OVR，UVR）和频率继电器（OFR，UFR）做出保护。为了解决这一问题，需要设置防单独运行功能来安全停机。

并网逆变器内装有被动式和主动式两种防单独运行功能。被动式是通过捕捉从并网运行向单独运行转移时电压波形或相位等的变化来检测单独运行状态。主动式是先把变动因素提供给逆变器，并让变动因素在并网运行时不出现在输出中，而在单独运行中出现，这样即可检测出异常。表 2-21 和表 2-22 简单介绍了各方式。

表 2-21　　　　被动式防单独运行功能

种　类	特　点
电压相位突变检测方式	• 转移到单独运行时，并网逆变器输出将从功率因数 1 变化到负载的功率因数，因此可通过检测该瞬间电压相位的突变来控制。 • 转移到单独运行时，若不发生相位变化则无法检测。 • 误动作少，比较实用。
频率变化检测方式	主要检测转移到单独运行时的发电功率与负载不平衡引起的频率突变。

注　检测时限 0.5s 以内，保持时限 5～10s。

表 2-22　　　　主动式防单独运行功能

种　类	特　点
移频方式	• 在并网逆变器内部振荡回路上预置偏频，检测单独运行时出现的频率变动。
有功功率变动方式	• 在并网逆变器输出上预置周期性的有功功率变动，检测单独运行时出现的电压、电流或频率变动。 • 存在着正常时输出发生变动的可能性。
无功功率变动方式	• 在并网逆变器输出上预置周期性的无功功率变动，检测单独运行时出现的频率变动等。
负载变动方式	• 瞬时且周期性地与并网逆变器输出并联插入阻抗，检测电压或电流的突变。

注　检测时限 0.5～1s。

以下简单介绍被动式最常使用的电压相位突变检测方式和主动式常用的频率变动方式。

1）电压相位突变检测方式。当并网逆变器与电网连接时，它始终在功率因数等于 1 的条件下运行，电压和电流几乎同相，仅提供有功功率。一旦进入单独运行状态，瞬间包含了无功功率，电压相位会发生突变。检测此时的电压相位突变即为电压相位突变检测方式。采用此方式时，要注意电网上变压器的突变电流，以免误动作。

2）频率变动方式。每隔一定时间改变并网逆变器输出电压的周期，在正常时，由于电网侧的功率一般很大，输出频率不变，产生的是无功功率的变化；而在单独运行状态下，产生的变化是每隔一定周期以频率变化出现的，迅速检测出这种频率的变化即可判断单独运行。为了防止误动作，有的方法是仅在改变周期时检测输出的变动。

（4）自动电压调整功能。光伏系统与电网并网进行有倒流运行时，由于倒送电力，并网点的电压会上升，有时会超过电网的允许范围。为了避免这一点，需要设置自动电压调整功能，防止电压上升。自动电压调整有以下两种方法。对于小容量光伏系统，电压上升的可能性极小，可以省略此功能。

1）超前相位无功功率控制。并网逆变器并网后，电网电压与输出电流的相位是同相，并始终在功率因数等于1条件下运行。并网点的电压上升并超过超前相位无功功率控制的设定电压时，将解脱功率因数为1的控制，使逆变器的电流相位超前于电网电压。随后，来自电网的电流形成滞后电流，起到降低并网点电压的作用。超前电流的控制进行到功率因数等于0.8为止，由此抑制电压上升的效果最大可达2%～3%。

2）输出控制。用超前相位无功功率控制抑制电压达到极限后，在电网电压仍然上升时，输出控制将投入工作，限制光伏系统的输出，防止并网点的电压上升。这里要特别注意的是线电压高时输出控制动作后，发电量会下降。

（5）直流检测功能。并网逆变器的半导体开关元件是在高频下进行开关动作的，因元件的性能差异，并网逆变器的输出中会迭加有少量的直流成分。采用内装电网频率绝缘变压器的并网逆变器，这种直流成分受绝缘变压器阻塞，不会进入电网。但采用高频变压器绝缘方式或无变压器方式，因并网逆变器直接与电网连接，若存在直流成分，则因电网变压器的磁饱和等会给电网带来不良影响。为避免这一点，对于高频变压器绝缘方式或无变压器方式的并网逆变器，要求迭加于输出电流的直流成分在额定交流输出电流的1%以下。除了具有抑制直流成分的直流控制功能外，还内装有万一这种功能发生故障时停下并网逆变器的保护功能。

（6）直流接地检测功能。对于无变压器方式的并网逆变器，由于太阳能电池方阵与电网之间没有绝缘，需要采取防止太阳能电池方阵接地的安全措施。通常在配电箱内设有漏电开关，用来监视室内线路和负载设备的接地，但太阳能电池方阵发生接地时，直流成分迭加在接地电流中，有时无法通过普通的漏电开关来保护。因此需要在并网逆变器内部设置直流接地检测器进行检测和保护。该功能的检测水平一般设定在100mA左右。

5. 停电时的独立运行系统

并网光伏系统在电网停电时同电网断开后运行，称为独立运行。独立运行系统分为有蓄电池和无蓄电池两种，前者在夜间或雨天电网停电时也能提供电力，后者仅在白天电网停电时才能向负载提供相当于太阳能电池方阵输出的电力。

6. 并网保护装置

并网运行的光伏系统在电网或逆变器发生异常时，必须检测故障并迅速停下逆变器保护电网安全。为此需要设置并网保护装置或具有同等功能的回路。并网保护装置一般都内装在并网逆变器中。

在有倒流低压并网系统中，需要设置过电压继电器（OVR）、欠电压继电器（UVR）、频率上升继电器（OFR）和频率下降继电器（UFR），而高压并网系统则还要设置接地过电压继电器（OVGR）。高压并网系统的保护继电器的设置场所除了接地过电压继电器（OVGR），一般可设置在并网逆变器的输出点。保护继电器的标准调整值和调整时间如表2-23所示。

表2-23　　保护继电器的调整值

种　类	调整值	调整时间（s）	保护动作
UVR	176V（304V）	1	断开并网，待机
OVR	253V（437V）	1	断开并网，待机

续表

种　类	调整值	调整时间（s）	保护动作
UFR	48.5Hz/59.0Hz	1	断开并网，待机
OFR	51.0Hz/61.0Hz	1	断开并网，待机
回复定时器	150s/300s		复电后保持待机状态

注　调整值中括号内数值为380V时所用。

7. 并网逆变器的种类和选用

(1) 电气方式和并网逆变器。与并网逆变器连接的电网的电气方式有单相2线、单相3线和三相3线式等，而并网逆变器一般也有单相用和三相用之分。因此，在选用并网逆变器时，要预先正确掌握好电网的电压和相数。

在使用无变压器方式的并网逆变器时，还需要统一并网逆变器的构成和与电网的接线方式（△及Y接线等）。

太阳能电池单体和框架之间有静电存在，因此在直流侧会形成对地电容。当组件表面湿润时，对地电容会增加，有时会达到μF级。从而当直流侧有电网频率的对地交流电压成分存在时，就会产生对地电容充放电引起的漏电流。但在有绝缘变压器的情况下，直流和电网之间是绝缘的，几乎不存在漏电流。

采用无变压器方式时，由于没有这种绝缘，就有可能发生漏电流引起的漏电开关的误动作，因此需要设计一种直流侧没有对地交流电压成分迭加的系统。对于无变压器方式，需要明确区分单相2线和单相3线、三相△接线和三相Y接线，以便选用合适的并网逆变器。

(2) 太阳能电池方阵电压和并网逆变器。对于并网逆变器的直流输入电压范围，一般家庭住宅用的为220～400V，公用设施和企业用的为380～500V。因而太阳能电池方阵的输出电压也需在此范围内。

安装组件时，原则上要在同一日照条件下使用串联的组件，疏忽这一点的话，其他组件会受输出量最低的组件的影响，整体输出就会严重下降。比如18块1串的方阵，应该避免9块放在屋顶南面、9块放在屋顶西面的情况。

从系统效率考虑，直流电压越高效率越高，大系统应该把系统电压设计得尽可能高一些；而容量小的系统因太阳能电池组件的串并联自由度低，往往很难把系统电压设计得很高，因此需要并网逆变器尽可能适应大范围的直流输入电压。

(3) 并网逆变器选用要点。并网逆变器是构成光伏系统的重要电力电子设备，要认真调研后择优选用。选用要点如下：

1) 综合检查。①电压和电气方式是否与电网一致；②是否国家标准品；③安装是否方便；④灾害时能否独立运行，能否带蓄电池运行（希望停电时也能用时）；⑤是否长寿命、高可靠性的设备；⑥保护装置的设定和试验是否简单易行；⑦发电量能否一目了然；⑧服务网是否完善。

2) 系统效率高。①电力转换效率高；②通过最大功率点跟踪控制能获取最大的电力；③夜间和雨天等待机损失少；④低负载时的损失少。

3）电力质量和供电稳定性。①噪声小；②谐波少；③启动和停机稳定。

三、住宅用并网光伏发电系统

住宅用并网光伏系统主要有家庭并网光伏系统和住宅小区并网光伏系统。两者在系统结构上基本相同，所不同的是计量方式。图 2-114 表示家庭并网光伏系统，这种系统由设置于屋顶上的太阳能电池方阵、安装在室内外的并网逆变器（内装逆变器、并网保护装置等）、连接这些设备的电缆和接线箱以及设置于交流端的电力表组成。根据当地电力资源和用户要求，也可配备少量蓄电池以备电网停电用。

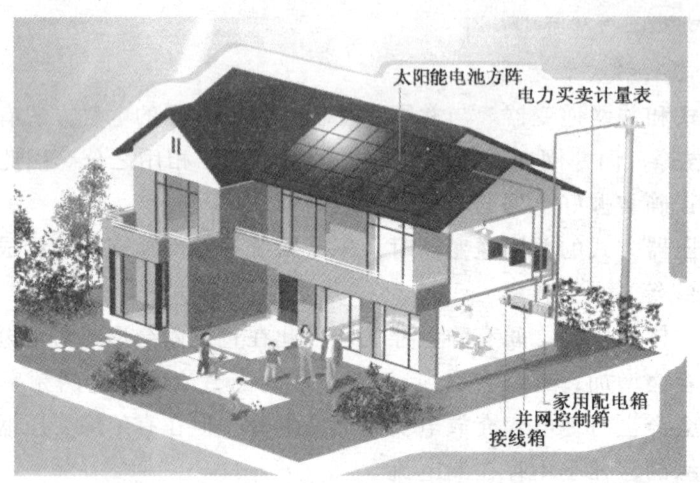

图 2-114　家庭并网光伏发电系统

图 2-115　光伏建材型组件——透光型太阳能电池组件

住宅用并网光伏系统往往是同光伏屋顶系统联系起来的。随着太阳能建材一体化技术的发展，人们需要一种不论是外观上还是整体上都能同建筑环境协调的、易与建材形成一体的太阳能电池组件。

国外推广屋顶太阳能光伏发电技术都考虑了使环境优美、居住舒适的太阳能建筑一体化技术。在推行光伏屋顶一体化技术中有两种类型可以采用，一种是光伏建材一体型，一种是光伏建材型。光伏建材一体型太阳能电池组件，是在生产厂预先把太阳能电池装在普通屋顶建材上，然后同普通屋顶建材施工一样安装在住宅上。寿命和防水性能等也同普通屋顶建材一样，只是在材料利用上有重复。光伏建材型太阳能电池是让钢化玻璃和铝合金框架构成的太阳能电池组件本身具有建材的功能，要求防水性能良好，能直接代替建材使用。另外，为了便于维护，要求光伏建材型太阳能电池的寿命与周围的建材相匹配。从发展趋势看，光伏建材型将会成为主流。光伏建材型组件目前主要用于屋顶光伏系统和高层建筑的幕墙光伏系统等（见图 2-115）。

图 2-116 为上海交通大学太阳能研究所研制开发的实验性屋顶一体化光伏系统。在光伏屋顶一体化技术中还有许多问题有待解决，其中之一就是当太阳能电池组件作为建筑模块使用时其背面通风降温的问题，因为在通风不良的情况下，太阳能电池组件背面温度可高达 70℃以上，直接影响太阳能电池组件的输出电压和转换效率。实验研究结果表明，在设计中如考虑适当的自然通风通道，将会大大降低这种影响。

图 2-116　上海交通大学生态能源房屋顶一体化光伏发电系统

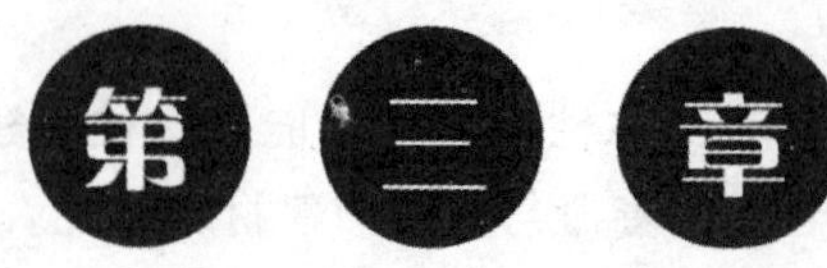

第三章 太阳能热发电技术

第一节 太阳能热发电技术研究发展概况

将吸收的太阳辐射热能转换成电能的发电技术称太阳能热发电技术，它包括两大类型：一类是利用太阳热能直接发电，如半导体或金属材料的温差发电、真空器件中的热电子和热离子发电以及碱金属热电转换和磁流体发电等，这类发电的特点是发电装置本体没有活动部件，但目前此类发电量小，有的方法尚处于原理性试验阶段，故下面不作介绍；另一类是将太阳热能通过热机带动发电机发电，其基本组成与常规发电设备类似，只不过其热能是从太阳能转换而来。下面对此类发电进行介绍。

产生太阳能动力的设想，至少可以追溯到1774年。当时，法国和英国科学家发现了氧，并开始实验在试管中将阳光聚集在氧化汞上，收集借助于太阳能产生的气体，在其中点燃蜡烛。同年，发表了给人印象深刻的研究报告。他们站在阳台上，利用大玻璃棱镜进行另一个聚焦太阳光的实验。约一个世纪后，1878年，一个小的太阳能动力站在巴黎建立，该装置是一个小型点聚焦太阳能热动力系统，盘式抛物面反射镜将阳光聚焦到置于其焦点处的蒸汽锅炉，由此产生的蒸汽驱动一个很小的交互式蒸汽机运行。1901年，美国工程师研制成功7350W的太阳能蒸汽机，采用$70m^2$的太阳聚光集热器，该装置安装在美国加州作试验运行。1907～1913年间，美国工程师研制成由太阳能驱动的水泵。1913年研制成36.8kW太阳能动力机，安装在埃及开罗附近，从尼罗河提水灌溉农田，这个装置采用长的槽型抛物面反射镜将阳光聚焦在中心管上，其聚光比为4.5:1。

随着石油和天然气的大量开采，油价下跌，在以后的很长一段时间内，人们对太阳能动力的兴趣受到了很大的限制。

1950年，原苏联设计了世界上第一座塔式太阳能热发电站的小型试验装置，对太阳能热发电技术进行了广泛的、基础性的探索和研究。

1973年，爆发了世界性的石油危机，再一次点燃起人们对太阳能技术研究开发的兴趣。20世纪70年代，太阳能电池的价格昂贵、效率较低，相对而言太阳能热发电的效率较高，技术上也比较成熟，因此在石油危机的刺激下，当时许多工业发达国家，都将太阳能热发电技术作为国家研究开发的重点。据不完全统计，从1981~1991年的10年间，全世界建造了装机容量500kW以上的各种不同形式的兆瓦级太阳能热发电实验电站20余座，其中主要形式是塔式电站，最大发电功率为80MW。20世纪90年代前世界上已建成的几座具有代表性的太阳能热发电站的概况见表3-1。从表3-1中可以看到，当时人们对太阳能热发电技术最为关注的还是塔式太阳能热发电。

20世纪80年代中期，人们在对当时已建成的太阳能热发电站进行了大量的实验研究和分析后，发表了很多技术性总结报告，得出的基本结论是，太阳能热发电在技术上虽然可行，但单位容量投资过大，且降低造价十分困难。因此，各国都相继改变了原来的发展计划，使太阳能热发电站的建设逐渐冷落下来。例如，美国原计划拟在1983~1995年间，分别建成50~100MW和100~300MW太阳能热发电站，结果都没有实现。

值得特别提出的是，20世纪80年代初期，以色列和美国联合组建了LUZ太阳能热发电国际有限公司。从成立开始，该公司就一刻不停地集中力量研究开发槽式抛物面反射镜太阳能热发电系统。正当人们开始疑虑太阳能热发电前景的时候，该公司从1985~1991年的6年间，在美国加州沙漠相继建成了9座槽式太阳能热发电站，总装机容量353.8MW，并投入并网营运。经过努力，电站的初次投资由1号电站的4490美元/kW降到8号电站的2650美元/kW，发电成本从24美分/kWh降到8美分/kWh。至此，该公司满怀信心，计划到2000年，在加州建成总装机容量达800MW的槽式太阳能热发电站，发电成本降至5~6美分/kWh。这一进展，经济上已可与常规热力发电相竞争。遗憾的是，1991年LUZ公司宣告破产，而使该计划中断停止。

对塔式太阳能热发电的研究开发，人们并未因此而完全中止。1980年美国在加州建成太阳Ⅰ号塔式太阳能热发电站，装机容量10MW，经过一段时间的试验运行后，及时地作了技术总结。在此基础上，又建造了太阳Ⅱ号，于1996年1月投入试验运行。

盘式太阳能热发电系统是世界上最早出现的太阳能动力系统。近年来,盘式太阳能热发电系统主要着眼于开发一种单位功率质量比更小的空间电源。例如,1983年美国加州喷气推进实验室完成的盘式斯特林太阳能热发电系统,其聚光器直径为11m,最大发电功率为24.6kW,转换效率为29%。1992年,德国一家工程公司开发的一种盘式斯特林太阳能热发电系统的发电功率为9kW,到1995年3月底,累计运行了17000h,峰值净效率20%,月净效率16%,该公司计划用100台这样的发电系统组建一座1MW的盘式太阳能热发电示范电站。

太阳池太阳能热发电最早是在以色列进行研究开发的。20世纪70年代，以色列在死海沿岸先后建造了3座太阳池太阳能热发电站，以提供其全国1/3用电量的需求。美国也曾计划将加州南部萨尔顿海的一部分建成太阳池，用以建造800~6000MW太阳池太阳能热发电站。但后来，以色列和美国均对其太阳池热发电计划作了改变。

表 3-1　　世界上已建成的几座具有代表性的太阳能热发电站概况

名　称	美国	以色列、美国联合的 LUZ 公司	法国	国际能源署（法、意、德）	西班牙	欧共体（10 国）		日　本	
标　名	SOLAR ONE	SEGS Ⅷ	THEMIS	EURELIOS	CESA-Ⅰ	SSPS-CRS	SSPS-DCS		
电站型式	塔　式	槽　式	塔　式	塔　式	塔　式	塔　式	槽　式	槽　式	塔　式
站　址	美国加州	美国加州	法国南部	意大利西西里岛	西班牙南部	西班牙南部	西班牙南部	日本香川县	日本香川县
额定功率(MW)	10	80	2.5	1	1	0.5	0.5	1	1
设计太阳辐射条件	冬至下午 2:00		春分正午	春分正午	冬至上午 10:00	春分正午	春分正午	春分下午 2:00	夏至下午 2:00
(kW/m^2)	0.9		1.04	1.0	0.7	0.92	0.92	0.75	0.75
日照时数(h/年)	3500	3500	2400	3000	3000	3000	3000	2000	2000
聚光集热方式	外表受光型	真空集热管	空腔型	空腔型	空腔型	空腔型	真空集热管	真空集热管	空腔型
定日镜数(台)	$39.9m^2 \times 1818$ 台	$545m^2 \times 852$ 台	$53.7m^2 \times 280$ 台	$52m^2 \times 70$ 台 $23m^2 \times 112$ 台	$36 \sim 40m^2$ $\times 300$ 台	$39.3m^2 \times 93$ 台	东西向 80 台 南北向 84 台	$4.5m^2 \times 2480$ 台	$16m^2 \times 807$ 台
反射镜总面积(m^2)	72540	464340	10740	6216	11400	3655	5362	11160	12912
集热工质	水	联油醚	混合盐	水	水	钠	油	水	水
蓄热介质	石子 + 油		混合盐	混合盐	混合盐	钠	油	混合盐 + 加压水	加压水
蓄热容量可供小时数(h)	(7MW) × 4		3.3	0.5	3	2	1.5	3	3
汽轮机蒸汽入口参数	510℃,104bar	371℃,100bar	430℃,41.5bar	510℃,66.9bar	520℃,101bar	500℃,105bar	285℃,25.3bar	346℃,14.2bar	187.1℃,12.2bar
工程开工日期	1979 年 3 月		1979 年 9 月	1979 年 9 月	1979 年 10 月	1980 年 1 月	1980 年 1 月	1979 年 1 月	1978 年 12 月
工程完成日期	1981 年 12 月		1983 年 6 月	1980 年 12 月	1983 年 6 月	1981 年 8 月	1981 年 8 月	1981 年 3 月	1981 年 3 月
电站并网日期	1982 年 4 月	1989 年	1983 年 6 月	1981 年 4 月	1983 年 6 月	1981 年 8 月	1981 年 8 月	1981 年 9 月	1981 年 8 月
总投资(亿美元)	1.4	2.12	0.236	0.25	0.179	0.17	0.127	0.22	0.22
投资比(美元/kW)	14000	2650	9450	25000	17900	34000	25400	22000	22000

1983年，西班牙建成一座太阳热气流太阳能热发电站，发电功率15kW，用于进行探索性试验研究。

除了以上介绍的5种太阳能热发电方式外，以色列和美国还曾计划建造太阳能磁流体热发电装置。此外，还有一些国家开展了太阳能海水温差发电、太阳能热离子发电等研究。

随着太阳能利用技术的迅速发展，从20世纪70年代中期开始，中国一些高等院校和中科院电工研究所等单位和机构，也对太阳能热发电技术做了不少应用性基础试验研究，并在天津建造了一套功率为1kW的塔式太阳能热发电模拟试验装置，在上海建造了一套功率为1kW的平板式低沸点工质太阳能热发电模拟试验装置。在北京，中科院电工所对槽式抛物面反射镜太阳能热发电用的槽型抛物面聚光集热器也作过不少单元性试验研究。此外，中国工厂还与美国公司合作，设计并研制成功率为5kW的盘式太阳能热发电装置样机。

第二节 太阳能热发电站基本系统与构成

一、电站热系统

目前的市售电能主要是由大型常规热力发电厂产生的。众所周知，在常规热力发电厂中，煤或油供给锅炉燃烧，加热水变成过热蒸汽驱动汽轮发电机组发电，从而将热能转换为电能。从热力学上讲，这种常规热力发电厂遵循兰金循环原理工作。常规热力发电厂兰金循环系统原理示意图，如图3-1所示。

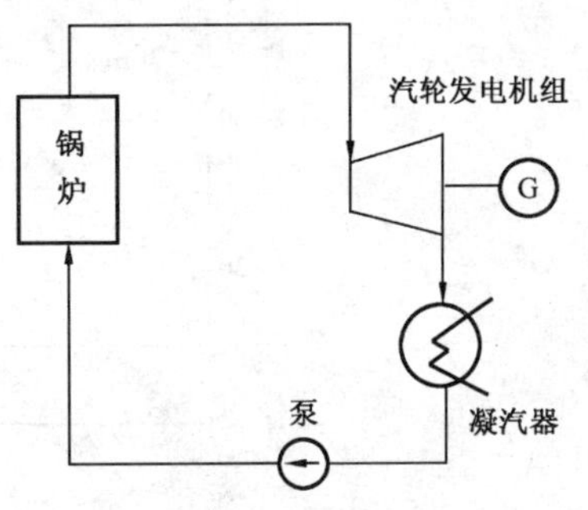

图3-1 常规热力发电厂兰金循环系统原理图

太阳能是来自太阳内部高温核聚变的辐射能。设想利用一种太阳能锅炉，将太阳辐射能收集起来并转变为热能，取代图3-1中的常规燃料锅炉，就成为太阳能热发电系统。所以，太阳能热发电的基本工作原理可以阐述如下：利用太阳集热器将太阳能收集起来，加热工质，产生过热蒸汽，驱动热动力装置带动发电机发电，从而将太阳能转换为电能。从热力学上讲，这种太阳能热发电站也是按兰金循环或布劳顿循环的原理工作的，在热力学原理上与常规热力发电厂完全一样。所以，技术上把这种按兰金循环或布劳顿循环原理工作的太阳能热电转换称为太阳能热发电，以区别于太阳能光伏发电。典型太阳能热发电站热力循环系统原理，如图3-2所示。

比较图3-1和图3-2，可以清楚地看到，常规热力发电厂和太阳能热发电站的热循环系统基本相近，它们的汽轮发电部分则完全一样，都是产生过热蒸汽驱动汽轮发电机组发电。不同之处，只在于使用不同的一次能源。常规热力发电厂燃烧矿物燃料，太阳能热发电站收集太阳辐射能为能源。正因为如此，表现在收集太阳能的太阳集热器和燃烧矿物燃料的普通锅炉，在各自的设计、结构和所需要解决的自身特殊技术问题上，将有本质的区别。此外，太阳能为自然能，自身能量密度低，昼夜间歇，冬夏变化，且一天之中变化莫

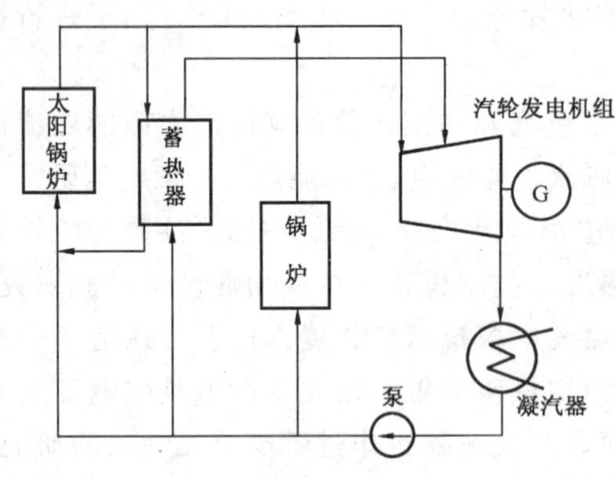

图 3-2　典型太阳能热发电站热力循环系统原理图

测。为能使太阳能热电站稳定运行，一般在太阳能热发电系统中，都设置蓄热子系统或辅助能源子系统，这是由太阳辐射能本身的特点所决定的。

图 3-3 和图 3-4 分别表示典型太阳能热电站冬季和夏季白天运行负荷曲线。由图 3-3 可以看出，冬季太阳辐射低，白天短。因此，早晨较晚（8 时）系统开始集热，下午较早（17 时）停机，白天太阳能只能供给机组满载运行 80% 的能量，其余由辅助能源供给。由图 3-4 可以看出，夏季太阳辐射高，白天长。因此，早晨较早（7 时）系统开始集热，下午较晚（22 时 30 分）停机，白天太阳能不但可以供给机组满载运行，而且还有多余能量蓄于储热槽中，留待晚间与辅助能源共同供给机组运行，维持到深夜停机。

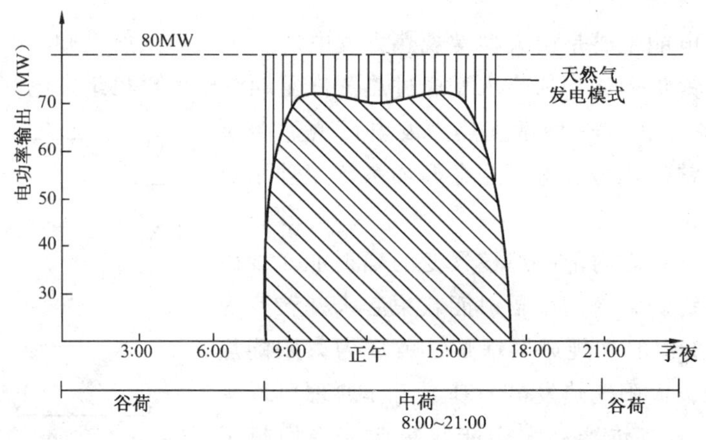

图 3-3　典型太阳能热电站冬季白天运行负荷曲线

二、电站循环效率

由热力学可知，对所有的热动力过程，效率最高的热力循环是卡诺循环。所以卡诺效率代表着一种理论极限。

在卡诺循环中，系统的吸热和放热都是假定在恒定温度 T_1 和 T_2 下进行的，而工质膨胀和压缩则假定在定熵条件下发生的。这样，在循环过程中，卡诺循环在绝热条件下获得热量 $T_1\Delta S$，放出热量 $T_2\Delta S$。这里，ΔS 是过程中熵的变化。从而卡诺循环效率为

$$\eta = \frac{T_1 - T_2}{T} \tag{3-1}$$

式（3-1）表明，要获得较高卡诺循环效率，工质的温度要尽可能地高，放热温度要尽可能地低。放热温度主要取决于环境温度，通常是个固定值。人们可以选择的冷却介质主要是水或空气。一般的常规热力发电厂，燃料可以从远途运输而来，所以厂址通常选在

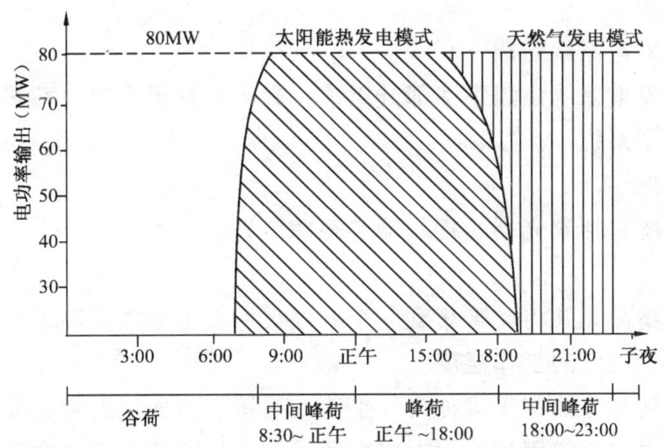

图 3-4　典型太阳能热电站夏季白天运行负荷曲线

大江大河侧，或者大的水体旁，这样冷却水费用可以很便宜，而且放热温度可以低于用空气冷却的方式。

太阳能热发电站的厂址选择，还需考虑其他的一些因素。太阳能只有在地皮本身比较便宜和高纬度地区进行利用才有经济价值。这类地区大部分是沙漠地带，本身缺水。因此在这里建造太阳能热发电站，必须采用空气冷却凝汽器。显然，空气的换热系数比水低得多。对于空气冷却凝结方式，要得到相同数值的凝结换热量，工质和冷却介质之间必须有更大的温差和更大的换热面积。导致的直接结果是抬高了热循环的放热温度 T_2，从而降低热循环效率。其次，采用空气冷却凝结方式增加了系统的初次投资。最终将提高太阳能热发电站的电能价格。

因此，为了提高循环系统的热效率，重要的方法之一，是提高循环系统工质的初温。在太阳能热发电系统中，这是一个难题。众所周知，太阳能稀薄、间歇。普通平板太阳集热器，其工作温度一般都在 100℃以下。要想提高集热工质的温度，就得采用聚光集热器，在其接收阳光的表面还必须涂覆高温选择性吸收膜。但由此也带来高温聚光集热器的结构设计、材料和聚光器跟踪等一系列技术难题。

决定太阳能热发电效率的另一个重要因素，是太阳集热器的效率 η_C。显然不同形式的太阳集热器有不同的工作温度，也因而具有不同数值的集热器效率，但作为太阳能热发电系统，总是希望所选用的太阳集热器在更高的工作温度下具有更高的集热效率。理想的太阳能热发电系统的总效率是卡诺效率 η 和太阳集热器效率 η_C 两者的乘积。即

$$\eta_s = \eta\eta_C \tag{3-2}$$

众所周知，卡诺效率随工质初温的提高而增大，太阳集热器效率随工质初温的提高而降低。因此，由式（3-2）可知，所有太阳能热发电系统都存在一个可以选择的最佳工作温度值。在这个温度值下，式（3-2）中的 η_s 有最大值，这一数值可以由计算模型求得。

以上是从热系统效率分析上定性地阐明了太阳能热发电系统中关键的效率问题。借用卡诺效率只是为了能更简便地进行阐述。应该看到，实际的太阳能热发电系统都是按兰金循环工作的，其总效率要比式（3-2）所表示的理论值小得多。此外，电站自身动力设备

还需要耗电。

三、太阳能热发电系统组成

典型太阳能热发电系统由以下 4 部分组成：聚光集热子系统、蓄热子系统、辅助能源子系统和汽轮发电子系统。

（一）聚光集热子系统

聚光集热子系统包括聚光器、接收器和跟踪装置。

1. 聚光器

聚光器用于收集阳光并将其聚集到一个有限尺寸面上，以提高单位面积上的太阳辐照度，从而提高被加热工质的工作温度。

从理论上讲，聚光方法有很多种，如平面反射镜、曲面反射镜和菲涅尔透镜等。但在太阳能热发电系统中，最常用的聚光方式有两种，即平面反射镜和曲面反射镜。

平面反射镜聚光方式最具代表性的是采用多面平面反射镜，将阳光聚集到一个高塔的顶处。其聚光比通常可达 100～1000，可将接收器内的工质加热到 500～2000℃，构成高温塔式太阳能热发电系统。

曲面反射镜有 3 种，即一维抛物面反射镜、二维抛物面反射镜和混合平面—抛物面反射镜。

一维抛物面反射镜也叫槽型抛物面反射镜，其整个反射镜是一个抛物面槽，阳光经抛物面槽反射聚集在一条焦线上。其聚光比大约为 10～30，集热温度可达 400℃，构成中温槽式太阳能热发电系统。

二维抛物面反射镜也叫盘式抛物面反射镜，形状上是由一条抛物线旋转 360°所画出的抛物球面，所以也叫旋转抛物面反射镜。二维抛物面反射镜的聚光比可达 50～1000，焦点温度可达 800～1000℃，构成分散型高温盘式太阳能热发电系统。

此外，还有线形和圆形菲涅尔透镜。线形菲涅尔透镜的聚光比为 3～50，圆形菲涅尔透镜的聚光比为 50～1000。

抛物面反射镜聚光器设计参数的计算公式如表 3-2 所示。

表 3-2　抛物面反射镜聚光器设计参数计算公式

聚光器参数	抛物面反射镜		旋转抛物面反射镜	
	圆柱接收器	平面接收器	球形接收器	平面接收器
$\frac{CR}{CR_{\max}}$	$\frac{\sin\phi}{\pi}$	$\sin\phi\cos(\phi+\theta)-\sin\theta$	$\frac{\sin^2\phi}{4}$	$\sin^2\phi\cos^2(\phi+\theta)-\sin^2\theta$
$\bar{n}$	1.0			
δ	$\frac{1}{\sqrt{2\pi}\sigma_y}\int_{-L_c/2}^{L_c/2}\exp\left[-\frac{1}{2}\left(\frac{y}{\sigma_y}\right)^2\right]dy$		$1-\exp\left[-\frac{L_c}{\sigma_y^2}\right]$	
σ_y^2	$\frac{A_a^2\sigma_\theta^2(2+\cos\phi)}{12\phi\sin\phi}$	e	$\frac{2A_a\sigma_\theta^2(2+\cos\phi)}{3\phi\sin\phi}$	$\frac{2A_a\sigma_\theta^2}{\sin^2\phi}$

续表

聚光器参数	抛物面反射镜		旋转抛物面反射镜	
	圆柱接收器	平面接收器	球形接收器	平面接收器
L_c	$\frac{D_r}{2}$	$\frac{D_r}{2}$	$\frac{\pi D_r^2}{4}$	$\frac{\pi D_r^2}{4}$
A_a	开口宽度		开口面积	

表 3-2 式中 CR_{max}——聚光器的热力学极限；

L_c——接收器特征尺寸；

D_r——接收器的直径或宽度；

θ——接收角；

ϕ——反射镜的边缘半角；

δ——光路捕获因子；

$\bar{n}$——平均反射次数；

σ_{ψ_1}、σ_{ψ_2}——镜面和太阳的标准偏差（$\sigma_\theta^2 = 4\sigma_{\psi_1}^2 + \sigma_{\psi_2}^2$）。

由研究可知，不同的聚光集热方式有不同的聚光比和可能达到的集热温度，应配置不同的跟踪方式。对不同的聚光集热方式，其聚光比和集热温度之间的关系曲线如图 3-5 所示。显然，聚光比愈高，则可能达到的集热温度也愈高。

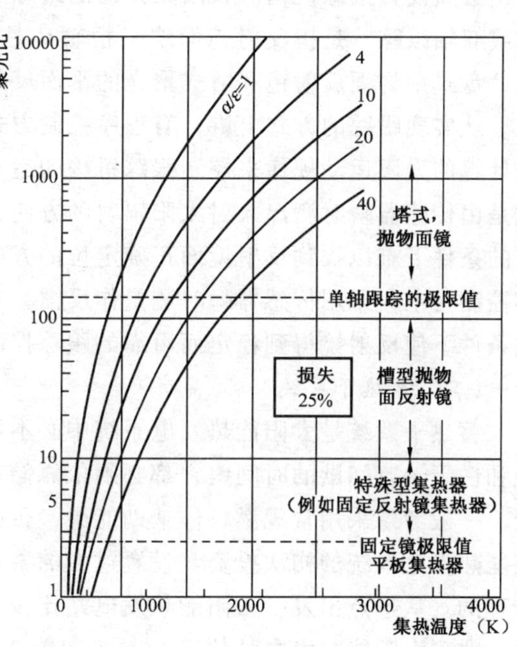

图 3-5 聚光比和集热温度之间的关系曲线

聚光器是太阳能热发电系统中的一个关键部件，入射阳光首先经过它反射到接收器。其性能的优劣，明显地影响太阳能热发电系统的总体性能。因此，对它有比较严格的要求。

（1）光学性能。聚光器的镜面反射率越高越好。目前采用的反射镜面，有蒸镀银或铝的玻璃或高分子板，也有用电或机械抛光的高纯铝，它们的反射率都很高，但若自然地暴露在阳光下，则很快会被氧化，从而使反射率大大下降。通常可采取喷涂一层透明硅胶的方法对反射面加以保护。现在则大都采用玻璃背面镜，即将银或铝蒸镀在玻璃反射镜的背面，再喷涂上多层漆保护层，或封夹在两层玻璃之间，这种高性能的反射面具有更好的使用与保护性能。

此外，太阳能热发电系统中所有用到的反射镜面，无论是平面镜还是曲面镜，都是暴露在大气条件下工作的，不断有尘土从大气沉积在表面，从而大大影响反射面的性能。因此，如何经常保持镜面清洁目前仍是所有聚光集热技术中面临的难题之一。通常采用机械清洗设备，定期对镜面进行清洗。已有的经验表明，这是目前技术条件下唯一有效可行的方法。

(2) 机械性能。①反射镜面有很好的平整度。整体镜面的型线具有很高的精度，一般加工误差不要超过 0.1。②整个镜面与镜体有很高的机械强度和稳定性，能抗大风的吹刮。③反射镜面和保护膜有很强的粘合度。

(3) 化学稳定性。镜面具有很强的耐腐蚀性能。

2. 接收器

接收器是通过接收经过聚焦的阳光，将太阳辐射能转变为热能，并传递给工质的部件。在这里，工质被太阳辐射能加热，变成过热蒸汽，再经管道送往汽轮机。

根据不同的聚光方式，接收器的结构也将有很大的差别。接收器的关键技术，是其接收阳光的表面必须涂覆选择性吸收膜，使对太阳辐射的吸收率 α 高，而在接收器表面温度下发射率 ε 较低。α/ε 的比值越大，则接收器所可能达到的集热温度越高。

3. 跟踪装置

为了使一天中所有时刻的太阳辐射都能通过反射镜面反射到固定不动的接收器上，反射镜必须设置跟踪机构。太阳聚光器的跟踪方式有两种，即单轴跟踪和双轴跟踪。所谓单轴或双轴跟踪，是指反射镜面绕一根轴还是两根轴转动。槽型抛物面反射镜多为单轴跟踪，盘式抛物面反射镜和塔式聚光的平面反射镜都是双轴跟踪。

从实现跟踪的方式上讲，有程序控制方式和传感器控制方式两种。程序控制方式就是按计算的太阳运动规律来控制跟踪机构的运动，它的缺点是存在累积误差。传感器控制方式是由传感器瞬时测出入射太阳辐射的方向，以此控制跟踪机构的运动，它的缺点是在多云的条件下难以找到反射镜面正确定位的方向。现在多采用二者结合方式进行控制，以程序控制为主，采用传感器瞬时测量作反馈，对程序进行累积误差修正。这样，能在任何气候条件下使反射镜得到稳定而可靠的跟踪控制。

(二) 蓄热子系统

蓄热子系统是太阳能热发电系统中必不可少的组成部分。因为太阳能热发电系统在早晚和白天云遮间歇的时间内，都必须依靠储存的太阳能来维持正常运行。至于夜间和阴雨天，一般考虑采用常规燃料作辅助能源，否则由于蓄热容量需求太大，将明显加大整个太阳能热发电系统的初次投资。设置过大的蓄热系统，在目前技术条件下，经济上显然是不合理的。从这点出发，太阳能热发电站比较适合于作电力系统的调峰电站。

典型太阳能热发电站的运行方式如图 3-6 所示。上午 8 时，太阳集热器开始工作，9 时启动汽轮机，10 时汽轮机进入稳定运行状态。10 时之前，集热器一直向蓄热器储热。10 时后，集热器吸收的太阳能直接用于供给汽轮发电机组发电。下午 3 时起，太阳辐照度开始降低，这时蓄热系统相应地开始释热，以保证汽轮机正常运行，直至下午 6 时 30 分停机。所以，蓄热系统在集热器和汽轮发电机组之间提供一个缓冲环节，保证机组稳定运行。

蓄热器就是采用真空或隔热材料作良好保温的贮热容器。蓄热器中贮放蓄热材料，通过特种设计的换热器对蓄热材料进行贮热和取热。

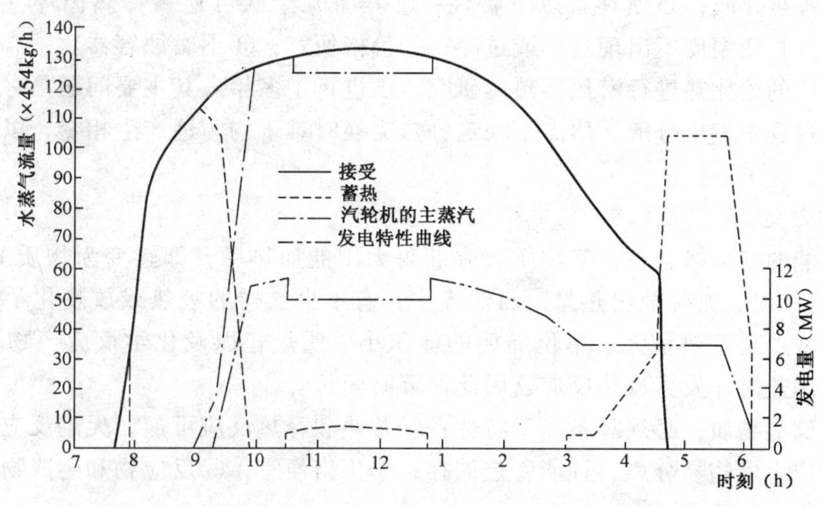

图 3-6 典型太阳能热发电站运行方式示例

目前，可采用的蓄热方式有 3 种：显热蓄热、潜热蓄热和化学储能。对不同的蓄热方式，应选用相应不同的蓄热材料。

1. 显热蓄热

显热蓄热介质有水、油、岩石、砂、砾石等，也包括人工制造的氧化铝球。这些材料价格低廉，易于得到，但热容量小。因此，储存相同的热量，所需要的蓄热器体积很大。在 100℃以上使用蓄热时，蓄热器要用特制的压力容器。各种显热蓄热材料的物性参数如表 3-3 所示。

表 3-3 显热蓄热材料的物性参数

蓄热介质		温度（℃）		容量	
		T_{max}	T_{min}	kWh/m^3	kWh/kg
加压水		300		262.4	0.29
有机介质	Therminol．66	315	55	24.4	0.032
有机介质	HT-43	302	83	47.2	0.063
有机介质	HITEC	500	300	220	0.12
砂、灰粉		800	400	64	0.04
铁		700	430	60	0.17

2. 潜热蓄热

利用物质的潜热蓄热，单位容积的蓄热量很大，蓄热装置可望小型化。各种潜热蓄热介质的物性参数如表 3-4 所示。

表 3-4 潜热蓄热介质的物性参数

蓄热介质	熔化温度（℃）	ΔH_f（J/g）	c_p（J/gK）
LiF（46.5%）、NaF（11.5%）、KF（42%）	454	415	1.88
NaF（57%）、BeF_2（43%）	360	327	1.84
NaCl（52%）、$MgCl_2$（48%）	450	322	1.09
NaOH	318	318	2.09
$NaNO_3$	307	172	1.84

对潜热蓄热介质，必须具备以下特性：①具备几千次可逆蓄释热循环（固相$\rightleftharpoons$液相）性能，其相变温度不出现过热或过冷；②价格便宜；③不腐蚀容器。

利用介质的熔化热进行潜热蓄热的研究，已进行了多年。其主要问题是有些潜热蓄热介质在熔化过程中发生分解，熔点不稳定，热交换时难于均匀地产生相变，以及担心毒性和发生火灾。

3. 化学储能

化学储能的基本概念是，某物质 A 在获得太阳能加热后，即转变为物质 B + C。而在 B + C 转变为 A 时，则释放出热量。自然界中，有不少这样的吸热或放热化学反应。化学反应储能的特点是蓄热量大、单位储能的体积小、质量轻以及化学反应产物可以分离储存，在需要用热时才发生放热反应，因此循环时间长。

对化学储能物质，必须具备以下特性：①蓄热和释热反应可逆，无副反应；②反应速度快；③反应生成物易分离，且能稳定储存；④价格便宜；⑤反应物和生成物无毒、无腐蚀、无可燃性；⑥反应热大。

目前，已研究得一些化学反应能基本满足上述条件。例如，$Ca(OH)_2$ 的热分解反应

$$Ca(OH)_2 + 63.6kJ \rightleftharpoons CaO + H_2O$$

上述化学反应表明，在用作化学储能时，利用上述吸热反应储能，用热时则通过放热反应释放热量，但 $Ca(OH)_2$ 在大气压下的脱水反应温度高于 500℃，利用太阳能在这一温度下实现脱水十分困难。加入催化剂虽可降低其脱水温度，但仍相当高。所以，用 $Ca(OH)_2$ 作化学储能物质，还存在不少技术问题有待深入研究，一时尚难实用。

（三）辅助能源子系统

上面已经提到，太阳能热发电系统除要配置蓄热子系统外，还需配置辅助能源子系统，以维持电站能够一直持续运行。太阳能系统要求的蓄热子系统容量太大，以致投资巨大。所以，在太阳能热发电系统中采用常规燃料作辅助能源，是个极为可取的方案。

太阳能热发电系统中的辅助能源子系统，就是在系统中增设常规燃料锅炉，用于阴雨天和夜间启动。这时，由常规能源维持电站的连续运行。设计中选用哪种常规燃料作辅助能源，视太阳能热电站当地的能源资源情况而定，可以是天然气、石油或煤。随着技术的发展，现代太阳能热发电站的最新设计概念是建造太阳能和天然气双能源发电站。

（四）汽轮发电子系统

太阳能热发电系统用的动力发电装置，可选用的有以下几种：①现代汽轮机；②燃气轮机；③低沸点工质汽轮机；④斯特林发动机。

动力发电装置的选择，主要根据太阳集热系统可能提供的工质参数而定。现代汽轮机和燃气轮机的工作参数很高，适合用于大型塔式或槽式太阳能热发电系统。斯特林发动机的单机容量小，通常在几十千瓦以下，适合用于盘式抛物面反射镜发电系统。低沸点工质汽轮机则适合用于太阳池太阳能热发电系统。

第三节 塔式太阳能热发电系统

塔式太阳能热发电系统也称集中型太阳能热发电系统。

塔式太阳能热发电系统是利用众多的平面反射镜阵列，将太阳辐射反射到置于高塔顶部的太阳接收器上，加热工质产生过热蒸汽，驱动汽轮机发电机组发电，从而将太阳能转换为电能。显然，阵列中的平面反射镜数目越多，则其聚光比越大，接收器的集热温度也就愈高。

一、电站系统构成

塔式太阳能热发电站概念设计原理系统如图 3-7 所示。整个系统由 4 部分构成：聚光装置、集热装置、蓄热装置和汽轮发电装置。

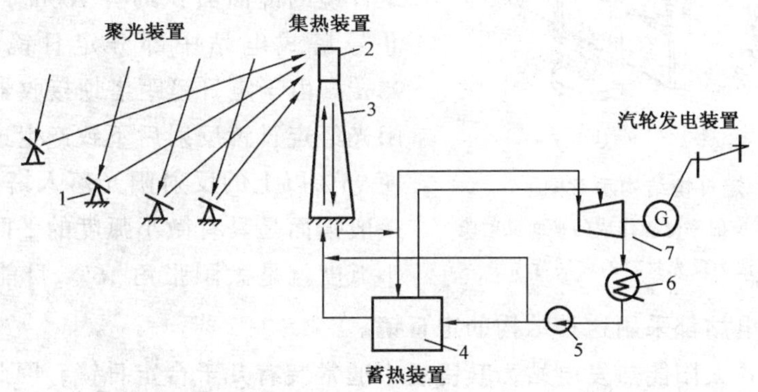

图 3-7　塔式太阳能热发电站概念设计原理系统图

1—定日镜；2—接收器；3—塔；4—蓄热器；5—泵；6—凝汽器；7—汽轮发电机组

（一）聚光装置

塔式太阳能热发电站的聚光装置是大量按一定排列方式布置的平面反射镜阵列群。它们按四个象限分布在高大的中心接收塔的四周，形成一个巨大的镜场，如图 3-8 所示。显然，电站设计容量愈大，则需要的反射镜面积也愈大，镜场尺寸也就愈大。根据经验，发电功率 100MW 需要的镜场面积约 $2.43km^2$。

1. 定日镜

定日镜是塔式太阳能热发电站中最基本的光学单元体，它由平面镜、镜架和跟踪机构

图 3-8　塔式太阳能热电站镜场

3部分组成。平面镜装在镜架上，由其跟踪装置驱动镜面瞬时自动跟踪太阳。

定日镜结构示意图如图3-9所示。图3-9（a）是采用具有良好反射率薄膜作成的平面反射镜，装在透明薄膜球形罩内。透明薄膜具有很高的阳光透过率。这种定日镜的支撑架很轻，因此跟踪机构的电功率消耗可以很小。图3-9（b）是采用铝或银为反光材料的玻璃背面镜。一台定日镜的反射镜面积通常为30～40m²，由若干块小的反射镜面组合而成。大型定日镜的镜面面积约有100m²，例如美国太阳Ⅱ号塔式电站中部分定日镜的镜面面积为98m²。由于定日镜距塔顶接收器较远，为了使阳光经定日镜反射后不致产生过大的散焦，以便95%以上的反射阳光落入塔顶的接收器上，一般镜面是具有微小弧度的平凹面镜。这个微小弧度就是太阳张角16′。目前已有的大多数塔式太阳能热发电站都采用这种结构的定日镜。

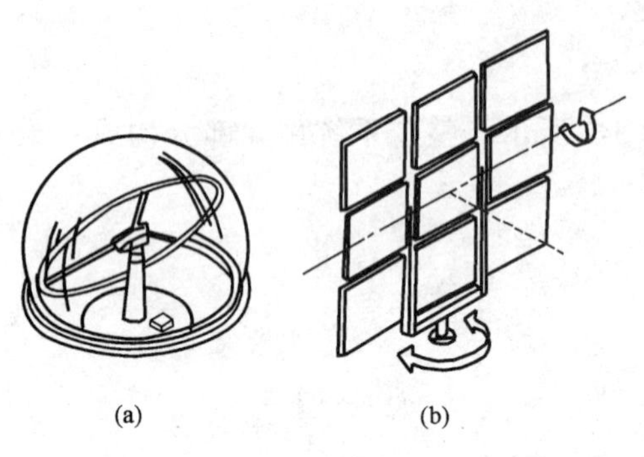

图3-9 定日镜结构示意图

（a）采用具有良好反射率薄膜作成的平面反射镜；

（b）采用铝或银为反光材料的玻璃背面镜

一个大型塔式太阳能热发电站，其镜场中通常装有几千台定日镜，因此具有很高的聚光倍数。通常有500～3000倍，工作温度都在350℃以上。所以塔式太阳能热发电系统也称高温太阳能热发电系统。

定日镜是塔式太阳能热发电站的关键部件之一，也是电站的主要投资部分，它占据电站的主要场地，因此对定日镜的性能具有严格要求，具体要求为：①镜面反射率高；②镜面平整度误差小于16′；③整体机械结构强度高，运行中能抗8级台风的袭击；④运行稳定；⑤全天候工作；⑥可以大批量生产；⑦易于安装；⑧维护少，工作寿命长。

2．镜场设计

镜场设计是塔式太阳能热发电站整体设计中最重要的组成部分。设计方法是：首先选择特定的季节，例如中冬，然后布置反射镜的线性南北向阵列，使其相互之间没有遮阳，并能截取入射太阳辐射的最大可能份额。定日镜为永久性固定定位，指向直接对准安装在塔顶的太阳接收器，如图3-10所示。

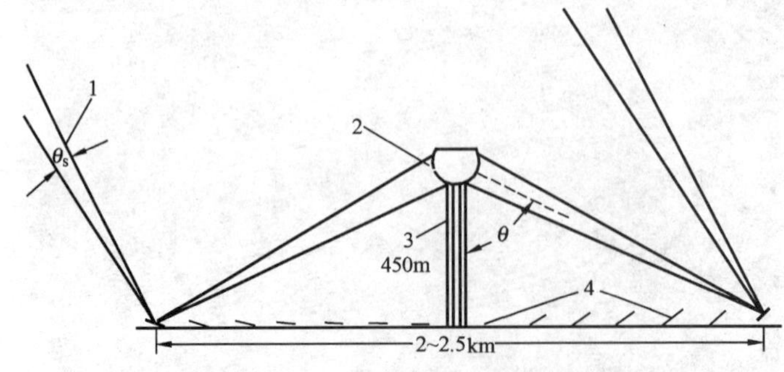

图3-10 太阳中心接收塔视场剖示图

1—入射太阳辐射；2—接收器；3—塔；4—定日镜

假定 γ 为从反射镜中心至接收器的固定角，ω 为从反射镜至太阳的变化角，则根据反射定律，要求反射镜相对于地平面升高 $(\gamma+\omega)/2$ 角。这就是抬高反射镜的一个边高于其中心，从而改变该反射镜从太阳对地面的遮阳面积。当然，任何其他反射镜的任何部分在地面上的投影，若构成遮阳面积，则该面积将不再能收集太阳能。一旦反射镜的布置对一年中所选择的季节定下，则可由几何作图方法求得在其他季节时入射阳光的变化部分。对给定大小的镜场，在太阳高度角很高的夏天，布置愈紧凑的反射镜阵列，将反射更多的太阳辐射能量，隆冬季节，由于增加遮阳面积，则反射能量减少。

应用相似的方法，可以建立东西向排列的反射镜之间在上午 9 时至下午 15 时之间无遮阳。这就要求定日镜相对于塔的东西两侧对称布置，还要求增加在上午 9 时接近太阳一侧的定日镜之间相隔的距离。按照这个布置，太阳辐射的较大部分被旁路，也就是达不到接收器，但接近中午时刻，入射到该线性阵列上的太阳辐射，将几乎全部反射到塔顶的接收器上。一旦该东西向阵列上的定日镜就位，就可求得一天中入射到塔顶接收器上变化的净太阳辐射量。

假设 ϕ_n 表示东西向阵列中反射镜对地面的角度，ϕ_s 表示南北向阵列中由反射镜截取到的入射太阳辐射的百分数，对给定的地面面积 A_g，总反射镜面积 A_m 为 ϕA_g，这里 $\phi=\phi_s\phi_n$。对中冬，即 12 月 21 日前后，该分析给出 $\phi_s=0.617$，和 $\phi_n=0.725$，所以有 $\phi=0.447$。推荐以下的经验公式，用以求得无遮阳的接收器视场的边缘角

$$\phi = 1.06 - 0.23\tan\theta \tag{3-3}$$

通常合适的边缘角 θ 值在 0～70°间。

在求得 ϕ 值后，则塔高和最大镜场直径之间的关系，即可由式（3-3）给出。

最后需要求得的参数是反射镜利用系数 ρ_s，它定义为镜面反射到塔顶接收器上的太阳能量对入射到相等面积水平面的太阳能量之比值。如果反射镜布置得太密，由于镜间的相互遮阳，ρ_s 值可能小于 1。对一面孤立的反射镜，ρ_s 值可以大于或小于 1。这个数值，就像平板集热器那样，决定于太阳高度角、反射镜方位角以及倾角。对整个阵列，ρ_s 的平均值可由计算程序求得。在全系统的设计中，必须将遮阳与方位的相互影响和经济因子结合在一起作综合考虑，对确定的阵列布置求得 ϕ 的最佳值。

一些设计者应用下列近似式，对在美国冬季条件下作最佳计算后求得的 ρ_s 值，从中夏为 0.78，变化到冬天下午为 2.0。

$$\rho_s = 0.78 + 1.8\times10^{-4}(90-\omega)^2$$

这样，应用以上的分析，代入太阳辐射量和高度角，可以计算得春分、夏至、秋分、冬至一天中每平方米镜面反射到接收器的功率。理想镜场反射的太阳功率如表 3-5 所示。

表 3-5　　理想镜场每平方米镜面反射的太阳功率

	中　冬	春　末	中　夏
最大功率的 95%（W）	470	680	710
超过最大功率 95%的时间（h）	3.6	4.6	5.8
超过 300W 的时间（h）	6.1	9.0	10.6
有用的总功率（W）	3200	5900	7200
功率大于 300W 的总功率（W）	2700	5600	6800
功率大于 300W 的平均功率（W）		5200	

显然，镜场的冬季运行特性只有在花费了夏季峰值性能的条件下才能得到改善。由已有的计算结果可以看到，从上午 9 时到下午 15 时之间，也就是在距正午前后各 3h 内曲线比较平滑，这段时区内有最佳性能。这些影响因素可以减少处理接收器上峰值能量的需要。

3. 跟踪与监测控制装置

塔式电站中的控制系统是一组计算机，用于监测和控制电站每个系统的运行情况，提供整个电站的协同控制。由于塔式电站具有庞大的定日镜场，每台定日镜都需单独控制，跟踪太阳，所以在太阳能热发电站中，塔式电站的控制系统最为复杂。塔式电站分层控制系统原理框图见图 3-11。

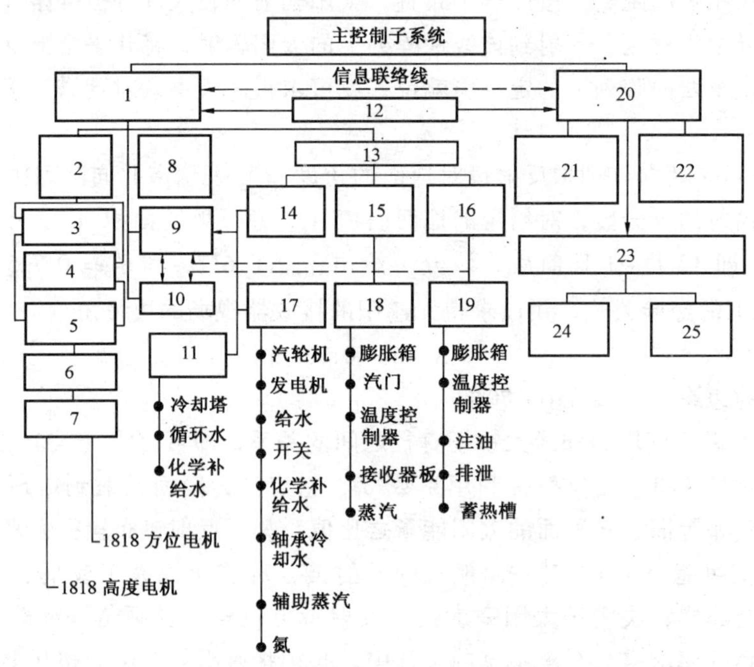

图 3-11　塔式电站分层控制系统原理框图

1—运行控制系统计算机；2—定日镜阵列控制器；3—计算机“A”；4—计算机“B”；5—64 定日镜场控制器；6—1818 定日镜控制器；7—镜场 1818 定日镜；8—光线特性系统；9—联锁逻辑系统；10—红线装置；11—远控站 5；12—时间和日期钟；13—系统分配处理控制器；14—发电系统；15—接收器系统；16—蓄热系统；17—远控站 4；18—远控站 1；19—远控站 2 和 3；20—数据采集系统；21—数据采集远控多路系统；22—位置气象仪器；23—运行与加热器的传输与计算；24—位置；25—不同的远控定位

整个电站的各子系统中装有很多传感器，运行中大量连续的和间断的测量数据和报警信号从各处传至中央控制室，并由主机记录和显示。同时显示运行中系统管道和仪器及指示阀门工作状态。塔式太阳能热电站中央主控室控制台如图 3-12 所示。由于控制过程高度自动化，所以一般太阳能热电站的中央主控室只设岗 1 人。

（二）中心接收塔

中心接收塔也称动力塔，是塔式太阳能热发电站的集热装置。它由太阳辐射接收器和高塔两部分组成。接收器安装在高塔顶上，工质输送管道等布置在空心塔体内。

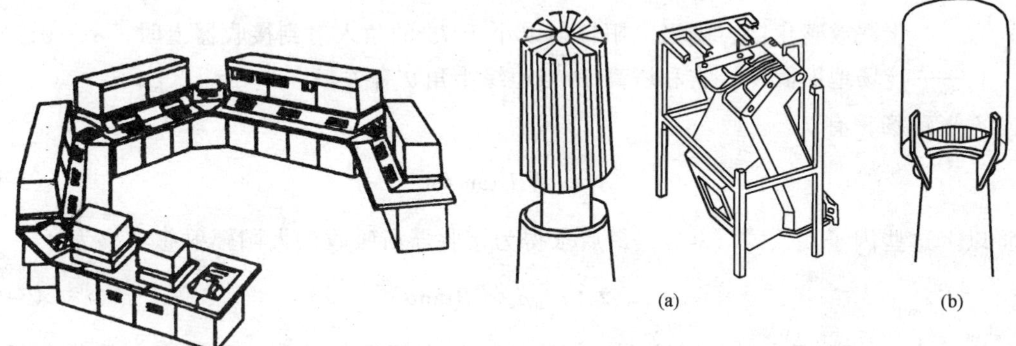

图 3-12 电站中央主控室控制台

图 3-13 中心接收器结构示意图

(a) 空腔型；(b) 外部受光型

1. 接收器

(1) 结构。塔式太阳能热发电站的太阳辐射接收器大致有两种形式，即空腔型和外部受光型，图 3-13 为中心接收器结构示意图。

从结构上看，不管哪种形式的接收器，都以排管束为基本换热单元，只是按工作原理不同，组构成不同形式。空腔型接收器的工作原理是众多排管束围成具有一定开口尺寸的空腔，阳光从空腔开口入射到空腔内部管壁上，在空腔内部进行换热。显然，这种空腔型接收器的热损失可以降至最小，适合于采用现代高参数的汽轮发电循环。

外部受光型接收器的工作原理是众多排管束围成一定直径的圆筒，受热表面直接暴露在外，阳光入射到表面上进行换热。和空腔型接收器相比，其热损失显然要大些。但这种结构形式的接收器可以更容易接受镜场边缘上定日镜的反射辐射，因此它更适用于大型塔式太阳能热发电系统。

从换热原理上看，接收器都是太阳辐射直流锅炉。实际上，最初的设计者也都是按照直流锅炉原理构思的。作为换热基本单元体的排管束，采用小管径耐热铜管制成。外部受光型接收器的排管束，其外表面需涂覆高温选择性吸收膜。相反，空腔型接收器按其吸热原理则无需涂层。相比之下，这也是空腔型接收器的一个优点。

(2) 热分析。接收器所吸收的太阳辐射总功率

$$P = I_b A_g \phi \rho_s \eta_o \alpha_r \tag{3-4}$$

式中 I_b——入射直射太阳辐度；

ϕ——反射镜覆盖镜场面积的百分数，一般取 $\phi \approx 0.45$；

ρ_s——反射镜利用系数。为了减少入射的有用太阳辐射能量的变化，恰当地调整反射镜的排列，使得中冬下午 3 时 ρ_s 有最佳值。则 ρ_s 随时间和季节的变化，从中夏中午的 0.78 到最佳时的 1.74；

η_o——入射到反射镜面的阳光中经反射实际到达接收器上的百分数，包括镜面的反射率（约 0.85）、接收器玻璃外壳的透过率（~0.95）和支撑结构的透过率

(~0.94)，η_o 值约为~0.75；

α_r——接收器表面对入射阳光的吸收率，若接收器表面涂覆的选择性吸收涂层为氧化铁或碳化钛，则当太阳辐射以小于75°的角入射到接收器上时，$\alpha_r = 0.90$；

A_g——镜场地面面积，它和塔高 H 与边缘半角 θ 有关。

对方形镜场，有

$$A_g = 4H^2\tan^2\theta \tag{3-5}$$

将以上这些因子代入式（3-4），最后求得为接收器所吸收的太阳辐射总功率为

$$P = 2.67 I_b \rho_s \phi (H\tan\theta)^2 \tag{3-6}$$

显然，式（3-6）所表示的到达中心接收器上的太阳辐射功率，还将有一部分向环境辐射，构成接收器的热损耗。假定这部分辐射损耗的比率为 β，则有

$$\beta p = \varepsilon_r \sigma (T_r^4 - T_\infty^4) A_r \tag{3-7}$$

式中 T_r——接收器表面温度，K；

T_∞——环境温度（约300K）；

A_r——接收器的辐射表面积；

ε_r——辐射温度下的表面发射率。

为了估算 β 值，我们需要计算能有效地截取入射到镜场上太阳能量的最小接收器面积。假定反射镜是理想的，而且形成太阳的最小影像，则

$$\frac{\text{最佳影像直径}}{\text{至影像的距离}} = \frac{\text{太阳直径}}{\text{至太阳的距离}} = \theta_s = 0.0093$$

这表示在距塔的最大半径距离 $2H$（边缘角63°）处的那些反射镜，若其直径 D_m 为3m，具有 $\frac{1}{2}$mm 弓形高的微凹镜面，则能最佳地将阳光聚集在接收器上。若偏离理想镜面型线的偏差为该值的一半，则影像直径 D 将增大约反射镜直径的一半。因此，影像的有效直径 D_i 为

$$D_i = D + \frac{D_m}{2} = \frac{H}{\cos\theta}\theta_s + \frac{D_m}{2} \tag{3-8}$$

一个典型设计，选择 $D_m = 3$m，$H = 450$m 和 $\cos\theta = 0.5$。则有

$$D_i = \frac{H}{\cos\theta}\theta_s\left(1 + \frac{D_m\cos\theta}{2\theta_s H}\right) = 1.18D = 9.87\text{m}$$

正像以上所讨论的，在反射镜面光洁度和结构型线合理允许误差范围以内，全部反射能量都将基本上落在直径大约为 $1.2D$ 的圆环以内。为了使全部影像截落在接收器上，将反射和辐射损降至最小，接收器应选择具有圆锥截面的球形底，从反射镜以边缘角看接收器的示意图如图3-14所示。

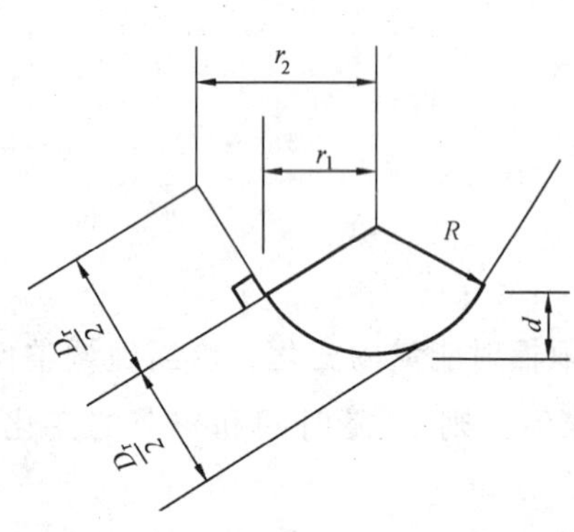

图3-14 从反射镜以边缘角看接收器的示意图

图中各部分尺寸关系满足

$$d = R(1 - \cos\theta)$$

$$r_1 = R\sin\theta$$

$$r_2 = R(\sin\theta + \cos\theta)$$

$$球面积 = \pi D_r d = \frac{\pi}{2} D_r^2 (1 - \cos\theta)$$

$$圆锥面积 = \pi D_r \frac{r_1 + r_2}{2} = \frac{\pi}{2} D_r^2 \left(\sin\theta + \frac{\cos\theta}{2}\right)$$

$$总面积 = A_R = \frac{\pi}{2} D_r^2 \left(1 + \sin\theta - \frac{\cos\theta}{2}\right)$$

$$= \frac{\pi}{2}\left(\frac{\sqrt{2}\alpha_r H}{\cos\theta}\right)^2 \left(1 + \sin\theta - \frac{\cos\theta}{2}\right)$$

一年中每个季节镜场和接收器的性能如表 3-6 所示，镜场在中冬时运行最佳。这些数据是对边缘角 45°（镜场直径 = 塔高）和 63°（镜场直径近似为塔高的两倍）求得的。表中入口值 $\rho\phi E_o$ 是中午每 m^2 理想反射镜场入射到接收器上的平均能量。对给定的塔高，功率 P 可以由入口值 P/H^2 求得。最后在以上所述的假定下，β 对两个运行温度的每一种情况进行估值。对给定的结构形式，β 形式上和塔高无关，就像 $\rho\phi E_o$ 和 P/H^2 之间的关系。如果整个接收器在温度 T_r 下工作，则热损系数加大 1 倍。

表 3-6　　镜场和接收器性能[①]

季　节	中　冬		春分、秋分		中　夏	
边缘半角（度）	45[②]	63	45	63	45	63
$\rho\phi E_o$（W/m²）	208	220	294	317	328	329
P/H^2（W/m²）	555	2260	785	3260	876	3380
β（1000K）	0.033	0.024	0.023	0.017	0.021	0.016
β（1500K）	0.168	0.124	0.120	0.085	0.106	0.083
P（H = 450m）（MW）	112	458	159	660	177	684

注　①来自 Solar energy，Vol. 18，pp. 31～39，1976。

②聚光比，对 θ = 45°，约为 2300；对 θ = 63°，约为 3000。

表 3-7 列出了用于计算单元平面表面基本方位和运动的公式，可供计算各种聚光集热器性能时参照使用。

表 3-7　　用于计算单元平面表面基本方位和运动的公式

序号	方　位	入射因子（cos$i$）
1	固定的水平平面表面	$\sin L\sin\delta + \cos\delta\cos h\cos L$
2	固定的倾斜平面表面，它在春秋分中午时垂直于太阳辐射	$\cos\delta\cos h$
3	平面表面相对于水平东西向轴逐日调整，它在一年中的所有天，中午时垂直于入射辐射	$\sin^2\delta + \cos^2\delta\cos h$
4	平面表面相对于水平东西向轴连续调整，以获得最大的入射能量	$\sqrt{1 - \cos^2\delta\sin^2 h}$
5	平面表面相对于水平南北向轴连续调整，以获得最大的入射能量	$[(\sin L\sin\delta + \cos L\cos\delta\cos h)^2 + \cos^2\delta\sin^2 h]^{1/2}$

续表

序号	方　　位	入射因子（$\cos i$）
6	平面表面相对平行于地轴的轴连续调整，以获得最大的入射能量	$\cos\delta$
7	相对于两个垂直轴连续调整，使在所有时间内太阳直射辐射以垂直于表面的角度入射	1

表 3-7 式中　L——地理纬度；

δ——太阳赤纬；

h——时角。

2. 塔

在塔式太阳能热发电站的镜场中，立有一座很高的竖塔。塔的四周分布众多的定日镜，塔的顶端安装接收器。阳光经塔周的定日镜反射到塔顶上的接收器。工质从地面经管道送至塔顶的接收器加热，加热后的工质再经管道送回地面。所有地面和塔顶接收器之间连接管路和控制联络线均沿塔敷设。

目前，塔式太阳能热发电站中所使用的竖塔，结构上有钢筋混凝土和钢构架两种型式。

竖塔的高度决定于镜场的规模。电站的设计容量愈大，则镜场的规模愈大，竖塔也就愈高。例如，欧盟在意大利西西里岛建造的塔式太阳能热发电站，镜场占地面积 3.5 万 m^2，塔高 55m。美国太阳Ⅱ号塔式电站，镜场占地 44 万 m^2，塔高 91m。

（三）蓄热装置

塔式太阳能热发电站的蓄热装置，通常是两个不承压的开式贮热槽：一个是冷盐槽，一个是热盐槽，以混合盐作贮热介质。冷盐槽中的冷盐，通过泵送往塔顶的接收器，经太阳能加热至高温，贮于热盐槽中。运行时，热盐通过蒸汽发生器加热水变成过热蒸汽，驱动汽轮发动机组发电，然后再返回冷盐槽。

通常混合盐的运行工况接近常压，因此接收器不承压，允许采用薄壁钢管制造，从而可以提高传热管的热流密度，减少接收器的外形尺寸，以至降低接收器的辐射和对流热损失，使接收器具有较高的吸收效率。

从作用上看，这里的混合盐兼具载热和贮热双重功能，使得蓄热系统变得简单和高效。一般贮热效率大于 91%。

二、典型塔式太阳能热发电站介绍

（一）太阳Ⅰ号电站

美国太阳Ⅰ号电站是目前世界上较为典型的塔式太阳能热发电站。该电站由美国能源部联合南加州几家公司合资兴建，由道格拉斯公司承建。该电站位于北纬 34.87°、西经 116.83°，即美国加州南部 Barstow 沙漠地区附近。1979 年 3 月开始建设，1981 年 12 月建成，并立即投入运行试验。运行时间为 1982 年 4 月 12 日至 9 月 27 日。

1. 电站设计容量

电站额定设计容量为 10MW，即系统保证夏季至少 8h、冬季至少 4h 输出功率在 10MW

以上。其电站的系统图如图3-15所示。

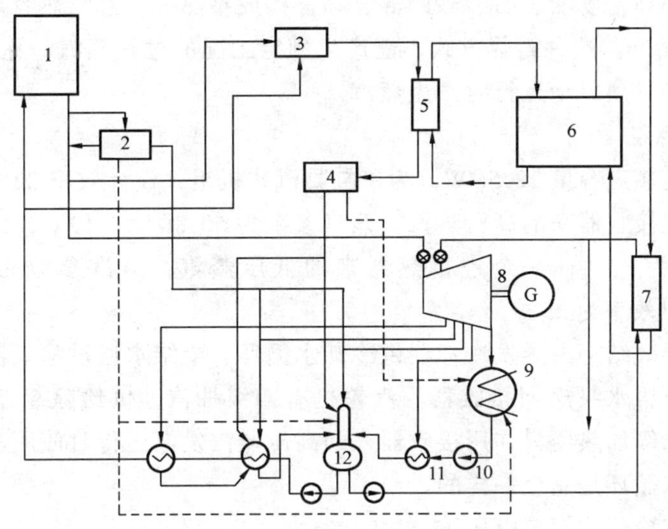

图3-15 太阳Ⅰ号电站系统图

1—接收器；2—膨胀箱；3—过热降温器；4—膨胀箱；5—蓄热式换热器；6—蓄热装置；
7—蓄热式蒸汽发生器；8—汽轮发电机组；9—凝汽器；10—泵；11—加热器；12—除氧器

2. 聚光集热装置

全场共装定日镜1818台，环塔360°在四个象限布置，其中1240台定日镜布置在两个北象限，另578台布置在两个南象限。单台定日镜的反射镜面积为39.9m²，由12块背面镀银的微凹镜片组成。整个镜面装在一个齿轮装置上，以便跟踪控制。清洁镜面的反射率为0.903。运行至1985年，平均镜面反射率为0.82。定日镜总面积为72540m²。其面积配置略小于接收器的容量。定日镜设计保证在风速22m/s下稳定运行，而当镜面收藏到低位时，可抗风速40m/s。

中心塔为框架式钢结构，塔高64.31m。接收器安装在塔顶上，其结构为外部受光型，装配总体参数为：直径7m；高13.7m；蒸汽发生器18个；过热器6个。

排管束组件特性参数为：宽0.889m；长13.716m；组件管数70个；管外径1.27cm；管内径0.68cm；管材为Incoloy 800。

每一个组件的70根组管，在全长上互相焊接在一起。采用Incoloy 800管材制造，以承受电站每天启停过程中接收器内所产生的热应力。

接收器表面涂覆高温选择性吸收膜Pyromark。工质直接进入接收器加热，产生温度516℃、压力1.02×10^7Pa的过热蒸汽。既可直接用于驱动汽轮发电机组发电，也可送到蓄热器贮热。运行至1985年底，表面重新涂上第二层高温选择性吸收膜，这时接收器的反射损失从13%降至6%，说明高温选择性吸收膜经数年运行后，性能有所下降。

定日镜跟踪装置配有2台主机，1台运行，1台备用。1台主机管理64个场地控制器，每个场地控制器控制32台定日镜的微处理器。经过实际运行，证实跟踪可靠性很好，整个场地只需1人管理，用其工作时间的3/4进行操纵。

3. 蓄热装置

蓄热工质采用高密度油、石、砂的混合物，构成蓄热床。总贮热容量可供汽轮发电机组满负荷发电运行3h。这种蓄热方式不能产生额定工况的过热蒸汽。原设计只用作夜晚、多云、停运预热和早晨启动运行时产生蒸汽。

4. 汽轮发电机组

汽轮发电机组额定容量12.5MW，为单缸凝汽式机组，设计效率33%。汽轮机有两个蒸汽入口，一个进接收器来的高压蒸汽，蒸汽参数为50.8t/h，510℃，1.01×10^{7}Pa，发电10MW，机组效率为35%；一个进蓄热器来的低压蒸汽，蒸汽参数为47.6t/h，274℃，2.65×10^{6}Pa，机组效率为25%。

排汽进凝汽器凝结，由蒸发冷却器供冷却水循环。凝结水通过除氧器和一组给水加热器除氧加热，再由给水泵送回接收器。汽轮机有四级抽汽，供给除氧器和三级给水加热器。第一级和第二级加热器只在用接收器来的高压蒸汽发电运行时使用。这些和普通常规热力发电厂的汽水循环是完全一样的。

发动机为空气冷却，额定电压13.8kV。

5. 运行概况

初试和评估期2年，正常发电3年，14个月每周运行5天。在累计运行的50个月里，电站与南加州爱迪生电网并网，净发电共37×10^{3}MWh。

太阳Ⅰ号电站采用逐日启动运行方式。由于每天早晨启动损耗和白天多云天气的影响，电站年平均发电效率约为4.1%~5.7%，夏季平均发电效率为8.7%，最大瞬时发电效率为15%。最好年份的年平均发电效率为7.4%，改进后的年平均发电效率为8.2%。美国能源部的目标是年平均发电效率达到20%。

电站的热损耗主要由3部分组成：接收器热损耗占51%，主要是管道泄露、闸门损坏和传输损失造成的；汽轮机热损耗占17%，主要是每周只运行5天所造成的；计算机控制误差引起的能耗占14%，其中一半以上是由控制定日镜跟踪的那部分计算机引起的。

发电试验初期，厂用电占33%，到了1988年达到39%，其主要原因是太阳Ⅰ号本身发电功率小，而且是试验装置，设备选择有待优化。

6. 电站初次投资比例

电站初次投资比例为：定日镜52%；发电机组、电气设备18%；蓄热装置10%；接收器5%；塔3%；管道及换热器8%；其他设备4%。

（二）太阳Ⅱ号电站

美国太阳Ⅱ号电站是在总结太阳Ⅰ号电站试验运行的基础之上，为推进塔式太阳能热发电站商用化进程而建设的先导性工程，也是美国太阳能热发电计划中最令人瞩目的项目之一。电站设计容量为10MW。

太阳Ⅱ号电站位于美国南加州Mo jare沙漠地区。1996年4月建成，同年6月并网发电并进入长年试验与评估期。太阳Ⅱ号电站概念设计原理系统图如图3-16所示。

太阳Ⅱ号电站共有定日镜1926台，其中，镜面面积40m^{2}的小型定日镜1818台，这是在太阳Ⅰ号电站中用过的；面积95m^{2}的大型定日镜108台，这是新设计的。总镜面面积

82980m²。镜场为椭圆形，东西长约760m，南北长约580m。在平均太阳直射辐照度为500W/m²下，约有42MW的聚光能力。

定日镜采用双轴跟踪，当定日镜和接收器表面最大距离为300m时，其跟踪误差为0.51m。定日镜表面用自走式喷水车作定期清洗，以保证镜面反射率。

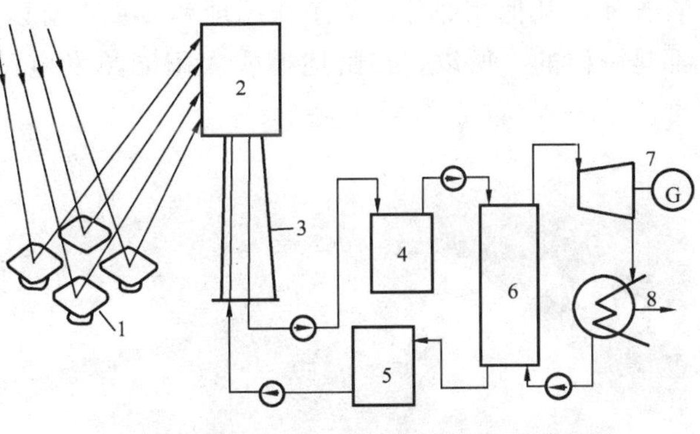

图3-16 太阳Ⅱ号电站概念设计原理系统图

1—定日镜；2—接收器；3—塔；4—热盐槽；5—冷盐槽；6—蒸汽发生器；7—汽轮发电机组；8—凝汽器

塔高91m，接收器为直流受光型，由24个排管束组件构成，外径5m，高6.3m。

蓄热系统是2个钢制的盐槽，1个冷盐槽，1个热盐槽，每个盐槽占地9.2m×12.5m，可容纳1500t熔盐。贮热介质为$NaNO_3$占60%、KNO_3占40%的混合盐。冷盐槽中的熔盐温度为288℃，经泵送到塔顶接收器，在那里被加热至565℃后返回热盐槽。当电站有运行需要时，将热盐送至蒸汽发生器，产生的过热蒸汽驱动汽轮发电机组发电，贮存的热量可满足机组满负荷运行3h。由于太阳Ⅱ号电站采用了这一蓄热系统，使整个电站的发电效率有所提高。

太阳Ⅱ号电站建设的目标是提供一个熔盐塔式太阳能电站的示范性设计。经过试运行，澄清了发展熔盐塔式太阳能热发电系统在经济和技术上的若干不确定性，使工业界能够充满信心地去发展适宜于商用规模（30～100MW）的塔式太阳能热发电站。

第四节 槽式太阳能热发电系统

槽式抛物面反射镜太阳能热发电系统（SEGS）简称槽式太阳能热发电系统，也称分散型太阳能热发电系统。

槽式抛物面反射镜太阳能热发电系统，顾名思义，是将众多的槽型抛物面聚光集热器，经过串并联的排列，从而可以收集较高温度的热能，加热工质，产生过热蒸汽，驱动汽轮发电机组发电。

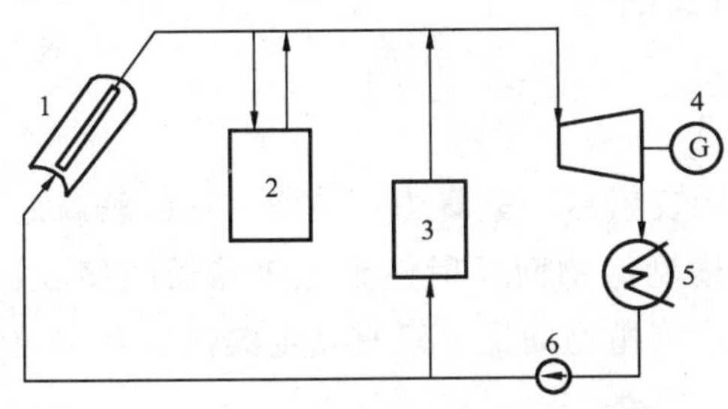

图3-17 槽式太阳能热发电站原理系统图

1—槽型抛物面聚光集热器阵列；2—蓄热器；3—辅助能源锅炉；4—汽轮发电机组；5—凝汽器；6—泵

一、电站系统

槽式太阳能热发电站原理系统图如图3-17所示。整个系统由4部分组成：聚光集热装置、辅助能源装置、蓄热装置和汽轮发电装置。

一般说来，槽式太阳能热发电站和塔式太阳能热发电站相比，其电站系统除去聚光集热装置外，其他几部分，从工作原理和装置本身以及各自在电站系统中的作用上看，基本上都是一样的。所以，在阐述槽式太阳能热发电站时，只需着重介绍聚光集热装置部分即可。

图 3-18 槽式太阳能热发电站槽型抛物面聚光集热器

二、聚光集热装置

槽式太阳能热发电站的聚光集热装置是众多分散布置的槽型抛物面聚光集热器。其结构由 3 部分组成：槽型抛物面聚光器、接收器和跟踪机构。

图 3-18 是 LUZ 公司开发的槽式太阳能热发电站用的槽型抛物面聚光集热器照片。

（一）聚光器

1. 槽型抛物面反射镜

一台槽型抛物面聚光集热器由很多抛物面反射镜单元组构而成。反射镜采用低铁玻璃制作，背面镀银，镀银表面涂上金属漆保护层，这种镀银层在清净无尘时，镜面反射率为 0.94。镜面的设计与制作工艺和塔式太阳能热电站中的平面反射镜大体上一样。抛物面反射镜聚光原理图，如图 3-19 所示。

2. 混合平面—抛物面反射镜

单抛物面聚光器的聚光倍数比较低，通常只有几十倍，要比塔式和盘式聚光器的聚光倍数小得多，而其接收器的散热面积较大，因此所可能达到的集热温度也就低得多。

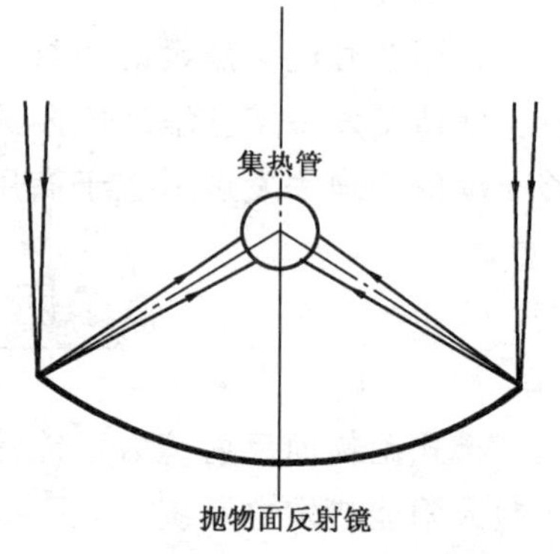

图 3-19 抛物面反射镜聚光原理图

为了提高集热温度，也就是提高聚光器的聚光倍数，日本在 20 世纪 80 年代完成的 1000kW 槽式抛物面反射镜太阳能热发电试验电站中，就采用了这种混合平面—抛物面反射镜，即采用一组跟踪太阳的平面镜将阳光反射到一台抛物面反射镜上，阳光经过二次聚焦，从而提高了整个聚光系统的聚光倍数，使系统可以得到更高的集热温度。混合平面—抛物面二次聚焦光学布置方式，如图 3-20 所示。

（二）接收器

槽型抛物面反射镜为线聚焦装置，阳光经镜面反射后，聚集为一条线，接收器就放置在这条焦线上，用于吸收阳光加热工质。所以，槽型抛物面反射镜聚光集热器的接收器，实质上是一根作了良好保温的金属圆管。目前，槽型抛物面反射镜有真空集热管和空腔集热管两种结构型式。

1. 真空集热管

真空集热管是一根金属圆管，它表面涂覆高温选择性吸收膜，如黑铬、黑镍等，为了降低集热损失，在金属圆管外面套一根同心玻璃圆管，夹层内抽真空，既保护集热管表面

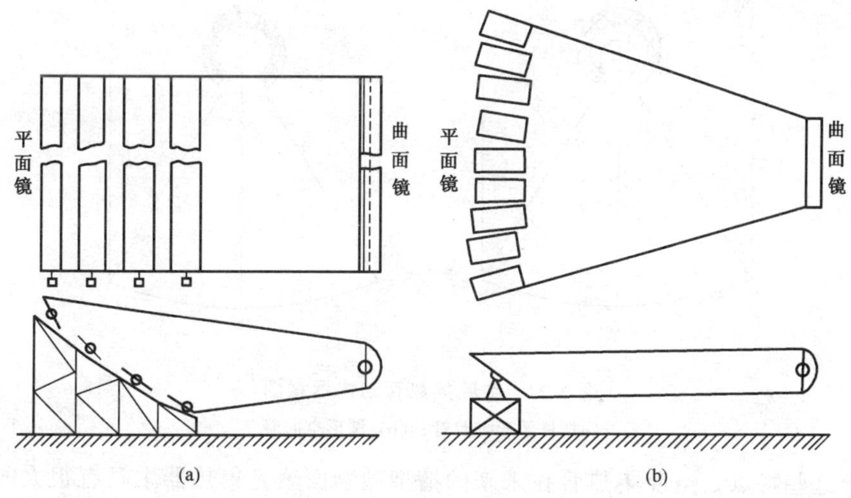

图 3-20　混合平面—抛物面二次聚焦光学布置方式

(a) 长焦距抛物面布置方式；(b) 短焦距抛物面布置方式

的选择性涂层，又降低集热损失，采用可伐合金作玻璃与金属之间的封接。槽式太阳能发电站用真空集热管，如图 3-21 所示。

这种真空集热管主要用于短焦距抛物面反射镜，以增大吸收表面，降低光照面上的热流密度，从而降低热损失。它的主要优点是热损失小。它的主要缺点，一是运行过程中，由于玻璃管和金属管之间事实上存在温差，所以玻璃和金属之间的封接技术要求很高，很难做到在户外运行条件下长期保持夹层内的真空度；二是高温下涂层容易老化和脱落，难以长期维持性能。

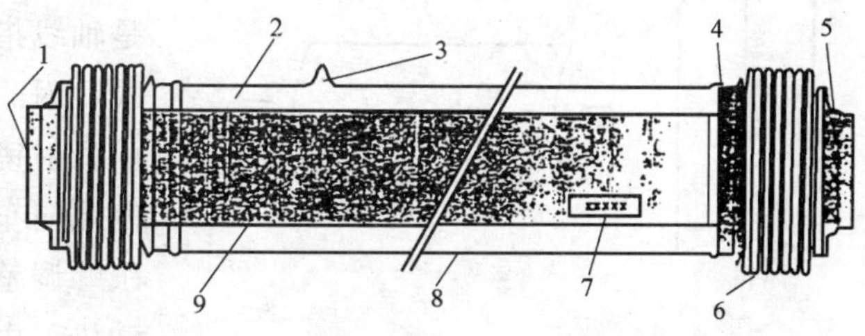

图 3-21　槽式太阳能发电站用真空集热管（长 4m）

1—传热流体；2—玻璃套管与金属管之间真空；3—真空嘴；4—玻璃-金属密封；5—法兰；6—波纹管；7—吸气管（被动式真空泵）；8—玻璃套管；9—内钢管（有金属陶瓷选择性涂层）

2. 空腔集热管

空腔集热管的工作原理和塔式太阳能热发电站中的空腔型接收器是完全一样的，都是利用空腔体的黑体效应，充分吸收聚焦后的阳光。本文作者曾在中科院研究过的两种空腔集热管的结构示意图，见图 3-22。图 3-22（a）是月牙形空腔管，图 3-22（b）是用小管组排成的圆形空腔管。空腔开口对着反射镜面，镜面的反射阳光从开口进入空腔，为集热管吸收。正由于空腔的黑体效应，其吸收阳光的表面无需涂层。空腔管外表包覆良好的隔热层，以降低集热损耗。

图 3-22 所示空腔集热管的主要优点是集热效率高，不用抽真空；没有玻璃和金属的封接；集热管壁不要涂层。所以，其热性能可以长期保持稳定。它的主要缺点是加工工艺

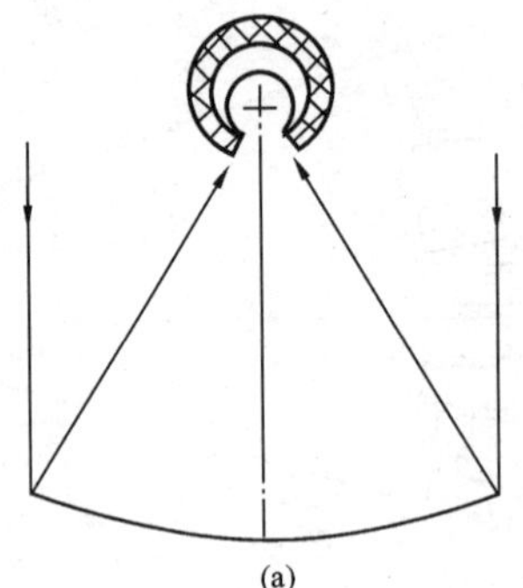

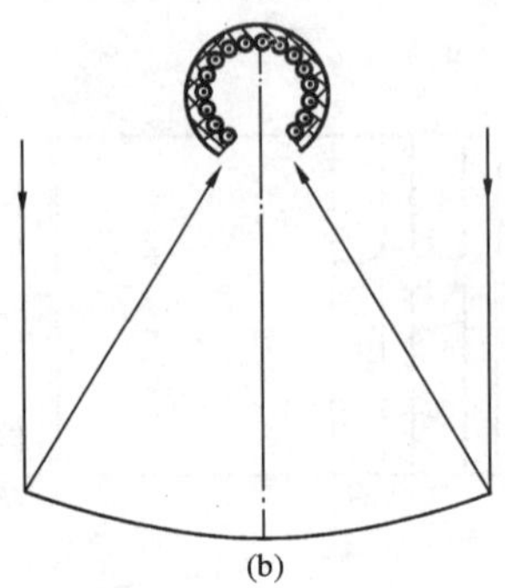

图 3-22 空腔集热管结构示意图

(a) 月牙形空腔管；(b) 圆形空腔管

复杂。由于这些特点，空腔集热管在未来的槽型抛物面聚光集热器中具有很大的潜在应用优势。

为使集热管不承压，槽式太阳能热发电系统多设计为双循环系统，即集热工质采用混合导热油，再通过蓄热式换热器产生过热蒸汽，驱动汽轮发电机组发电。

槽型抛物面反射镜的聚光倍数较低，所以系统工作温度一般不超过 400℃。因此，槽式太阳能热发电通常归属为中温太阳能热发电系统，也称为槽式中温太阳能热发电系统。

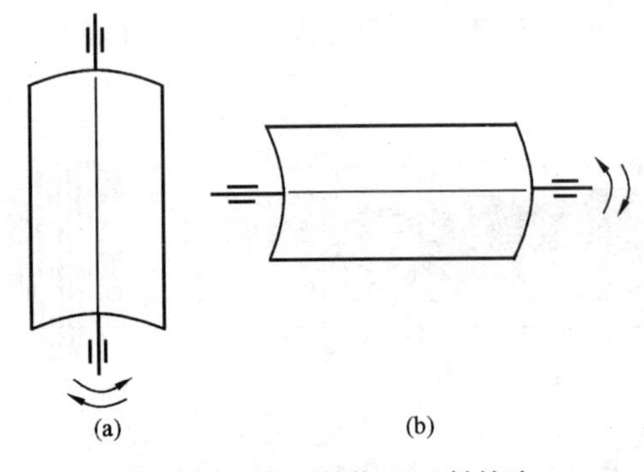

图 3-23 槽型抛物面反射镜布置形式原理示意图

(a) 南北向布置；(b) 东西向布置

(三) 跟踪机构

槽型抛物面反射镜根据其采光方式，也就是轴线指向，分为东西向和南北向两种布置形式，因而它有两种不同的跟踪方式。槽型抛物面反射镜布置形式原理，如图 3-23 所示。通常南北向布置作单轴跟踪，东西向布置只作定期跟踪调整。每组聚光集热器均配有一个伺服电动机。由太阳辐射传感器瞬时测定太阳位置，通过计算机控制伺服电机，带动反射镜面绕轴跟踪太阳。传感器的跟踪精度为 0.5°。

塔式太阳能热发电站镜场中的众多定日镜，每台都必须作独立的双轴跟踪太阳，而多个槽型抛物面反射镜只作同步跟踪。相比之下，槽式太阳能热发电站中的镜面跟踪装置要大为简化，这部分投资自然也大大降低。

三、LUZ 槽式太阳能热发电站介绍

20 世纪 80 年代初期，LUZ 公司立足于开发槽式太阳能热发电技术，在其对太阳能热发电基础技术前期研究开发的基础之上，从 1985 ~ 1991 年间，在美国加州沙漠地区相继建成 9 座槽式太阳能热发电站，总装机容量 353.8MW。槽式太阳能热发电站基本参数如表 3-8 所示。

(一) 电站系统

图 3-24 为 LUZ 公司 SEGS Ⅵ电站原理系统图。从一次能源供给方式上看，这实际上是

一座太阳能与天然气的双能源联合循环发电系统。其运行方式，可以全部利用太阳能，也可以全部使用天然气，或两者混用。显然，设计者的目的是最大限度地直接利用太阳能发电，提供电网需要的峰值电能，而由辅助能源协同维持电站白天能稳定运行，只在冬季和夏末多云天气，太阳能降低，而电网高峰负荷期尚未过时，才依靠辅助能源发电。这种双能源系统，本身具有很多优点，例如电站不再设置蓄热子系统，简化了电站系统，从而降低电站的初始投资。

表 3-8　　　　槽式太阳能热发电站基本参数

电站系列		Ⅰ	Ⅱ	Ⅲ	Ⅳ	Ⅴ	Ⅵ	Ⅶ	Ⅷ	Ⅸ
站址（美国加州）		Daggett				Kramer J.			Harper LaKe	
电站容量（MW）		14	30	30	30	30	30	30	80	80
机组额定容量（MW）		14.7	33	33	33	33	33	33	88	88
反射镜总面积（m^2）		82960	190338	230300	230300	250260	188000	194280	464340	483960
反射镜数目（面）		41600	96464	117600	117600	126208	960000	892160	190848	198912
集热温度（℃）		307	320	349	349	349	393	393	393	393
汽轮机循环				无　再　热				再　　热		
蒸汽参数（℃/bar）	太阳能	247/38	300/27	327/43	327/43	327/43	371/100	371/100	371/100	371/100
	天然气	417/37	510/105	510/105	510/100	510/100	510/100	510/100	371/100	371/100
载热工质	型号	ESSO 500	VP-1	VP-1	VP-1	VP-1	DA	VP-1	VP-1	
	总量（m^3）	3864	500	434	434	554	500	500	1548	
过热器容量（10^6kJ/h）			158×2		264×2		179×2		506×2	
再热器容量（10^6kJ/h）							222×2		696×2	
再热压力（bar）								17.2		
再热进口温度（℃）								371		
集热器进口温度（℃）		240	231		248			293		
最佳光学效率（%）		71	71		73		76		80	
集热器年平均效率（%）		51	53		50		50	51	53	
系统峰值热损（%）		17	12		14			15		
年净发电量（10^6kWh）		30.1	66.5	85.1	85.1	91.8	90.6	94.4	252.8	
年运行小时数（h）		2203	2217	2835	2835	3060	3019	3147	3159	
太阳能发电效率（%）			29.4		30.6		37.7	37.7	37.7	
天然气发电效率（%）		31.5	37.0		37.4		39.5	39.5	37.7	
太阳能依存率（%）	设计	65	64	71	72	75	76	76		
	实际	19.6	42.6	60.4	61.2	68.9	65.9	71.7		
投资比（美元/kW）		4490	3200	3370	3470	4070	3870	3900	2650	
发电成本（美分/kWh）		24	17	13	13	12	11	11	8	
总投资（亿美元）		0.62	0.96	1.01	1.04	1.22	1.16	1.17	2.12	
占地面积（10^3m^2）		271	608	668	668	729	655	655	1550	1550
投运年份		1984	1985	1986	1986	1987	1988	1988	1989	1991

SEGSⅥ电站的聚光集热器阵列，由 24 台 J—3 型聚光集热器组成，每台集热器长 4m，总长 96m。载热工质为联二苯和二苯醚的混合物。其接收器采用真空集热管，可将工质加热到 393℃。从集热管出来的高温载热工质，大部分进入过热器、蒸汽发生器和预热器回路，小部分进入再热器，各自经过换热后，汇集一起，返回聚光集热器再进行加热。

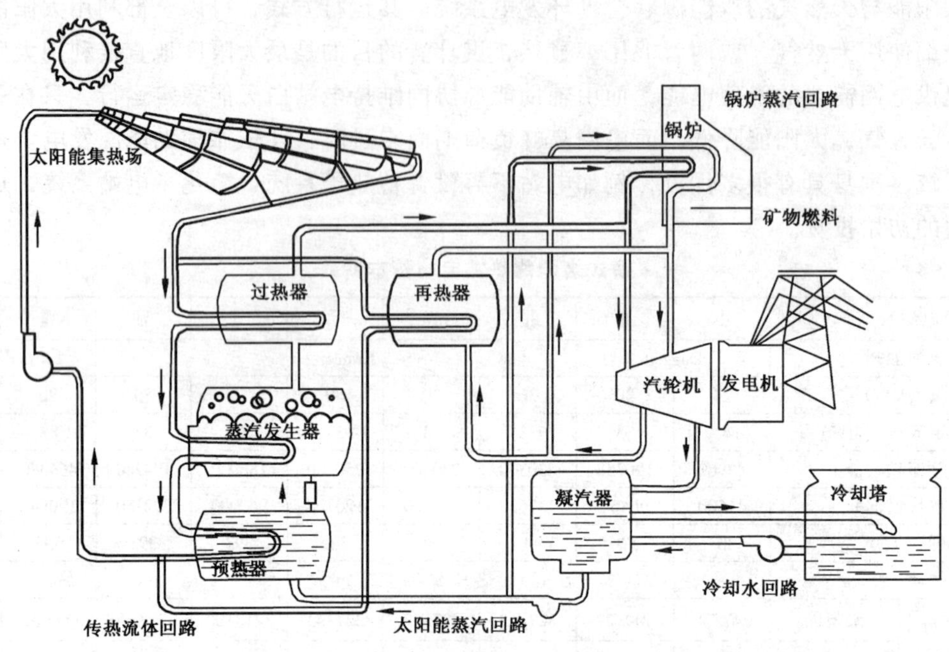

图 3-24 LUZ 公司 SEGS Ⅵ电站原理系统图

蒸汽回路中并联有天然气锅炉，由系统根据需要控制锅炉的启停，与太阳能相互补充，产生足量的额定工况蒸汽，驱动汽轮发电机组发电。汽轮发电机组为一般凝汽式汽轮机组。

（二）聚光集热器

表 3-9 列出了 LUZ 公司相继建成的 9 座槽式太阳能热发电站在技术参数上的进展。从表 3-9 中可以看到，从 SEGS Ⅰ至 SEGS Ⅸ的发展过程中，LUZ 公司在电站技术上取得了不小的进展，而电站所用的聚光集热器型号也从 LS—1 型推进到 LS—4 型，它们的性能也在逐步地改进，LS—1、LS—2 和 LS—3 型太阳聚光集热器基本参数，如表 3-10 所示。这就说明，LUZ 公司对槽式太阳能热发电站的研究开发是成功的，其所以能在电站技术上取得如此成就，主要原因是不断地致力于对新型聚光集热器的研究开发。

表 3-9　　LUZ 公司槽式太阳能热发电站在技术参数上的进展

	系统代号				
	SEGS Ⅰ	SEGS Ⅲ ~ SEGS Ⅴ	SEGS Ⅵ ~ SEGS Ⅶ	SEGS Ⅷ	SEGS Ⅸ
集热器型号	LS—1	LS—2	LS—3	LS—3	LS—4
工作介质及出口温度(℃)	油,307	油,391	油,391	油,391	蒸汽,402
系统容量(MW)	13.8	30	30	80	80 ~ 160
年平均太阳能热电转换效率(%)	10	11	12.4	14	15.5 ~ 17
峰值太阳能热电转换效率(%)	22(燃油过热)	19	22.2	24	26 ~ 28
蒸汽压力(bar)	35.5	40	100	100	100 ~ 120
循环效率(%)	31.5	30.6	37.5	38.4	40

表 3-10　　LS—1 型、LS—2 型和 LS—3 型太阳聚光集热器基本参数

基本参数 \ 型号	LS—1	LS—2	LS—3
面积（m^2）	128	235	545
镜片数（片）	64	120	224
镜片厚度（mm）	4	4	4
口径（m）	2.55	5.0	5.76
长度（m）	50.2	47.1	95.2
跟踪精度	0.1	0.1	0.1
集热管直径（m）	0.042	0.070	0.070
平均焦距（m）	0.94	1.84	2.12
两排之间距离（m）	7.3	12.5	17.3
光效率	0.734	0.737	0.772
涂层反射率	0.30（300℃）	0.24（300℃）	0.10（350℃）
涂层吸收率	0.94	0.94	0.96
玻璃管透过率	0.95	0.95	0.965
镜片反射率	0.94	0.94	0.94
集热器峰值效率（%）	66	66	68
集热器全年效率（%）	51	50	53
使用电站	Ⅰ，Ⅱ	Ⅲ～Ⅳ	Ⅶ～Ⅸ

LS—3 型聚光集热器是以油为工质的聚光集热器中最后开发的一个型号，其性能也最好。它的集热管采用直径 70mm 的不锈钢管，表面采用磁控溅射涂覆高温选择性吸收膜，其阳光吸收率为 0.96，发射率为 0.19；不锈钢管外套玻璃罩管，玻璃管的直径为 115mm，玻璃管上涂覆双层反射膜，阳光透过率为 0.965；玻璃罩管和不锈钢管之间抽真空，两者之间通过可伐合金进行封接；夹层内放置了 3 种不同型式的消气剂，使管内真空得以长期保持；抛物面反射镜为玻璃背面镜，采用高透过率的低铁玻璃，热弯成型；镜面背面镀银、镀铜后，再涂 3 层保护漆层；每片镜片由 4 个圆形托盘托附在支架上，镜片与托盘之间用高强度粘接剂粘附成一体；支架上装有太阳辐射传感器，通过微型计算机输出信号，经液压传动机构驱动支架跟踪太阳；如遇恶劣天气，支架自动翻转，镜面开口朝下，从而使镜面和集热管均可得到保护。

LS—4 型聚光集热器是 LUZ 公司研制的第四代聚光集热器，它直接用水作载热工质，从而取消了原系统中的大量换热器，使电站系统得到简化；集热管的工作温度为 400℃，聚光集热器的安装方位也由原来的东西向布置改为南北向布置；并采用单轴跟踪装置，从而能更有效地接受太阳能，这些都将有效地提高电站效率。

表 3-11 列出了 SEGSⅢ～SEGSⅦ各电站利用太阳能发电年净发电效率和年发电量。经计算，其平均年净发电效率为 8.5%。

表 3-11　　SEGSⅢ～SEGSⅦ各电站利用太阳能发电年净发电效率和年发电量

	Ⅲ	Ⅳ	Ⅴ	Ⅵ	Ⅶ
1988 年太阳能净发电率（%）	7.74	8.14	7.52	—	—
1989 年太阳能净发电率（%）	7.16	8.92	7.13	7.19	5.53
1990 年太阳能净发电率（%）	9.33	9.85	8.32	9.47	8.48
1991 年太阳能净发电率（%）	8.73	8.86	7.16	10.6	9.12
1992 年太阳能净发电率（%）	8.37	8.18	7.90	8.70	8.57
1993 年太阳能净发电率（%）	8.44	8.39	8.50	8.98	8.58
1993 年太阳能发电量（MWh）	58248	58935	67685	55725	54411

LUZ 公司的槽式太阳能热发电站的设计寿命为 30 年。太阳能依存率为 50%。SEGS Ⅷ电站的初始投资为 2650 美元/kW，发电成本为 8 美分/kWh，上网电价为 13～14 美分/kWh。从发展状况看，这种槽式太阳能热发电站已可与常规能源热力发电厂相竞争，为太阳能热发电技术的商业应用开辟了美好的前景。

第五节　盘式太阳能热发电系统

利用旋转抛物面反射镜收集太阳能，这是一个很早就提出的概念。早在 19 世纪 70 年代，在法国巴黎近郊建成的小型太阳能动力站，就是一个早期的点聚焦盘式太阳能动力系统。只是近年来，随着新型动力机械和其他相关技术的迅速发展，以致将旋转抛物面反射镜配合新型动力发电机组构成现代的盘式太阳能热发电装置。

图 3-25　由多个独立盘式太阳能热发电装置组成的盘式太阳能热发电站

近 20 年来，开发盘式太阳能热发电装置的最初目的是为了空间应用。根据已有的数据分析，盘式太阳能热发电装置和太阳能光伏发电装置相比，其单位发电功率的装置重量更轻一些。作为空间应用，这是一个十分重要的技术参数。现今，更主要的应用目的，是为解决边远荒漠地区的供电问题，这在经济上可能更为合算。

盘式太阳能热发电系统以单个旋转抛物面反射镜为基础，构成一个完整的聚光、集热和发电单元。由于单个旋转抛物面反射镜不可能做得很大，因此这种太阳能热发电装置的单个功率都比较小，一般为 5～50kW。它可以分散地单独进行发电，也可以由多个组成一个较大的发电系统。由多个独立盘式太阳能热发电装置组成的盘式太阳能热发电站，如图 3-25 所示。

一、装置构成

盘式太阳能热发电系统的工作原理比较简单。利用旋转抛物面反射镜，将入射阳光聚集在一点上，即为点聚焦。在焦点处放置阳光接收器，加热工质，驱动动力发电装置发电；或在焦点处直接放置发动机组发电，如由斯特林发动机组构成的盘式太阳能斯特林发电装置，技术上更为先进。

盘式太阳能热发电装置大体上由 3 部分组成：旋转抛物面反射镜、接收器和跟踪装置。

（一）*旋转抛物面反射镜*

旋转抛物面反射镜的镜面结构和槽型抛物面反射镜的镜面结构完全一样，通常都是镀银玻璃背面镜。一个旋转抛物面反射镜一般由几十块镜面组构而成，用钢结构环作支撑

体，整个盘镜通过太阳高度角和方位角齿轮传动机构安装在混凝土或钢结构机架上。高度角齿轮传动减速比为18300:1，方位角齿轮传动减速比为23850:1，由此通过双轴跟踪装置控制即时跟踪太阳。

盘式反射镜的聚光比可高达500～6000。焦点处可以产生很高的温度，一般都在650℃以上。

（二）接收器

接收器通过支撑杆安装在盘式反射镜的焦点上。现有的试验装置采用了两种动力发电方式，一种是有机工质兰金循环动力机发电，一种是气体工质布劳顿循环斯特林发动机发电。

1. 有机工质兰金循环动力机发电

这种动力发电系统的接收器，多为直流式空腔型锅炉，载热工质多用硅油，其优点是接收器不承压，这样接收器质量很轻，设计运行和维护都比较简单。接收器外包保温层，开口处装风罩，以减少接收器的热损失。进出油管沿接收器支撑杆敷设。这样可以减少遮阳和防止机械损伤。

有机工质多为甲苯，采用单级轴流式汽轮机带动高速交流发电机发电，机组安装在镜架旁，与盘镜对称布置，起到对盘镜的重力平衡作用。工质通过热交换器与硅油进行换热，汽轮机工质入口温度为400℃。

2. 气体工质布劳顿循环斯特林发动机发电

这种动力发电系统，是将斯特林发电机组直接安装在盘式反射镜的焦点处。聚焦的阳光直接落在发动机头部的吸热组件上，加热其内部的气体工质。这种系统的运行温度多在800～1000℃。

斯特林发动机为闭环活塞式发动机，它是一种古老的动力机，早在1816年即为苏格兰人R. Stirling所发明，所以称为斯特林发动机。它的出现和应用远早于目前已经普及应用的内燃机。

斯特林循环的工质为氦气，它由外部供热推动循环工作，所以斯特林发动机也称外燃机。整个斯特林循环由两个等温过程和两个等容过程组成，即等温压缩、等容加热，等温膨胀和等容放热。在膨胀过程中气体工质加热，在压缩过程中气体工质放热。由于循环是在等温下加热和放热的，满足热力学第二定律，所以理论上斯特林循环的热效率和具有最大热机效率的卡诺循环相同。因此，实际的斯特林发动机的效率，在相同的运行温度范围内，比任何其他一种热机的效率都要高。

（三）跟踪装置

盘式聚光器采用双轴跟踪装置，其基本工作方式和塔式电站中定日镜的跟踪方式完全相同。在盘式太阳能热发电装置中，聚光器由跟踪装置控制镜架的高度角和方位角齿轮传动，使反射镜跟踪太阳。

二、典型盘式斯特林太阳能热发电装置介绍

在盘式太阳能热发电装置中，最具典型意义的是采用斯特林发动机组作动力转换的盘式斯特林太阳能热发电系统。

图 3-26　盘式斯特林太阳能热发电装置

图 3-26 为 1982 年安装在美国加州作试验运行的盘式斯特林太阳能热发电装置。盘状抛物面反射镜为镀银玻璃背面镜，由 320 个小面组成，构成盘式反射镜整体，架在钢结构支架上，采用 3 根或 4 根支撑杆，将斯特林发动机组架在反射镜焦点上。其基本参数见表 3-12。

表 3-12　　盘式斯特林太阳能热发电装置基本参数

盘式聚光器直径	11m	发动机头部接收器	陶瓷空腔/绕管
镜面面积	$89m^2$	最大轴功率	1800r/min，26.5kW
焦距长度	6.6m	交流感应发电机	480V，30/60Hz
焦斑直径	23～26cm	最大电功率	24.6kW
最大反射热功率	75kW	辅助电耗	1.6kW
工作温度	1090℃	转换效率	29%
斯特林发动机型号	United Stirling 4～95MK Ⅱ	净效率	26%

由于试验取得了良好的结果，初步估计电价在 6 美分/kWh 左右。美国计划将 56 座这

种盘式斯特林太阳能热发电装置安装于全美各州电能利用基地，作广泛的示范应用。

第六节　太阳池热发电系统

早在1902年，世界上就有人提出建造人工太阳池的设想。1948年，以色列学者也提出建造人工太阳池，但直至1958年以色列政府才同意试建。最初的研究工作是在物理实验室进行的。由于当时矿物燃料比较便宜，用太阳池供热和发电在经济上均不可与常规燃料相竞争，所以研究工作于1966年中止了。在1959～1966年间，以色列共建了3座太阳池。1973年发生世界性石油危机，以色列重新开始太阳池的研究。30年来，以色列在太阳池研究方面一直处于世界领先地位。

1975年，以色列在死海边上的Ein Boqeq建造了世界上第一座太阳池发电站，发电功率为150kW。这座电站的建成，预示了太阳池作为季节性储能体的可行性和经济性。由于第一座试验电站的成功，1983年秋，以色列在死海北角Bet Ha Arava开始建造一座5MW太阳池电站，其太阳池面积25ha，于1985年投入并网发电。以色列计划在今后10～20年间，在死海沿岸建造多座25MW和50MW太阳池电站，同时计划将死海40万m^2的海域全部用于建造太阳池电站，目标是发电功率达到2000MW，提供以色列能量需求的20%。

一、太阳池原理

太阳池实质上是一个含盐量具有一定浓度的盐水池。其工作原理如图3-27所示。池的上部保有一层较轻的新鲜水，底部为较重的盐水，使在沿太阳池的竖直方向维持一定的盐度梯度。上层清水和底部盐水之间是有一定厚度的非对流层，起着隔热层的作用。由于水对红外辐射是不透明的，入射到太阳池表面的太阳辐射，其红外部分在近表面几毫米以内的层中被吸收。太阳光的可见光和紫外线部分可以透过几米深的清净水，这部分辐射能量将被池的深色底部吸收。当池底部的盐水被太阳能加热后，水开始膨胀上升，若膨胀所产生的浮力还不足以扰乱池内盐浓度梯度的稳定性，则可有效地抑制和消除因浮力而可能引起的池水混合的自然对流趋势。这样，贮存在池底部的热量只有通过传导才能向外散失。这就是无对流的太阳池。

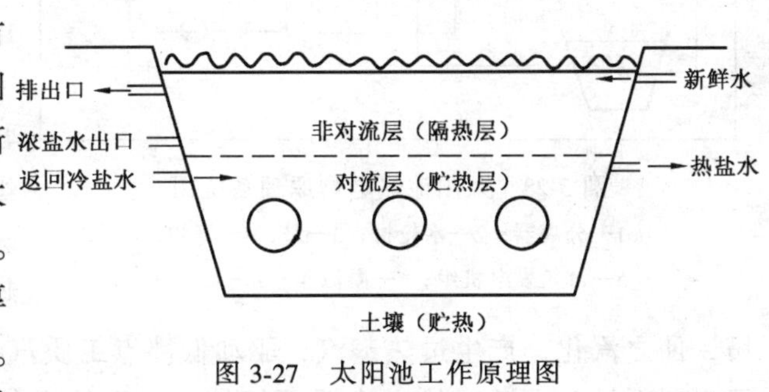

图3-27　太阳池工作原理图

无对流的太阳池是一种水平表面的太阳集热器，用以在1～2m深水体底部吸收太阳辐射能，产生低温热。由于热的贮存主要发生在池的主体部分，因此在世界上某些地方将其能量用于工业加热或发电。海洋也是一种太阳池。

一般太阳池都是依托天然盐湖建造，因此在技术上具有很多优点：①池表面积大，是个巨大的平板集热器；②盐水容量大，是个巨大的储热槽；③设计结构简单；④贮热时间长，可在1年以上；⑤不污染环境；⑥依托天然盐湖，建造成本低。

它的主要缺点是：①可能达到的工作温度低；②其应用受到区域的限制。

二、太阳池发电

由于静水体是一个很好的有效绝热体，因此，良好设计的太阳池的最底层的水，由于不断吸热而可能沸腾。必须尽量避免这种沸腾，这是因为池底水一旦沸腾，将毁坏池内稳定的密度梯度。所以，在设计用于各种太阳热利用和热发电的太阳池时，必须做到既能有效地进行大量有用热的转移，而又可切实避免池底水沸腾。

太阳池面积通常有1ha大小,不能采用不同工质的热交换管网进行换热。热力学原理指出,流体层可以从池底缓慢移走而不扰乱水体主体。这样,就可以用泵从池底抽出被加热的盐水,通过热交换器换热后,再送回池底。由于回流的流体比抽出的流体温度低,因此能够做到将加热的盐水从池底抽出,同时维持池内所需要的密度梯度而不致扰动太阳池正常工作。

应用太阳池的上述特性，将天然盐水湖建成太阳池，就是一个巨大的平板太阳集热器。利用它吸收太阳能，再通过热交换器加热低沸点工质产生过热蒸汽，驱动汽轮发电机组发电，这就是太阳池热发电的原理。太阳池热电站原理系统图，如图 3-28 所示。

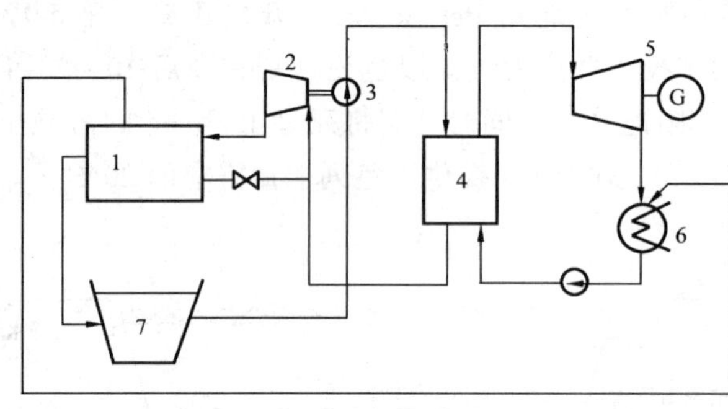

图 3-28　太阳池热电站原理系统图

1—分离器；2—水轮机；3—泵；4—锅炉；5—汽轮发电机组；6—凝汽器；7—太阳池

以色列奥尔马特汽轮机公司在美国加州东圣伯纳第诺地区一个干涸湖泊上建筑了世界上最大的太阳池发电站，其总净发电功率为 48MW，第一组 12MW 机组于 1985 年投入运行，整座电站于 1987 年 12 月投入运行。

这座电站有 4 个盐水湖，每个面积 $48\times10^3\text{m}^2$，池深 3.6～4.8m，可供 1～2 组汽轮发电机组发电。池底的浓盐水被太阳光加热后，温度可达 93.3℃。用泵将浓盐水抽出，通过热交换器加热氟里昂，使之汽化，产生过热蒸汽，驱动低沸点工质汽轮发电机组发电。汽轮机排出的蒸汽经凝汽器凝结后，返回热交换器再行加热。系统运行温度可达 82.2℃。该电站由奥尔马特公司设计、建造和经营，产生的电能卖给加州爱迪生电网。

由于太阳池本身具有很多独特的优点,因此特别适合于建造大容量的太阳池热发电站并投入并网运行。中国西部地区就有这样的天然盐水湖,适合于开发建设太阳池热发电系统。

第七节　太阳能热气流发电系统

利用烟囱中向上流动的热气流驱动风轮作功，并不是今天的新概念，早在 20 世纪前就有这样的提法。由于现代技术和材料科学的发展，可以建造高大的烟囱，使得太阳能热气流发电在技术上已经变得可行。此外，油价的上涨及环保的要求，使太阳能热气流发电逐渐成为人们开发利用新能源的一个值得探索的途径。

一、基本工作原理

太阳能热气流发电站原理示意图，如图 3-29 所示。

由图 3-29 可以看到，在以大地为吸热材料的巨大篷式地面太阳空气集热器的中央，建造高大的竖直烟囱。烟囱的底部在近空气集热器透明盖板的下面开吸风口，上面安装风轮。地面空气集热器根据温度效应产生热空气，从吸风口进入烟囱，形成热气流，驱动安装在烟囱内的风轮带动发电机发电，这就是太阳能热气流发电的原理。

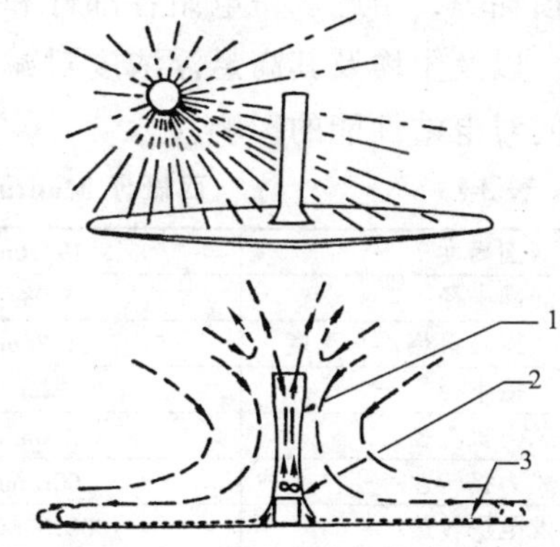

图 3-29　太阳能热气流发电站原理示意图

1—烟囱；2—风力机；3—集热器

太阳能热气流电站的实际构造由 3 部分组成：大篷式地面空气集热器、烟囱和风力机。

太阳能热气流发电站的地面空气集热器，是一个近地面一定高度、罩着透明材料的大篷。阳光透过透明材料直接照射到大地上，大约有 50% 的太阳辐射能量为土壤所吸收，其中 1/3 的热量加热罩篷内的空气，1/3 的热量贮于土壤中，1/3 的热量用于反射辐射和对流热损失。所以，大地是太阳能热气流电站的蓄热槽。

形成的热空气在烟囱中流动，理论上是由于烟囱内外侧空气的温差，也就是密度差，产生了驱动空气在烟囱内向上流动的动力。这里的烟囱是将空气中的热能转换为压力能的变换器。烟囱的效率随其高度而线性增大，并几乎保持恒定地下降到温差只有几度（℃）时的效率值。

研究表明，影响电站运行特性的因素有云遮、空气中的尘埃、集热器的清洁度、土壤特性、环境风速、大气温度叠层、环境气温及大篷和烟囱的结构质量等。

大气红外辐射对电站的总能量平衡起很重要的作用。在阴天且太阳辐射为 100% 散射辐射时，电站仍可在低功率水平下运行。空气中的尘埃成分降低太阳辐照度，因此影响电站的功率输出。附着在大篷上的尘土影响篷顶的清洁度。专门选择的篷顶材料，例如具有适当自清以及防尘附着性能的玻璃，就能减少尘土附着，保持覆盖材料的阳光透过率。尘土覆盖在篷顶上的最大影响是将降低其透过率 12% 左右，但可以通过清除尘土的办法恢复。

图 3-30　西班牙 50kW 太阳能热气流示范电站场景

二、50kW 示范电站

图 3-30 为建于西班牙的 50kW 太阳能热气流示范电站场景。该电站于 1982 年 6 月 7 日投入运行。表 3-13 列出了该太阳能热气流示范电站的技术数据。该示范电站设计、建造和试验的目的，是验证电站设计的分析方法是否和试验结果相一致。通过试验，获得了很多有价值的关于电站性能的技术数据，包括能量平衡、摩擦压力损耗和风力发电装置

的损耗等，由此求得电站各部件和系统的效率。与此同时还研究了不同结构材料的使用效果，以及尘埃及其高悬浮浓度对减弱太阳辐射和大气辐射的环境条件的影响，并由此评估它们对电站性能的影响。

表 3-13　西班牙 Manzanares 太阳能热气流示范电站技术数据

烟囱高度	194.6m	设计新空气温度	302K
烟囱半径	5.08m	设计温升	20K
大篷（集热器）高度	1.85m	大篷效率	32%
大篷半径	122m	风力机效率	83%
风力机直径	10m	负荷下的迎风速度	9m/s
风力机转速	100r/min	空载下的迎风速度	15m/s
发电机转速	1000.00r/min	最大功率输出	50kW
设计太阳辐照度	1000W/m²		

这是一座实验电站，只设计作手动实验。由于电站比较简单，因此只需要很少的运行实验人员维持实验。所以自投入运行后，一直未停止实验，积累了大量的实验数据和经验。所得的结果表明，其物理模型和测量数据之间十分吻合，可用于设计建造兆瓦级太阳能热气流电站。预计未来的这种兆瓦级太阳能热气流电站的电能价格约在 10～20 美分/kWh，已可与采用高价燃料的小容量常规能源电厂的发电成本相竞争。

图 3-31 为兆瓦级太阳能热气流电站的主要尺寸和其容量之间的关系曲线，可供设计大容量太阳能热气流电站参考。已有的研究试验表明，世界上有很多地区可以发展这类太阳能热气流电站。

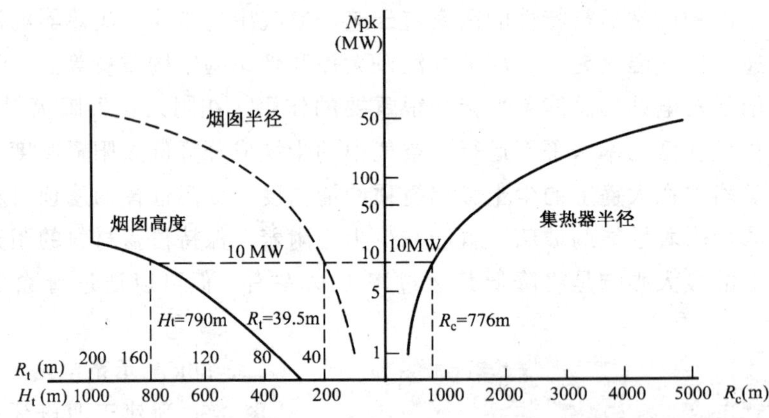

图 3-31　兆瓦级太阳能热气流电站的主要尺寸和其容量之间的关系曲线

第八节　太阳能热发电技术发展前景

一、不同型式太阳能热发电系统比较

前面，我们较详细地介绍了多年来人们已经进行了大规模研究开发的 5 种太阳能热发电系统，即塔式太阳能热发电系统、槽式太阳能热发电系统、盘式太阳能热发电系

统、太阳池发电系统和太阳能热气流发电系统。若按太阳能收集方式进行分类，前 3 种为聚光方式太阳能热发电系统，后 2 种为非聚光方式太阳能热发电系统。因为聚光，其集热温度可以很高，所以前 3 种是中高温太阳能热发电系统，而后 2 种则是低温太阳能热发电系统。

以下，我们根据多年来世界各国对太阳能热发电技术研究开发所取得的成就，对上述 5 种太阳能热发电系统的性能和技术特点进行比较。5 种太阳能热发电系统性能和技术特点比较结果，见表 3-14。

表 3-14　　5 种太阳能热发电系统性能和技术特点比较结果

型式	聚光集热方式	工作温度（℃）	合适商用电站容量（MW）	年平均电站效率（%）	比投资（美元/kW）	发电成本（美分/kW）	技术特点评估	应用范围
塔式发电	聚光高温	560	30 ~ 200	13 ~ 14	~ 5000	18 ~ 23	1. 跟踪复杂，难度大； 2. 能量收集代价高； 3. 已进入中间试验阶段	大容量并网发电
槽式发电	聚光中温	400	30 ~ 80	15 ~ 17	3000 ~ 5000	15 ~ 25	1. 跟踪较简单； 2. 能量收集代价较低； 3. 已可进入商用发电阶段	中等容量并网发电
盘式发电	聚光高温	650	7.5 ~ 25	16 ~ 18	6000 ~ 8000	70 ~ 90	1. 跟踪复杂； 2. 能量收集代价高； 3. 处于试验阶段	小容量分散发电，边远地区独立系统供电
太阳池发电	非聚光低温	80	300 ~ 1000				1. 不需跟踪； 2. 能量收集代价低； 3. 环海大规模开发； 4. 开发利用受地域限制； 5. 处于开发示范应用阶段	大容量规模并网发电
热气流发电	非聚光低温	50	5 ~ 20			10 ~ 20	1. 不需跟踪； 2. 能量收集代价低； 3. 技术较简单； 4. 处于原理性试验阶段	中小容量并网发电

图 3-32 表示 10 ~ 200MW 聚光式太阳能热发电站的电价。从图 3-32 中可以看到，不管采用哪种型式，随着电站装机容量的增大，发电成本都随之下降。而随着时间的推移，由于常规能源价格的不断上涨，太阳能热发电和常规能源发电的电价将变得愈加有可比性。这种可比性，从 LUZ 公司的 9 座槽式太阳能热发电站的投资比和电价的发展趋势看得更为清楚。LUZ 公司槽式太阳能热发电站投资比的降低趋势如图 3-33 所示，LUZ 公司槽式太阳能热发电站成本的降低趋势如图 3-34 所示。

根据 LUZ 公司槽式太阳能热电站取得的成果，从经济上看，槽式太阳能热发电系统可总结得出以下几点初步结论：

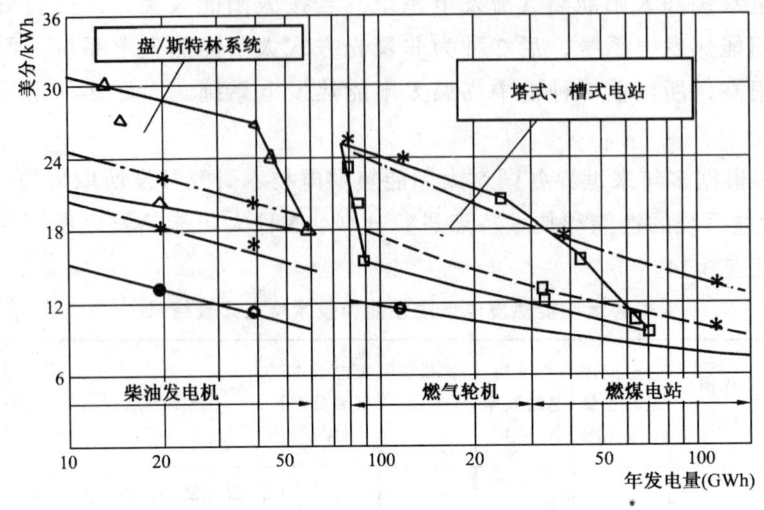

图 3-32　10～200MW 聚光式太阳能热电站的电价

—·—目前的能源价格；—✱--✱— 2005 年的预期价格；—✱✱— 正常增长的价格

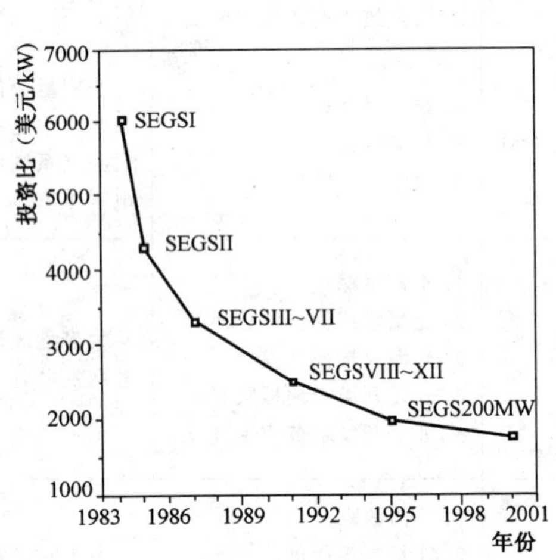

图 3-33　LUZ 公司槽式太阳能热发电站投资比的降低趋势

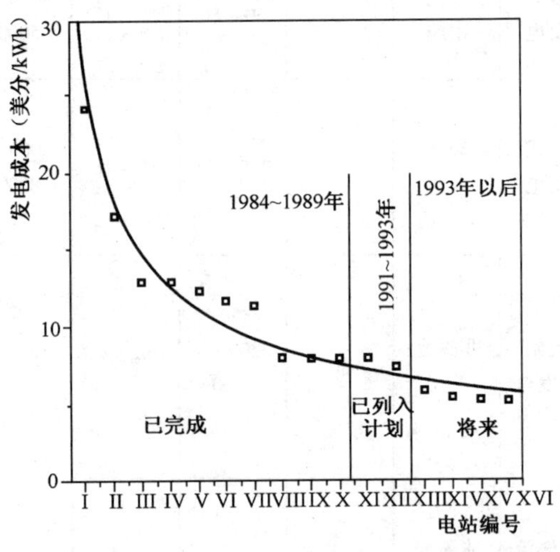

图 3-34　LUZ 公司槽式太阳能热发电站发电成本的降低趋势

(1) 在美国加州日照条件下，若以天然气或油作辅助能源，槽式太阳能热发电系统的电力输出可达到太阳能的 2 倍，即太阳能发电和辅助能源发电各占 50%，这相当于电站的太阳能依存率为 50%。

(2) 太阳能热发电站的设计寿命为 30 年。在其寿命期内，每平方米集热面积可替代 1 桶石油。

(3) 槽式太阳能热发电技术比较简单和实用，其运行和维护也都比较方便。SEGS Ⅰ电站投资比为 4490 美元/kW，发电成本 24 美分/kWh，SEGS-Ⅷ电站投资比降到 2650

美元/kW。发电成本降到 8 美分/kWh，上网电价为 13 ~ 14 美分/kWh。从发展上看，与常规能源电站相比是具有竞争力的。

(4) 太阳能热发电站建设周期短，工时少。建一座 30MW 太阳能热发电站约需 100 万人时。若按每人每日工作 8h 计算，500 人 8 个月即可建成。所以投资回收快、见效快，需要的运行和维护人员亦较少。一座 30MW 太阳能热发电站，其日常运行与维护人员大约只需 50 人。

以上是槽式太阳能热发电站已经取得的成就。从这些年来其他各种形式太阳能热发电站所取得的试验成果来看，相信经过不懈的努力，在不久的将来，也都能取得同样的成就。

二、发展趋势

太阳能热发电技术至今仍是一个正在发展中的新技术。经过这么多年来广大太阳能科学研究工作者不断地研究与探索，已经取得了很大的进展。尤其是 20 世纪 80 年代后期，LUZ 公司对槽式太阳能热发电的研究开发所取得的成果表明，不可简单地否定太阳能热发电技术，应该继续进行研究开发。

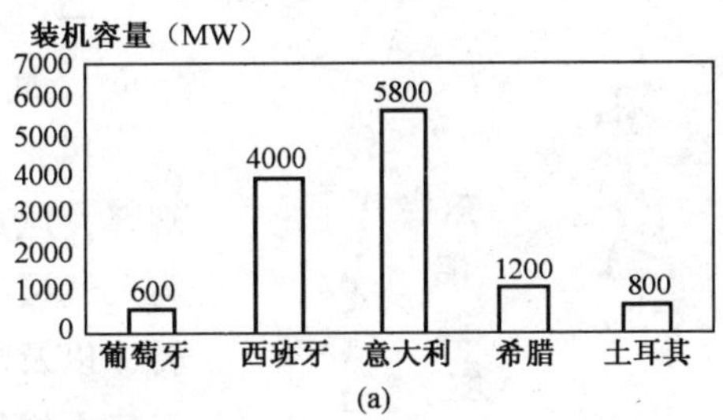

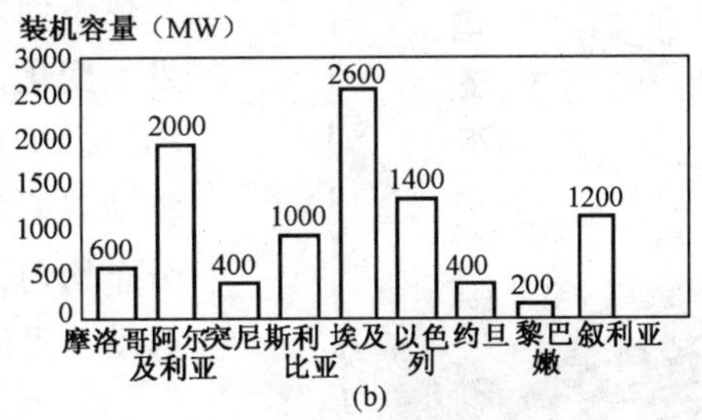

图 3-35 地中海地区太阳能热发电站市场潜力

(a) 北部（总装机容量为：2005 年，1500MW；2025 年，12400MW）；

(b) 南部（总装机容量为：2005 年，2000MW；2025 年，10800MW）

目前，全世界一年大约生产电力 9500TWh，装机容量为 2600GW。全世界每年对供电系统的投资超过 3200 亿美元。按保守的预测，电力年需求量按 4.5% 增长，则全世界发展中国家到 2010 年，每年大约需要增加发电容量和相关输配电设备 80GW，平均每年耗资达 1250 亿美元。

大部分发展中国家，尤其是人口密集的发展中国家，其太阳能资源丰富，是太阳能技术很好的市场，存在巨大的市场发展潜力。目前，世界上太阳总辐照量超过 $2000kWh/(m^2a)$ 的 36 个国家，都具有很好地发展太阳能热发电技术的能源资源基础。这些国家的常规能源发电的装机容量约 400GW，如按上述的 4.5% 增长率计算，每年需要新增装机容量为 18GW。国际能源署曾以地中海地区为例，对该地区适合发展太阳能热发电技术的国家，如意大利、西班牙、埃及、阿尔及利亚等 14 个国家的太阳能热发电站市场前景作过预测，地中海地区太阳能热发电站市场潜力如图 3-35 所示。根据这一预测，地中海地区国家到 2005 年太阳能热发电站总装机容量可以达到 3500MW，到 2025 年可以达到 23000MW。

当今世界，矿物燃料不断消耗，储量日渐枯竭，环境污染日趋严重，人们对开发利用新能源的渴望日益迫切。而新技术的不断发展也为解决现有的各种技术难题提供了有力的保证。我们完全可以相信，经过人们不停地努力，包括太阳能热发电在内的太阳能利用，最终将会成为人类能源供应的主角，为推进人类文明作出巨大的贡献。

第四章

风力发电技术

第一节 风与风力资源

新能源发电技术

一、风的产生与特性

1. 风的产生

风是怎样产生的？风的能量来自何方？根据气象学家的解释，风是由于空气流动而产生的。地球表面被厚厚一层称为大气层的空气所包围，由于太阳辐射与地球的自转、公转，以及河流、海洋、山岳及沙漠等地表的差异，地面各处受热不均匀，造成了各地区热传播的显著差别，大气的温差发生变化，加之空气中水蒸气的含量不同，以及地面的气压不同，于是高压区空气就向低压区流动，在水平方向的空气流动就构成风。大气移动的最终结果是要使全球各地的热能分布均匀，于是赤道暖空气向两极移动，两极冷空气向赤道移动（见图 4-1）。所以大气压差是风产生的根本原因。

2. 风的特性

风是随时随地可以产生的，它的方向不定、大小不同。在气象学上，把空气的不规则运动称为“紊流”，垂直方向的运动叫做“对流”，所以风特别强调相对于地面水平方向的运动。

风速随高度的增加而变化。地面上风速较低的原因是由于地表植物、建筑物以及其他障碍物的磨擦所造成的。经测量，在离地面 20m 处的风速为 2m/s，而在离地 300m 处则变成 7～8m/s（见图 4-2）。风速沿高度的相对增加量因地而异，大致上可以用下式表示

$$\frac{V}{V_0}=\left(\frac{H}{H_0}\right)^n$$

式中 V——高度为 H（m）时的风速，m/s；

V_0——高度为 H_0（m）时的风速，m/s。

一般取 H_0 为 10m，修正指数 n 与地面的平整程度（粗

糙度）、大气的稳定度等因素有关，其值为 1/2～1/8，在开阔、平坦、稳定度正常的地区为 1/7。中国气象部门通过在全国各地测风塔或电视塔测量各种高度下得出 n 的平均值约为 0.16～0.20，一般情况下可用此值估算出各种高度下的风速。为了从自然界获取最大的风能，应尽量利用高空中的风能，一般至少要比周围的植物及障碍物高 8～10m。

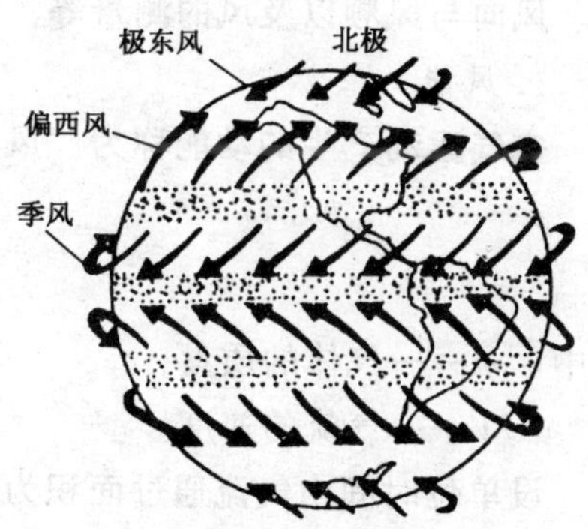

图 4-1　地球上风的运动

风除了具有随机性，以及随高度增加而增大等特性外，其季节性变化的特点也很明显，日夜变化也有规律。大陆与海洋的热容量不同，陆地的比热比海洋小，冬季内陆的高气压流向海洋的低气压，所以在北半球冬季多刮北风，夏季多刮南风。海水热容量大，升温慢，陆地热容量小，升温快，气压低，空气容易上升，所以白天海风多刮向陆地，而夜间陆风常刮向海洋，大型湖泊附近也有类似的情况（图 4-3）。由于地形不同，风的形成也不同，太阳辐射山顶受热快，白天山风上升，夜间山风向下。上述原因构成了风的周期性、多样性和复杂性。

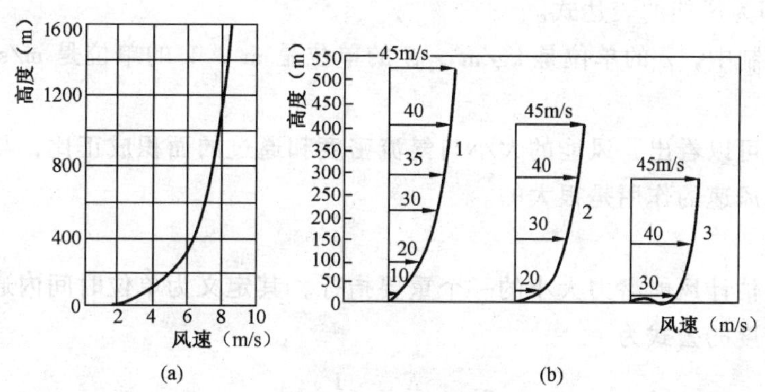

图 4-2　地面风速与高度的关系

（a）典型分布；（b）不同地形地面风速与高度的关系

1—大城市；2—城市及多树农村；3—平原、沿海

我国地域辽阔，季风强盛。但青藏高原的存在改变了海陆影响，常引起气压分布和大气环流的变化，增加了季风的复杂性。冬季又受西伯利亚和蒙古的影响，常有冷空气形成寒流。夏季在太平洋上常形成热带旋风，使我国东南沿海地区夏秋之间常出现台风，这对风能利用会有一定的特殊影响。

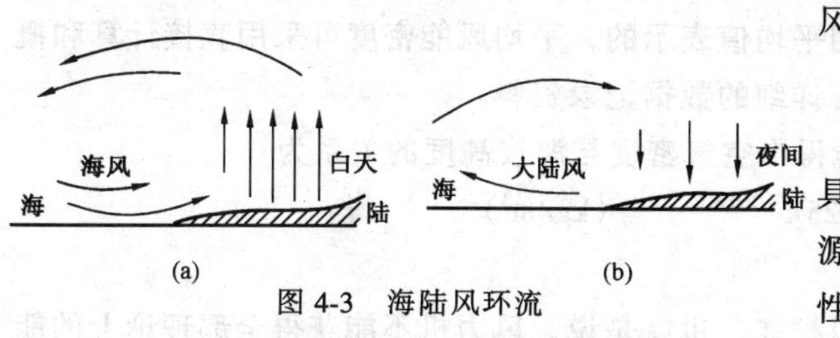

图 4-3　海陆风环流

（a）白天海边海陆风；（b）夜晚海边陆海风

二、风的能量与测量

风具有一定的质量和速度，因而它具备产生能量的基本要素。认识风能资源，首先要了解有关风能的一些主要特性参数，如风能、风能密度、风速与风

级、风向与风频以及风的测量等，从而了解风的基本知识。

1. 风能

空气运动产生的动能称为“风能”，由流体力学可知，气流的动能为

$$E = \frac{1}{2} mV^2$$

式中　m——气体的质量；

V——气流的速度。

设单位时间内气流通过面积为 S 的截面的气体体积为 L，则

$$L = VS$$

如果以 ρ 表示空气的密度，于是该体积的空气质量为

$$m = \rho L = \rho VS$$

此时气流所具有的动能为

$$E = \frac{1}{2} mV^2 = \frac{1}{2} \rho SV^3 \tag{4-1}$$

式（4-1）即为风能的表达式。

在国际单位制中，ρ 的单位是 kg/m³，S 的单位是 m²，V 的单位是 m/s，所以 E 的单位为 W。

从风能公式可以看出，风能的大小与气流密度和通过的面积成正比，与气流速度的立方成正比，可见风速的作用是很大的。

2. 风能密度

风能密度是估计风能潜力大小的一个重要指标，其定义为单位时间内通过单位截面积的风能。风能密度的公式为

$$W = \frac{E}{S} = \frac{1}{2} \rho V^3$$

从上式可知，风能密度 W 是空气质量密度 ρ 和风速 V 的函数。ρ 值的大小随气压、气温和湿度等大气条件的变化而变化。一般情况下，计算风能或风能密度是采用标准大气压下的空气密度。由于不同地区海拔高度不同，其气温、气压不同，因而空气密度也不同。在海拔高度 500m 以下，即常温标准大气压力下，空气密度值可取为 1.225kg/m³，如果海拔高度超过 500m，必须考虑空气密度的变化。中国各地区温度及海拔相差很大，因此空气密度也有明显差别。由于风速时刻在变化，仅用风能密度的一般表达式，还不能得出某一地点的风能潜力。一般风速是用平均值表示的，平均风能密度可采用直接计算和概率计算两种方法求得，各气象台站都有详细的数据记录资料。

根据中国 300 个气象站的计算经验得出空气密度与海拔高度的关系为

$$\rho_h = 1.225 h^{-0.00012} \quad (\text{kg/m}^3)$$

3. 有效风能密度

实际上，风能不可能全部转换成机械能，也就是说，风力机不能获得全部理论上的能

量，它受到多种因素的限制。当风速由 0 逐渐增加达到某一风速 V_m（切入风速）时，风力机才开始提供功率。在该风速下，风力机所得到的有用功率是整个风力机在无载荷损失时所吸收的。然后，风速继续增加，达到某一确定值 V_N（额定风速），在该风速下风力机提供额定功率或正常功率。超过该值时，利用调节系统，输出功率将保持常数。如果风速继续再增加到某一值 V_M（切断风速）时，出于安全考虑，风力机应停止运转。

世界各国根据各自的风能资源情况和风力机的运行经验，制定了不同的有效风速范围及不同的风力机切入风速、额定风速和切断风速。中国有效风能密度所对应的风速范围是 3～25m/s。

有效风能密度如图 4-4 所示，实际可利用的风能与图 4-4 中阴影部分的面积成比例。其计算方法与平均风能密度的计算方法相同。风力机实际有用的能量可由画出的面积乘以一个考虑风力机效率的系数（后面将详细介绍），单位是 kWh/m^2。

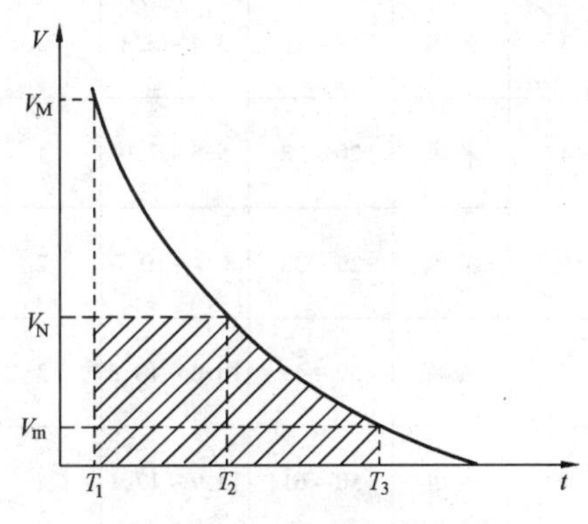

图 4-4　有效风能密度

4．风速与风级

风速就是空气在单位时间内移动的距离，国际上的单位是米/秒（m/s）或千米/小时（km/h）。由于风时有时无、时小时大且不断变化，每一瞬时的速度都不相同，所以通常所说的风速是指在一段时间内的平均值，即平均风速，如日平均风速、月平均风速或年平均风速等。风速的分布与气候、地形等因素有关，取值方法不同也会引起风能计算的很大误差。我国现行的风速观测有定时 4 次 2min 平均风速和 1 日 24 次自动记录 10min 平均风速两种。

尽管风速数据已能精确地表示风的强弱，但是人们在日常生活中还是习惯用风级来表示，特别是在气象预报中，常说多少级风。我国是用风级表示风大小的最古老国家之一，远在唐代，科学家李淳风就在他的著作中提出过 9 级风的划分标准，而且非常直观形象，如“动叶、鸣条、摇枝等”。1805 年，英国人总结提出了更精确的风级划分标准，从 0 级到 12 级，共分 13 个等级。随后，又补充了每级风的相应风速数据，使人们从直接景观现象发展到依靠精确的风速数据，这一标准后来逐渐被国际公认，称为“蒲氏风级”。1965 年国际风级的划分增加到 18 级，但是人们常用的还是 12 级风的标准，因为 13 级以上的风是很少见的。在我国，人们还是习惯于用直观形式描述风能的强弱，例如：

零级无风炊烟上，一级软风烟稍斜，二级轻风树叶响，三级微风树枝晃，

四级和风灰尘起，五级清风水起波，六级强风大树摇，七级疾风步难行，

八级大风树枝折，九级烈风烟囱毁，十级狂风树根拔，十一级暴风很罕见，

十二级飓风浪涛天。

风速、风级与浪高对照表如表 4-1 所示。

5．风向与风频

风是具有大小和方向的矢量，通常把风吹来的地平方向定为风的方向，即风向。如空气由东向西流动叫东风，由南向北流动叫南风，以此类推。在陆地上一般用 16 个方位来

表示不同的风向。风向方位图如图 4-5 所示。

表 4-1　　风级、风速与浪高对照表

风级	名称	离地面 10m 风速		海上浪高（m）		陆地地面物征象	海岸渔船征象
		km/h	m/s	一般	最高		
0	无风	<1	0~0.2				静
1	软风	1~5	0.3~1.5	0.1	0.1	静，烟直上	渔船略觉摇动
2	轻风	6~11	1.6~3.3	0.2	0.3	烟能表示风向	渔船张帆时，每小时可随风移动 2~3km
3	微风	12~19	3.4~5.4	0.6	1	人面感觉有风，树叶有微响	渔船渐觉波动，每小时可随风移动 5~6km
4	和风	20~28	5.5~7.9	1	1.5	树枝摇动不息，旗展开	渔船满载时，可使船身倾于一方
5	清风	29~38	8.0~10.7	2	2.5	能吹起地面灰尘和纸张，树的小枝摇动	渔船缩帆
6	强风	39~49	10.8~13.8	3	4	大树枝摇动，电线呼呼有声，举伞困难	渔船加速缩帆，捕鱼须注意风险
7	疾风	50~61	13.9~17.1	4	5.5	全树摇动，大树枝弯下，迎风步行感觉不便	渔船停息港中，在海面下锚
8	大风	62~74	17.2~20.7	5.5	7.5	可折断树枝，人向前行感觉阻力很大	近港的渔船皆停留不出
9	烈风	75~88	20.8~24.4	7	10	烟囱及平房屋顶受到破坏，小屋遭到破坏	汽船航行困难
10	狂风	89~102	24.5~28.4	9	12.5	陆上少见，可使树木拔起或将建筑物吹毁	汽船遇之危险
11	暴风	103~117	28.5~32.6	11.5	16	陆上很少，有则必有重大损毁	汽船遇之极危险
12	台风	118~133	32.7~36.9	14		陆上绝少，其摧毁力极大	海浪滔天

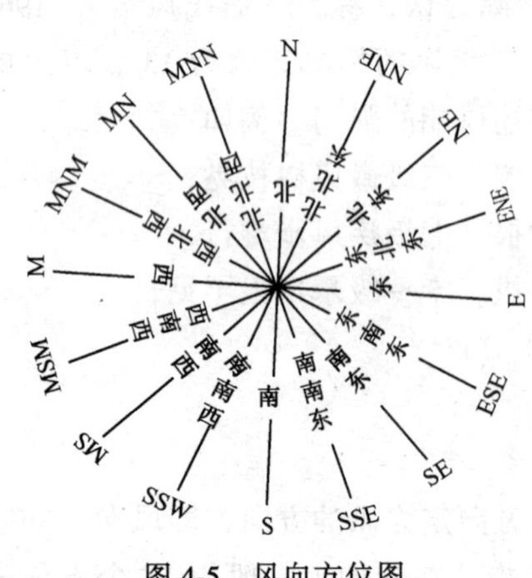

图 4-5　风向方位图

风频是指风向的频率，即在一定时间内某风向出现的次数占各风向出现总次数的百分比，通常以下式计算

某风向频率 = 某风向出现的次数/风向的总观测次数 × 100%

计算出各风向的频率数值后，可以用极坐标的方式将这些数值标在风向方位图上，把各点联线后形成一幅代表这一段时间内风向变化的风况图，也称为“风频玫瑰图”，如图 4-6 所示。在实际的风能利用中，总是希望某一风向的频率尽可能大些，尤其是不希望在较短的时间内出现风向频繁变化的情况。

此外，描述风的参数还有风速频率，又称风速的重复性，即一定时间内某风速时数占各风速出现总时数的百分比。按相差 1m/s 的时间间隔观测 1 年（1 月或 1 天）内各种风速吹风时数与该时间间隔内吹风总时数的百分比，称为风速频率分布。风速频率分布一般以图形表示，风速频率分布曲线如图 4-7 所示。图中表示出两种不同的风速频率曲线：曲线 a 变化陡峭，其最大频率出现在低风速范围内；曲线 b 变化平缓，其最大频率向风速较高的范围偏移，表明较高风速出现的频率增大。从风能利用的观点看，曲线 b 所代表的风况比曲线 a 表明的要好。利用风速频率分布可以计算某一地区单位面积上全年的风能。

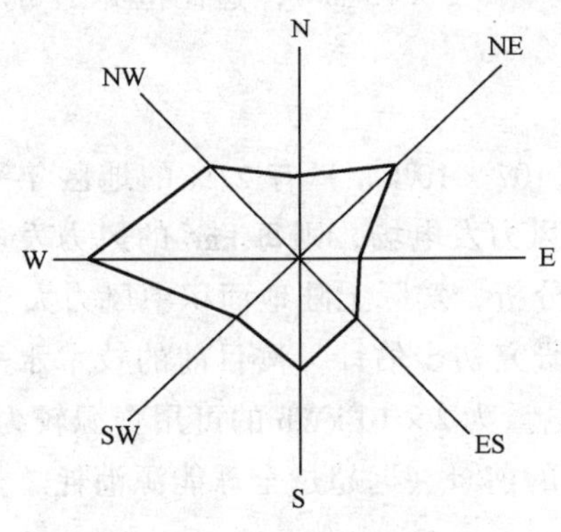

图 4-6　风频玫瑰图

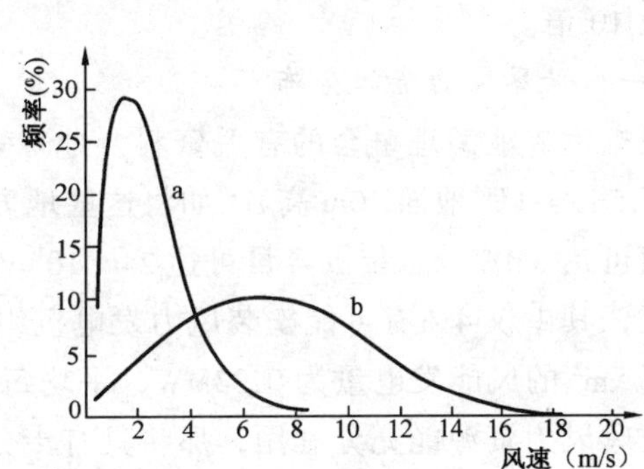

图 4-7　风速频率分布曲线

如测出风力机安装地点的风速频率，又已知该风力机的功率曲线，就可以算出该风力机每年的发电量。

当然，涉及风能特性的问题还很多，这里不能细述。例如，风速的变幅在风能利用中是要经常考虑的，因为风速变化幅度的大小表示风速的相对稳定性。所以，在风能利用中，特别是对于风力发电，要选择风频和风速变化比较稳定的地点。在现代风能利用中，必须首先了解当地的风能特性，进行较长时间的观测，并用电子计算机作出风能特性的分析。

6. 风的测量

风的测量非常重要，它是了解风的特性和风力资源的基础。进行风的测量的主要目的是正确估计某地点可利用风能的大小，为装备风力机提供风能数据。

风的测量包括风向测量和风速测量两项，风向和风速随时间的变化是很大的，估算风能资源必须测量每日、每年的风速、风向，了解其变化的规律。作为计算风能资源基本依据的每小时风速值有 3 种不同的测算方法：①将每小时内测量的风速值取平均值；②将每小时最后 10min 内测量的风速值取平均值；③在每小时内选几个瞬时测量风速值再取其平均值。世界气象组织推荐 10min 平均风速，中国目前也采用 10min 平均风速，即第①种方法。测量点上配有自动记录仪器，对风向和风速作连续记录，从中整理出各正点前 10min 的平均风速和最多风向，并选取日最大风速（10min 平均）和极大风速（瞬时）以及对应的风向和出现时间。地球上某一地区的风向首先与大气环流有关，同时与其所处的地理位置（离赤道或南北极远近）及地球表面不同情况（如海洋、陆地、山谷等）也有关。

风的测量仪器主要有风向器、杯形风速器和三杯轻便风向风速表等。现代风速的测定日趋精确，气象台都有自动记录风速仪。

三、风力资源

广义上讲，风能也是太阳能的一部分。太阳能以辐射短波的形式不间断地以 17×10^{12} kW 的辐照度发射到地球上来。其中半数以上的辐射能因受气体分子与云层的反射作用而损耗，其余不到 20% 的能量则被空气与云层所吸收。根据估算，一年中整个地球可从太阳获得 5.4×10^{24}J 的热量。

据理论计算，太阳辐射到地球的热能中约有 2% 被转变成风能，全球大气中总的风能量约为 10^{14}MW，其中蕴藏的可被开发利用的风能约有 3.5×10^{9}MW，这比世界上可利用的水能大 10 倍。

（一）世界风力资源分布

根据世界能源理事会的有关资料，地球表面（107×10^{6}km²）有 27% 的地区年平均风速高于 5m/s（距地面 10m 高）。如将这些地方用作风力发电场，则每 km² 的风力发电能力最大值可达 8MW，总装机容量可达 24×10^{13}W。据分析，实际上陆地面积中风力大于 5m/s 的地区，其中仅 4% 有可能安装风力发电机组。据研究初步估计，按目前的技术水平，可认为每 km² 的风能发电量为 0.33MW，平均每年发电量为 2×10^{6}kWh 的可用资源较为合理。如果全球风力资源能充分利用，那将具有十分可喜的前景（远超过全球能源消耗总量的许多倍）。世界风能资源评估如表 4-2 所示。

表 4-2　　世界风能资源评估

地区	陆地面积（10^3km²）	风力为 3～7 级地区所占比例（%）	风力为 3～7 级地区所占面积（10^3km²）
北美	19339	41	7876
拉丁美洲和加勒比	18482	18	3310
西欧	4742	42	1968
东欧和独联体	23047	29	6783
中东和北非	8142	32	2566
撒哈拉以南非洲	7255	30	2209
太平洋地区	21354	20	4188
中国	9597	11	1056
中亚和南亚	4299	6	243
总计	106660	27	29143

（二）中国风力资源

中国风能资源十分丰富，全国风能储量约 4.8×10^{9}MW，可开发利用的风能资源总量达 2.53 亿 kW。由于中国幅员辽阔，地形复杂，风能的地区性差异很大，即使在同一地区，风能也有较大的不同。

在中国，风能资源主要分布在新疆、内蒙古等北部地区和东部至南部沿海地带及岛屿。根据全国气象台风能资料的统计和计算，绘制出中国风能分布（如图 4-8 所示）和中国每年 3～20m/s 风速累计时数分布（如图 4-9 所示），以及中国风能分区及占全国面积的百分比（如表 4-3 所示）。中国一般用有效风能密度和年累计有效风速小时数两个指标来表示风能资源的潜力和特征。

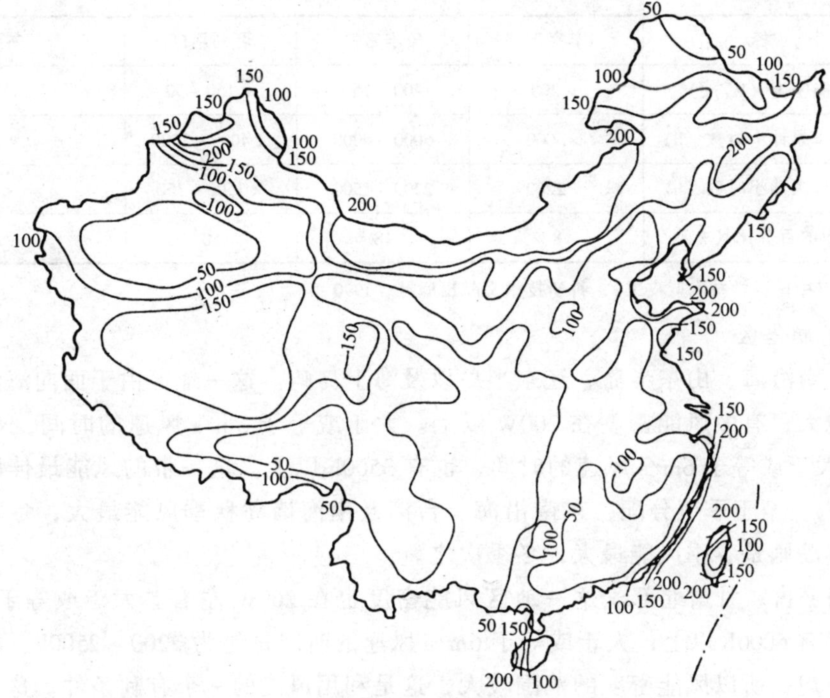

图 4-8　中国风能分布图

注：南海诸岛及钓鱼岛未注明

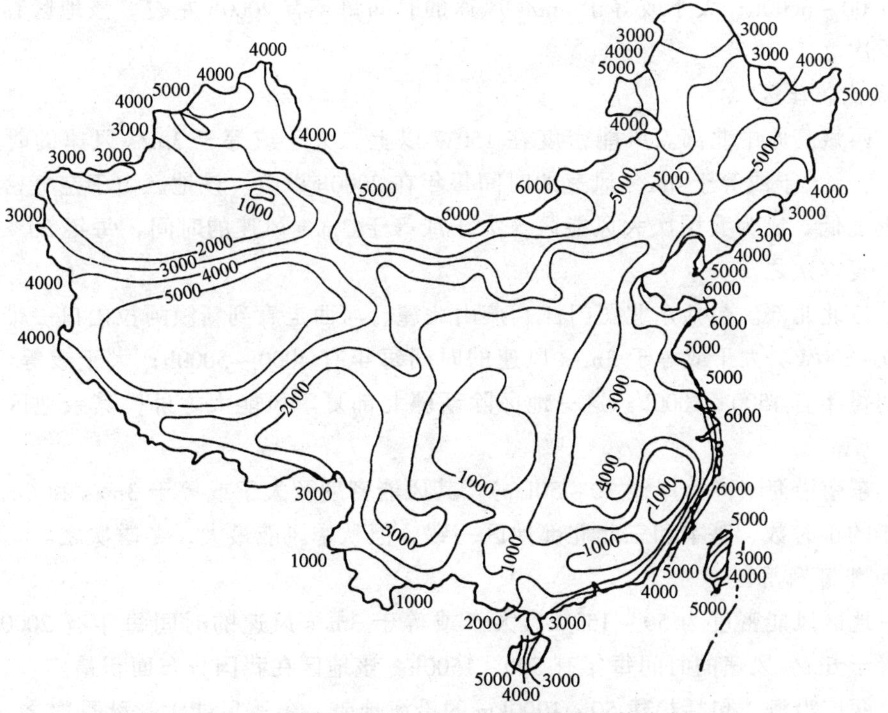

图 4-9　中国每年 3～20m/s 风速累计时数分布

注：南海诸岛及钓鱼岛未注明

表 4-3　　中国风能分区及占全国面积的百分比

指　　标	丰富区	较丰富区	可利用区	贫乏区
年有效风能密度（W/m^2）	>200	200~150	<150~50	<50
年风速≥3m/s 累计小时数（h）	>5000	5000~4000	<4000~2000	<2000
年风速≥6m/s 累计小时数（h）	>2200	2200~1500	<1500~350	<350
占全国面积的百分比（%）	8	18	50	24

注　摘自《中国科学技术蓝皮书》，科学技术文献出版社，1990 年。

1. 风能最佳区

（1）东南沿海、山东半岛、辽东半岛以及海上岛屿。这一地区由于面向海洋，海面上风速比陆地大，有效风能密度在 200W 以上。大于或等于 3m/s 风速的时间，全年有 6000~8000h；大于或等于 6m/s 风速的时间，也有 3500h 以上。这一带的风能最佳区在离海岸 20km 范围内。至于季节分配，东南沿海、台湾及南海诸岛秋季风能最大，冬季次之；山东、辽东半岛则是春季风能最大，冬季次之。

（2）内蒙古、甘肃北部。这一地区风能密度也在 200W 左右。大于或等于 3m/s 风速的时间每年有 6000h 以上；大于或等于 6m/s 风速的时间每年为 2200~2500h。由于这一地区地形较平坦，所以风能密度的范围较大，这是利用风能的一个有利条件。这一地区风速的季节分配是东部北边和西部春季最大，夏季次之；东部南边则春季最大，冬季次之。

（3）黑龙江南部、吉林东部。风能密度在 200W 以上。大于或等于 3m/s 风速的时间每年有 5000~6600h；大于或等于 6m/s 风速的时间每年有 2000h 左右。该地区春季风能最大，秋季次之。

2. 风能较佳区

（1）西藏高原中北部。风能密度在 150W 以上。大于或等于 3m/s 风速的时间每年在 5000h 以上；大于或等于 6m/s 风速的时间每年在 2000h 以上。该地区由于空气密度小，所以风能密度低，成为我国次大风能区。大于或等于 3m/s 风速的时间，每年 50% 以上集中在春季，夏季次之。

（2）三北北部。包括东北图门江、燕山北麓、河西走廊到新疆阿拉山口一带，风能密度在 150~200W。大于或等于 3m/s 风速的时间每年有 4000~5000h；大于或等于 6m/s 风速的时间每年有 1500~2000h。这一地区除新疆北部夏季风能大之外，其余地区以春季最大。

（3）东南沿海（离海岸线 20~50km）。其风能密度及大于或等于 3m/s 和 6m/s 风速的时间每年的小时数，基本和三北北部地区一致，但秋季风能最大，冬季次之。

3. 风能可利用区

这一地区风能密度为 50~150W。大于或等于 3m/s 风速的时间每年有 2000~4000h；大于或等于 6m/s 风速的时间每年有 500~1500h。该地区在我国分布面积最广。

（1）两广沿海，包括福建 50~1000km 的沿海地带。冬季风能大，秋季次之。

（2）大小兴安岭山区。风能密度由北面的 50W 向南增至 150W。每年风速大于或等于

6m/s 的小时数由北面的 750h 向南增至 1500h。

(3) 东从辽河平原向西，过华北大平原经西北到最西端，左侧绕西藏高原边缘部分，右侧从华北向南面淮河、长江到南岭。这是我国最大的一个区，该区只是在某个季节中风能较大，故又称为季节风能利用区。

4. 风能贫乏区

本区风能密度在 50W 以下，大于或等于 3m/s 风速的时间每年在 2000h 以下，大于或等于 6m/s 风速的时间每年在 300h 以下，它包括：①云贵川、甘南、陕西、湘西、鄂西和福建、两广的山区等；②塔里木盆地、雅鲁藏布江各地。

从上述的风力资源分布情况来看，中国有相当大的地区有着丰富的风能资源，具有很大的开发利用价值。

(三) 风能的利用

风能属于可再生能源，与存在于自然界中的其他一次能源如煤、石油、天然气等不同，不会随着其本身的转化和人类的利用而日趋减少。风能又是一种过程性能源，与煤、石油、天然气等近代广为开发利用的能源不同，不能直接储存起来，只有转化成其他形式的可以储存的能量才能储存。风能在 20 世纪 70 年代中叶以后又重新受到重视和开发利用，因此风能与太阳能、地热能、海洋能、生物质能等一起也被称为新能源。

人类利用风能已有几千年的历史，中国是世界最早利用风能的国家之一。东汉刘熙在《释书》一书中曾写有："帆泛也，随风张幔曰帆"，表明中国在 1800 年前已开始利用风帆驾船。公元 1637 年宋应星在《天工开物》一书中记载有："扬郡以风帆数扇，俟风转车，风息则止"，说明当时已有风车问世。埃及、荷兰、丹麦等国也都是世界上较早和普遍利用风能的国家。古埃及利用风力磨碾磨粮食；18 世纪中叶，荷兰建有 2000 座风车，主要用于碾谷和抽水。

按照不同的需要，风能可以被转化成其他不同形式的能量，如机械能、电能、热能等，以实现提水灌溉、发电、供热、风帆助航等功能。风能转换与利用情况如图 4-10 所示。

由于煤、石油、天然气等矿物燃料资源的储存量正在日趋减少，风能在未来的能源建设中将发挥重要的作用。利用风能可以节约化石燃料，同时可以减少环境污染。但风能具有随机性，利用风能必须考虑储能或与其他能源相互配合，才能获得稳定的能源供应，这就增加了技术上的复杂性。另一方面，风能的能量密度低，空气的密度仅为水的 1/800，因此风能利用装置的体积大、耗用的材料多、投资也高，这也是风能利

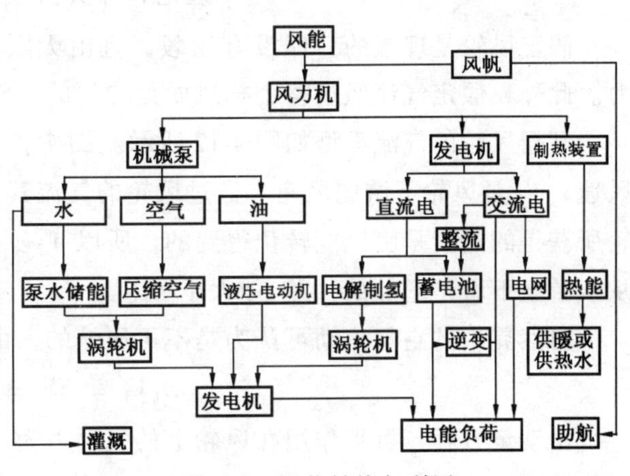

图 4-10 风能转换与利用

用必须克服的制约因素。21 世纪风能利用的主要领域是风力发电。

第二节　风力机工作原理

上节介绍了风及风力资源。风具有能量，即风能，但自然界中的风能不便于利用。为了把风能转变成所需要的机械能、电能、热能等其他形式的能量，人们发明了多种风能转换装置，这就是风力机。本节将介绍风力机的基本理论知识。

一、风能转换理论基础

(一) 风能转换基本原理

人们通过长期的科学实践发现，如果将一块薄板放在气流中，并且与气流方向呈一角度 i（也称冲角）时，作用在翼形上的气动力如图 4-11 所示，则沿气流方向将产生一正面阻力 F_D 和一垂直于气流方向的升力 F_L，其值分别由下式确定

$$F_D = 1/2C_d\rho SV^2$$

$$F_L = 1/2C_l\rho SV^2$$

式中　C_d 和 C_l——由实验得出的薄板随冲角 i 而变化的阻力系数和升力系数；

S——薄板的面积；

ρ——空气的质量密度；

V——气流速度。

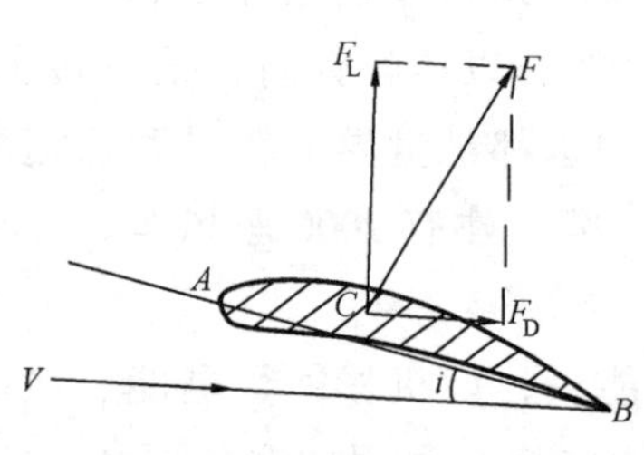

图 4-11　作用在翼形上的气动力

在以风轮作为风能收集器的风力机上，如果由作用于风轮叶片上的阻力 F_D 而使风轮转动，称为阻力风轮，我国传统的风车通常为阻力型风轮；若由升力 F_L 而使风轮转动，则称为升力型风轮，现代风力机一般都采用升力型风轮。

无论采用何种风轮，都不可能将风能全部转化成机械能。德国科学家贝茨于 1926 年建立了著名的风能转化理论，即贝茨理论，下面作简要介绍。

假定风轮是理想的，即没有轮毂，且由无限多叶片组成，气流通过风轮时也没有阻力。此外，假定气流经过整个扫风面是均匀的，气流通过风轮前后的速度方向为轴向。

理想风轮的气流模型如图 4-12 所示。图中，V_1 是风轮上游的风速，V 是通过风轮的风速，V_2 是风轮下游的风速。通过风轮的气流其上游截面为 S_1，下游截面为 S_2。由于风轮所获得的能量是由风能转化得到的，所以 V_2 必定小于 V_1，因而通过风轮的气流截面积从上游至下游是增加的，即 S_2 大于 S_1。

自然界中的空气流动可认为是不可压缩的，由连续流动方程可得

$$S_1V_1 = SV = S_2V_2$$

由动量方程，可得作用在风轮上的气动力为

$$F = \rho SV(V_1 - V_2) \tag{4-2}$$

所以风轮吸收的功率为

$$P = FV = \rho SV_2(V_1 - V_2) \qquad (4\text{-}3)$$

故上游至下游动能的变化为

$$0.5\rho SV(V_1^2 - V_2^2) \qquad (4\text{-}4)$$

由能量守衡定律，可知式（4-3）和式（4-4）相等，则

$$V = 0.5(V_1 + V_2) \qquad (4\text{-}5)$$

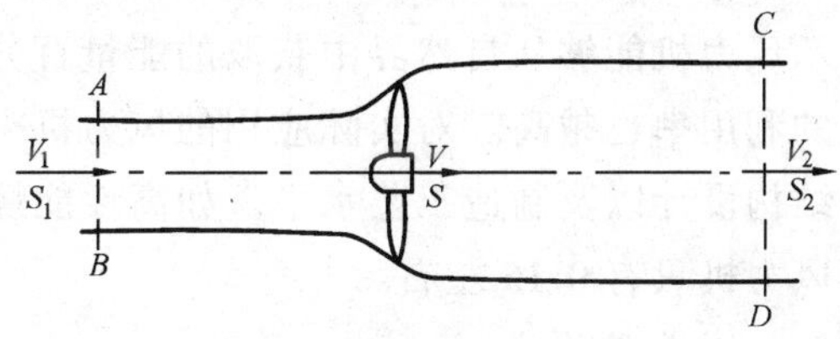

图 4-12 理想风轮的气流模型

因此，作用在风轮上的力和提供的功率可写为

$$F = 0.5\rho S(V_1^2 - V_2^2) \qquad (4\text{-}6)$$

$$P = 0.25\rho S(V_1^2 - V_2^2)(V_1 + V_2) \qquad (4\text{-}7)$$

对于给定的上游速度 V_1，可写出以 V_2 为函数的功率变化关系，将式（4-7）微分可得，当 $V_2 = V_1/3$ 时，功率 P 可达到最大值，即

$$P_{\max} = 8/27\rho SV_1^3 \qquad (4\text{-}8)$$

将上式除以气流通过扫风面 S 时所具有的动能，可得到风轮的理论最大效率（或称理论风能利用系数）

$$\eta_{\max} = \frac{P_{\max}}{0.5\rho SV_1^3} = \frac{16}{27} \approx 0.593$$

这就是著名的贝茨理论，它说明风轮从自然界中所获得的能量是有限的，理论上最大值为0.593，其损失部分可解释为留在尾迹中的气流旋转动能。因此，能量的转换将导致功率的下降，它随所采用的风力机和发电机的形式而异，其能量损失约为最大输出功率的1/3，也就是说，实际风力机的功率必定小于0.593。因此，风力机实际能得到的有用功率是

$$P = 0.5C_p\rho SV_1^3 \qquad (4\text{-}9)$$

式中的 C_p 是风力机的风能利用系数。下面介绍其定义，它的值必定小于贝茨理论极限值0.593。

（二）风力机的特征系数

为便于比较风力机的性能和结构特征，通常采用以下无因次特征系数表示。

1. 风能利用系数 C_p

风能利用系数的物理意义，是风力机的风轮能够从自然风能中吸取能量与风轮扫过面积内未扰动气流所具风能的百分比。风能利用系数 C_p 可用下式表示

$$C_p = \frac{P}{0.5\rho SV^3}$$

式中 P——风力机实际获得的轴功率，W；

ρ——空气密度，kg/m^3；

S——风轮扫风面积，m^2；

V——上游风速，m/s。

理想风力机的风能利用系数 C_p 的最大值是0.593，即贝茨理论极限值。C_p 值越大，表示风力机能够从自然界中获取的能量百分比也越大，风力机的效率越高，即风力机对风能的利用率也越高。对实际应用的风力机来说，风能利用系数主要取决于风轮叶片的气动和结构设计以及制造工艺水平。如高性能螺旋桨式风力机，其 C_p 值一般是0.45，而阻力型风力机只有0.15左右。

2. 叶尖速比

为了表示风轮运行速度的快慢，常用叶片的叶尖圆周速度与来流风速之比来描述，称为叶尖速比 λ

$$\lambda = \frac{2\pi Rn}{V} = \frac{\omega R}{V}$$

式中 n——风轮的转速，r/min；

R——叶尖的半径，m；

V——上游风速，m/s；

ω——风轮旋转角速度，rad/s。

3. 扭矩系数和推力系数

为便于把气流作用下同类风力机产生的扭矩和推力进行比较，常以 λ 为变量作为扭矩和推力的变化曲线。扭矩系数用 C_M 表示，推力系数用 C_F 表示

$$C_M = \frac{M}{0.5\rho V^2 S} = \frac{2M}{\rho V^2 S}$$

$$C_F = \frac{F}{0.5\rho V^2 S} = \frac{2F}{\rho V^2 S}$$

式中 M——扭矩，Nm

F——推力，N。

高速风力机的输出功率大，扭矩系数小，适合于风力发电；低速风力机的输出功率系数小，扭矩系数大，适合于低速高扭矩的风力提水。

4. 实度

风轮叶片面积与风轮扫风面积之比称为实度 σ，它也是描述风力机特性的重要特征参数。风轮的实度 σ 是与其叶尖速比相联系的，不同风轮的实度与叶尖速比的关系见图4-13，各种风力机的特性曲线见图4-14，各类风机的 C_p 值和叶尖速比 λ 的平均值见表4-4。

从上述各图表可以看出：①低速风力机实度大，叶尖速比小，扭矩大，效率低；②高速风力机实度小，叶尖速比高，扭矩小，效率高。

表4-4　各类风机的 C_p 值和叶尖速比 λ 的平均值

型　式	C_p	λ	型　式	C_p	λ
螺旋桨	0.42	5~10	荷兰式	0.17	2~3
帆翼	0.35	4	Φ型	0.40	5~6
风扇式	0.30	1	旋翼	0.45	3~4
多叶式	0.25	1.5	S型	0.15	1

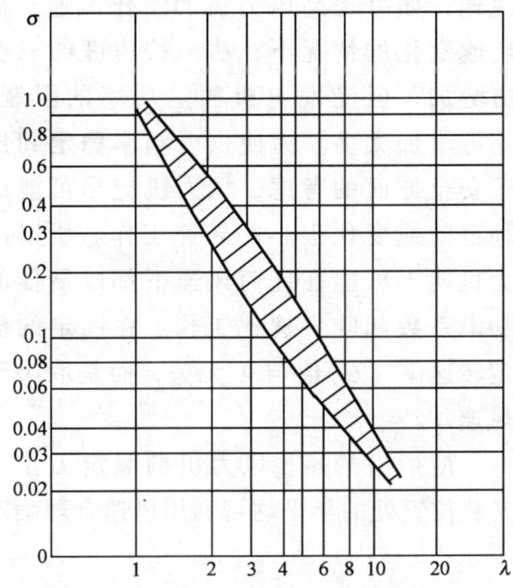

图 4-13　不同风轮的实度与叶尖速比的关系

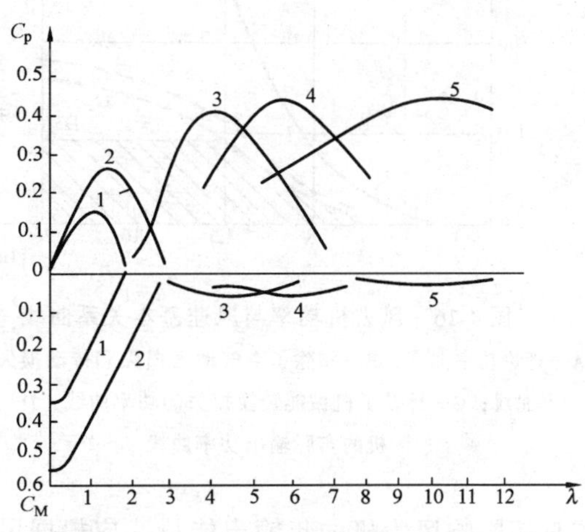

图 4-14　各种风力机的特性曲线

1—S 型；2—多叶式；3—Φ 型；

4—三叶螺旋桨式；5—二叶螺旋桨式

5. 装置的总效率

为了求得风力发电装置的总效率，除了要考虑风力机本身的转换效率以外，还得考虑风力机的其他损失，如传动机构的损失、发电机的损失等。以典型的风力发电装置为例，若取风力机效率为 70%，传动效率和发电机效率为 80%，因理想风力机的风能利用系数为 59.3%，所以装置的风能利用系数为

$$C_p = 0.593 \times 0.7 \times 0.8 = 0.332$$

图 4-15 是 $C_p = 0.332$ 时，不同风速下风轮直径与发电机输出功率的关系曲线。

6. 工作风速与功率的关系

风力机的实际输出功率受到一些条件的限制。风力机启动时，需要一定的最低扭矩，风力机的启动扭矩不能小于这一最低扭矩。而启动扭矩主要与叶轮安装角和风速有关，因此风力机有一个最低工作风速。当风速超过技术上规定的最高值时，基于安全方面的考虑（主要是塔架安全和风轮强度），风力机应立即停车，所以每一风力机都要规定最高风速。风力机达到标称功率输出时的风速称为额定风速。

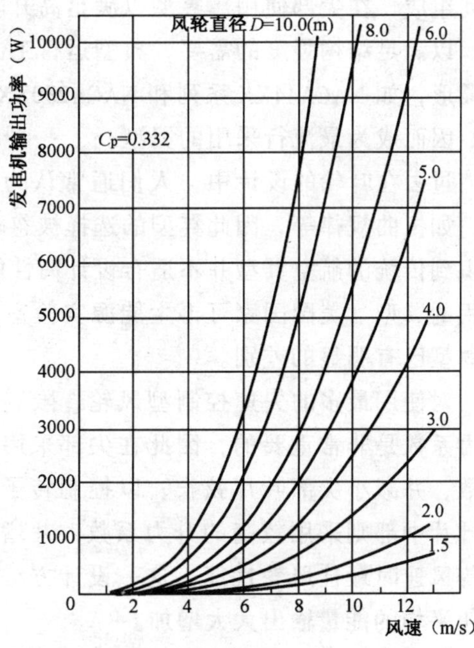

图 4-15　不同风速下风轮直径与发电机输出功率关系曲线

风力机功率与风速基本关系曲线如图 4-16 所示。可以看出，如果增大发电机的额定

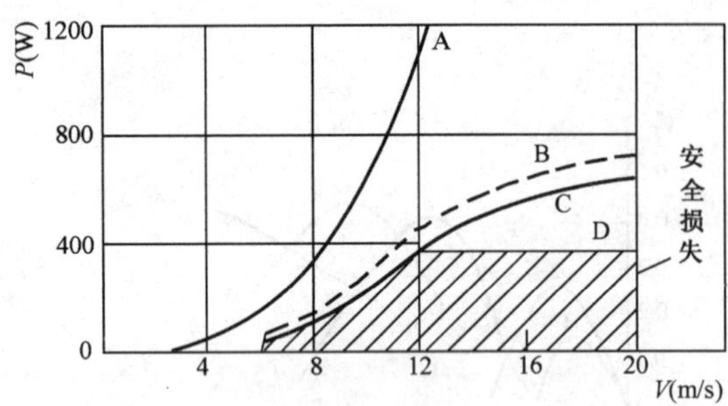

图 4-16 风力机功率与风速基本关系曲线

A—理论功率曲线；B—扣除了空气动力损失和传动损失的轴功率曲线；C—计及了机械能转换损失的功率曲线；D—发电机的实际输出功率曲线

功率，可以更有效地利用含能量大的高风速；如果提高风力机的工作风速，在转速变化的情况下，功率按速度的三次方增加，但受发电机额定功率的限制，不可增加太多。为使供电频率稳定和出于安全方面的考虑，风力机应尽可能以稳定的或变化很小的转速工作。所以风力机就不可能在任何风速下都以最佳的功率系数和叶尖速比工作。在固定的额定转速下，C_p 值与 λ 无关，而是取决于风速 V。

应指出的是，风力机的额定工作风速直接影响风力机的年输出能量，应根据风力机安装位置处的年平均可利用风速合理确定额定工作风速，以达到最佳的能量生成。

二、风轮设计的理论基础

风力机通常由叶轮、发电机、机头和机尾、塔架以及控制装置等组成。其中叶轮是最关键的部件，对发电效率有重要的影响。因此，先介绍一下风轮的设计基本理论。

（一）风力机的翼形设计

从前面介绍的风力机工作原理可知，由翼型组成的叶轮是产生升力并使风力机转动的关键部件。现代风轮通常由三叶片或二叶片的迎风形式或下风形式组成。叶片通常由翼型系列组成，在尖部使用薄翼型以满足高升阻比的要求，而在根部则采用相同翼型较厚的形式，以满足结构强度的需要，典型运行工况下的雷诺数范围是 $5\times10^5\sim2\times10^6$。传统的航空翼形，如 NACA44XX 系列和 NACA230XX 系列，由于具有最大升力系数及最低的阻力系数，因而成为最流行采用的翼型。

过去在叶轮的设计中，人们通常认为翼型的气动特性并不重要，重要的是叶片的造型，如扭曲规律等，因此翼型的选择被忽略了。进入 20 世纪 80 年代以来，人们逐渐开始认识到传统的航空翼型并不适合设计高性能的风轮，转而开始开发新翼型。现代风力机所采用的翼型（美国国家可再生能源实验室设计）如图 4-17 所示，可见新翼型与传统的航空翼型已有明显的差别。

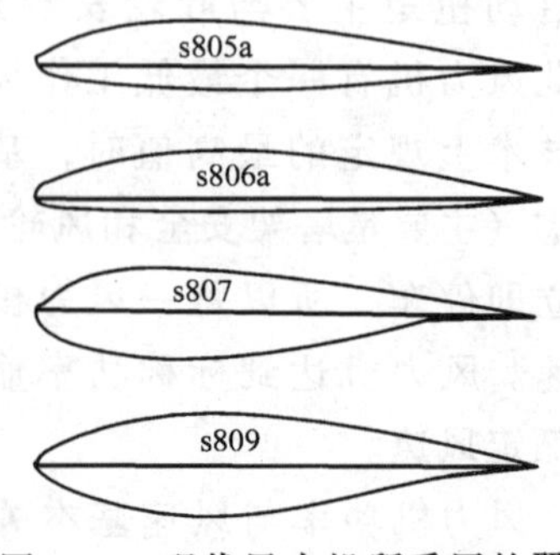

图 4-17 现代风力机所采用的翼型

对使用最多的失速控制型风轮，限制叶片在叶尖区的升力系数是非常重要的，因此在尖部采用较低的最大升力系数，并减小尖部叶片弦长，以控制转子尖部的负荷。而在叶片中部则采用较高的升力系数，并增加弦长，以达到中等风速时最佳风轮性能。这一设计方法的改变，使得风轮年平均的能量输出大大增加。

进入 20 世纪 90 年代以来，随着计算流体水平的提高，各种叶片几何优化的方法开始出现。采用粘性—无粘的迭代数值计算，或是叶片表面边界层的分析（主要是层流、紊流、转捩点的确定），各截面气动参数的准确确定，实现了在一定输出功率下的最佳叶片几何形状。如美国国家可再生能源实验室研制的新式风力机翼型，在没有增加尖峰动力负荷的情况下，直径 7.5m 的叶轮增加了 15%～20%的输出能量。

对桨距可调型风轮，由于它可以用来调整进口攻角，以实现最大的升力阻力比，因此翼型的优化并不重要，所关心的是保证在所有的风速下获得最大的功率，因此对翼形性能的优化工作往往是集中在升力曲线的一小部分。但要指出的是风轮对敏感性提出了更高的要求，如粗糙度等，这些成为必须考虑的设计因素。

因此，翼型气动特性对风轮的动力输出至关重要。要实现最佳的翼型特性，提高在大攻角、低雷诺数下的数值计算精度是重要手段。但要注意的是优化翼型及叶轮最佳形状以满足最佳的设计要求，而不是选择每一个截面最佳的翼型气动特性，以达到最可靠的动力输出，才是风轮翼型优化设计的关键问题。

（二）风力机气动力学基础

首先介绍一下风力机叶轮的一些定义。

（1）转子轴——风轮的旋转轴。

（2）回转平面——垂直于转子轴线的平面，叶片在该平面内旋转。

（3）风轮直径——风轮扫风面直径。

（4）叶片轴线——叶片纵轴线，围绕它，可使叶片形成相对于回转平面的倾斜变化。

（5）半径 r 处的叶片截面——圆柱半径 r 处的叶片内切面，其圆柱的轴线为转子轴。

（6）安装角或节距角 α——半径 r 处回转平面与叶型截面弦长之间的夹角。

下面简要介绍风轮设计的基本气动理论，即通常采用的风力机叶素理论。叶轮气动力分析如图 4-18 所示。

取一长度为 dr 的叶素（即叶片上的一小段，由相邻的两同心圆切得），在半径 r 处的弦长为 l，节距角为 α。

则叶素在旋转平面内具有一圆周速度 $U=2\pi rN$，N 为转速。如果取 V 为吹过风轮的轴向风速，气流相对于叶片的速度为 W，则由速度三角形定义，可得

$$V = U + W$$

$$W = V - U$$

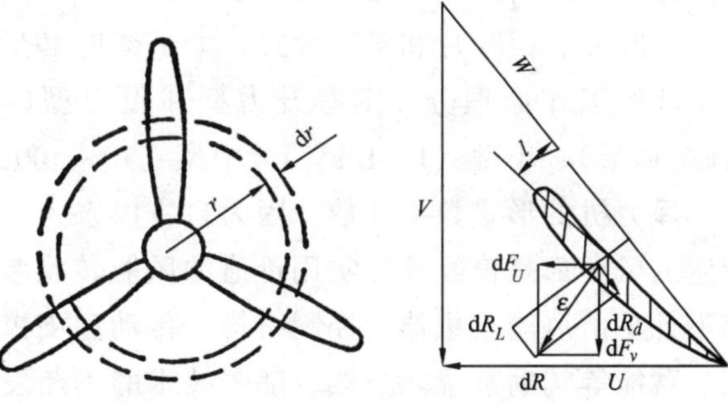

图 4-18 叶轮气动力分析

而攻角 $\beta=\beta-\alpha$。其中，β 为 W 与旋转平面间的夹角，称为倾斜角。

因此，叶素受到相对速度 W 的气流作用，并进而受到气动力 dR 作用。dR 可分解为一个升力 dR_f 和一个阻力 dR_d，分别与相对速度 W 垂直或平行，并对应于某一攻角 β。

升力系数 C_l 和阻力系数 C_d 的值可按相应的攻角查取所选叶型的气动特性曲线得到。

现在计算由气动力 dR 产生的作用在风轮上的轴向推力以及作用在转子轴上的力矩。

令 dF 为 dR 在转子轴上的投影，dM 为 dR 在回转平面上的投影对转轴的力矩，ω 为角速度，则有

$$dF = 0.5\rho V^2 dS(1 + \mathrm{ctg}^2\beta)(C_l\cos\beta + C_d\sin\beta)$$

$$dM = 0.5\rho V^2 r dS(1 + \mathrm{ctg}^2\beta)(C_l\sin\beta - C_d\cos\beta)$$

$$dP = 0.5\rho V^2 dS\mathrm{ctg}\beta(1 + \mathrm{ctg}^2\beta)(C_l\sin\beta - C_d\cos\beta)$$

风作用在风轮上引起的总推力以及作用在转子轴上的总扭矩 M 可由所有作用在叶素上的 dF 和 dM 求和得到。推力 F、扭矩 M、功率 P 和效率 η 之间的关系式为

功率　$P = FV$

轴功率　$P_v = M\omega$

效率　$\eta = P_v/P = M\omega/FV$

随着科学技术水平的提高和相关领域研究的进步，现代大型风力机叶轮的设计开始采用三维方法，即根据风况条件直接设计和验证风轮的气动特性，并对叶轮进行优化设计。由于篇幅限制，这里不再详述。

第三节　风力发电设备

从能量转换的角度来看，风力发电机组包括两大部分；一部分是风力机，由它将风能转换为机械能；另一部分是发电机，由它将机械能转换为电能。

一切在气流中能产生旋转或摆动的机械运动都是风能转换的形式，可用于这类机械转换的系统就叫风能转换系统，其中以旋转运动为特征的风力机得到了最广泛的应用。风力机的种类繁多：根据它收集风能的结构形式及在空间的布置，可分为水平轴式或垂直轴式；也可以从塔架位置上，分为上风式和下风式；还可以按桨叶数量，分为单叶片、双叶片、三叶片、四叶片和多叶片式。如从桨叶和形式上分，有螺旋桨式、H型、S型等；如按桨叶的工作原理分，则有升力型和阻力型的区别。若以风力机的容量分，则有微型（1kW以下）、小型（1～10kW）、中型（10～100kW）和大型（100kW以上）机。

风力机的形式数不胜数，因为自古以来人们研制的风力机太多，如中国古代的风帆和荷兰的风车都是曾经具有实用价值的风能转换装置。但是无论何种风能转换装置或系统，都不外乎由风能收集器、控制机构、传动和支撑部件等组成。现代风能转换系统还包括发电、蓄能等辅助系统。当然，随着技术的不断发展，风力机的形式还会增加，如国外正在研究的扩压式和旋风式等特殊风力机。

风力发电中采用的风力机，在结构型式上，水平轴式与垂直轴式都存在，但数量上水平轴式的风力机占绝大多数达98%以上，垂直轴式的主要是达里厄型，并主要在北美国家（美国、加拿大）使用。这两种型式的风力机都已制出单机容量为300、500、600、750kW及MW级以上的，并且风力机多为三叶片、下风向式的。但MW级以上的大型风力机也有采用两个叶片的。为了在高风速时控制风力机的转速及输出功率，水平轴风力机普遍采用全翼展或1/3翼展（靠近叶尖处的1/3叶片长度）桨距控制或叶片失速控制。为了

减轻阵风和风剪切力施加于叶片上和塔架上的负载，大型水平轴风力机叶片与主传动轴间采用跷跷板式联接。为了充分地利用风能，使风力机运行于接近最高效率，变速运行越来越受到重视，但同时需要解决维持发电机输出电能的频率恒定，也即是需要变速恒频系统。为了实现变速恒频运行，已经使用的有交流—直流—交流变换系统（AC-DC-AC），正在研究和开发的有磁场调制发电机系统、双馈异步发电机系统及滑差频率励磁异步发电机系统等。

一、水平轴风力机

风力机的风轮轴与地面呈水平状态，称水平轴风力机（见图 4-19）。它一般由风轮、增速器、调速器、调向装置、发电机和塔架等部件组成，大中型风力机还有自动控制系统。这种风力机的功率从几十千瓦到数兆瓦，是目前最具有实际开发价值的风力机。

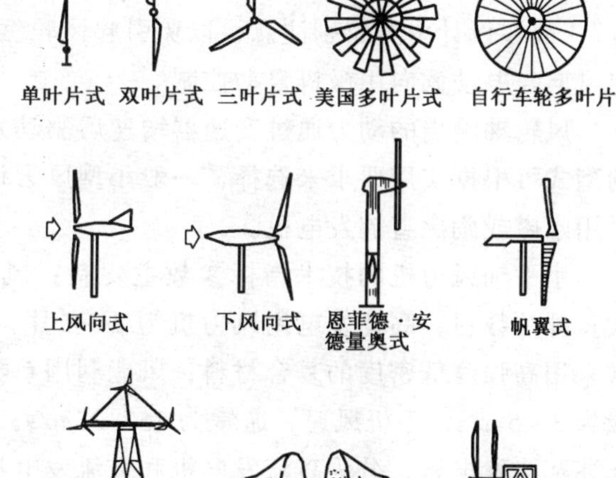

图 4-19　水平轴风力机

水平轴风力机有传统风车、低速风力机及高速风力机等 3 大类型。传统风车的年代久远，结构原始，现在遗留下来一些，除在经济不发达地区仍保留作提水、碾米、磨面等用途外，在发达国家中则主要作为人类文化遗产的保留物而精心保存。

低速风力机在美洲及欧洲尚有部分存在。其风轮有 12 ~ 24 片，几乎覆盖了整个旋转平面，风轮后面有保持迎风位置作用的尾翼，多叶片低速风力机如图 4-20 所示。这种风力机的最大直径约为 5 ~ 8m，美国曾制造过直径达 15m 的低速风车。此类风力机适用于低风速地区，当风速为 2 ~ 3m/s 时就可以转动，启动力矩相对较高。

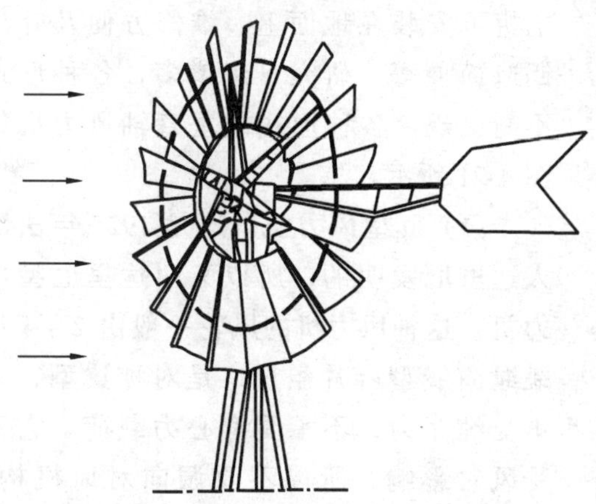
图 4-20　多叶片低速风力机

高速风力机风轮叶片仅 2 ~ 4 片，质量远比低速风力机轻得多，它所能够承受的离心力也较低速风力机大得多，转速较高，价格也较低速风力机为低。不足之处是启动困难，如没有其他辅助设施，风速需高达 5m/s 方能转动。高速风力机很适合于风力发电，其轮轴还可以通过变速齿轮箱与发电机匹配。为尽可能好地利用自然风，这种风轮可用尾舵或自动调向装置自动调整风轮正面迎风。高速风力机的叶片数少，转速高，叶尖速比可达到 10。当直径相同时，高速风力机的扭矩比低速风力机小。

为了保持风力机在不同风况下运行稳定,风轮必须有调速装置。调速装置主要有两种:一种是叶片桨距固定,当风速增加时,通过辅助侧翼或倾斜铰接的尾翼或其他气动机构使风轮绕垂直轴回转,以偏离风向,减少迎风面,从而达到调整的目的;另一种是叶片的桨距可以变化,当风速变化时,利用气动压力或风轮旋转产生的离心力,使桨距改变,实现调速。大型风力机常用侍服电机来变桨距。

当风向改变时,为了充分利用风力,风轮也要随时调向对风。通常直径6m以下的小型风轮可以用尾翼调向,而大中型风力机多采用辅助风轮调向。近来出现一种下风的风力机,则可以利用风轮本身所受的压力进行调向对风。当然,下风向风力机也有缺点,因为风首先通过塔架,然后才到风轮,塔架对风轮会产生一定的影响,工程上称为“塔影效应”,故在设计中要特别注意,以免引起风轮振动。大型风力机也有采用电动调向的,测定风向与电动调向用微机自动控制。

风轮轴输出的动力通过变速器增速后驱动发电机,发电机安装在塔架的顶部。发电机的型式可根据实用要求来选择,一般小型风力机都是独立运行,通过蓄电池供电,所以多采用永磁或励磁直流发电机。

水平轴风力机的技术指标参数主要有:风轮直径,通常风力机的功率越大,直径越大;叶片数目,高速发电用风力机为2~4片,低速风力机大于4片;叶片材料,现代通常采用高强度低密度的复合材料;风能利用系数,一般为0.15~0.5之间;启动风速,一般为3~5m/s;停机风速,通常为15~35m/s;输出功率,现代风力机一般为几百千瓦~几兆瓦;发电机,分为直流发电机和交流发电机;另外还有塔架高度等等。

二、垂直轴风力机

凡风轮转轴与地面呈垂直状态的风力机叫垂直轴风力机。这类风力机的形式较多,如S型、H型、Φ型等。虽然目前垂直轴风力机尚未大量商品化,但是它有许多特点,如不需大型塔架、发电机可安装在地面上、维修方便及叶片制造简便等,研究日趋增多,各种形式不断出现。各种形式的垂直轴风力机如图4-21所示。

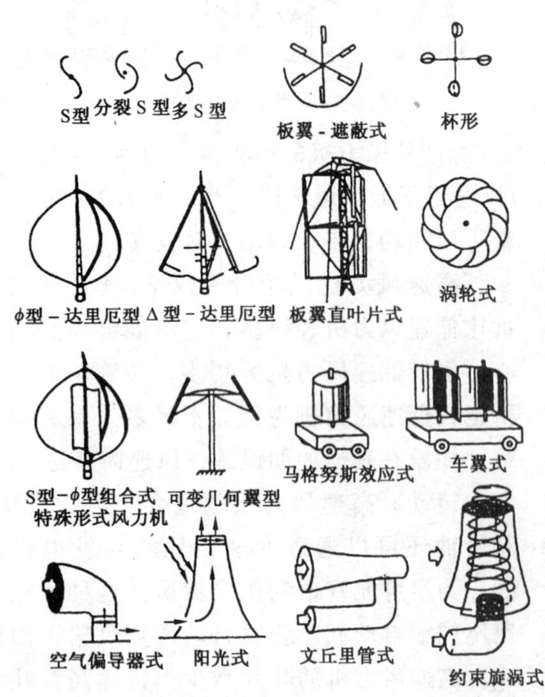

图4-21 垂直轴风力机

(1) Φ型风力机。这是1925年法国人达里厄发明的,所以又叫达里厄型风力机。这种风力机的风轮一般由2~4片跳绳曲线型叶片组成,是对称翼型,只承受纯张力,不承受离心力载荷。它不受风向影响,所以不要调向对风机构,但启动、刹车和调速较困难。目前把这种风力机投入商业运行的只有美国加州的风电场。我国在20世纪80年代初曾试制了几台小型样机，并与德国道尼尔公司合作研制了1台20kW风力机，但都未能投入使用。Φ型风力机如图4-22所示。

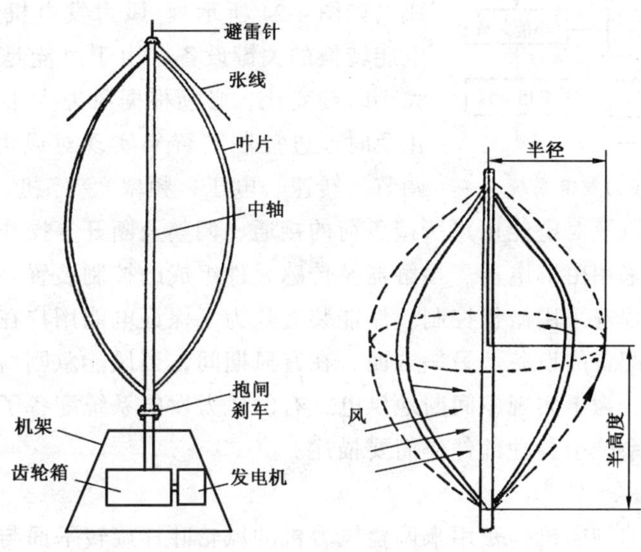

图4-22 Φ型风力机

（2）S型风力机。这是1924年芬兰人萨沃纽斯发明的一种垂直轴风力机。它是阻力型风轮，启动扭矩大，工作可靠，制造容易，甚至可用废旧油桶对开制成。为了获得较大的功率，还可以将几个S轮上下重迭装在一起。中国曾制造4层S轮风力机，并用于航标灯作电源，效果较好。

（3）H型直叶片风力机。从工作原理上说它与S型风力机相同，也是达厄里型的一种。由于Φ型风轮叶片的两端速度很低，产生的升力较小，实际起作用叶片长度只占其总长的3/5左右。而直叶片则能充分发挥全叶片的作用，且叶片的制造也比较容易。中国在直叶片风轮的基础上又加装了副叶片，而且副叶片可以转动，起着导向和增加启动扭矩的作用。日本已将直叶片风轮发展为多层风轮，目的为增大发电的功率。直叶片风轮也可用在风力提水机上，实际此种风轮可以制成发电、提水两用机。图4-23为S型及直叶片型风力机。

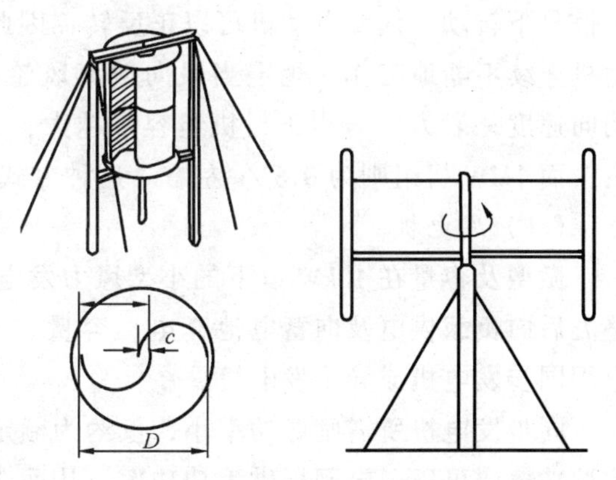

图4-23 S型及直叶片型风力机

三、风力发电系统及装置

（一）风力发电机组的系统组成

风力发电系统是将风能转换为电能的机械、电气及其控制设备的组合，通常包括风轮、发电机、变速器（小、微容量及特殊类型的也有不包括变速器的）及有关控制器和储能装置。风力发电机组的单机容量范围为几十瓦～几兆瓦。

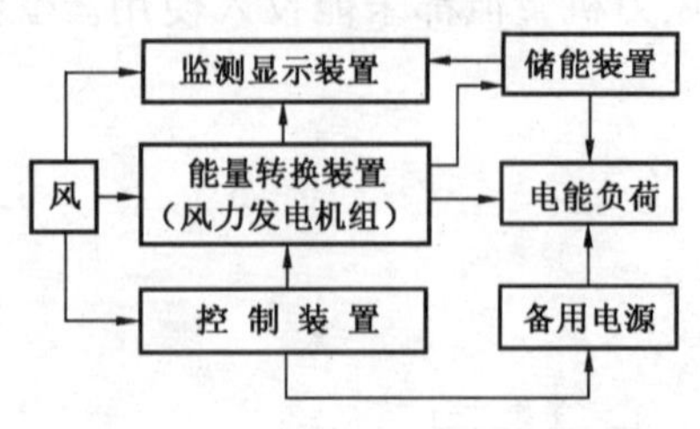

图 4-24 典型风力发电系统

典型的风力发电系统通常由风能资源、风力发电机组、控制装置、蓄能装置、备用电源及电能用户组成（如图 4-24 所示）。风力发电机组是实现由风能到电能转换的关键设备。由于风能是随机性的，风力的大小时刻变化，必须根据风力大小及电能需要量的变化及时通过控制装置来实现对风力发电机组的启动、调节（转速、电压、频率）、停机、故障保护（超速、振动、过负荷等）以及对电能用户所接负荷的接通、调整及断开等操作。在小容量的风力发电系统中，一般采用由继电器、接触器及传感元件组成的控制装置。在容量较大的风力发电系统中，现在普遍采用微机控制。储能装置是为了保证电能用户在无风期间内可以不间断地获得电能而配备的设备。另一方面，在有风期间，当风能急剧增加时，储能装置可以吸收多余的风能。为了实现不间断地供电，有的风力发电系统配备了备用电源，如柴油发电机组。下面就系统中各种部件作简要描述。

（二）调向机构

水平轴风力机的调向机构是用来调整风力机的风轮叶片旋转平面与空气流动方向相对位置的机构。因为当风轮叶片旋转平面与气流方向垂直时，也即是迎着风向时，风力机从流动的空气中获取的能量最大，因而风力机的输出功率最大，所以调向机构又称为迎风机构（国外通称偏航系统）。小型水平轴风力机常用的调向机构有尾舵和尾车，两者皆属于被动对风调向。风电场中并网运行的中大型风力机则采用由伺服电动机（也有用液压马达）驱动的齿轮传动装置来进行调向，伺服电动机（亦称偏航电动机）则是在风信标给出的信号下转动。伺服电动机可以正反转，因此可以实现两个方向的调向。为了避免伺服电动机连续不断地工作，规定当风向偏离风轮主轴 ±10°～±15°时，调向机构才开始动作。调向速度一般为 1°/s 以下，机组容量越大，调向速度愈慢，例如 600kW 机组为 0.8°/s 左右，而 1MW 机组则为 0.6°/s 左右。这种方式的调向属于主动对风调向。

（三）发电机

微型及容量在 10kW 以下的小型风力发电机组，采用永磁式或自励式交流发电机，经整流后向负载供电及向蓄电池充电；容量在 100kW 以上的并网运行的风力发电机组，则应用同步发电机或异步发电机。

同步发电机所需励磁功率小，仅约为额定功率的 1%；通过调节励磁可以调节电压及无功功率，可以向电网提供无功功率，从而改善电网的功率因数。但同步发电机在阵风时因输入功率有强烈的起伏，瞬态稳定性是个严重问题，通常需要采用变桨距风力机，以使得瞬态扭矩能被限制在同步发电机的牵出扭矩之内；同步发电机还需要严格的调速及同步并网装置。

在具有大容量同步发电机装机容量和低感抗的网络中，采用配有异步发电机的风力发电机组与电网并联运行有较大的优点。异步发电机由于结构简单、价格便宜、且不需要严格的并网装置，可以较容易地与电网连接，因此允许其转速在一定限度内变化，可吸收瞬态阵风能量。但异步发电机需借助电网获得励磁，加重了对电网的无功功率的需求。

在综合比较同步及异步发电机的基础上，现代中型及大型风电场中的风力发电机组绝大多数选用异步发电机，并针对异步发电机自身的特点与风力为随机性的特点，在技术上作了改进与发展。主要措施是：采用双速异步发电机（定子绕组数一般为4/6极的，其同步转速分别为1500r/min及1000r/min）。在风力较强（高风速段）时，发电机绕组接成4极运行；在风力较弱（低风速段）时，发电机绕组换接成6极运行。这样可以更好地利用风能，增加发电量。为克服异步发电机接入电网时产生冲击电流，采用“晶闸管软并网”方式，即将异步发电机通过双向晶闸管与电网连接，由微处理机发出信号控制晶闸管的导通角，使其导通角逐渐加大，异步发电机就可以经过晶闸管平稳接入电网，而不产生冲击电流；同时，晶闸管也起到了无触点开关的作用，从而避免了接入线路中的普通继电器、接触器等有触点电器易发生的触点磨损、黏位或弹跳等现象带来的不安全因素，使并网更为安全可靠。“晶闸管软并网”方法的实现与晶闸管触发电路的可靠性及准确性有重要关系。根据晶闸管的通断状况，触发电路分为移相触发及过零触发两种。移相触发的缺点是发电机负载电流为非正弦波形，包含有奇次谐波，会对电网产生谐波干扰；过零触发则没有这种谐波干扰。此外，移相触发时要求三相电路内各相晶闸管导通角能实现同步增大，否则会造成三相电流不平衡，对发电机不利。当异步发电机安全并网后，则通过与双向晶闸管并联的旁路开关断开双向晶闸管，同时投入电容器，以补偿异步发电机对电网无功功率的需求。

（四）升速齿轮箱

风力机属于低速旋转机械，所采用的变速齿轮箱是升速的。其作用是将风力机轴上的低速旋转输入转变为高速旋转输出，以便与发电机运转所需要的转速相匹配。升速传动装置的升速比对风力发电机组的性能及造价有重要影响，选择高升速比有利于降低发电机造价，但升速齿轮箱体积增大，造价增高；选择低升速比有利于降低发电机造价及减小所占的空间，但齿轮箱造价增高。合适的升速比应通过系统的方案优化比较来选定。现在大中型风电场中单机容量在600kW～1MW的风力发电机组中齿轮箱的速比在1:50～1:70左右；而齿轮箱的组合型式一般为3级齿轮传动。有时3级全采用螺旋斜齿轮传动，有时则采用1级行星齿轮及2级螺旋斜齿轮传动；也有采用1级行星齿轮及2级正齿轮传动的。

（五）塔架

水平轴风力发电机组需要通过塔架将其置于空中，以捕捉更多的风能。广泛使用的有两种类型塔架，即由钢板制成的锥形筒状塔架和由角钢制成的桁架式塔架。锥形筒状塔架塔筒直径沿高度向上方向逐渐减小，一般沿高度由2～3段组成，在塔架内装有梯子和安全索，以便于工作人员沿梯子进入塔架顶端的机舱，塔筒表面经过喷砂处理和喷刷白色油漆用于防腐。桁架式塔架也装有梯子和安全索，便于工作人员攀登，为防止腐蚀，桁架经过热浸锌处理。锥形筒状塔架外形美观，对于寒冷地区或在大风时工作人员沿塔筒内梯子进入机舱比较安全方便，控制系统的控制柜（包括主开关、微处理机、晶闸管软起动装置、补偿电容等）皆可置于塔筒内的地面上，但塔筒较重、运输较复杂、造价较高。桁架式塔架由于重量较轻，可拆卸为小部件运到场地再组装，因此造价较低。桁架式塔架由螺栓连接，没有焊接点，因此没有焊缝疲劳问题，同时它还可承受由于风力发电机组调向系统动作时施加于整个结构上的轻微扭转力矩；但桁架式塔架需在其旁边地面处另建小屋，以安放控制柜。

（六）控制系统

100kW 以上的中型风力发电机组及 1MW 以上的大型风力发电机组皆配有由微机或可编程控制器（PLC）组成的控制系统来实现控制、自检和显示功能。其主要功能是：①按预先设定的风速值（一般为 3～4m/s）自动启动风力发电机组，并通过软启动装置将异步发电机并入电网。②借助各种传感器自动检测风力发电机组的运行参数及状态，包括风速、风向、风力机风轮转速、发电机转速、发电机温升、发电机输出功率、功率因数、电压、电流等以及齿轮箱轴承的油温、液压系统的油压等。③当风速大于最大运行速度（一般设定为 25m/s）时实现自动停机。失速调节风力机是通过液压控制使叶片尖端部分沿叶片枢轴转动 90°，从而实现气动刹车。桨距调节风力机则是借助液压控制使整个叶片顺桨而达到停机，也是属于气动刹车。当风力机接近或停止转动时，再通过由液压系统控制的装于低速轴或高速轴上的制动盘以及闸瓦片刹紧转轴，使之静止不动。④故障保护。当出现恶劣气象（如强风、台风、低温等）情况、电网故障（如缺相、电压不平衡、断电等）、发电机温升过高、发电机转子超速、齿轮及轴承油温过高、液压系统压力降低以及机舱振动剧烈等情况时，机组也将自动停机，并且只有在准确检查出故障原因并排除后，风力发电机组才能再次自动启动。⑤通过调制解调器与电话线连接。现代大型风电场还可实现多台机组的远程监控，从远离风电场的地点读取风电场中风力发电机组的运行数据及故障记录等，也可远程启动及停止机组的运行。

除去上述风力机、齿轮箱、发电机、塔架、控制系统等主要部件外，风力发电机组上还装有联轴器、防雷装置、冷却装置、机舱盖及机舱基础底板等。水平轴中大型（600kW）风力发电机组结构如图 4-25 所示（图中因叶片太长未画出，叶片装于轮毂上）。

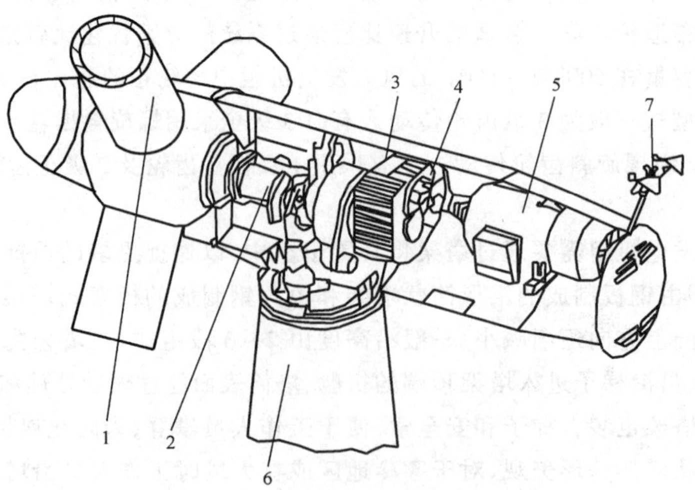

图 4-25　水平轴中大型容量（600kW）风力发电机组结构

1—轮毂（安装叶片）；2—传动系统；3—齿轮箱；4—刹车系统；
5—发电机；6—塔架；7—风速风向仪

四、大型并网型风力发电机组

目前世界上比较成熟的并网型风力发电机组多采用水平轴风力机，其形式多种多样，常见的水平轴风力机类型有：①单叶片式；②双叶片式；③三叶片式；④多叶片风车式；⑤车轮式多叶片风车式；⑥迎风式；⑦背风式等。

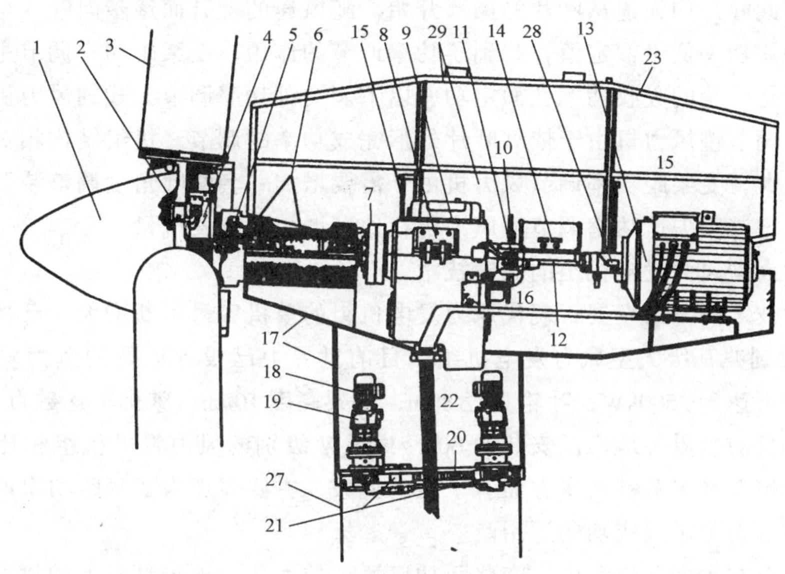

图 4-26 大型风力发电机组基本结构

1—导流罩；2—轮毂；3—叶片；4—叶尖刹车控制系统；5—集电环；6—主轴；7—收缩盘；8—锁紧装置；9—齿轮箱；10—刹车片；11—刹车片厚度检测器；12—万向联轴器；13—发电机；14—安全控制箱；15—舱盖开启阀；16—刹车汽缸；17—机舱；18—偏航电机；19—偏航齿轮；20—偏航圆盘；21—偏航锁定；22—主电缆；23—风向风速仪；24—梯子（未画出）；25—控制线（未画出）；26—平台（未画出）；27—塔筒；28—振动传感器；29—舱盖

典型的大型风力发电机组通常主要由叶轮、传动系统、发电机、调向机构及控制系统等几大部分组成。其基本结构如图 4-26 所示。

叶轮的作用是将风能转换为机械能，它由气动性能优异的叶片（目前商业机组一般为 2~3 个叶片）安装在轮毂上，组成了叶轮。叶轮转速较低，以保证叶片前端的线速度在叶片材料允许的范围内，通过传动系统由齿轮箱增速，将叶轮约 18~33r/min 提高到 800r/min 或 1500r/min，将动力传递给发电机。以上部件都安装在机舱内部，整个机舱由高大的塔架支撑。为了有效地利用不同方向的风能，在机舱与塔架之间安装有调向系统，它根据风向传感器检测得到的风向信号，由控制器控制调向电机的启停，驱动与调向大齿轮咬合的小齿轮转动，使机舱对准来风的方向。

控制系统是风力发电机组的“大脑”，由它自动完成机组的所有工作过程，并提供人机接口和远方监控的接口。目前，风力发电机组控制系统已广泛采用微机装置，其控制软件根据风力发电基础理论研究成果和机组实际运行中积累的实验数据，能够准确地实现风力发电机组的一些特殊控制要求，对机组的安全可靠运行有十分重要的意义。

风力发电机组根据其机组功率调节方式的不同，又划分为变桨距功率调节和定桨距失速功率调节两种类型。定桨距失速功率调节是依靠叶片的气动外形完成的，其叶片有一定的扭角，在额定风速以下，空气沿叶片表面稳定流动，叶轮吸收的能量随空气流速的上升而增加；当风速超过额定风速后，在叶片后侧，空气气流发生分离，产生湍流，叶片吸收能量的效率急剧下降，导致叶轮吸收的能量随空气流速的上升而减少，由于失速叶片自身存在扭角，因此叶片的失速从叶片的局部开始，随风速的上升而逐步向叶片全长发展，保证叶轮吸收的总功率低于额定值，起到了功率调节的作用。变桨距功率调节主要依靠叶片攻角改变，保持叶轮的吸收功率在额定功率以下。两种功率调节方式的风力机相比较，定桨距失速功率调节型风力机由于依靠叶片外形完成功率的调节，机组结构相对简单，但机组结构受力较大；变桨距功率调节风力机由于需要增加一套桨叶角度调整装置，增加了设备造价，但与定桨距失速功率调节型风力机相比可增加部分发电量。

五、现代大型风力发电机组的关键技术

随着科学技术的不断发展，现代风力发电机组的单机容量不断增大，已从主流单机容量 600kW 发展到兆瓦级大型风力发电机组，目前世界上已投入运行的风力发电机组中单机容量最大的可达到 2500kW，叶轮直径 80m，塔架高度 100m，整机重达数百 t，俨然一个庞然大物。与目前世界各地广泛安装的 600 ~ 900kW 级别的风力发电机组相比较，现代大型风力发电机组在许多关键技术方面有了新的突破，主要表现为变桨距功率调节技术和变频变速运行技术得到了较成功的运用。

在风力发电技术发展里程中，变桨距功率调节技术是一项较早发展的技术，与定桨距失速功率调节技术相比较，变桨距功率调节使机组的承载结构重量相对减少，可以使风力发电机组在高于额定风速的情况下保持稳定的功率输出，减少对电网的干扰，提高机组的发电量。但变桨距功率调节需要增加一套桨距调节装置，使设备价格升高；同时，自然界的风速变化是一个十分复杂和频繁的过程，风速的不断变化导致变桨机构不断频繁动作，变桨机构中的关键部件变桨轴承承受了各种复杂负载，其寿命一般仅为 4 ~ 5 年左右，使得维修费用昂贵，机组可靠性大大降低。因此，在中小型风力发电机组的设计生产中，各风力机制造公司较少采用变桨距功率调节技术。

自然界的风速随高度升高而变化。在大型风电机组中，随着机组容量的加大，叶轮直径由以前的 40 ~ 50m 增加到 70 ~ 80m，塔架高度也不断增加。叶轮中心高度升高使得大型风电机组的叶轮所承受的风剪切力加大，变桨机构轴承承受的负载更加复杂，需要更加准确地对变桨系统各部件进行设计和受力分析。目前主要通过对变桨轴承的改进和设计优化。采用专门设计的轴承，解决了轴承使用寿命短的问题。同时，通过采用变滑差发电机、叶片主动失速等技术，组成了一种“混合”功率调节方式，减少了变桨机构的动作次数，降低了变桨轴承的机械磨损。通过各种改进技术，基本解决了变桨系统对风电机组安全可靠运行的影响，与采用定桨距失速功率调节的风电机组相比，机组发电量上升了 3% ~ 10%（根据不同地区的风力资源状况而有所不同）。

为了保证水平轴风力发电机组叶轮对风能的转换效率，在设计过程中，选择适当的尖速比（叶尖线速度与设计风速之比）是十分重要的。现代大型风电机组一般选择尖速比为 6 ~ 8，运行风速范围 3 ~ 25m/s，在运行风速范围内固定转速，风电机组的叶尖线速度保持恒定，尖速比只能保持在最佳值附近，风能转换效率无法维持在最佳值。以一固定转速风电机组为例，其叶尖线速度为48m/s，设计额定风速为15m/s，机组尖速比为3.24，在环境风速为7~8m/s时，机组尖速比为6~7，即风电机组的叶轮效率在7~8m/s区端为最佳，其他风速区端叶轮效率较低。变转速风电机组的叶尖线速度可连续变化，在不同风速情况下均可保持最佳尖速比，机组的风能转换效率保持在最佳值。以一变转速风电机组为例，其叶轮转速为12.85~25.71r/min，叶尖线速度在35~70m/s之间连续变化，即在5~12m/s区端，机组尖速比保持为6~7，与定转速风电机组相比，变转速风电机组可增加10%的发电量。

定转速风力发电机组多采用异步发电机，其并网环节简单。变转速风力发电机组由于发电机转速变化，与电网无法直接连接，过去多采用电力电子元件构成变频装置，将发电机输出的电能转换为标准工频电能输送到电网。由于变频装置价格昂贵，造成变转速风力发电机组未得到广泛的应用，且大功率电力电子元件的安全可靠性较差，限制了风力发电机组的单机容量，无法制造更大功率的机组。随着新技术双馈电机、高压直流发电机的研制成功，已使得变转速风力发电机组在实际中可能得到广泛的应用。目前世界各国已研制开发或试验运行的现代大型风力发电机组，单机功率均超过了1MW，多采用了变转速运行的方式。

变转速风力发电机组的技术关键，在于发电机与电网的连接环节。在该环节中，广泛应用了电力电子技术、微机控制技术和矢量控制理论等。以变转速风力发电机组中运用的双馈电机为例，在发电机的转子和定子中均采用了微机控制装置，对定子与转子之间的转差功率进行调节，从而实现发电机转速的连续变化。其工作原理十分简单，但要求控制精度高，控制计算复杂，仅双馈电机从理论的提出到第一台实际样机的生产，就经历了10年的研制时间。

第四节 风力发电运行方式

风力发电通常有独立运行和并网运行两种运行方式。

一、独立运行方式

独立运行的风力发电机组，又称离网型风力发电机组，是把风力发电机组输出的电能经蓄电池蓄能，再供应用户使用，如图4-27所示。如用户需要交流电，则需在蓄电池与用户负荷之间加装逆变器。5kW以下的风力发电机组多采用这种运行方式，可供边远农村、牧区、海岛、气象台站、导航灯塔、电视差转台、边防哨所等电网覆盖不到的地区利用。在容量较大的独立运行方式下，为了避免大量使用蓄电池，常采取由负荷控制器按负荷的优先保证次序来直接控制负荷的接通与断开，以适应风速大小的变化，具有负荷调节的独立运行风力发电系统如图4-28所示。这种方式的缺

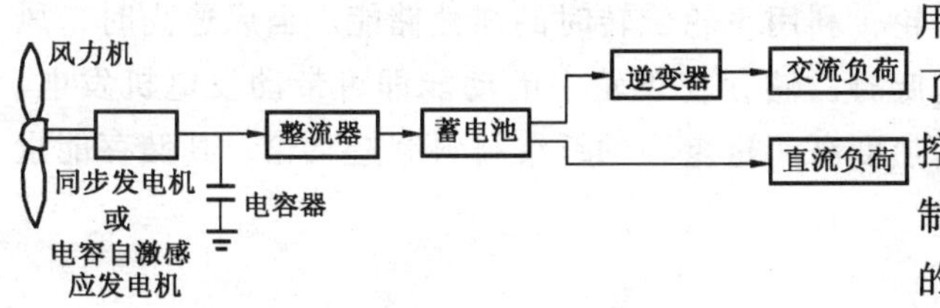

图4-27 独立运行的风力发电系统

点是在无风期不能供电，为了克服这一缺点，可配备少量蓄电池来保证不能断电的设备在无风期间内从蓄电池获得电能。

下面仅对风力发电独立运行方式中的储能系统和与其他发电装置联合运行两个问题加以介绍。

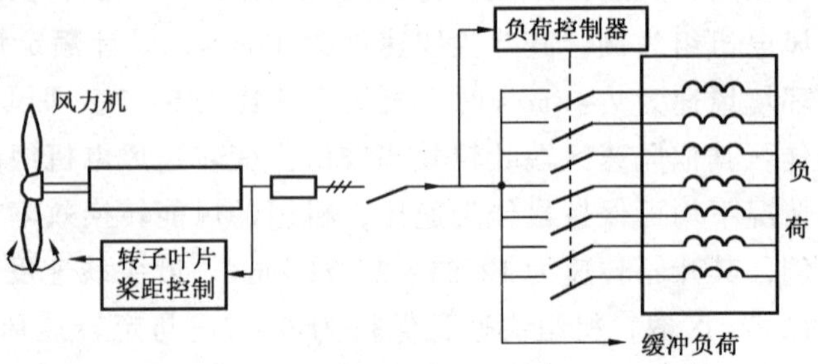

图 4-28　具有负荷调节的独立运行风力发电系统

（一）储能系统

风能是不可直接储存的能源，即使在风能资源丰富的地区，若以风力发电作为获得电能的主要方式，也必须配有适当的储能系统。风力发电系统采用的储能系统主要是以蓄电池储能，在地形条件合适的地点，也可以采用抽水蓄能。正在研究试验的有压缩空气储能、飞轮储能、电解水制氢储能等。

1. 蓄电池蓄能

在风力发电系统中,多采用铅酸蓄电池和碱性蓄电池作为存储电能的装置。铅酸蓄电池的单格电压为2V,碱性蓄电池的单格电压为1.2V。小型风力发电系统中蓄电池组的电压通常为12、24V或36V。蓄电池的容量以安时(Ah)数表示。安时数表明该蓄电池在连续10h充电或放电过程中允许的充电电流和放电电流的数值(也称10h充放电率电流值),超过10h充放电率的电流值会损坏蓄电池。在充放电过程中,蓄电池的电压是变化的,特别是放电时,蓄电池电压逐渐降低,使用时铅酸蓄电池电压不应低于1.4~1.8V,碱性蓄电池不应低于0.8~1.1V。铅酸蓄电池在充电时电解液的浓度增高,比重增大;放电过程中电解液的浓度降低。通过测定电解液的浓度就能了解蓄电池放电的程度。蓄电池的寿命因使用方法不同有很大差异,铅酸蓄电池的寿命一般为1~10年,碱性蓄电池的寿命为3~15年。

2. 抽水蓄能

抽水蓄能指当风大而负荷所需电能较少时，利用多余的电能带动抽水机，将低处的水抽到高处的水库中储存起来；当风小或无风期来临时，再释放高处水库中的水来推动水轮机带动发电机发电。

3. 压缩空气储能

在电力负载较小时，将风力发电机组提供的多余电能通过电动机带动空气压缩机，将空气压缩后储存到地下岩洞或废弃的矿坑内；在电力负荷达到高峰、风小或无风时再释放储存的压缩空气作为动力带动涡轮机实现发电的过程称为压缩空气储能。

4. 飞轮储能

在风力机与发电机之间安装一个飞轮，利用飞轮旋转时的惯性储能。当风速高时，风能以动能的形式储存于飞轮中；当风速低时，储存在飞轮中的动能即可带动发电机发电。飞轮多由钢制成，近年来正在研究采用强度高而重量轻的纤维材料制造飞轮，其储存能量可达钢制飞轮的10~20倍。

5. 电解水制氢储能

在电力负荷减小时，将风力发电多余下来的电能用来电解水，使氢和氧分离，把氢作为燃料储存起来，需要时再把氢和氧在燃料电池中进行反应而产生电能，这就是电解水制氢储能。

(二) 与其他发电形式的联合运行

为保证独立运行的离网型风力发电机组能连续可靠地供电，解决风力发电受自然条件限制的影响，风力发电机组经常与其他动力源联合使用，互为补充。常用的方式主要有以下几种。

1. 风力—柴油发电联合运行

采用风力—柴油发电系统可以实现稳定持续地供电。这种系统有两种不同的运行方式：①风力发电机组与柴油发电机组交替（切换）运行：风力发电机组与柴油发电机组在机械上及电气上没有任何联系，有风时由风力发电机组供电，无风时柴油发电机组发电；②风力发电机组与柴油发电机组并联运行：风力发电机组与柴油发电机组在电路上并联后向负荷供电，如图 4-29 所示。柴油发电机组可以是连续运转的，也可以是断续运转的。当然，只有在柴油发电机组断续运转时，才能达到显著地节省燃油。这种运行方式技术上较复杂，需要解决在风况及负荷经常变动的情况下两种动态特性和控制系统各异的发电机组并联后运行的稳定性问题。在柴油发电机组稳定运转时，当风力增大或负荷减小时，柴油发电机组将在轻载情况下运转，会导致柴油发电机组效率降低。在柴油发电机组断续运转时，可以避免这一缺点，但柴油发电机组的频繁启动与停机，对柴油发电机组的维护保养是不利的。为了避免这种由于风力及负荷的变化而造成的柴油发电机组的频繁启动与停机，可采用配备蓄电池短时储能的措施。当短时间内风力不足时，可由蓄电池经逆变器向负荷供电，当短时间内风力有余或负荷减小时，就经由整流器向蓄电池充电，从而减少柴油发电机组的启停次数。此外，配备具有短期储能特性的飞轮，也可以达到降低柴油发电机组启停次数的目的。

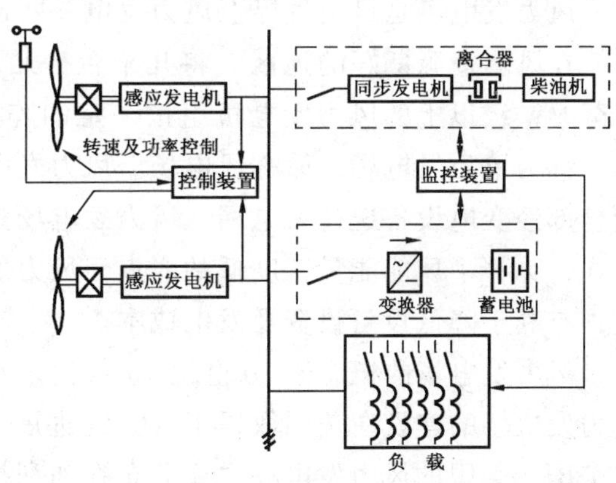

图 4-29 风力发电机组—柴油发电机组并联系统

2. 风力—太阳能电池发电联合运行

风力发电机组可以和太阳能电池组合成联合供电系统。风能、太阳能都具有能量密度低、稳定性差的弱点，并受地理分布、季节变化、昼夜变化等因素影响。中国属于季风气候区，春季、秋季风力强，但太阳辐射弱，夏季、秋季风力弱，而太阳辐射强，两者能量变化趋势相反，因而可以组成能量互补系统，并使电能输出比较稳定。利用自然能源的互补特性，增加了供电的可靠性，使风力发电机组和太阳能电池方阵的容量较单独使用时小。风力—光伏联合系统有两种不同的运行方式：①切换运行，即有风时由风力发电机组供电，有太阳光时由太阳能电池方阵供电，这种方式简单，但系统的效率较低；②同时运行，风力发电机组与太阳能电池方阵同时向蓄电池组充电，可以充分发挥两者的效能，系统效率高，风力发电机组、太阳能电池方阵及蓄电池三者容量的选择（匹配），可根据风能、太阳能变化规律及负荷（用电量）变动规律得出。

二、并网运行方式

采用风力发电机组与电网连接，由电网输送电能的方式，是克服风的随机性而带来的蓄能问题的最稳妥易行的运行方式，同时可达到节约矿物燃料的目的。10kW 以上直至 MW 级的风力发电机组皆可采用这种运行方式。并网运行又可分为两种不同的方式：①恒速恒频方式，即风力发电机组的转速不随风速的波动而变化，始终维持恒转速运转，从而输出恒定额定频率的交流电。这种方式目前已普遍采用，具有简单可靠的优点，但是对风能的利用不充分，因为风力机只有在一定的叶尖速比的数值下才能达到最高的风能利用率。②变速恒频方式，即风力发电机组的转速随风速的波动作变速运行，但仍输出恒定频率的交流电。这种方式可提高风能的利用率，但将导致必须增加实现恒频输出的电力电子设备，同时还应解决由于变速运行而在风力发电机组支撑结构上出现共振现象等问题。

风力发电场是目前世界上风力发电并网运行方式的基本形式，下面重点加以介绍。

在风能资源良好的地区，将几十台、几百台或几千台单机容量从数十 kW、数百 kW 直至 MW 级以上的风力发电机组按一定的阵列布局方式成群安装而组成的风力发电机群体，称为风力发电场，简称风电场。风力发电场属于大规模利用风能的方式，其发出的电能全部经变电设备送往大电网。风力发电场是在大面积范围内大规模开发利用风能的有效形式，弥补了风能能量密度低的弱点，风力发电场的建立与发展可带动和促进形成新的产业，有利于降低设备投资及发电成本。

风力发电场的概念于 20 世纪 70 年代末首先在美国提出。从 20 世纪 80 年代初开始，风力发电场的建设在美国取得了巨大的进展，到 1987 年，世界上 90%的风力发电场都建在美国。美国的风力发电场主要分布在加利福尼亚州及夏威夷群岛，装有不同容量的风力发电机组共 7600 余台，总装机容量达 670MW。除美国外，丹麦、荷兰、德国、英国等也都建有总装机容量达 1MW 以上的风力发电场。

进入 20 世纪 90 年代，特别是 20 世纪 90 年代后半期，随着风力发电技术的不断发展及人类对环境保护及可持续发展的关注，风力发电作为一种清洁的发电方式，越来越受到各国的重视，中型和大型风力发电场的建设不仅在工业发达国家，而且在发展中国家都呈现蓬勃发展的局面。到 1996 年底，美国风力发电场的总装机容量已达到 1660MW，德国达到 1500MW，丹麦达到 733MW，荷兰达到 277MW，英国达到 269MW，西班牙达到 215MW。其中以德国的发展速度最快，丹麦次之，美国较慢。到 2001 年底，全世界风电场总装机容量达到 24930MW，其中：德国为 8730MW，居世界第 1 位；美国为 4250MW，居世界第 2 位；西班牙为 3550MW，居世界第 3 位；丹麦为 2460MW，居第 4 位。在此期间，发展中国家以印度的风电场建设发展最快，到 2001 年底达到 1460MW，居世界第 5 位。

中国于 20 世纪 80 年代中期开始建立小型风力发电场，1995 年以后，取得了快速发展。到 1996 年底，风电场总装机容量为 56MW。到 1998 年底已先后在新疆的达坂城、布尔津，内蒙古的朱日和、锡林浩特、商都、辉腾锡勒，辽宁的东岗、横山，广东的南澳，山东的荣城、长岛，浙江的泗礁、鹤顶山、括苍山，福建的平潭，海南的东方，河北的张北，甘肃的玉门等地区建成了19座风力发电场，总装机容量达到223.60MW。截止到2001年底，中国共拥有风电场27座，共安装并网型风力发电机组812台，总装机容量达到399.895MW。

（一）风力发电场的选址

风电场场址选择是一个复杂的过程，其中最主要的因素是风能资源，同时还必须考虑环境影响、道路交通及电网条件等许多因素。风电场场址选择要求严格，主要依据是：①该地区的风力资源丰富，年平均风速在6～7m/s以上，并且盛行风风向稳定；②在预选场址内立测风塔，进行1～2年的风速、风向及风速沿高度的变化等数据的实测（应是按照时间序列的每h风速及风向数据），并据此计算得出风速频率分布及风向玫瑰图，以估算风力发电场内风力发电机组的年发电量及考虑风力发电机组的排列布局；③对影响场内风力发电机组出力及安全可靠运行的其他气象数据（如气温、大气压力、湿度）以及特殊气象情况（如台风、雷电、沙暴等发生频率及海水盐雾情况、冰冻时间长短等）有测量及统计数据；④地区内的地形、地貌、障碍物（如地表粗糙度、树木、建筑物等）有详细资料，地表粗糙度高，厂内附近树木及障碍物多，将导致风电场年发电量降低；⑤风电场场址距公路及地区电力网较近，以便降低风电设备运输及接入电网的工程费用，风电场预计送入电力网的最大电功率与地区电力网容量的比率即风电的最大投入率，应在5%～10%以下；⑥风电场场址应距居民点有一定的距离，以降低风力发电机组运行时齿轮箱、发电机发出的声响即风轮叶片旋转时扫掠空气产生的气动噪声的影响，据测定，距500～600kW风力发电机组200m远处的噪声辐射约为43～45dB，在风力机机舱下则为95～100dB。

风是自然界最常见的自然现象之一，它是由于太阳对地球表面不均衡地加热造成地球表面大气层中温度和压力的差别而产生的。在目前的科学技术水平下，只能利用距离地面高度在100～200m高度的风能资源。在陆地上，由于一些特殊的地形（如山谷、高台等）会对自然风产生加速会聚作用，从而产生了一些风能资源特别丰富的地区，这些地区是风电场的首选场址，目前我国已建设的大型风电场多数是在这类地区。如我国目前最大的新疆达坂城风电场所在的达坂城盆地，就是由于天山的高大山脉阻挡了大气流动，使达坂城成为了一个气流通道，年平均风速达到8.2～8.5m/s（30m高度）；而内蒙古辉腾锡勒风电场是草原上的一个高台，由于高台对大气流动的阻挡和抬升作用，也形成了一个风能资源丰富的地区。

（二）风力发电场的风力发电机组排布

现代风电场建设规模巨大，单个风电场的装机台数可达几千台，占地面积数km^2，风电机组之间的尾流影响不可忽视，必须合理地选择机组的排列方式，以减少机组之间的相互影响。风电场内风力发电机组的排列应以风电场内可获得最大的发电量来考虑，风电场内多台风力发电机组之间的间距若太小，则沿空气流动方向，前面机组对后面机组将产生较大的尾流效应，导致后面风力发电机组发电量减少。同时，由于湍流和尾流的联合作用，还会引起风力发电机组损坏，降低使用寿命。机组的排列方式主要受风能分布、风场地形和土地征用的影响，机组排列的最主要原则是充分利用风能资源，最大程度利用风能。在风能资源分布方向非常明显的地区，机组排列可以与主导风能方向垂直，平行交错布置，机组排间距一般为叶轮直径的 8～10 倍。在地形地貌条件较差的地区,机组排布受地形的限制,排列无法满足 8～10 倍叶轮直径的要求,则首先考虑地形条件进行机组的布置,这在一些建设在山峰上的风电场多为常见,如我国的南澳风电场、括苍山风电场。风力发电机组左右之间的距离(列距)应为风力机风轮直径的 2～3 倍。在地形复杂的丘陵或山地,为避免湍流的影响,风力发电机组可安装在等风能密度线上或沿山脊的顶峰排列。

（三）风力发电场的经济效益评估

风电场容量系数即发电成本是衡量风力发电场经济效益的重要指标。风电场内风力发电机组容量系数的计算方法为

$$容量系数（C_F）=\frac{全年发电量（kWh）}{风力发电机组额定容量（kW）\times 8760（h）}$$

$$风力发电机组额定容量=\frac{全年总运行时数（h）}{8760（h）}$$

在场址选择适宜、风力发电机组性能优良、机组排列间距合理的风电场内，各台风力发电机组的容量系数大致相同，但不完全一样，其值约在 0.25～0.4 之间。整个风电场的容量系数为各台风力发电机组容量系数的平均值，一般应在 0.25 以上，即风力发电机组相当于以满负荷运行的时数至少应在 2000h 以上。风电场每 kWh 电能的发电成本与诸多因素有关，包括风能资源特性（主要是风速频率分布）、风力发电机组设备的投资费用、风电场建设工程费用、风电场运行维护费用、建场投资回收方式及期限（指投资贷款利率、设备规定使用寿命及所要求的固定回收率等）以及某些部件进口关税、设备增值税和设备保险所付出的费用等。随着技术的进展，风力发电设备的效率在过去 10 年得到了很大提高，风力机单位扫掠面积产生的功率约增加了 60%，而同时风力发电机组的安装费用则降低了约 50%。近 10 年来，风力发电的成本一直呈下降趋势。20 世纪 90 年代初，美欧等国风电的发电成本为 7～10 美分/kWh，90 年代末为 4～5 美分/kWh，并且，目前的发电成本还在继续降低。

（四）风力发电场的安装和调试

风电机组运行安装方式灵活，既可以单机运行，也可以组成风力发电场机群运行，采用何种运行方式主要决定于风电场的建设条件；机组安装简单，单机安装调试仅需 5～7 天的时间，主要工作包括机组基础建设、主要部件吊装、内部线路连接和机组系统调试几个部分。基础钢筋敷设、敷设接地网、混凝土浇筑和混凝土捣震，如图 4-30～4-33 所示。

风电机组主要由塔架、机舱和叶轮 3 大部分组成，安装方式主要采用大吨位吊车完成塔架的竖立、机舱吊装、叶轮的对接等工作。在现场不具备大型施工机械进场条件的情况下，也可采用拨杆、地锚等方式进行机组的起吊，此类方法节省投资，但程序繁琐，施工周期长，不适合大规模风电场的建设。竖立塔架、机舱吊装、叶轮整体吊装、叶轮分别吊装等步骤，见图 4-34～图 4-37。

图 4-30　基础钢筋敷设

图 4-31　敷设接地网

图 4-32　混凝土浇筑

图 4-33　混凝土捣震

图 4-34　竖立塔架

图 4-35　机舱吊装

图 4-36　叶轮整体吊装

图 4-37　叶轮分别吊装

第五节　风力发电现状与展望

一、风力发电发展简史

风力发电是在大量利用风力提水的基础上发展起来的，它首先起源于丹麦。早在1890年，丹麦政府就制定了一项风力发电计划，经过18年的努力，首批72台单机功率5～25kW的风力发电机组问世。至1918年，又经过10年的改进，才发展到120台风力发电机组，可见步履维艰。但时至今日，丹麦已成为世界上生产风力发电设备的大国。

第一次世界大战刺激了螺旋桨式飞机的发展，使近代空气动力学理论有了用武之地。在此期间，高速风轮叶片的桨叶设计有了一定的基础。至1931年，前苏联首先采用螺旋桨式叶片设计建造了当时世界上最大的一台30kW的风力发电机组，其风能利用系数高达0.32，十分鼓舞人心。现在仍有不少风力机叶片的设计者还沿用苏式飞机的翼型。

第二次世界大战前后，由于能源需求量较大，不少国家相继开始关注风力发电机组的发展。美国于1941年建造了一台1250kW、风轮直径达53.3m的风力发电机组，不亚于制造一架大型飞机。但这种特大型风力发电机组制造技术复杂，运行不稳定，经济性很差，很难得到发展。特别是在后来廉价石油的冲击下，特大型风力发电机组只停留在科研阶段，未能实用。

20世纪70年代世界连续出现石油危机，随之而来的环境问题迫使人们考虑可再生能源利用问题，风力发电很快重新提上了议事日程。风电是近期内最具开发利用前景的可再生能源，也将是21世纪中发展最快的一种可再生能源。

中国是世界上利用风能最早的国家之一，据考证利用帆式风车提水已有1700多年历史，在农业灌溉和盐池提水中起到过重要作用。20世纪50年代，在发展传统风车的同时，中国开始摸索研制风力发电机组，由于当时技术和经济条件的限制，没有获得成功，但积累了宝贵的经验；20世纪60年代，重点是发展风力提水机组，在一些地区得到了推广应用，取得良好效果；自20世纪70年代开始，在国家有关部门的领导和协调下，组织全国力量开始小型风力机的研制，取得了明显进展，实现了小型机组的国产化，并在内蒙古等地区得到较广泛的应用。但相当长一个时期却一直停留在内蒙古家庭独户利用的水平上，以及科研性的小规模试制上，人们对风电的认识也多停留在蒙古包水平的概念上。改革开放以来，中国的风力发电事业快速发展，在发展独立风力发电的同时也积极发展并网风力发电技术，加大力量建设风力发电场。

二、风力发电现状

（一）世界风力发电现状

20 世纪 80 年代以来,工业发达国家对风力发电机组的研制取得了巨大进展。1987 年美国研制出单机容量为 3.2MW 的水平轴风力发电机组,安装于夏威夷群岛的瓦胡岛上。1987 年加拿大研制出单机容量为 4.0MW 的立轴达里厄风力发电机组,安装于魁北克省的凯普一柴特。进入 20 世纪 80 年代,单机容量在 100kW 以上的水平轴风力发电机组的研究开发及生产在欧洲的丹麦、德国、荷兰、西班牙等国取得了快速发展。到 20 世纪 90 年代,单机容量为 100～200kW 的机组已在中型和大型风电场中成为主导机型。同时,单机容量在 1MW 以上的风力发电机组(容量为 1.0MW、1.5MW 的发电机组)也已研制开发成功,并在风电场中成功运行。在世界范围内,技术上处于领先地位并在市场上占有较大份额的风力发电机组制造厂家为丹麦的 Vestas, Bonus, Micon, Nordex-Balcjke Durr 公司;德国的 Husumer, Tacke, Enercon, Jacobs 公司;美国的 Zond, Flowind 公司等。20 世纪 90 年代后期发展起来的还有西班牙的 Made 及 Ecotecnia 公司。只有美国的 Flowind 公司生产垂直轴风力发电机组(单机容量达 400kW),其他各国公司皆生产水平轴风力发电机组,并且都采用叶片为定桨距失速控制的风力机。只有丹麦的 Vestas 公司生产叶片为变桨距调节的风力机。

世界风电总装机容量 1994 年底为 350 万 kW，1995 年底为 490 万 kW，1996 年底为 607 万 kW，1997 年为 764 万 kW，1998 年达 1015 万 kW，1999 年达 1393 万 kW，2000 年达 1845 万 kW，2001 年达 2493 万 kW，2002 年达到了 3203.7 万 kW，平均年增长率在 30%以上。欧洲风能协会预计，欧洲 2020 年风力发电装机容量将超过 1 亿 kW，占欧洲总发电量的 20%以上。世界能源委员会预计，全世界到 2020 年风力发电装机容量可达 1.8 亿～4.7 亿 kW。非政府组织预计，2030 年风力发电装机容量可达 10.7 亿～19 亿 kW。

根据联合国对新能源和可再生能源的估计，认为今后 20 年，世界风力发电还会有较大的发展，风电场的发电成本将继续下降。风速与发电成本的关系如图 4-38 所示。

（二）中国风力发电现状

中国风力发电起步较晚，但进展较快。目前风力发电机组的研制开发重点分两方面，一是 1kW 以下独立运行的小型风力发电机组，二是 100kW 以上并网运行的大型风力发电机组。

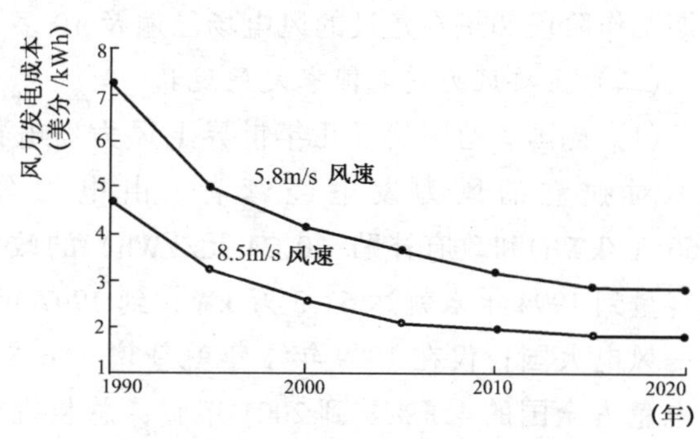

图 4-38　风速与发电成本的关系

小型风力发电机组从 20 世纪 70 年代开始，在世界能源危机的影响下，特别是在农村、牧区、海岛等地对电能的迫

切需求的推动下，中国的一些地区和部门对风力发电机组的研制、试点和推广应用给予了重视与支持，发展迅速。在新疆、内蒙古、吉林、辽宁等省区建立了一些容量在10kW以下的小型风力发电站，其后，风力发电的发展处于停滞状态。进入20世纪90年代后期，中国的风力发电得到了快速的发展，经过科技攻关、研制开发、示范试验、商品生产和推广使用等阶段，目前微型和小型风力发电机组研制已实现全部国产化。在微型和小型风力发电机组推广应用中已取得明显的社会效益，在世界上也有一定的影响，到2002年底全国微型和小型风力机组保有量约为24.8万台，年生产能力在3万台以上，居世界首位，除满足国内需要外，还出口国外。

中国对大型风力发电机组的研制从20世纪80年代真正开始。"八五"以来，一方面，国家科委和国家计委分别将大型风力发电机组列入科技攻关项目，组织国内科研单位和企业对大型风力发电机组的关键技术进行联合攻关，在此基础上自行研制；另一方面，组织国内有关单位引进国外大型风力发电机组，进行消化吸收，掌握大型风力机组制造技术，在此基础上进行组装或合作生产。经过多年的努力，中国大型风力发电机组的研制有了很大的进步。中国与联邦德国合作于1986年研制出单机容量为20kW的立轴达里厄型风力发电机组，安装于北京郊区；200kW风力发电机组于1997年通过了国家鉴定，并投入小量生产，安装于福建省的平潭岛上；组装和合作生产的国外大型风力发电机组的主要部件和配套设备也实现了国产化；1991～1995年期间，与丹麦合作生产了单机容量为120kW的风力发电机组，与德国合作生产了单机容量为250kW的风力发电机组，自主研制开发了第2代单机容量为55kW及200kW的机组，但未形成批量生产力；1996年以后，开始制造部件国产化占一定比例的300kW水平轴风力发电机组，1988年制成2台，并已安装在广东南澳岛上运行；2000年在引进消化吸收的基础上，研制开发出了单机容量为600kW的风力发电机组。

20世纪80年代中期，中国开始规划风力发电场的建设。1983年在山东荣城引进3台丹麦55kW风力发电机组，开始并网型风力发电技术的试验和示范。1986年在新疆达坂城安装了1台100kW风力发电机组，1989年又安装了13台150kW风力发电机组，同年在内蒙古朱日和也安装了5台美国100kW机组，开始了中国风电场运行的实验和示范。特别是近年来，中国的风力发电场建设取得了较好的经济效益和巨大的发展。据统计，到2001年底，中国共建有27座风电场，装机812台，总容量为39.9895万kW。目前正处于前期工作阶段和正在建设的风电场已遍及10多个省、市和自治区。

（三）主要风力发电国家发展现状

（1）德国。德国是近几年世界上风力发电技术发展最快的国家。1990年德国议会出台了对独立的风力发电经营者，由电力公司认购（0.166马克/kWh，合人民币0.66元/kWh）和政府补贴（0.24元/kWh）的政策，大大促进了风电的发展，风力发电装机容量到1994年末就达64.3万kW，到1997年末达200万kW以上，超过美国成为世界第一风电大国；仅在1999年1年就新增156.8万kW，使风电总装机达到444.5万kW，发电量占全国的4.5%。到2001年底，总装机容量达到873万kW，占世界风力发电总装机容量的35%。德国政府计划，到2010年要使新能源占总装机容量的10%，2050年时达到50%。2002年2月国会通过立法，根据风力机的新旧、容量大小、风速大小给予高电价不同的年限。

（2）美国。美国从20世纪70年代石油危机开始，发展风力发电技术，于1978年通过“公共事业管理法”对发展风力发电给予优惠措施，加州政府还给风电投资可抵税25%、其形成的固定资产免缴财产税等鼓励政策，大大促进了风力发电的大发展，到1994年就达到163万kW，占当年世界风电总容量的53%，使美国在1997年前一直成为雄居世界第一的风电大国。在这之后，因石油降价及联邦政府一些法规期满失效，支持出现断层，风电价格下跌，风电发展停顿，被德国超过。到2001年底，美国风电总装机为425万kW，居世界第2位。近两年美国又开始重视风力发电的发展，加大支持力度，将旧机更新换代，并制定了雄心勃勃的技术研究发展计划，最终目标是要将风电电价降到2.5美分/kWh。1998年加州从电费中征收附加基金（约0.1美分/kWh），用于发展风电等可再生能源。目前联邦政府规定，可再生能源每发1kWh电可减1.5美分的税。1998年6月，议会提出“可再生能源有价证券法规”（RPS），规定新能源必须在电力发电来源中占有一定比例，使得风力发电在总发电量中所占比重有可能从1998年的2%提高到2010年的5.5%。现在风电已向加州外扩展，仅明尼苏达州1999年就分别投产了一个10.4万kW和一个19.3万kW规模的大风电场，怀俄明州也在执行一个50万kW的风电计划。

（3）丹麦。丹麦是世界上最大的风力发电机组生产国，产量占世界60%以上，在其出口产业中位居第2。为防止地球变暖，欧洲承诺到2008年从1995年排放水平减排CO_2将达19%，丹麦承诺减排21%。丹麦政府将鼓励发展风力发电作为减排CO_2的主要措施之一。丹麦对风力发电采取激励政策。政府规定，电网必须全部收购风电电量。目前业主得到的电价为0.6克朗/kWh，其中：从电网公司得到0.33克朗/kWh，政府补贴0.17克朗/kWh，从碳税中获得0.1克朗/kWh的减排CO_2奖励。此外，还鼓励合作办风力发电。作为业主，每人每年可享受3万kWh的免税，超过3万kWh/年人的部分才交税。1999年丹麦风电总装机达174万kW，其发电量已占全国总量的10%；2030年将达550万kW，发电量将占全国近50%，其中海上风电场装机将达400万kW。丹麦政府计划，未来新能源（主要是风电和生物质能）将提供75%以上的能源供应，燃煤发电将逐渐淘汰。

（4）西班牙。西班牙的风力发电发展也非常迅速。国家根据“节约与有效利用能源规划”对可再生能源进行补贴政策，仅1995年就有13个风电场项目分别获得投资额14%~27%的补贴。1997年风力发电装机容量为45万kW，到1999年已达181万kW，到2001年达到355万kW，一跃成为世界第3位。1994年国家法律规定，非常规能源发电在电力结构中的比例要从1990年的4.5%增加到2000年的10%。丹麦Vestas公司在西班牙的合资公司最近一次就获得了西班牙EHN公司140万kW的风力机订单（单机容量为660kW和1650kW两种，共1800台），分3年执行，成为世界上最大的一笔风力发电机合同，可见其风力发电技术发展势头的迅猛。

（5）印度。印度由于实行1年快速折旧、头5年免所得税、低利率贷款等政策，成为世界风电发展最快的国家，到2001年底装机容量达到146万kW，居世界第5位。其可开发的风力资源达2000~4500万kW。

(6) 荷兰。荷兰风力发电开发较早。1990 年时风电装机为 4.9 万 kW，1999 年达到 43 万 kW，2000 年达到 47 万 kW，2001 年达到 53 万 kW，计划 2007 年将达 200 万 kW，2010 年将达 275 万 kW（其中 150 万 kW 为海上风电场）。1996 年开始对可再生能源的支持重点由过去的政府拨款转移为税收鼓励，其标准为：上网电价为 16.3 荷兰分（约 10 美分）/kWh（其中：基本发电成本 7.9 荷兰分，环保奖励 5.4 荷兰分，生态税 3 荷兰分）。1997 年财政部发布风电快速折旧计划，允许每年折旧 40%。国家规定，每个供电公司必须购买一定比例的风电。1998 年又开始实施绿色能源标签计划，业主每生产 1 万 kWh 风电将得到一个固定的价格和一个绿色标签，这些绿色标签可以在一个类似股票交易市场上自由买卖（约 0.05～0.06 荷兰盾/kWh）。

(7) 英国。英国具有欧洲最好的风力资源，是丹麦的 28 倍。虽然发展风电较晚，但由于非化石燃料公约（NFFO）的实施，其风力发电发展也较迅速，从 20 世纪 90 年代初风电装机不到 1 万 kW 迅速发展到 1999 年的 36 万 kW，2000 年达到 43 万 kW，2001 年达到 53 万 kW。政府计划，到 2010 年风力发电等可再生能源的发电量将提高到占总量 10% 的水平。财政部已通过法案，所有新能源免缴能源税。

为促进减排 CO_2 等温室气体，从 2000 年 2 月起，欧洲开始对各国绿色证书制度交易的成本、好处、大小以及价格进行考查，并研究探讨通过互联网实行跨国绿色证书交易制度的可能性。

三、风力发电展望

风力发电将是 21 世纪发展最快的一种可再生能源。其发展的驱动因素，在 20 世纪 70 年代，主要是为了减少对外地能源的依赖；到了 20 世纪 90 年代，主要是为了保护地球环境，减排温室气体 CO_2，减少日益枯竭的化石燃料的消耗；到 2010 年左右，由于风力发电技术的进一步提高，风力发电将更有竞争性，在世界电力构成中所占比重进一步提高，其清洁性和安全性将更符合经济社会的可持续发展战略方向。目前，世界各国都通过立法或给予不同的优惠政策积极激励、扶持和推进风力发电的发展。

（一）世界风力发电发展趋势

风力发电技术目前还在不断发展，主要体现在单机容量不断增大上。目前主流风力发电机组的功率，已上升到 600～750kW，MW 级的机组也已成批生产，2MW 级的机组已在试验生产。这就必然要采用一些新的复合材料和新的技术。例如，单机容量不断增大，桨叶的长度也不断增长，容量为 2MW 的风力机叶轮扫风直径达 72m。目前最长的叶片已做到 50m。桨叶材料由玻璃纤维增强树脂发展为强度高、重量轻的碳纤维。桨叶也向柔性方向发展。早期的一些风力机桨叶是根据直升飞机的机翼设计的，而风力机的桨叶运行在与直升飞机很不同的空气动力环境中。对叶型的进一步改进，增加了风力机捕捉风能的效率。例如，在美国，国家可再生能源实验室研制开发了一种新型叶片，比早期的一些风力机桨叶捕捉风能的能力要大 20%。目前，丹麦、美国、德国等风电科技较发达的国家，有许多专业研究人员在利用较先进的设备和技术条件致力于新叶型的从理论到应用的研究开发。

在中、大型风电机组的设计中，采用了更高的塔架以捕获更多的风能。地处平坦地带的风力机，在 50m 高处捕捉的风能要比 30m 高处多 20%。

尤其值得注意的是，随着电力电子技术的发展，近几年来发展了一种变速风力发电机组，取消了沉重的增速齿轮箱，发电机轴直接连接到风力发电机组轴上，转子的转速随风速而改变，其交流电的频率也随之变化，经过置于地面的大功率电力电子变换器，将频率不定的交流电整流成直流电，再逆变成与电网同频率的交流电输出。由于它被设计成在几乎所有的风况下都能获得较大的空气动力效率，因而提高了捕捉风能的效率。试验表明，在平均风速 6.7m/s 时，变速风力发电机组要比恒速风力发电机组多捕获 15% 的风能。同时，由于机舱重量减轻和改善了传动系统各部件的受力状况，可使风力发电机组的支撑结构减轻，塔架等基础费用也可降低。其运行维护费用也较低。这是一种很有发展前途的技术。

风力发电场未来的发展趋向将集中在：提高机群安装场地选择的准确性；改进机群布局的合理性；提高运行的可靠性、稳定性，实现运行的最佳控制；进一步降低设备投资及发电成本；总装机容量在 1MW 以上的风力发电场将占据主导地位，风力发电场内的风力发电机组单机容量将主要是百千瓦以上至兆瓦级的。

此外，发展海上风电场也成为新的大型风力发电机组的应用领域而受到重视。丹麦、德国、西班牙、瑞典等国都在规划较大的海上风电场项目。这是由于海上风速较陆上大且稳定，一般陆上风电场平均设备利用为 2000h，好的为 2600h，而在海上则可达 3000h 以上。为便于浮吊的施工，海上风电场一般建在水深为 3 ~ 8m 处，因而同容量装机要比陆上成本增加 60%（海上基础占 23%、线路占 20%，陆上仅占 5%）左右，但发电量可以增加 50%以上。

（二）中国风能开发利用展望

中国是风能资源较丰富的国家，有悠久的开发利用风能的历史。近年来，在国家的鼓励和支持下，在部门的规划和领导下，在地方的组织和落实下，取得了可喜的进步。在“六五”到“十五”期间的科技攻关项目中，在产业化发展中，在国家“863”计划中，都将风力机的研制列在其中。国家制定了风力发电的发展规划和优惠政策，为大规模开发利用我国丰富的风力资源打下了良好的基础。但是无论从发电能力的需求还是从环境保护的压力来分析，我国风能开发利用还任重道远，应在以下几方面开展工作。

1. 继续发展小型风力机组

我国幅员辽阔，地域差别大，经济发展不平衡，一些边远和海岛地区的人民还没有用上电。小型风力发电机组在解决有风无电地区的生活用电方面是一条非常有效的方式，这方面我国有很好的研制基础和应用推广经验，应继续大力发展。

2. 加速发展大型风力发电机组

我国风电场运行的风力发电机组绝大部分是从国外引进或合作制造，国内自行研制的机组很少。因此，加速大型风力机组的国产化势在必行。要组织国内相关单位的技术攻关，同时加强基础研究工作。

3. 快速建设风电场

实践表明，风电场是大规模利用风能，实现风电产业化的最好方式。要制定适合国情的优惠政策和法规，各相关部门也应大力支持风电场的建设。

4. 综合利用新能源和可再生能源

风能在众多可再生资源中最有大规模发电前景，但也受到资源的限制，为更好地利用风能，应与其他形式的能源综合利用，根据当地对能源的不同需求做到新能源和可再生能源与常规能源之间的综合利用，如组成风-光混合系统；风-油混合系统等。另外，在重点发展风力发电的同时，要注意解决风能在提水、助航、制冷、制氢等方面的应用问题。

第五章 生物质能发电技术

第一节 概　述

在我国各个发展领域执行可持续发展战略是国民经济持续、快速、健康发展的关键和保证。自1973年第一次石油危机冲击之后，开发利用生物质能技术得到世界各国的重视和发展。生物质能作为与太阳能、风能并列的可再生能源之一，受到国际上广泛的重视。

生物质能来源于生物质。所谓生物质，就是所有来源于植物、动物和微生物的除矿物燃料外的可再生的物质。动物的生存以植物为主，而植物通过光合作用把太阳能转变为生物质的化学能。故从根本上说，生物质能来源于太阳能，是取之不尽的可再生能源和最有希望的"绿色能源"。生物学的研究表明，绿色植物通过与太阳光能的光合作用，把二氧化碳和水合成为储藏能量的有机物，并释放出氧气。利用地球上的绿色植物及其所"喂养"的动物，包括各种各样的垃圾、废弃物，即可开发出不同类型的生物能源。

地球上的生物质能资源极其丰富，且属无污染、无公害的能源。以热量来计算，地球表面积共5.1亿km^2，其中陆地表面积1.49亿km^2，海洋表面积3.61亿km^2。陆地植物每年可固定的太阳能为1.97×10^{21}J，按每1kg绿色植物的发热量为1.7×10^4J计，即相当于1180亿t有机物；海洋植物每年可固定的太阳能为9.2×10^{20}J，每kg海洋植物的发热量也按1.7×10^4J计，则相当于550亿t有机物。这样，若地球表面全部都覆盖上植物，这些绿色植物每年可以"固定"的太阳能，相当于产生1730亿t有机物质。实验表明，1t有机碳燃烧释放的热量为4.017×10^{10}J。以1730亿t有机物所拥有的能量计算，可相当于全世界能源总消耗量的10~20倍，而目前只有1%~3%的生物能源被人类利用，主要用于取暖、烹饪和照明。

通常把生物质能资源划分为下列几大类别：

（1）农作物类。包括产生淀粉可发酵生产酒精的薯类、玉米、甜高粱等，产生糖类的甘蔗、甜菜、果实等。

（2）林作物类。包括白杨、悬铃木、赤杨等速生林种，目蓿、芦苇等草木类及森林工业产生的废弃物。

（3）水生藻类。包括海洋生的马尾藻、巨藻、石莼、海带等，淡水生的布带草、浮萍等；微藻类的螺旋藻、小球藻等，以及蓝藻、绿藻等。

（4）可以提炼石油的植物类。包括橡胶树、蓝珊瑚、桉树、葡萄牙草等。

（5）农作物废弃物（如秸秆、谷壳等）、林业废弃物（如枝叶、树皮、锯末等）、畜牧业废弃物（如骨头、皮毛等）及城市垃圾等。

（6）光合成微生物。如硫细菌、非硫细菌等。

第二节 生物质能的转化与发电技术

生物质能是人类最古老的能源。人类自从学会使用火，就开始利用生物质能。生物能的特点是它属于分散性、劳动密集型和占地较多的能源。它主要以薪柴的形式存在，作为生活及社会活动的燃料，其应用方式主要是直接燃烧。随着人类社会的不断发展，对能源的需求不断增长，生物能源天然储量逐渐枯竭，新的形式的能源如煤炭、石油、水力、天然气、核能等大量被开发应用。由于新的形式的能源能量密度高、容易利用和开发，从而导致生物能被逐渐取代。在发达国家，尽管某些国家和地区的能耗结构中生物能源仍占较高比例，如芬兰达15%、瑞典达9%，但就整个工业化国家而言，生物能源占一次能源的比例不超过3%。在发展中国家，由于经济和社会原因，生物能源仍占较高比例，尤其在少数国家和地区生物能源所占比例非常高，如尼泊尔生物能源占一次能源的比例高达95%，肯尼亚达到75%，印度达到50%，中国达到33%，巴西达到25%，埃及和摩洛哥达到20%。

生物能源的优点首先在于其经济性。生物能源属于可再生资源，一般都是使用国的原产物，不需进口，并为该国的农业、林业的发展提供条件；生物资源便宜，易于获得；其转化装置可大可小，因地制宜。其次，从环境保护的角度出发，燃烧生物质所产生的污染远低于矿物质燃料。目前利用生物能源的技术还使许多废物、垃圾的处置问题得到减少和解决。

与其他可再生能源一样，利用生物质能的最有效途径之一，是首先将其转化为可驱动发电机的能量形式，如燃气、燃油、酒精等，再按照通用的发电技术发电，然后直接提供给用户或并入电网提供给用户。基于上述生物资源的自然特性，生物质能发电与大型发电厂相比，具有如下特点：

（1）生物质能发电的重要配套技术是生物质能的转化技术，且转化设备必须安全可靠、维修保养方便。

（2）利用当地生物资源发电的原料必须具有足够数量的储存，以保证持续供应。

（3）所用发电设备的装机容量一般较小，且多为独立运行的方式。

(4) 利用当地生物质能资源就地发电、就地利用，不需外运燃料和远距离输电，适用于居住分散、人口稀少、用电负荷较小的农牧业区及山区。

(5) 生物质能发电所用能源为可再生能源，污染小、清洁卫生，有利于环境保护。

本节首先重点介绍生物质能的转化技术，然后介绍生物质能发电技术的应用。

一、生物质能转化技术

1. 生物质转化的能源形式

(1) 直接燃料。采用直接燃料的目的是获取热量。燃烧热值的多少因生物质的种类而不同，并与空气（氧气）的供应量有关。有机物氧化的越充分，产生的热量越多。它是生物质利用最古老最广泛的方式。但存在的问题是直接燃烧的转换效率很低，一般不超过20%（节柴灶最多可达30%以上）。

(2) 绿色"石油燃料"——酒精。把植物纤维素经过一定的加工改造、发酵即可获得乙醇（酒精）。用酒精作燃料，可大大减少石油产品对环境的污染，而且其生产成本与汽油基本相同。科学研究表明：生产1加仑酒精约需要56000热量单位的能量，而1加仑酒精至少可以产生76000热量单位的能量，从而增加了20%的有用能量。若在乙醇里加入10%的汽油，则燃烧生成的一氧化碳将可大大减少。因此酒精被广泛用在交通运输上作为汽油、柴油的替代品，得到环境保护组织的青睐。车用乙醇汽油的组成，是将乙醇脱水后再加上适量汽油形成"变性燃料乙醇"，再与汽油以一定比例混合配制成为"车用乙醇汽油"。

(3) 甲醇。甲醇是由植物纤维素转化而来的重要产品，是一种环境污染很小的液体燃料。甲醇的突出优点，是燃烧中碳氢化合物、氧化氮和一氧化碳的排放量很低，而且效率较高。美国环保局试验表明：汽车使用85%甲醇和15%无铅汽油制成的混合燃料，可使碳氢化合物的排放量减少20%~50%。

(4) 沼气。沼气是高效气体燃料，主要成分为甲烷（55%~70%）、二氧化碳（约占30%~35%）和极少量硫化氰、氢气、氨气、磷化三氢、水蒸气等。1776年，意大利物理学家伏尔泰首先发现在厌氧状态下有机物质腐败过程能产生甲烷气体。沼气产生的机理，是在极严格的厌氧条件下，有机物经多种微生物的分解与转化作用，尤其是"产甲烷菌"的作用，使其碳素化合物被分解。大部分能量转化储存在甲烷中，一小部分被氧化为二氧化碳，而分解中所释放的能量用以满足微生物生命活动的需要。1881年，法国建成欧洲第一个处理市政有机物废水的厌氧消化工程。在第二次世界大战期间，由于欧洲能源紧缺，随着沼气生产工艺的不断改进，法国、德国等欧洲国家相继兴建了大批沼气发酵工程，成为战时能源供应的重要来源。但随后，由于化石燃料"价廉物美"的竞争，沼气工程相继被迫停产。1973年，全球发生石油危机，沼气能源又被"二次动用"。同时，鉴于其有利于环境保护和对废物的合理开发利用的特点，沼气作为可再生能源的地位在世界上受到各国政府的普遍重视。仅在1976~1986年10年间，西欧各国兴建了743个沼气工程。最大发酵罐总容积达44.5万m^3，按平均产气率每m^3容积产生1m^3沼气计算，就可生产44.5万m^3沼气。随着沼气制取工艺的进一步改进，运用厌氧过滤器新工艺的沼气产量可达每m^3容积生产4m^3沼气的水平，其中仅30%用于自身的能源消耗。

(5) 垃圾燃烧供能。城市垃圾经过分类处理后，在特制的焚烧炉内燃烧后利用其产生的热量发电是又一生物质能资源。这与垃圾发酵产生沼气燃烧发电的方法可谓“殊途同归”。

(6) 生物质气化生产可燃气体及热裂解产品——可燃性气体、生物油、炭等。生物质燃气是可燃烧的生物质如木材、锯末屑、秸秆、谷壳、果壳等在高温条件下经过干燥、干馏热解、氧化还原等过程后产生的可燃混合气体。其主要成分有 CO、H_2、CH_4、CmHn 等可燃气体及不可燃气体 CO_2、O_2、N_2 和少量水蒸气。另外，还有大量煤焦油，它是由生物质热解释放出的多种碳氧化合物组成的。不同的生物质资源气化产生的混合气体含量有所差异。生物质气化产生的混合气体与煤、石油经过气化后产生的可燃混合气体——煤气的成分大致相同，为了加以区别，俗称“木煤气”。

生物质热裂解是指在完全无氧或只提供有限的氧气条件下进行的生物质的热降解过程。此时气化不会大量发生，生物质分解为气体（不可凝的挥发物）、液体（可凝的挥发物）和固体碳。上述产品均可作为燃料使用，其中生物油还是用途广泛的有机化学原料。

2. 生物质能的转化技术

除了直接燃烧外，利用现代物理、生物、化学等技术，可以把生物质资源转化为液体、气体或固体形式的燃料和原料。目前研究开发的转换技术主要分为物理干馏、热解法和生物、化学发酵法几种，包括干馏制取木炭技术、生物质可燃气体（木煤气）气化技术、生物质厌氧消化（沼气制取）技术和生物质能生物转化技术。下面重点介绍其中的生物质可燃气体（木煤气）气化技术、生物质厌氧消化（沼气制取）技术和生物质能生物转化技术。

(1) 固体生物质燃料制取技术。固体生物质燃料制取技术主要包括生物质干馏制取木炭技术和生物质挤压成型为固体燃料技术。

1) 生物质干馏制取木炭技术。中国是生物质干馏制取木炭技术最古老的使用国之一。在欧洲，随着 17、18 世纪英国工业革命的发生，蒸汽机、火车的发明和钢铁业的发展，木炭的应用和消耗量大幅度增长。而在生物资源丰富的国家和地区，直到 20 世纪仍然以木炭为炼钢的主要能源。例如，巴西的钢铁工业于 19 世纪诞生在米纳斯吉拉斯州，该地区盛产木材和铁矿。20 世纪前半期，其他工业化国家早已将木炭炼钢改为焦炭炼钢，而巴西工业界仍决定保留木炭炼钢。直到 1989 年，巴西的钢产量达到 2500 万 t，其中仍有 19%是用木炭炼钢。巴西工业每年消耗的木炭量达 4500 万 m^3，其中 70%产自原始森林，30%产自人工林（主要为桉树类）。到了 20 世纪中期，巴西重新绿化的退化土地面积有 50%专门用于木炭生产。随着生物工程的进一步利用，木炭炼钢技术促进了高炉设计的改进及再造林战略的实施，得到环境保护主义者和公众的认可。

此外，木炭还是用途很广的工业原料和化工原料，例如木炭可用作吸附剂等。

2) 生物质挤压成型为固体燃料技术。除木炭外，为克服生物质燃料密度低的缺点，采取将生物质粉碎成一定细度后，在一定的压力、温度和湿度条件下，挤压成型为固体燃料的转化方式，制取棒状、球状、颗粒状的生物质固体燃料。生物质经挤压成型加工，使其比重大大增加，热值显著提高，便于贮存和运输，并保持了生物质挥发性高、易着火燃烧、灰分及含硫量低、燃烧产生污染物较少等优点。它不仅可用作工业锅炉、工业窑炉的燃料，还可以用作化工原料和家庭燃料，是一种不可多得的清洁商业燃料。

与木炭制取技术类似，生物质挤压成型为固体燃料转化技术的关键是原料的处理。目前采用的一般工艺为：将压成棒状的原料进行干馏，一般2.5～3t纯秸秆可制成1t碳棒。如果秸秆与煤粉按3:1的比例混合制成炭棒，则可适当降低成本，而且碳棒的物理化学性质与纯秸秆差别不大。这种碳棒具有热值高（高于30546kJ/kg)、固定碳高（达84%以上)、强度高（高于焦炭的强度)、灰分低（小于10%）等特点。这些指标均达到或优于化石原料煤的各项指标。此外，在生产秸秆碳棒的过程中，还可以得到20%的木煤气、20%的木醋液和10%的木焦油，达到了很好的综合利用效果。年产1000t秸秆碳棒只需投资约70万元，按同等有效成分比较，其成本比现有的碳化煤球低20%以上。很明显，生产秸秆碳棒具有投资省、上马快、成本低的优点。国外早在20世纪70年代初就研制出棒状、颗粒状成型机，并形成了年产几万乃至几十万t的生产能力。中国近20年来也开始了这方面的研究，例如江苏省已建成年产1000t固体棒状燃料生产线。

(2) 酒精制取技术。酒精这一“绿色石油”来源于绿色植物，是可广泛应用的良好能源形式，具有巨大的商业市场，有利于经济社会的可持续发展。目前，世界各国都根据各自不同的生物质资源开发酒精的生产。

1）瑞典、挪威等北欧国家，根据其丰富的森林资源和发达的造纸工业，采用亚硫酸盐纸浆废液发酵生产酒精；瑞典从1980年开始从木材（速生能源树如柳树、赤杨等）中提取酒精的研究开发，以替代石油燃料。

2）巴西、古巴等国，利用其盛产甘蔗的优势，采用甘蔗糖作为原料生产酒精。巴西全国在交通运输业中，已普遍使用酒精及酒精混合液体燃料（酒精、甲醇、汽油之比为6:3.3:0.7)。1975年，巴西实施了“国家乙醇生产计划”，大力推广种植甘蔗、番薯树，开发酒精生产工业。到1981年，已有近300万ha专用农田生产甘蔗，为300家加工厂提供原料，达到了年产12亿加仑酒精的生产规模。其中绝大部分用于汽车燃料，占全国汽车燃料的50%。

3）新西兰致力于利用饲料、甜菜、紫目蓿和松树作为原料制取酒精的研究。到2000年，仅从松树中提取的能源就可满足该国全国运输部门燃料的需要。

4）美国能源部于1977年制定“国家酒精燃料计划”，利用其大量生产的玉米为原料生产酒精，与汽油混合作为汽车燃料，从而代替汽油燃料，并达到环保目的。

5）在中国：①沈阳农业大学利用北方盛产的甜高粱研制、开发了生产酒精的工艺和技术，获得很好效果。目前由上海交通大学、上海理工大学、同济大学、沈阳农业大学等国内院校和瑞士洛桑工学院、日本东京大学合作，正在推进一个名为SETA R & D的国际合作计划，拟在2006年首先在上海市实现酒精燃料在城市交通中的应用。②中国南方广西等地盛产木薯，目前由上海交通大学与广西壮族自治区政府等单位正研制、开发生产酒精的工艺和技术，预计可产生良好的经济效益，使150万贫困地区的农民脱贫致富。③中国中原地区盛产玉米等粮食作物，近年来由于库存容量不足与农民生产粮食过量的矛盾，造成大量陈旧存粮。2000年，在国家计划委员会等政府部门的支持下，开始了用陈粮生产酒精的工作。

6）澳大利亚、日本、印度等国也都在进行生产酒精燃料的研究、开发工作。进入21世纪，随着全球各国对化石燃料资源逐渐枯竭和化石燃料对环境危害性的高度重视，可以预料，乙醇的需求量将随着社会对环境保护要求的不断增高而大幅度上升，“绿色石油”——酒精的应用范围将不断扩大、得到进一步发展。

(3) 生物质气化技术。目前世界各国研究开发制造的生物可燃气体发生器有多种形式，通常分为热裂解装置和气化炉两大类。

1）生物质气化炉常压下生物质原料在气化炉中经过氧化还原一系列反应生成可燃性混合气体。由于空气中含有大量氮气，故生物煤气中可燃气体所占比例较低，热值较低。一般为4000～5800kJ/m^3（折合900～1400kcal/m^3）。气化炉的工作过程为：生物质原料进入炉内，加一定量燃料后点燃，同时通过进气口向炉内鼓风，通过一系列反应形成煤气。期间可分为氧化层、还原层、热解层、干燥层4个区域。①氧化层（燃烧层）：生物原料中的碳与空气中的氧进行化合，生成大量二氧化碳，部分区域因空气不足形成少量一氧化碳。同时，释放大量热量，温度达1000～1300℃。②还原层：随着气流运动，大量二氧化碳遇到更多炙热的碳，被还原成一氧化碳；部分水蒸气被分解成氢和氧，并吸收大量的热量，与碳化合形成多种产物。可燃成分的含量大约为：CO 22%，$H_2$10%，$CH_4$3%，CmHn 1%。氧化、还原是气化的关键阶段。为获得较多的可燃成分，就必须从气化炉体结构、参数匹配、反应温度及鼓风量等考虑，以保证获得最大程度的气化率。③热解层：生物质原料中含有的大量有机、无机挥发物质，在500℃左右的热气流冲刷下被干馏热解出来，根据不同凝结点形成胶状焦油、焦碳和半焦碳。④干燥层：生物质原料进入炉内首先被约为200℃的热气流干燥，所含水分蒸发，为热解做好准备。

气化炉一般分为流化床、移动床和固定床3种。①流化床：流化床技术是近20年发展起来的新型燃烧炉。借助于流化物质，例如加热到上千℃的细砂与研细的生物质原料混合，在强大空气流的作用下，形成气固多相流，喷入燃烧室，炙热的细砂将细碎的生物质原料加热燃烧，从而产生出“木煤气”，通过管道引出。②移动床：将生物质原料置于燃烧室中可移加热面上，连续送入，连续不断地燃烧。③固定床：这是历史最久的气化装置。按照气体在燃烧炉内的流动方向，固定床可分为上吸式、下吸式、平吸式3种。上吸式和下吸式气化炉结构示意图如图5-1所示。

上吸式气化炉是生物质原料从炉上方加入，热空气从炉栅下方通入，在运行过程中原料不断被加热，氧化还原形成木煤气、干馏产物及干燥出的水分。它们由煤气收集器或上方的煤气管引出。由于上吸式气化炉形成煤气与热气流流动方向一致，引出煤气阻力较小，煤气中混有较多的干馏挥发物质和水蒸气，上吸式气化炉热转化效率较高，但不适于含水分和焦油过多的生物质原料。

下吸式气化炉的生物原料也是从炉口上方加入，空气则从炉体中下部某一位置沿圆周方向通过风嘴通入炉内。由于风嘴附近有大量空气，原料点燃后急剧氧化，体积不断缩小，新加入的原料不断下移，形成连续不断的进料过程。充分氧化的原料降到炉栅上的碳层上并被不断还原成煤气；同时，大量的焦油、水蒸气被炙热的碳分解后，又参加反应生

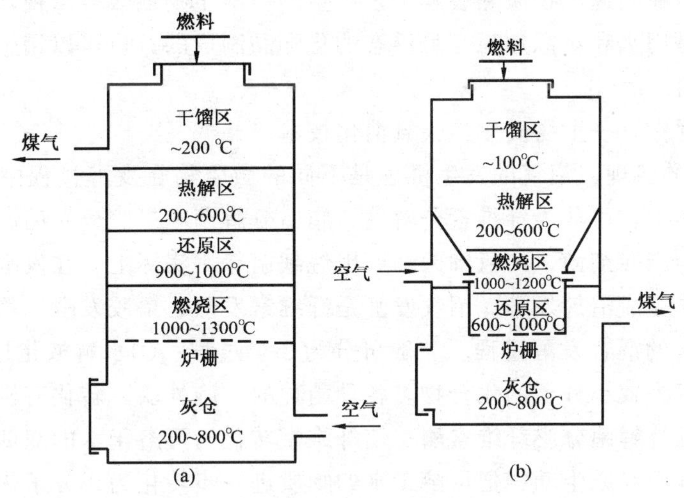

图 5-1 上吸式和下吸式气化炉结构示意图

（a）上吸式气化炉结构示意图；（b）下吸式气化炉结构示意图

成可燃气体、煤气、焦油蒸气和水蒸气等，从炉栅下部经管道收集引出炉外。下吸式气化炉有效层高度（指氧化层、还原层）不变，工作稳定性好，水蒸气和干馏产物全部通过氧化层高温区，容易被分解参加反应生成可燃气体。但由于所有气体通过炉栅，使得生成的可燃气体混有较多的灰分和杂质，必须加强过滤。

2）生物质热裂解技术。生物质热裂解生成产物的相对比例取决于热裂解方法和反应条件。与生物质完全气化所需用的温度要达 800～1300℃相比，生物质热裂解所需的温度相对较低，一般为 400～800℃。生物质热裂解的优势，在于它能够直接将难处理的固体生物质及其他废弃物比较容易地转化为液体燃料。这些液体物，无论是生物油，还是水—炭浆混合物和生物油—炭浆混合物，在运输、储存、燃烧、改性以及生产、销售的灵活性方面都优于原始物质。生物质原料及其热裂解产物的能量密度如表 5-1 所示。从表 5-1 中可以看出，生物油和炭浆的混合物比木屑和稻草在体积密度尤其是能量密度方面具有明显优势，这种优势对于长途运输以及搬运、储存是非常重要的因素。其次，一次生物油在应用和销售上，还具有较大优势，且在燃烧工艺上也比较容易操作。

表 5-1　　生物质原料及其热裂解产物的能量密度

原料	体积密度（kg/m^3）	干基热值（GJ/t）	能量密度（GJ/m^3）	原料	体积密度（kg/m^3）	干基热值（GJ/t）	能量密度（GJ/m^3）
稻草	100	20	2	炭	300	30	9
木屑	400	20	8	水—炭浆（1:1）	1000	15	15
生物油	1200	25	30	油—炭浆（4:1）	1150	24	28

生物质热裂解产生的液体为棕黑色的热裂解油，又称为生物油或生物原油。根据工艺不同，生物质热裂解产生两类热裂解油：一种是闪速生物质热裂解工艺产生的一次生物油；另一种是常规和慢速热裂解工艺产生的二次油或焦油。由于在储存和应用上存在的重

要差异，故人们对在闪速生物质热裂解工艺产生的一次生物油非常重视。另一种液体产品是浆体燃料，它是用水和炭添加稳定悬浮态的化学品制成的，也可以用生物油和炭制成生物油—炭浆体燃料。

(4) 沼气的制作——生物质化学厌氧消化技术

1) 厌氧发酵的机理。沼气的发生机理是不同的微生物在发酵过程中的共同作用。根据不同微生物的作用，可分为纤维素分解菌、脂肪分解菌和果胶分解菌。按它们的代谢产物不同，又可分为产酸细菌、产氢细菌和产甲烷细菌等。实际上，在发酵过程中，它们相互协调、分工合作完成沼气发酵。沼气发酵是纤维素发酵、果胶发酵、氢气发酵、甲烷发酵等多种单一发酵的混合发酵过程。一般可分为3个过程：①水解液化过程。4个菌种将复杂的有机物分解为较小分子的化合物。各种菌种的"胞外酶"转化有机物成为可溶于水的物质。例如纤维分解菌分泌纤维素酶，使纤维素转化为可溶于水的双糖和单糖。②产酸过程。由细菌、真菌和原生动物把可溶于水的物质进一步转化为小分子化合物，并产生二氧化碳和氢气。③生产甲烷阶段。由产甲烷菌把氢气、二氧化碳、乙酸、甲酸盐、乙醇等统一生成甲烷和二氧化碳。总之，沼气的生产过程是有机物在厌氧条件下被沼气微生物分解代谢，最后形成以甲烷和二氧化碳为主的混合气体的生物化学过程。

经过近100多年的研究，特别是近30年的研究实践，人们已基本认识和掌握了沼气发酵工艺和影响因素。其关键为：①严格的厌氧环境。产甲烷菌是严格厌氧菌，对氧特别敏感。它们不能在有氧的环境中生存，哪怕是微量氧气也会使发酵受阻。因此沼气池要严格密闭。②菌种的选择和数量的确定。粪便和发酵原料经过堆沤再添加活性污泥作为菌种（接种物）是最适宜使用的产甲烷速度极快的方法。一般加入污泥作为接种物，接种量为发酵料液的10%～15%。③发酵温度。在一定范围内，温度越高，产气量越大。这是由于温度越高，原料消化速度越快。例如，15℃时每t原料发酵周期为12个月，35℃时发酵周期仅为1个月，即35℃时1个月的产气总量相当于15℃时12个月的产气总量。④发酵液的酸碱度（pH值）。发酵的最佳pH值为6.8～7.5之间。一般情况下，一个正常发酵的沼气池不需要人工调节pH值，而是靠其自动调节保持平衡。但如果pH值低于6或高于8，就需要人工调节。此外，沼气池的压力以及是否搅拌也是很重要的因素。故严格的发酵工艺对于获得快速、高产、质优的沼气至关重要。

2) 沼气池制作技术。沼气由沼气发酵池产生，故沼气制作技术主要指沼气池技术。根据应用环境不同，可分为城镇工业化发酵装置和农村家用沼气装置。城镇工业化发酵装置包括单级发酵池、二级高效发酵池和三级化粪池高效发酵池。农村家用沼气池包括水压式沼气池、浮动罩式沼气池和塑料薄膜气袋式沼气池。

中国在农村推广的沼气池多为水压式沼气池，这种形式的沼气池又称"中国式沼气池"，已为第三世界各国采用。正常情况下，在中国南方这样一个池子可达到年产250～300m^3沼气，提供一家农户8～10个月的生活燃料用。水压式沼气池结构如图5-2所示。

图5-2中的水压箱也称反水箱，如建在发酵房间顶部则称为顶反式，如建在池侧则称为侧反式。池顶覆盖泥土，既可保温，又可抗衡储气间内向上的气体压力；活动盖板方便修理和清扫时工作人员上下活动和通风排气；斜置的进料管便于进料，并可以从进料管中

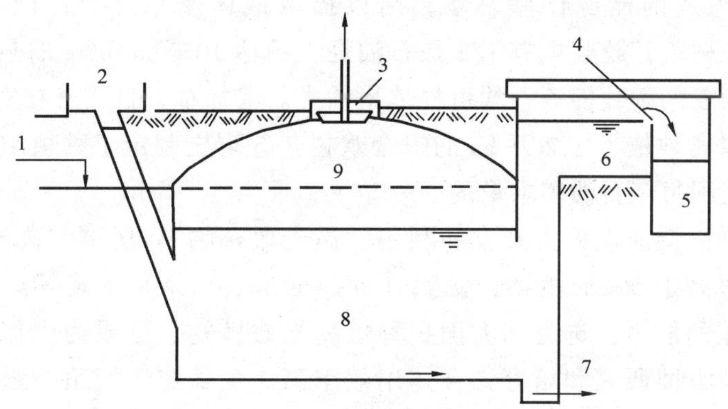

图 5-2 水压式沼气池结构

1—0 压水位；2—进料口；3—活动盖板；4—溢流口；5—贮留池；
6—水压箱；7—渗井；8—发酵间；9—贮气间

随时搅拌发酵液；发酵间内大量产气后，把发酵液压至水压箱，压力上升，一般控制在1.5m 水柱压力之下；使用沼气时，池内压力降低，水压箱的发酵液流回发酵间。这类池的优点是容易建造，可因地制宜使用三合土、灰、沙、砖、石、水泥（少量）等原料。其缺点是压力较高，防漏的要求较严格，如管理不善，容易引起沼气池破裂。此外，采用发酵液压至水压箱减少了发酵间内的有效发酵液的量，影响产气率。同时，发酵液中的氨态氮会在水压箱中挥发掉，对保肥不利。

（5）生物质能源的“生物转化”技术。生物质能源的“生物转化”技术是指能高效产生能源的生物的培育技术。

1）“石油植物”的培植。1977 年，美国科学家发现，某些绿色植物能迅速地把太阳能转变为烃类，而烃类是石油的主要成分。据专家预测，全球绿色植物储存的总能量大约相当于 80000 亿 t 标准煤，其中有 90%储存于森林中。由植物依靠自身的生物机能转化为可利用的燃料，这是生物能转化的又一方式。自然界生长的植物能够生出“石油”的现象，引起了科学家们的极大兴趣。这种“石油”实际上是一种低分子量的碳氢化合物，它的汁液中含有的分子量在 1000～5000 之间，与矿物石油性质相近，故科学家将其称为“绿色石油”，将这些能生产生物油的植物称为“石油树”。美国加利福尼亚大学诺贝尔奖获得者卡尔文 1978 年专门研究了几种富含碳氢类化合物的大戟科属的“石油植物”，并在加利福尼亚州种植。他发现，这些“石油植物”的茎秆内含有一种碳氢化合物的白色乳状液，割开表皮白色乳状液就会流出来。经提炼，每公顷竟能生产 14～16m^3“石油”。这种植物耐旱性强、成活率高，在贫瘠的干旱地区也能生长。而且，燃烧时不会产生一氧化碳和二氧化硫等有害成分，不污染环境，确实是一种理想的清洁生物燃料。正是由于卡尔文培育出的“石油草”为人类开辟了一个通过光合作用利用太阳能的新天地，他获得了诺贝尔奖。

目前，全球已发现有上千种可生产“绿色石油”的植物。①在美国，科学家从一种叫“霍霍巴”的野生常绿灌木植物的乳液中首次成功地提取出一种宛如汽油的液体燃料。经过试用表明，它完全可以作为石油的代用品。美国能源部建立了 5 个由三角叶杨、黑槐、糖槭树、桉树等组成的能源试验林场，用以提取液体燃料。②在巴西发现的“石油树”——三叶橡胶树，其胶浆中有1/3是石油烃，约达10500kcal/kg的热量。此外，还有美洲香槐、澳大利亚的阔叶棉等，均可提炼出油类。③加拿大目前正在实验两年轮伐的杨树能源林。④菲律宾种植了1.2万ha的银合欢树。⑤瑞士制定了种植10万ha“能源林”的计划，将解决全国每年石油需求量的50%。

科学家们特别强调应该大力开发和利用“高光效植物”。所谓“高光效植物”，就是那些光合作用效率高于5‰的植物，例如甘蔗、玉米、甜菜、甘薯等。这些植物具有更高的吸收二氧化碳的能力。选育和大面积种植高光效植物，已成为生物质能开发利用的重要途径。在林业方面研究和培育光合作用效率高、生长快、繁殖力强的树种也十分重要。

2）能“发电”与回收石油的藻类。蓝藻是一种地球上最古老的生物，早在30亿年前是地球上唯一的生物。蓝藻可在极为险恶的环境下潜伏在水层里，依靠它所含有的叶绿素和藻蓝素利用透射和散射的太阳光进行光合作用，成功地把二氧化碳和水合成碳水化合物。光合作用是太阳能的生物转化过程。这一过程合成的碳水化合物就是太阳能的化身。因此蓝藻可以说是世界上最早的太阳能收集器、储存器。它的出现意味着地球上以太阳能为动力的生命形式由低级走向高级，从简单走向复杂的开始。蓝藻是一个庞大的生物家庭，已发现的蓝藻有2000多种，分属于140属20科。

蓝藻与其他光合细菌最大的区别是，其他光合细菌在光合过程中不会放出氧气，而蓝藻却能源源不断地往空中输送氧气。经过长期不断的释放氧气，终于改变了大气的组成，进而在高空形成臭氧层，挡住紫外线，为以后的需氧生物提供了有利的生存环境，并为海洋生物登陆提供了条件。蓝藻是一种既能光合（发电、放氧、制糖）又能固氮（合成氨）还能放氢的“综合工厂”。蓝藻可以把大气中的游离氮同氢合成氨，此即固氮作用。蓝藻大多分为营养细胞和异型细胞。在光合过程中，营养细胞能制糖和发电，异型细胞在特定条件下能催化放出理想的燃料一氢。更令人感到惊异的是蓝藻竟能发电。揭开蓝藻光合、固氮、放氢的秘密，将使人们可以用太阳能为动力，以水、二氧化碳和氮气为原料，定向地进行发电、合成食物、生产氮肥和制造氢气。近年来，国外用蓝藻进行发电试验取得成功。

作为生物质能源，除蓝藻外的水生植物可利用的还有很多。专家们在进行海藻种植研究中发现，藻类生物可用厌氧发酵成甲醇，其转化率可达50%～70%。通过藻类把太阳能转化为化学能（甲醇）。此外，将海藻研碎后进行发酵发现，这些藻类能释放出大量的近似甲烷的可燃性气体。据估计，1ha海藻一年内可排放出40000m^{3}的可燃性气体。还有一种海藻它能在高盐碱的水中产生大最有价值的烃类（其中也含有甘油）。小球藻可提供22kJ/g的能量。水风信子是沼气发酵的极好原料，它繁殖速度极快，经过3个月后一株水风信子就可产生248181个后代。

藻类还能回收石油，如“红巨藻”能以相当其生物量生长速度50%的速率合成分泌出一种磺化多糖，可用于从地下的砂质形成物中回收石油，其回收石油的数量等于或高于用商品聚合物得到的数量。

二、生物质能发电技术

1. 甲醇发电站

甲醇作为发电站燃料，是当前研究开发利用生物能源的重要课题。日本专家采用甲醇气化—水蒸气反应产生氢气的工艺流程，开发了以氢气作为燃料驱动燃气轮机带动发电机组发电的技术。日本建成1座1000kW级甲醇发电实验站并于1990年6月正式发电。甲醇发电的优点除了低污染外，其成本低于石油和天然气发电也很有吸引力。利用甲醇的主要问题是燃烧甲醇时会产生大量的甲醛（比石油燃烧多5倍）。而有人认为甲醛是致癌物质，且有毒刺激眼睛，导致目前对甲醇的开发利用存在分歧，应对其危害性进一步进行研究观察。

2. 城市垃圾发电技术

（1）概况。城市垃圾处理的新方向是通过发酵产生沼气再用来发电。欧美工业发达国家最早开发应用该技术。下面是几个国家的应用实例。

1）德国。1991年德国建成欧洲最大的处理10万t城市垃圾的凯尔彭市垃圾处理场。该处理场采用筛网和电磁铁等高技术机械设备，把废纸、木料和有机物运到沼气发酵场生产沼气，再用于发电。到20世纪80年代末，德国已建成投产16座垃圾焚烧电站，所获能源达全国能耗的4%～5%，成为电网不可缺少的电源。汉堡市每年垃圾焚烧所产生的热能全部用于发电。

2）法国。法国约有垃圾焚烧场50多个，垃圾焚烧炉90多座。位于首都巴黎的最大的垃圾焚烧发电站，全部自动化生产，且垃圾燃烧过程中不加助燃剂，靠自身燃烧，所发电量可满足巴黎市用电量的20%。

3）美国。1968年在尼加拉瓜能源中心建造了1座全烧垃圾的发电厂，每天处理垃圾2200t；1980年在纽约建造了1座垃圾发电厂，每天处理垃圾2200t，并生产蒸气和发电；在佛罗里达建造了处理垃圾的发电厂，除了生产蒸气用以发电，还可从固体废物中回收金属，每天处理垃圾1400t；在皮拉内斯建成大型垃圾发电厂，每周处理垃圾120万t以上，年发电量达100万kWh，垃圾燃烧后的废渣可用于铺路。近年来的发展速度更快，据美国能源部统计，目前美国利用垃圾处理所获电量已达5000万kWh。

4）加拿大。1992年加拿大建成第1座下水道淤泥处理工厂，把干燥后的淤泥无氧加热到450℃，使50%的淤泥气化，并与水蒸气混合转变成为饱和碳氢化合物，作为燃料供低速发动机、锅炉、电厂使用。

5）日本。1965年在大阪市西淀区建成垃圾焚烧电站，装机容量达5400kW。1976年于东京建成垃圾焚烧电站，装机容量达12MW；到1995年，东京已建成14座垃圾焚烧电站，总装机容量达9.83万kW，1994年总发电量为5.53亿kWh。典型垃圾发电厂如东京都葛饰清扫工厂，日处理垃圾1200t，装机容量达12000kW，除自用之外的剩余电力卖给东京电力公司。日本政府制定了大型垃圾发电计划，到2010年垃圾发电量将达到500～900万kW。

6）中国。据统计，中国1998年688座城市实际产生垃圾达1.4亿t，城市垃圾存量约为60多亿t，且每年以8%～10%的速度增长。垃圾存放场侵占土地面积已超过5亿m^2，全国有200多座城市被垃圾包围。目前城市人均垃圾年产量达400kg，到2000年，中国生活垃圾年产生量已达到1.5亿t以上。因此，在中国发展垃圾发电十分迫切。目前中国已在深圳、上海、广州、杭州、南京、宁波等地建成多座垃圾焚烧电站。

(2) 垃圾发电技术的关键技术——垃圾焚烧处理厂的设计。垃圾发电技术的关键之一，是垃圾焚烧炉的设计、制造和管理。目前国际上技术较先进的国家是德国和法国，他们普遍采用水冷壁焚烧炉焚烧垃圾，产生的蒸气直接用于发电。美国和瑞典采用半悬浮式水冷壁焚烧炉，还有直接焚烧炉、流化床焚烧炉、低焰焚烧炉等多种形式焚烧炉。日本对垃圾焚烧处理厂的设计采用“综合发电系统”，即在离垃圾堆积基地50、100、200km的海岸同时建立火力发电厂和大型废弃物处理厂，把垃圾焚烧产生的蒸气与火力发电厂的蒸气混合用作动力源，驱动汽轮机带动发电机发电。该系统大大提高了发电效率（可达26%），远高于废弃物单独焚烧时的发电效率（14%）。废物处理厂规模越大，成本越低，效率越高。日本该类系统的实践表明，当排放垃圾人口达到10万~30万时，建立处理厂的规模为100~300t/天即可满足自身用电；当排放垃圾人口达到30万~100万时，建立处理厂的规模为300~1000t/天不仅可满足自身用电，还可对外供电；当排放垃圾人口少于10万时，建立处理厂的规模小于100t/天，由于无法满足电厂连续运转需要，则不宜建立发电厂。日本能源部门预计，如果全国的垃圾全部用于发电，其电能相当于全日本电能消费总量的3.7%；对于垃圾集中的大城市，例如东京，则可达到9.5%。

垃圾发电技术的关键之二，是垃圾的质量管理。由于垃圾中可燃废弃物的质量和数量都随季节和地区的不同而发生变化，发电量稳定性小，导致垃圾发电厂的电力向电力公司出售时“评价”较低，价格偏低。为此，必须加强垃圾的管理，如扩大垃圾搜集范围，加大垃圾处理厂储藏容量，加强垃圾筛选和分离，增加可燃物的回收数量和质量，加强工业废物的回收，提高垃圾可燃成分的含量等。

垃圾发电技术的关键之三，是对焚烧炉温度和蒸气产量的控制。应采取措施改进汽轮机和冷凝器等设备的控制系统，以提高垃圾发电的稳定性。

3. 生物质燃气（木煤气）发电技术

生物质燃气（木煤气）发电技术中的关键技术是气化炉及热裂解技术。

生物质燃气发电系统如图5-3所示，它主要由气化炉、冷却过滤装置、煤气发动机、发电机等4大主机构成，其工作流程为首先将生物燃气冷却过滤送入煤气发动机，将燃气的热能转化为机械能，再带动发电机发电。

生物质燃气发电系统主要包括以下几部分：

(1) 气化炉。其结构与工作原理上节已述，不再重复。

(2) 冷却过滤装置。木煤气从气化炉引出后，含有大量的灰分杂质，其中煤焦油、水蒸气的温度高达100~300℃，在送入煤气发动机前必须很好地过滤和冷却。因为煤气发动机的气门、活塞、活塞环等运动部件配合间隙要求很高，焦油和灰尘极易造成粘连和磨损；高温气体和水蒸汽则会影响机器的换气质量和数量，造成直接功率损失。这些都直接关系到发动机运行特性和使用寿命。

冷却过滤装置分粗滤和细滤。粗滤多采用离心式和加长管路多次折返，从而将大颗粒

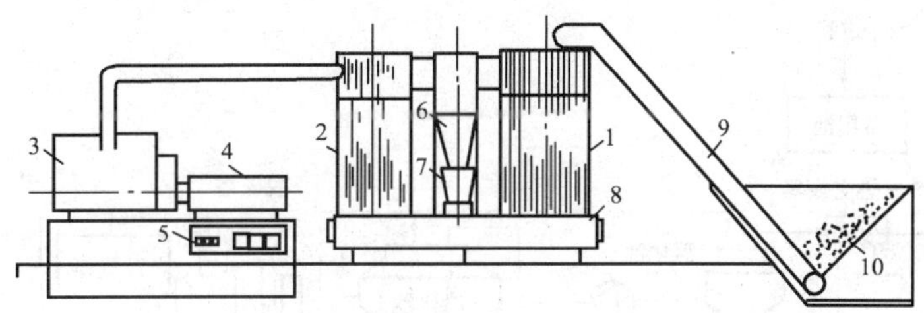

图 5-3 生物质燃气发电系统

1—煤气发生炉；2—煤气冷却过滤装置；3—煤气发动机；4—发电机；5—配电盘；6—离心过滤器；7—灰分收集器；8—底座；9—燃料输送带；10—生物质燃料

碳灰杂质清除。细滤多采用瓷环、棕榈火柴杆、玻璃纤维、毛毡和棉纱细密物质，并在过滤的同时喷淋洁净的冷水，将煤气冷却到常温。一般采用三级过滤，即一次粗滤和两次细滤。经过滤清后的煤气，其清洁程度应达到专业标准规定：含灰分杂质量为 40mg/m^3 以下，温度为环境温度。

(3) 煤气发动机。滤清后的煤气与洁净空气在混合器中按一定比例混合，进入煤气发动机。煤气发动机由汽油机或柴油机改装而成。其压缩比与汽油机或柴油机不同。这是由于煤气的热值远比石油燃料热值低，故发动机的功率要下降 30%左右。

(4) 发电机。发动机运转带动发电机工作。对于小型发电机，为简化机构，多采用相同转速，以节省一套变速机构。

稻壳发电装置在中国具有一定程度的开发利用，其技术关键在于稻壳气化炉的设计、制造。

4. 沼气发电技术

沼气应用已有 80 多年的历史。尤其是广大农村“因地制宜”的家用沼气发生装置，不仅解决了广大农村长期以来缺乏燃料的困难，还大大改善了农民的居住环境和生活环境。据不完全统计，到 2000 年底中国农村已有家用沼气池 764 万个，共有 3500 多万人口使用沼气，年产沼气达 26 亿 m^3，成为世界上建设沼气发酵装置最多的国家。印度也是积极推广农村沼气池的国家之一，该国目前已建成以牛粪为原料的典型农家戈巴沼气池 80 多万个。

沼气发电技术分为纯沼气电站和沼气—柴油混烧发电站，按规模分为 50kW 以下的小型沼气电站、50～500kW 的中型沼气电站和 500kW 以上的大型沼气电站。

沼气发电系统工艺流程如图 5-4 所示。沼气发电系统主要由消化池、汽水分离器、脱硫化氰及二氧化碳塔、储气柜、稳压箱、发电机组（即沼气发动机和沼气发电机）、废热回收装置、控制输配电系统等部分构成。

沼气发电系统的工艺流程为消化池产生的沼气经汽水分离器、脱硫化氰及脱二氧化碳塔净化后，进入贮气柜，经稳压箱进入沼气发动机驱动沼气发电机发电。发电机所排出的废水和冷却水所携带的废热经热交换器回收，作为消化池料液加温热源或其他再利用。发电机所产出电流经控制输配电系统送往用户。

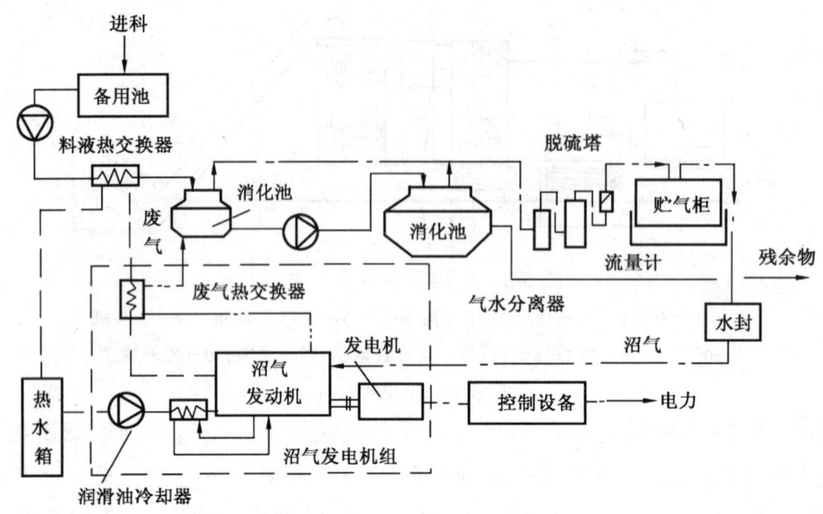

图 5-4　沼气发电系统工艺流程图

沼气发电系统主要包括以下几部分。

（1）沼气发动机。与通用的柴油发动机一样，沼气发动机的工作循环包括进气、压缩、燃烧膨胀做功、排气4个基本过程。由于沼气的燃烧热值、特点与柴油、汽油不同，沼气发动机的技术关键在于压缩比、喷嘴设计和点火技术。其特点如下：

1）较高的压缩比。沼气是由60%～65%的甲烷、30%～35%的二氧化碳及少量的一氧化碳、氢、硫化氢和碳氢化合物等组成的混合气体。由于沼气中含有30%～35%的二氧化碳及一些阻燃气体，其辛烷值可达到125～130，故沼气是抗爆性高的气体。沼气发动机可采用较高的压缩比。

2）密闭条件下，沼气与空气的混合比在5%～15%之间，一遇火种即引燃并迅速燃烧、膨胀，从而获得沼气发动机理想的工作范围。

3）沼气具有低临界温度（－25.7～48.42℃）和高临界压力（529～582MPa），故沼气在低速燃烧（0.268～0.428m/s）时液化困难，须考虑将沼气发动机的点火期提前。

4）沼气具有较高的热值，可达20～25kJ/m^3，相当于0.45～0.55kg柴油，发电量为1.2～1.8kWh/m^3，是一种优质价廉的气体燃料。但沼气中含有硫化氢等有害成分，会对金属管道、设备造成腐蚀，故在进入发动机前必须进行脱硫化氰、脱二氧化碳净化处理，且金属管道和发动机的各部件要采用耐腐蚀材料制造。

（2）发电机。根据具体情况可选用须与外接励磁电源配用的感应发电机和自身作为励磁电源的同步发电机，与沼气发动机配套使用。上述发电机与通用发电机无特殊要求，在此不再详述。

（3）废热回收装置。采用水—废气热交换器、冷却排水—空气热交换器及余热锅炉等废热回收装置回收利用发动机排除的沼气废热（约占燃烧热量的65%～70%）。通过该措施，可使机组总能量利用率达到65%～68%。废热回收装置所回收的余热可用于消化池料液升温或采暖空调。

(4) 气源处理。须进行疏水、脱硫化氢处理，将硫化氢含量降到 500mg/m^3 以下，并且要经过稳压器使压强保持在 1470～2940Pa 再输入发动机用。同时，为保证安全用气，在沼气发动机进气管上必须设置水封装置，防止水进入发动机。

广东省佛山市环卫处军桥沼气电站工艺流程示意图如图 5-5 所示。

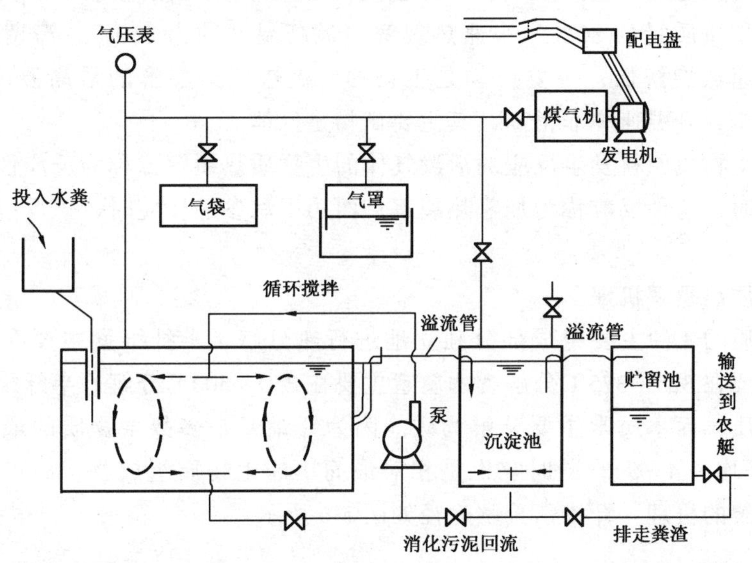

图 5-5 广东省佛山市环卫处军桥沼气电站工艺流程示意图

沼气电站适于建设在远离大电网、少煤缺水的山区农村地区。中国是农业大国，商品能源比较缺乏，一些乡村地区距离电网较远，在农村开发利用沼气有着特殊意义。无论从环境保护还是发展农村经济的角度考虑，沼气在促进生物质良性循环、发展庭园经济、建立生态农业、维护生态平衡、建立大农业系统工程中都将发挥重要作用。经过 40 余年的发展，中国的沼气发电已初具规模，研究制造出 0.5～250kW 各种不同容量的沼气发电机组，基本形成系列产品。

第三节 生物质热裂解发电技术

一、生物质热裂解工艺分类

根据工艺操作条件，生物质热裂解工艺可分为慢速热裂解、快速热裂解和反应性热裂解 3 种类型。

慢速热裂解工艺又可分为碳化热裂解和常规热裂解。20 世纪初，木材的慢速热裂解已成为生产乙酸、乙醛和乙醇等化学品的木材化工业的基础。碳化工艺所用的温度一般低于 400℃，常规的裂解工艺所用的温度一般低于 600℃，升温速率较低，反应时间为 5～30min，其产出物是比例大致相等的气体、生物油和固体炭。

在升温速率高达 1000℃/s 和最高温度达到 650℃左右时，热裂解产生的分子量较大的中间产物在进一步分解为气体之前迅速冷却，这些中间产物凝结为液体。这会使碳的生成量变小，在某些条件下甚至没有碳的生成；而在更高的温度时，热裂解的主要产物是气体。这种高升温速率的快速热裂解工艺，按照其相关速率和滞留期，可分为快速热裂解、闪速热裂解和极快速热裂解，一般地说，这三者之间并没有明显的区分。通常，闪速热裂解的操作温度低于650℃，典型温度为500℃，升温速率很高，滞留期不足1s。生物油的产率最大可达到生物质质量的80%。如果温度高于700℃，在同样条件下，可使气体的最大产率达到生物质质量的80%。快速热裂解的最高温度约为650℃，滞留期为0.5～5s，升温速率较闪速热裂解低，主要产物是生物油。极快速热裂解的最高温度可达1000℃，滞留期小于0.5s，升温速率非常高，其主要产物是气体。

使用可与生物质原料发生反应的活泼气体的生物质热裂解，称为反应性热裂解。当使用活泼的氢气时，这种反应称为加氢热裂解；而用甲烷参加反应时，该反应称为甲烷热裂解。

二、生物质热裂解机理

假设生物质的3种主要组成部分独立地进行热分解，半纤维素主要在225～335℃分解，纤维素主要在325～375℃分解，木质素主要在250～500℃分解。半纤维素和纤维素主要产生挥发物质，而木质素主要分解为碳。因为纤维素是多数生物质的最主要的组成物（如在木材中平均占43%），同时它也是相对最简单的生物质组成物，故广泛用纤维素研究生物质热裂解的机理。纤维素分解途径如图5-6所示。

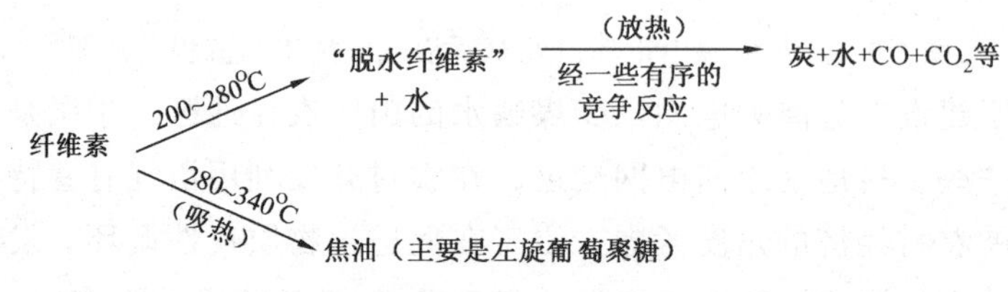

图5-6　纤维素分解途径

从图5-6可看出，纤维素经脱水作用生成脱水纤维素，脱水纤维素进一步分解产生大多数的碳和一些挥发物。在略高的温度下，与脱水纤维素反应竞争的，是一系列纤维素群聚反应产生的左旋葡萄糖焦油。根据实验条件，左旋葡萄聚糖焦油的二次反应将会生成碳、焦油和气体。例如纤维素在闪速热裂解条件下，由于高升温速率、高温和短滞留期，就可排除碳生成的途径，使纤维素完全转化为焦油和气。而慢速热裂解使一次产物在基质内的滞留期加长，从而导致左旋葡萄聚糖转化为碳。纤维素热裂解产生的化学产物包括一氧化碳、二氧化碳、氢气、碳、左旋葡萄聚糖以及一些醛类、酮类和有机酸。醛类包括烃乙醛（乙醇醛），它是纤维素热裂解的主要产物。

图5-6所示的纤维素分解途径是对纯净的纤维素而言，生物质和纤维素中的杂质会使图示机理进一步复杂化。添加小量的无机化合物可以对一些反应产生显著影响。例如添加金属盐对纤维素热裂解的主要影响，是抑制了包括左旋葡萄聚糖在内的挥发物的生成和增加了碳的产生。

三、影响生物质热裂解过程及其产物组成的主要因素

影响热裂解过程的主要因素包括化学因素和物理因素两大方面。化学因素包括一系列

复杂的一次和二次化学反应；物理因素主要是过程中的传热、传质以及原料的物理特性。根据不同的工艺条件，热裂解过程可以分别通过化学因素、物理因素进行控制或同时对二者进行控制。在具体操作上主要表现为温度、升温速率、滞留期、压力、生物质颗粒尺寸及形状的影响。

1. 温度对反应的影响

生物质主要由纤维素、半纤维素和木质素3种物质混合而成。当生物质处于无氧的高温环境时，会发生一系列复杂的竞争性反应。实验表明，当加热生物质时，水分在105℃时首先被驱出，在温度达到200℃之前，虽然生成一些不可燃的气体，但重量损失率很小，此时其细胞结构已经发生变化。半纤维素在200℃以下首先开始初步软化，然后，在200~260℃之间开始分解，产生大多数的挥发性产物。纤维素相对较稳定。在200~240℃之间开始软化，在240~350℃之间发生分解，在275℃开始显著的重量损失，大部分是生成挥发性产物，在450℃时，碳的产量达15%，800℃时减少到9%。木质素的分解温度最宽，在200℃以下的温度开始软化，但分解主要发生在280~500℃。温度较低时，木质素的分解很慢，在400℃时只有30%形成挥发物。木质素主要分解生成碳，850℃时碳的产量达45%。生物质热裂解产物生成最有意义的温度范围是350~500℃。碳的产量随温度升高而减少，液体产量在该范围内达到最大。如果温度进一步升高，则由于液体中较大的分子被分解成较小的分子而使气体产量增加。因此，当温度超过500℃时，可观察到液体产量突然减少，而气体产量增加。故可以认为高温有利于诸如生物油裂化和重组的二次反应。

2. 升温速率和滞留期的影响

加热条件强烈影响热裂解的反应过程，并且使热裂解产物的比例产生显著差异。除了温度之外，升温速率也在一定程度上决定生物质在反应器中的滞留期。例如常规热裂解是在较低温度和较低升温速度下发生的，其滞留期一般为数min；而高升温速率下的快速热裂解和闪速热裂解所相应的滞留期很小，一般为几s甚至仅为数百ms。常规热裂解发生在较低温度和较低升温速度下，热裂解产生的气体、液体、碳3种产物的比例大致相等。高的升温速率可使碳的最终产量减少，所以如果热裂解的主要目标产物是气体和液体，一般采用高升温速率的快速热裂解和闪速热裂解。闪速热裂解的升温速率很高，可以使碳产量降至最小，而使油产量增加到最大限度。这是因为高升温速率使热裂解过程中的某些中间产物不能形成，而直接生成最终产物。一般来说，要达到高的升温速率需要较高的操作温度、短的滞留期和细小的生物质颗粒。

3. 生物质颗粒尺寸、形状的影响

控制生物质热裂解过程的物理因素主要是传热和传质过程，而生物质颗粒大小在传热和传质方面起着重要的作用。实验研究表明，生物质颗粒大小是影响热裂解速率的决定性因素。对于粒径小于1mm的生物质，以动力学速率控制热裂解过程；而对于粒径在1mm以上的颗粒，其热裂解过程不但被动力学现象控制，还被传热、传质现象控制。这是由于：大于1mm的生物质颗粒从外部被加热时，颗粒表面的加热速率要比其中心的加热速率高很多，结果使颗粒中心的热裂解从很低的温度开始，从而造成在中心生成碳。随着生物质粒径的减小，碳的产量减小。距生物质颗粒表面不同距离处的生物质组成物，是沿着不同的温度—时间路径达到最终的最高热裂解温度的。颗粒表面受热非常迅速，而在大颗粒内部的升温速率要低得多。如果用对同一温度—时间变化来分析不同颗粒的产物，就会忽略二次反应的影响。二次反应极大地影响过程中不同产物的产量。此外，对于不同的材质，进行热裂解的过程受其形状影响，这是由于生物质（例如木材）沿着不同的纹理具有各向异性，它会导致传热的不均匀，从而影响其生成物的比例。

4. 压力的影响

压力对热裂解过程的影响至今还不完全清楚。当压力从0.1MPa增加到2.5MPa时，碳的产量从12%增加到22%，在300℃的氮气中，纤维素在一个大气压下热裂解时，碳和焦油产量分别为34.2%和19.1%，而在15mm汞柱压力下，其对应的产量分别为17.8%和55.8%。这种显著变化被认为是由于二次反应引起的。在低压下，挥发物迅速逸出纤维素，限制了二次反应的发生；在高压下，挥发物质在颗粒内的滞留期要长得多，二次反应可以在非常大的程度上发生；也有可能是因为反应器压力低，减小了焦油气体在反应器内的滞留期，从而抑制了焦油的二次裂化反应。

四、生物质热裂解技术及装置简介

1. 热裂解反应器类型

反应器是热裂解装置的主要部件。根据固体生物质通过反应器的运动方式，可将热裂解反应器划分为：①热裂解过程中没有固体通过反应器的运动（例如分批处理反应器或间歇反应器）；②动态床和移动床（如高炉或竖炉等）；③由机械力引起的运动（例如转窑、旋转螺旋、旋转锥等）；④由流体的流动引起的运动（例如流化床、喷射床、引射床等）。还可以根据对生物质的加热方式将热裂解反应器划分为：①部分氧化（将少量氧引入反应器，通过一部分原料燃烧产生的热量加热其余原料）；②直接加热一（用热裂解产物和其他燃料在反应器外燃烧产生的热气体直接加热）；③直接加热二（用惰性加热介质如惰性气体、固体钢球、循环的热沙子、熔融的金属和盐类等作载热体在反应器内的直接加热）；④间接加热（通过燃烧热裂解产物和其他燃料或用另外的外部热源对反应器壁面间加热，例如烧蚀型反应器）。生物质热裂解液化装置如表5-2所示。

表5-2　　生物质热裂解液化装置

序号	热裂解装置	研究组织	国家
1	常规搅动床	ALTEN（KTI-ITALENERGIE）	意大利
2	快速引射流	GEORGIA TECHNOLOGY RESEARCH INSTITUTE	美国
3	真空多炉床	LAVAL UNIVERSITY	加拿大
4	涡流烧蚀反应器	SOLAR ENERGY RESEARCH INSTITUTE	美国
5	低温螺旋窑	TUBINGEN UNIVERSITY	德国
6	闪速流化床	WATERLOO UNIVERSITY	加拿大
7	常规下吸固定床	BIO-ALTERNATIVE SA	瑞士
8	循环床	CRES	希腊
9	烧蚀板	ASTON UNIVERSITY	英国

续表

序号	热裂解装置	研究组织	国家
10	输送反应器	ENSYN ENGINEERING	加拿大
11	移动床	WASTEWATER TREATEMENT CENTER	加拿大
12	闪速旋转锥	TWENTE UNIVERSITY	荷兰
13	常规下吸式固定床	BIO-ALTERNATIVE SA	瑞士
14	低温螺旋窑	TUBINGEN UNIVERSITY	德国
15	间歇熔盐反应器	ASTON UNIVERSITY	英国
16	输送反应器	ENSYN ENGINEERING	加拿大
17	快速双流化床	TNEE	法国
18	引射流甲烷热裂解	BROOKBAVEN NATIONAL LABORATORY	美国
19	高压釜加氢热裂解	TORONDO UNIVERSITY	加拿大
20	输送反应器	ENSYN ENGINEERING	加拿大
21	涡流烧蚀反应器	SOLAR ENERGY RESEARCH INSTITUTE	美国
22	真空多炉床	LAVAL UNIVERSITY	加拿大
23	间歇熔盐反应器	ASTON UNIVERSITY	英国
24	闪速流化床	WATERLOO UNIVERSITY	加拿大
25	引射流甲烷热裂解	BROOKBAVEN NATIONAL LABORATIRY	美国
26	高压釜加氢热裂解	TORONDO UNIVERSITY	加拿大

注 序号1~12，为生物质热裂解液化装置；13~14，为生物质热裂解固体装置；15~19，为生物质热裂解气化装置；20~26，为热裂解化学品生产装置。

2. 热裂解装置示例——旋转锥反应器简介

旋转锥反应器如图5-7所示，它是由荷兰Twente大学及生物质技术集团（BTG）开发研制的。

在该装置中，生物质闪速热裂解反应器由一对旋转的外锥和静止的内锥组成。外锥顶角为90°，最大直径为650mm。这种反应器是为了生产最大量生物油设计的，生物油产率可达60%。它的特点是：升温速率高（5000℃/s），固相滞留周期短（0.5s），气相滞留期短（0.3s）。其工艺流程为：载热体砂子在喂入反应器前首先在砂箱中被加热，生物质颗粒（粒径一般小于0.2mm，喂入量为50kg/h）与过量的惰性载热体砂子（500kg/h）一道送入反应器旋转外锥的底部。当生物质—砂子混合物沿着炽热的锥壁螺旋向上传送时，生物质被迅速加热发生转化。砂子通过反应器后，被收集在反应器下面结构相同的另一个砂箱中。热裂解产生的炽热气体流出反

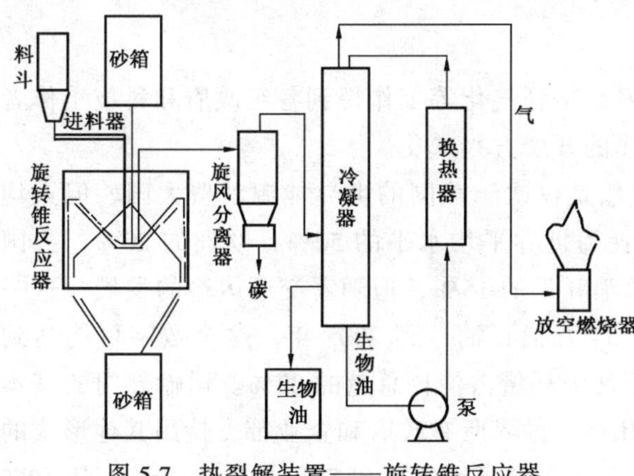

图5-7 热裂解装置——旋转锥反应器

应器后，经旋风分离器进入冷凝器，在旋风分离器中，气流中的固体尘粒（碳、砂子）在离心力作用下被抛向旋风分离器的底面，随后落入集碳箱。为防止气体中的生物油组份在旋风分离器底面上凝结，旋风分离器安装在一个加热炉中。在冷凝器中，气体中的生物油组份被冷的液体生物油喷雾冷凝下来，生物油获得的热量在换热器中被冷却水带走，不可凝结气体通入燃烧器放空燃烧。

用砂子做载热体的另一个功能，是避免生物质颗粒和碳在旋转锥壁上积存。砂子和生物质颗粒在反应器中的固相滞留期取决于旋转锥体的旋转频率。另外，通过阻隔旋转锥内部的部分空间，可减少旋转堆内的气体容积，从而减少反应器的气相滞留期和抑制气相中生物油的裂化反应。

第四节　生物质能利用现状

一、大力开发生物质能源，走可持续发展道路

中国是农业大国，随着广大偏远农村和山区经济的快速发展，对能源的需求量迅猛增长。生物质能源以其产地为农村和山区、小型、价廉、适用范围广等特点，对中国的发展具有重要意义。目前中国农村农作物残留生物材料年产量约达 6 亿 t，薪柴年合理采量达 1.5 亿 t，共可折合 2.3 亿 t 标准煤；中国稻谷年产量 2 亿 t，谷壳生成量年约达 4000 万 t。中国农村可再生生物质资源是丰富且能保证供给的。

据资料报道，1995 年世界能源消耗总量为 8800Mtoe，人均约 1.6toe。其中，化石燃料大约占总消耗量的 77%。化石燃料的大量使用带来两大问题，即化石能源会最终耗竭；化石燃料放出的二氧化碳导致温室效应不断增强，使人类社会尤其是城市空气污染严重恶化。为此，人们提出两种可能的方式来抑制化石燃料消耗的不断增长：一是提高能源利用效率；二是用可再生能源来代替。人们已经在提高化石燃料在产热和机械应用的效率方面付出大量努力。但由于化石燃料（特别是石油）的相对成本较低，用可再生能源来代替化石燃料仍维持在较低水平。因此从长远看，不断降低石油消耗量以防止能源危机是有效的措施。

二、生物质能在中国利用前景

1. 乙醇汽油研究开发的大好形势

根据中国农村实际情况进行的沼气开发、秸秆气化等工作得到各级政府和科技工作者的重视，特别是当前车用乙醇汽油开发工作的开展方兴未艾。

中国拥有约 13 亿人口，从总量来讲虽然是仅次于美国的世界能源消费大国，但人均能源消费水平低。1995 年中国人均能源消耗为世界平均水平的 50%，欧洲的 20%，美国的 9%。中国目前的石油消耗量只占能源总消耗量的 15%，但随着交通运输的发展，这一份额必将增加。1995 年中国大约每天进口 34 万桶石油，到 2005 年，这个数字可能达到 140 万桶。在交通运输领域，1995 年中国石油消耗量占消耗总量的 22%。运输部门的基本能量消耗结构，是石油占统治地位。尽管几乎全世界所有政府和企业都支持用其他形式的能源代替化石燃料，但在过去的 30 年间，石油在该领域所占份额仍在稳步增长，从 1960

年的92%上升到1995年的98%。众所周知，在交通运输领域，石油产品所产生的直接影响是对人类环境的污染，大气中的一氧化碳、氧化氮和二氧化硫含量均主要来源于此。由于运输领域中石油产品的消耗量和国内生产总值（GDP）相互对应，可以预见，21世纪汽车燃料需求的增长将主要来自于中国和其他发展中国家。因此，对这些国家和全世界而言，必须用更清洁的可再生燃料代替传统的汽车燃料。

与发达国家相比，中国运输部门能源消耗量仍维持较低水平。在1990年，运输部门能源消耗量只占最终能源消耗量的9%，而在经济合作与发展组织，这一数字达31%。其中，公路运输能源消耗量占最终运输能源消耗量的60%。有必要在中国开发高效生物燃料，以生物燃料大量替代化石燃料，减少城市污染，促进农村发展，并对全球气候变化产生正面影响。2000年3月，广东省一位人大代表向全国人大会提出的关于在中国发展车用乙醇汽油的提案，得到了政府的重视，并先后8次对与此内容相仿的请示、申请报告做了重要批示。正是由于政府的大力支持，从而加速成立了由国家计划委员会任组长单位，国家经济贸易委员会、中国石油总公司、中国石油化工总公司任副组长单位，国务院有关部委及相关单位参加的推广应用车用乙醇汽油领导小组。

追溯车用乙醇汽油的发展趋势，可以看出，当前存在的主要问题在于原料的选择和相关问题的解决。车用乙醇汽油是伴随着20世纪70年代末全球性的石油危机而首先在美国推广应用的。据不完全统计，到2000年，全美燃料乙醇销售量达490万t。南美国家巴西在1975年由国家出面，推行车用乙醇汽油计划，至今已经成为世界上最大的燃料乙醇生产和消费国，其2000年的燃料乙醇的消费量约为970万t，占全国汽油消费量的43%。究其原因，除了政府的推动力是必要条件外，巴西盛产甘蔗也为大规模制取乙醇提供了充足、稳定的原料，这两点构成了推广应用车用乙醇汽油的充分条件。只有具备上述两个条件，才有可能真正使车用乙醇汽油走进市场，发挥其保护环境、替代不可再生石油燃料的功能。

中国的河南省和广西壮族自治区目前正在进行燃料乙醇汽油的科研开发和生产工作。河南省地处中国中原，农业发达，土地肥沃，历来是国家的粮食生产基地。但是河南省又是中国自然灾害的多发省份，水、旱、虫灾连年不断，人民生活水平在全国处于中下水平。河南天冠集团根据国家推广应用车用乙醇汽油领导小组的部署，利用河南省库存的超过5年储藏期的粮食，于2001年4月8日建成投产生产燃料乙醇的工厂，其生产能力达到20万t/年，迈出了河南省推广应用车用乙醇汽油的关键一步。河南省用陈化粮生产车用乙醇汽油的推广应用计划源于河南省粮食过剩、拥有大量库存粮食的现实。据统计，近年来由于广大农民生产积极性高涨，国家实行以保护价敞开收购粮食的政策，大量粮食堆积在粮库。更因为粮库库容有限，目前河南省库存容量为160亿kg，而储存的粮食达250亿kg，造成1/3粮食露天堆放，质量严重下降。同时其中还有不断增多的库存超过5年的不能食用的陈化粮。目前河南省存有270万t陈化粮，而全国有2500万t陈化粮，国家财政要对此补贴累计达170亿元人民币。试验表明，每生产1t乙醇要消耗3.6t小麦或3.4t玉米。中国目前年消耗汽油约为3600万t，按10%的标准加入燃料乙醇计算，则每年需要约360万t燃料乙醇。若采用玉米为原料，则需约1000万t，占中国玉米总产量的8%

左右。问题在于，用粮食作原料的乙醇成本较高，目前河南天冠生产的车用乙醇的成本价为3800元/t，与国际市场石油价25美元/桶差距较大。且3~4年后河南省陈化粮用完后，选用什么原料，这是河南省今后面临的重要问题。

与此同时，国家推广应用车用乙醇汽油领导小组还组织有关部门进行了乙醇汽油车用试验。从2000年10月到2001年3月，12辆试验用车在北京通县不分昼夜进行了8万km连续试车。对桑塔纳、富康、夏利3种车型分别使用了乙醇含量为7%、10%、15%的车用乙醇汽油进行试验。试车结果表明，车用乙醇汽油的提速性能、爬坡性能与普通汽油没有区别；百公里油耗仅增加了不到1%，而尾气中一氧化氮排放减少了30%~40%，碳氢化合物减少了15%，环保效果显著。2001年4月18日，国家计划委员会和国家质量监督检验检疫总局正式颁布了《变性燃料乙醇》和《车用乙醇汽油》两项国家标准，确定了10%的混配比例为中国国家标准。

广西壮族自治区地处中国西南山区，历来都需从兄弟省市调集粮食保证老百姓的粮食供给。要想发展应用车用乙醇汽油，必须就地取材，另辟新路。2001年3月，上海交通大学汽车研究中心与广西壮族自治区签定了以广西山区特产的木薯为原料生产燃料乙醇的合作协议，揭开了中国边远贫困地区用先进技术脱贫致富的历史画卷。木薯是中国南方山区的高产量农作物，但它口感粗糙、味道不佳、且不易被人体吸收，故在农村只能用作饲料。而试验表明，用木薯制取燃料乙醇却比粮食类农作物好。这是由于木薯含纤维素高，易降解。这无疑是大自然对山区人民的恩赐。该项研究包括的内容有：高效率转化木薯为乙醇的工艺流程；乙醇与各种不同类型燃油的配比；乙醇燃油对各种不同类型汽车发动机的运行试验；木薯转化为乙醇过程的废渣处理；木薯制取乙醇对广西经济发展的影响等。预期将在近几年内取得成果。届时不仅对中国发展应用车用乙醇汽油作出积极的贡献，还对广西300万山区人民的脱贫致富发挥作用。

比较河南省与广西两地发展应用车用乙醇汽油的不同情况，可以看出：中国幅员辽阔，各地都有自身经济发展的优势和特点，为了最大多数群众的利益和经济的高速发展，必须深入研究、长远规划，制订切实可行的技术路线和方针。

2. 生物运输能源的国际开发（SETA R & D）计划

由上海交通大学、上海理工大学、同济大学、沈阳农业大学、瑞士洛桑工学院和日本东京大学专家学者联合制定的SETA—可持续运输能源和农林学研发计划的主要内容为：

(1) 通过研究、开发和市场推广，根据现有的小环境，推动与食物、原料相协调的汽车生物燃料的大规模生产和使用。

(2) 从社会、传统和环境的视角来评估汽车生物燃料自生产到市场使用不同环节的功效。

(3) 通过研究开发改进汽车生物燃料的发展道路，使之达到最佳效果。

(4) 提高农林学的生产效率和减缓农村土地流失。

这个计划目前正由上述合作单位联合向联合国食品和农业组织（FAO）提交申请，本着“从干中学习”的原则，综合考虑中国社会、经济和生态环境的各个方面，将在中国对汽车生物燃料的生物乙烯醇的大规模生产和使用所需条件进行研究和开发。

SETA 计划实施的计划和设想为：

根据联合国食品和农业组织（FAO）与中国沈阳农业大学合作开展的“中国东北寒冷地区能源试验基地”工程，沈阳农业大学进行了甜高粱培育和加工成生物乙烯醇的试验。该校在甜高粱培育和发酵工艺方面积累了成功而重要的经验。SETA 计划将利用沈阳农业大学现有的经验，开发商业化加工生物乙烯醇的关键设备和技术，加强中国在甜高粱和生物乙烯醇加工方面的竞争力，并支持中国企业与工业化国家的企业组建合资公司，从而在以后的阶段中发展更大规模生物乙烯醇的生产和应用。该计划的特点在于：

（1）拓展中国战略性政策的内涵，特别是在清洁汽车燃料领域。

（2）促进可持续生物资源领域的技术交流，在运输部门推广应用生物乙烯醇。

（3）该计划有利于农村和城市再就业及环境保护。

（4）可用国产可再生资源替代进口石油。

该计划的第一阶段为：抓住乙醚市场的机遇，通过以生物 ETBE 代替 MTBE，推进生物乙烯醇的发展。事实上，从 1997 年开始北京、天津和上海等城市开始使用无铅汽油，到 2000 年整个中国已使用无铅汽油；中国使用的添加剂为 MTBE，其生产能力大约为每年 55 万 t，1995 年 MTBE 的需求量约 35 万 t，2000 年估计为 75 万 ~ 80 万 t。国际上的一些评估表明，由于 ETBE 的毒性低于 MTBE，有利于环境保护，如果能将投资成本保持在一个合理的范围，并保证提供生物资源，则生物 ETBE 可与 MTBE 相抗衡。

第一阶段的研究目标为：

（1）创建一个乙烯醇生产的前导实验室，此实验室可以通过 ETBE 向 500 辆汽车提供乙烯醇燃料；通过进行研发，评估可持续资源，研究更有效的转化技术，并寻找促使这些资源进入市场的刺激手段；发展一种集成方法，以评估更清洁汽车燃料在中国能源系统中的发展状况。

（2）将上海作为使用汽车生物燃料的实验城市，这些燃料将在农村生产然后运入城市。进一步调整实验结果，使之适用于中国其他大城市和其他发展中的工业化区域。

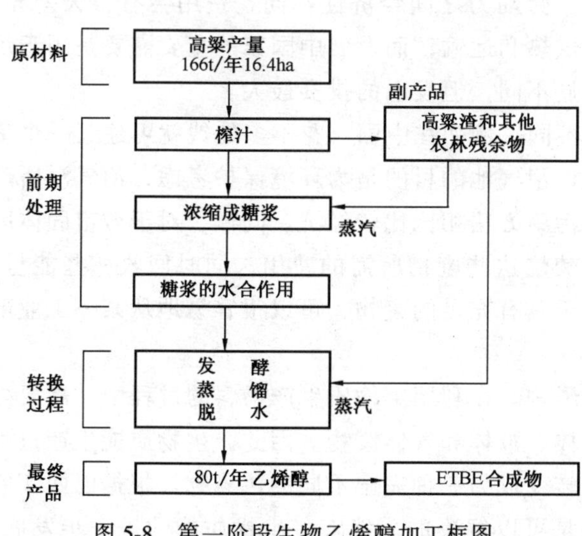

图 5-8 第一阶段生物乙烯醇加工框图

（3）创建可利用甜高粱汁每年生产 80t 生物乙烯醇的工业前导实验室，第一阶段生物乙烯醇加工框图如图 5-8 所示。

（4）评估中国与食物、原料及地力恢复相协调的甜高粱资源及潜在的农林资源。

（5）提高转化技术。

（6）评估生物 ETBE 在乙醚市场的占据状况。

第二阶段的主要任务是：

（1）进一步发展工业前导实验室，使之能将木质纤维加工成 C5 糖和 C6

糖。

(2) 评价中国与地力恢复相协调的可持续农林资源。

(3) 提高转化技术，研究 C5 糖和 C6 糖的同时发酵技术。

(4) 评价从资源到市场应用的整个链条及其社会经济性。

第二阶段生物乙烯醇加工框图如图 5-9 所示。

该计划的实施将需要较多的资金支持，预计在第一阶段需近 500 万美元的费用。

计划第二阶段结束达到的目标是：到 2010 年，推进作为汽油添加剂的生物乙烯醇的直接使用；到 2020 年，实现作为汽油替代物的水合乙烯醇的使用。

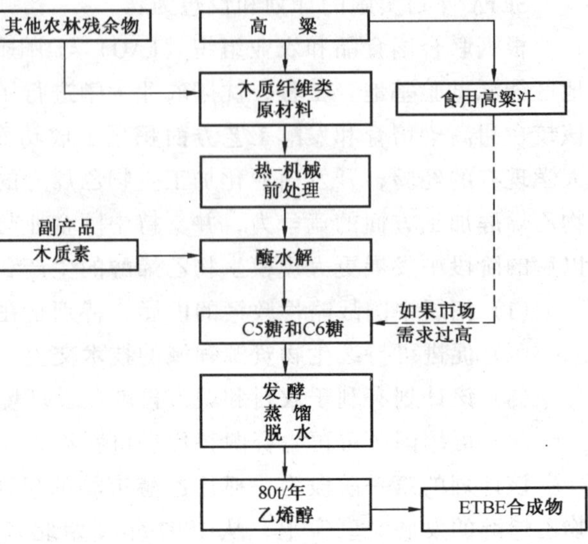

图 5-9　第二阶段生物乙烯醇加工框图

第五节　生物质能发电前景预测

一、局限性及分析

与其他形式的可再生能源相比，生物质资源的缺点，在于其存在较分散，不易收集，能源密度低；同时，由于生物质资源含水量大，大多是潮湿的，收集、干燥其所需费用较高，从经济上不合算，限制了其开发利用。因此，现代生物质资源的开发受到必要投资额的制约，而必要投资额是各种条件的综合函数。

(1) 作为可再生能源的生物质能是劳动密集型产品，这一点在发展中国家尤其明显。因此，随着投资的地区不同与产地的材料、劳动力之间经济性不同，费用会有很大差异。发达国家所需生物质能源主要用于发电、供热和运输，而发展中国家的主要需要是用于炊事和运输。用途不同，其投资数额也会明显不同，但发电的投资最大。

(2) 某一设备的使用目的可能会完全不同。例如在中国，花不多的钱就可建起一个沼气池，专门用于提供能源。而在北欧，建设沼气池的目的是为环境保护考虑，沼气池所产生的能量只当作附带效益，它与其他控制污染方法相比比较经济。同样，对于城市固体废物的处理，在发达国家，社会上愿意支持焚烧这些废物所需的费用，同时回收一些能量；而发展中国家的主要取向是生物质能，由于具有充足的废物，可以很容易地从某一工业部门获得工业下脚料和城市垃圾。

(3) 利用生物质会能对环境造成各种影响。在利用生物质生产燃料的过程中，需要处理大量复杂的有机物，从而产生大量的固体、液体和气体废物。因此，生物质能生产过程也会产生大量的污染物，会将一种污染物转变成另一种完全不同的污染物。根据巴西实施乙醇计划和处理液体废物的经验，该问题是可以解决的。伴随着生物质能的进一步发展，

将会出现一些重要的环境问题和潜在的制约因素。例如：①需要和希望保持生物的多样性。最明显的威胁是，不论是在热带还是在温带，原始森林已被单一的能源植物所取代，湿地也受到同样的威胁。如果通过间作套种、成林储植、生态恢复性的土地撂荒及其他可促进局部生物多样性发育的措施，那么，现代生物质便可以具有巨大的净化环境效益。为了制止以牺牲潜在的环境利益而无止境的提高产量和最大限度地获取利润，必须制定并有效地实施适当的环境生态准则。②需要保持和进一步保护重要的天然景区、著名的自然风光、生态敏感区和重要地区的植物种类。③需要机构与规章制度上的制约，进一步加强研究后的开发工作，促进研究人员、制造者和潜在用户之间的更好合作。例如，必须制定生物质开发利用的合理政策包括税收和补贴政策；能源价格必须反映出外部社会成本，例如空气污染影响和核泄漏危险等；公用电业部门保证购买过剩的电力；保证种植能源植物等。

二、发展前景分析

生物质能的开发利用得到迅速发展的条件，可从以下几方面进行分析：①成功的实例。在过去 10 年间美国利用生物质发电的能力从 250MW 扩大到 9000MW，提高了 36 倍；巴西的乙醇产量在 12 年间扩大了 20 倍，仅在 1983 ~ 1987 年间就有 90% 以上的汽车利用乙醇燃料。这些例子说明，只要具有成功的经验，使用生物质能源从社会效益和经济上都有较大的优越性，就会逐渐得到社会和公众的承认。②生物质能经济学方面的因素。制约生物质能发展的经济因素主要有：原料上的竞争，由于生物质原料在其他领域可能会创造出更高的价值，因而面临着与其他领域争夺原料的问题；外部环境不如常规能源优越；下脚料会越来越少，并投入到其他市场循环；缺乏有实效的鼓励政策，尤其是针对造林计划的鼓励政策；目前现有的技术还不完全成熟，对私人投资者来说要冒一定的风险；不可再生能源的价格趋于稳定，减慢了生物质能的发展速度。总之，在当前的经济条件下特别是与常规能源价格相比，生物质能源的价格是关键。例如，生物质能源在发达国家是一种昂贵的能源，这就是生物质能在发达国家不能获得大规模发展的原因。在发展中国家，丰富的自然资源和廉价劳动力会大大降低生物质能的价格。同时，常规能源生产的高资金投入和管理费会严重影响到其成本，进口能源更加昂贵，从而使得在发展中国家大力发展可再生能源前景良好。发展生物质能的最有利环境毫无疑问是经济上的，如果生物质能比其他能源便宜，那么它的发展就会异常迅速。

三、结论

（1）加深对可用资源情况的更全面的了解，包括对资源未来潜力的了解，同时掌握因土地用于其他目的而可能产生的不利因素。建立生物质能数据库、生物质能用户网络等，以掌握可利用的生物质能资源。

（2）调查和研究现有的生物质能技术应用效果的真实程度，因地制宜地制订切实可行的发展计划。就全世界而言，生物质能源相当丰富。据估计，地球上海洋和陆地生态系统年净生产的干有机物总量为 164×10^9t，其中 70% 产生于陆地。这个数字相当于目前全世界每年总耗能量的好几倍。从长远来看，未来解决问题的方式为：直接燃烧生物质产生热能、蒸汽和电能；利用能源作物生产液体燃料；生产木炭和碳；生物质气化后用于电力生产；对农业废弃物、粪便、污水和城市固体废物进行厌氧消化生产沼气。

(3) 正确认识生物质资源利用的经济性问题。经济性不仅取决于生物质能的可获取性和成本，还取决于平衡能源、社会、环境3种关系，以及把生物质能发展放在什么样的社会优先地位等关系。利用现代技术可以提高能源转换效率，有利于保护环境和降低生物质能的生产成本。从能源利用的角度看，生物质能属于能量分散性资源，宜小规模利用。另外，生物质能的具体利用预测和分析，只能局限在局部地区局部实现。

(4) 必须重视生物质能源的开发和利用。生物质能是世界第4大能源，它对全世界一次能源的贡献约占14%；对于占全球人口总数75%的发展中国家来说，它是最重要的能源之一，占一次能源总量的35%。无论开发利用生物质能源有多少困难，我们在制定能源可持续发展的战略政策和科技发展规划时，都不能忽视对生物质能源的开发和利用。

(5) 进一步加强地区和国家间的合作，以便更好地将不同地区和国家所进行的生物质能研究、开发和示范工作汇集起来，有助于避免重复劳动和实现技术的快速转让。

第六章

地热发电技术

第一节　地热能基本知识

所谓地热能，简单地说，就是来自地下的热能，即地球内部的热能。但是，地热是从何而来的，地球内部的温度有多高，地热水或蒸气是怎样形成的呢？这是人们在开发利用地热能时不禁要提出的问题。为了说明这些问题，得从地球的构造说起。

地球是一个巨大的实心椭球体，它的表面积约为 5.11 $\times 10^8 km^2$，体积约为 $1.0833 \times 10^{12} km^3$，赤道半径为 6378km，极半径为 6357km。地球的构造好像是一只半熟的鸡蛋，主要分为 3 层，如图 6-1 所示。

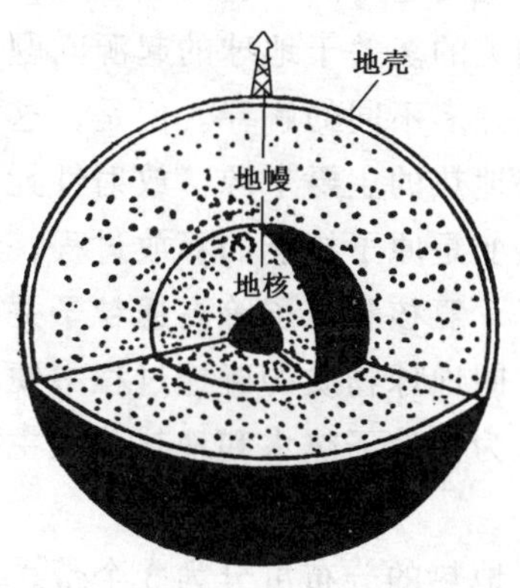

图 6-1　地球构造示意图

地球的最外面一层，即地球外表相当于鸡蛋壳的部分，叫做“地壳”，地壳由土层和坚硬的岩石组成，它的厚度各处不一，介于 10 ~ 70km 之间，陆地上平均为 30 ~ 40km，高山底下可达 60 ~ 70km，海底下仅为 10km 左右；地球的中间部分，即地壳下面相当于鸡蛋白的部分，叫做“地幔”，也叫做“中间层”，它大部分是熔融状态的岩浆，可分为“上地幔”和“下地幔”两部分，地幔的厚度约为

2900km，它由硅镁物质组成，温度在1000℃以上；地球的中心，即地球内部相当于鸡蛋黄的部分，叫做“地核”，地核的温度在2000~5000℃之间，外核深2900~5100km，内核深5100km以下至地心，一般认为是由铁、镍等重金属组成的。地球内部各层温度如图6-2所示。

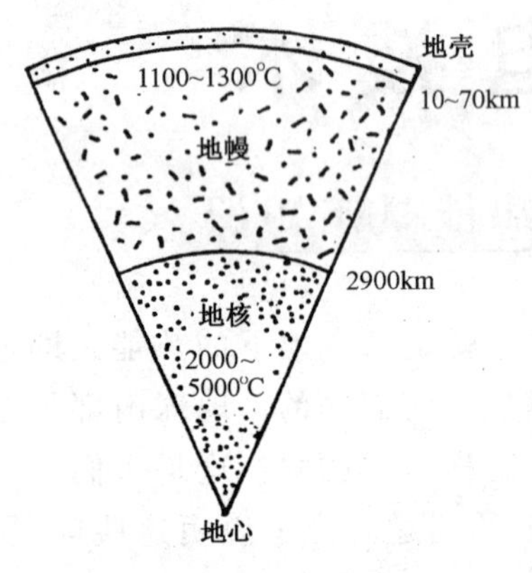

图6-2　地球内部温度示意图

地球的内部是一个高温、高压的世界，是一个巨大的热库，蕴藏着无比巨大的热能。地球内部蕴藏的热量有多大？假定地球的平均温度为2000℃，地球的质量为6×10^{27}g，地球内部的比热为1.045J/g℃，那么整个地球内部的热含量大约为1.25×10^{31}J。即便是地球表层10km厚这样薄薄的一层，所贮存的热量也有10^{25}J。地球通过火山爆发、间歇喷泉和温泉等等途径，源源不断地把它内部的热能通过传导、对流和辐射的方式传到地面上来。据估计，全世界地热资源的总量，大约为1.45×10^{26}J，相当于4.948×10^{15}t标准煤燃烧时所放出的热量。如果把地球上贮存的全部煤炭燃烧时所放出的热量作为标准来计算，那么，石油的贮存量约为煤炭的3%，目前可利用的核燃料的贮存量约为煤炭的15%，而地热能的总贮存量则为煤炭的1.7亿倍。可见，地球是一个名符其实的巨大热库，我们居住的地球实际上是一个庞大的热球。

地球内部的温度这样高，它的热量是从哪里来的？地球内热的来源问题，是与地球的起源问题密切相关的。关于地球的起源问题，目前有许多不同的假说，因此，关于地热的来源问题，也有许多不同的解释。但是，这些解释都一致承认，地球物质中放射性元素衰变产生的热量是地热的主要来源。放射性元素有铀238、铀235、钍232和钾40等，这些放射性元素的衰变是原子核能的释放过程。放射性物质的原子核，无需外力的作用，就能自发地放出电子、氦核和光子等高速粒子并形成射线。在地球内部，这些粒子和射线的动能和辐射能，在同地球物质的碰撞过程中便转变成了热能。

目前一般认为，地下热水和地热蒸汽主要是由在地下不同深处被热岩体加热了的大气降水所形成的。

在地壳中，地热的分布可分为3个带，即可变温度带、常温带和增温带。可变温度带由于受太阳辐射的影响，其温度有着昼夜、年份、世纪、甚至更长的周期性变化，其厚度一般为15~20m；常温带，其温度变化幅度几乎等于0，深度一般为20~30m；增温带在常温带以下，它的温度随深度增加而升高，其热量的主要来源是地球内部的热能。

地球每一层次的温度状况是迥然不同的。在地壳的常温带以下，地热温度随深度增加而不断升高，越深越热。这种沿地下等温面的法线向地球中心方向上单位距离内温度增加的数值，叫地温梯度，也叫做地热增温率，其单位通常采用℃/hm或℃/km。地球各层次的地热增温率差别是很大的：地表至15km深处，地热增温率平均为2~3℃/km；15~25km深处，地热增温率降为平均1.5℃/km；再往下，则只有0.8℃/km。根据各种资料推断，地壳底部至地幔上部的温度大约为1100~1300℃，地核的温度大约在2000~5000℃之间。假如按照正常的地热增温率来推算，80℃的地下热水，大致是埋藏在2000～2500m左右的地下。

按照地热增温率的差别，我们把陆地上的不同地区划分为地热正常区和地热异常区。除地热增温率外，大地热流值也是衡量地热正常区和地热异常区的重要指标。大地热流值是指单位时间内通过地球表面单位面积所散失的热量，用符号HFU表示热流单位（1HFU $=4.1868\times10^{-7}J/cm^2s$）。从全球来看，地表大地平均热流值为1.4～1.5热流单位（5.9～6.3$\mu J/cm^2s$），地表平均地温梯度为1.5～3.0℃/km。凡接近上述平均热流值和地温梯度的地区，均称为地热正常区；凡热流值和地温梯度超过上述平均值的地区，称为地热异常区。在地热正常区，较高温度的热水和蒸汽埋藏在地壳的较深处；在地热异常区，由于地热增温率较大，较高温度的热水或蒸汽埋藏在地壳的较浅部位，有的甚至露出地表。一般把那些天然露出的地下热水和蒸汽叫做温泉，温泉是在当前技术水平下最容易利用的一种地热资源。在地热异常区，除温泉外，人们也较容易通过钻井等人工方法把地下热水或蒸汽引导到地面上来并加以利用。

人们要想获得高温地下热水或蒸汽，就得去寻找那些由于某些地质原因，破坏了地壳的正常增温，而使地壳表层的地热增温率大大提高了的地热异常区。地热异常区的形成区域，一种是近代地壳断裂运动活跃的地区，另一种则主要是现代火山区和近代岩浆活动区。除此两种之外，也还有由于其他原因所形成的局部地热异常区。在地热异常区，如果具备良好的地质构造和水文地质条件，就能够形成有大量热水或蒸汽的具有重大经济价值的热水田或蒸汽田，统称为地热田。目前世界上已知的一些地热田中，有的在构造上同火山作用有关，另外也有一些则是产生在火山中心地区的断块构造地带上。

形成地热资源有热储层、热储体盖层、热流体通道和热源4个要素。通常，我们把地热资源根据其在地下热储中存在的不同形式，分为蒸汽型、热水型、地压型、干热岩型资源和岩浆型资源等几类。

（1）蒸汽型资源。蒸汽型资源是指地下热储中以蒸汽为主的对流水热系统，它以产生温度较高的过热蒸汽为主，掺杂有少量其他气体，所含水分很少或没有。这种干蒸汽可以直接进入汽轮机，对汽轮机腐蚀较轻，能取得满意的工作效果。但这类构造需要独特的地质条件，因而资源少、地区局限性大。

（2）热水型资源。热水型资源是指地下热储中以水为主的对流水热系统，它包括喷出地面时呈现的热水以及水汽混合的湿蒸汽。这类资源分布广、储量丰富，根据其温度可分为高温（>150℃）、中温（90～150℃）和低温（90℃以下）。

（3）地压型资源。地压型资源是一种目前尚未被人们充分认识的、但可能是一种十分重要的地热资源。它以高压水的形式储存于地表以下2～3km的深部沉积盆地中，并被不透水的盖层所封闭，形成长1000km、宽数百千米的巨大热水体。地压水除了高压、高温的特点外，还溶有大量的碳氢化合物（如甲烷等）。所以，地压型资源中的能量，实际上是由机械能（压力）、热能（温度）和化学能（天然气）3个部分组成的。

（4）干热岩型资源。干热岩型资源是比上述各种资源规模更为巨大的地热资源。它是指地下普遍存在的没有水或蒸汽的热岩石。从现阶段来说，干热岩型资源专指埋深较浅、温度较高的有开发经济价值的热岩石。提取干热岩中的热量，需要有特殊的办法，技术难度大。

（5）岩浆型资源。岩浆型资源是指蕴藏在熔融状和半熔融状岩浆中的巨大能量，它的温度高达600～1500℃左右。在一些多火山地区，这类资源可以在地表以下较浅的地层中找到，但多数则是埋在目前钻探还比较困难的地层中。

在上述5类地热资源中，目前能为人类开发利用的，主要是地热蒸汽和地热水两大类资源，人类对这两类资源已有较多的应用；干热岩和地压两大类资源尚处于试验阶段，开发利用很少。不过，仅仅是蒸汽型资源和热水型资源所包括的热能，其储量也是极为可观的。仅按目前可供开采的地下3km范围内的地热资源来计算，就相当于2.9×10^{12}t煤炭燃烧所发出的热量。随着科学技术的不断发展，完全可以确信，地热能的开发深度还会逐渐增加，为人类提供的热量将会更大。各类地热资源开发技术概况如表6-1所示。

表6-1　各类地热资源开发技术概况

热储类型	蕴藏深度（地表下，km）	热储状态	开发技术状况	资源量估计①（quad × 10^{3}②）	
				已查明	待查明
蒸汽型	3	200～240℃干蒸汽（含少量其他气体）	开发良好（分布区很少）	0.1	
热水型	3	以水为主，高温级＞150℃ 中温级90～150℃ 低温级50～90℃	开发中（量大、面广），为当前重点研究对象	3	10
地压型	3～10	深层沉积地压水，溶解大量碳氢化合物，可同时得到压力能、热能、化学能（天然气），温度＞150℃	初级热储试验	44	132
干热岩型	3～10	干热岩体 150～650℃	应用基础研究	48	150
岩浆型	10	600～1500℃	研究题目	52	150

注　①根据美国地质局（USGS）726勘探报告（1975）。

②1quad＝18^{18}J，相当270×10^{8}桶油的热当量。

第二节　地热发电原理和技术

地热能的利用可分为直接利用和地热发电两大方面。

将中、低温地热能直接用于中、低温的用热过程，从热力学的角度来看，是最合理不过的。近年来，国外对地热能的非电力利用（也就是直接利用）十分重视。地热发电的热效率低，对温度的要求较高。所谓热效率低，是指由于地热类型的不同以及所采用的汽轮机类型的不同，地热发电的热效率一般只有6.4%～18.6%，大部分的热量白白地消耗掉；所谓对温度要求较高，是指利用地热能发电一般要求地下热水或蒸汽的温度要在150℃以上，否则将严重地影响其经济性。而对地热能进行直接利用，不但能量的损耗要小得多，并且对地下热水的温度要求也低得多，从15～180℃这样宽的温度范围均可利用。在全部地热资源中，这类中、低温地热资源是十分丰富的，远比高温地热资源丰富得多。但是，对地热能的直接利用也有其局限性，由于受载热介质——热水输送距离的制约，一般来说，热源不宜离用热的城镇或居民点过远；不然会造成投资多、损耗大、经济性差的情况。

目前对地热能的直接利用发展十分迅速，已广泛地用于工业加工、民用采暖和空调、洗浴、医疗、农业温室、农田灌溉、土壤加温、水产养殖、畜禽饲养等各个方面，收到了良好的经济技术效益，减轻了环境污染，节约了能源。

地热能的直接利用，技术要求较低，所需设备也较为简易，并且也不属本书的范围，因此有关其利用的技术问题，这里不加论述。本节着重介绍地热发电原理和技术。

一、地热发电原理及分类

地热发电是利用地下热水和蒸汽为动力源的一种新型发电技术，它涉及地质学、地球物理、地球化学、钻探技术、材料科学和发电工程等多种现代科学技术。地热发电和火力发电的基本原理是一样的，都是将蒸汽的热能经过汽轮机转变为机械能，然后带动发电机发电。所不同的是，地热发电不像火力发电那样要备有庞大的锅炉，也不需要消耗燃料，它所用的能源就是地热能。地热发电的过程，就是把地下热能首先转变为机械能，然后再把机械能转变为电能的过程。地热发电的示意图如图6-3所示。

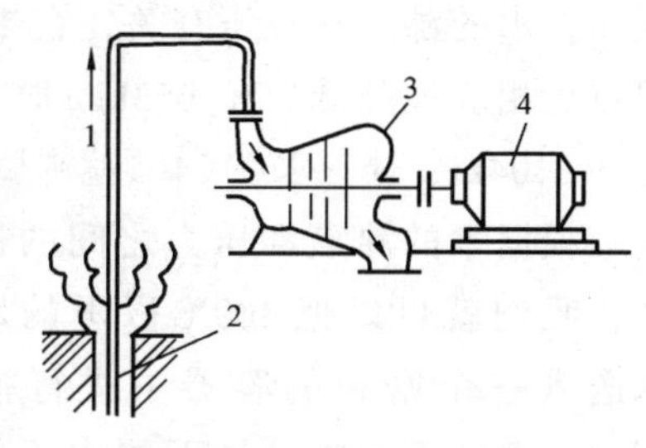

图6-3　地热发电示意图
1—地热蒸汽；2—地热蒸汽井；3—汽轮机；4—发电机

要利用地下热能，首先需要由载热体把地下的热能带到地面上来。目前能够被地热电站利用的载热体，主要是地下的天然蒸汽和热水。按照载热体类型、温度、压力和其他特性的不同，可把地热发电的方式划分为地热蒸汽发电和地下热水发电两大类。此外，还有正在研究试验的干热岩发电系统。

1. 地热蒸汽发电

(1) 背压式汽轮机发电系统。最简单的地热干蒸汽发电，是采用背压式汽轮机地热蒸汽发电系统（如图6-4所示）。其工作原理为：首先把干蒸汽从蒸汽井中引出，先加以净化，经过分离器分离出所含的固体杂质，然后就可把蒸汽通入汽轮机做功，驱动发电机发电。做功后的蒸汽，可直接排入大气；也可用于工业生产中的加热过程。这种系统大多用于地热蒸汽中不凝结气体含量很高的场合，或者综合利用于工农业生产和人民生活的场合。

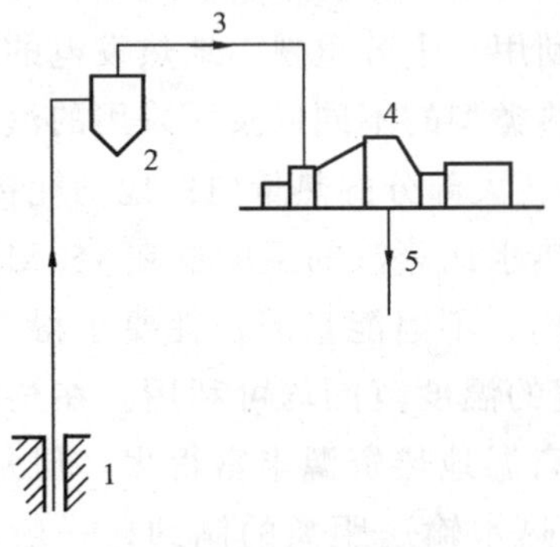

图 6-4 背压式汽轮机地热蒸汽发电系统

1—蒸汽井；2—净化分离器；3—干蒸汽；4—汽轮发电机组；5—排气

(2) 凝汽式汽轮机发电系统。为提高地热电站的机组出力和发电效率，通常采用凝汽式汽轮机地热蒸汽发电系统（如图 6-5 所示）。在该系统中，由于蒸汽在汽轮机中能膨胀到很低的压力，因而能做出更多的功。做功后的蒸汽排入混合式凝汽器，并在其中被循环水泵打入冷却水所冷却而凝结成水，然后排走。在凝汽器中，为保持很低的冷凝压力，即真空状态，设有两台带有冷却器的射汽抽气器来抽气，把由地热蒸汽带来的各种不凝结气体和外界漏入系统中的空气从凝汽器中抽走。

2. 地下热水发电

地下热水发电有两种方式：一种是直接利用地下热水所产生的蒸汽进入汽轮机工作，叫做闪蒸地热发电系统；另一种是利用地下热水来加热某种低沸点工质，使其产生蒸汽进入汽轮机工作，叫做双循环地热发电系统。

(1) 闪蒸地热发电系统。在此种方式下，不论地热资源是湿蒸汽田或者是热水田，都是直接利用地下热水所产生的蒸汽来推动汽轮机做功。

用 100℃以下的地下热水发电，是如何实现将地下热水转变为蒸汽来供汽轮机做功的？要回答这个问题，就需要了解在沸腾和蒸发时水的压力和温度之间的特有关系。众所周知，水的沸点和气压有关，在 101.325kPa 下，水的沸点是 100℃。如果气压降低，水的沸点也相应地降低。50.663kPa 时，水的沸点降到 81℃；20.265kPa 时，水的沸点为 60℃；而在 3.04kPa 时，水在 24℃就沸腾。

根据水的沸点和压力之间的这种关系，我们就可以把 100℃以下的地下热水送入一个密封的容器中进行抽气降压，使温度不太高的地下热水因气压降低而沸腾，变成蒸汽。由于热水降压蒸发的速度很快，是一种闪急蒸发过程，同时，热水蒸发产生蒸汽时，它的体积要迅速扩大，所以这个容器就叫做闪蒸器或扩容器。用这种方法来产生蒸汽的发电系统，叫做闪蒸法地热发电系统，也叫做减压扩容法地热发电系统。它又可以分为单级闪蒸地热发电系统（又包括湿蒸汽型和热水型两种，如图 6-6、图 6-7 所示）、两级闪蒸地热发电系统（如图 6-8 所示）和全流法地热发电系统

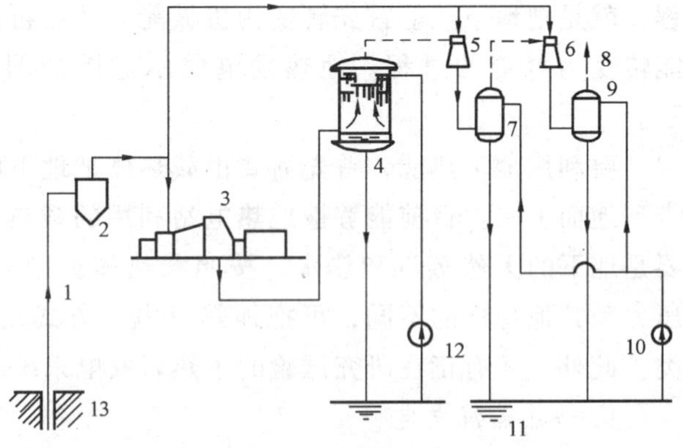
图 6-5 凝气式汽轮机地热蒸汽发电系统

1—干蒸汽；2—净化分离器；3—汽轮发电机组；4—气压式凝汽器；5—一级抽气器；6—二级抽气器；7—中间冷却器；8—排气；9—最后冷却器；10—冷却水泵；11—冷却水；12—循环水泵；13—蒸汽井

（如图 6-9 所示）等。

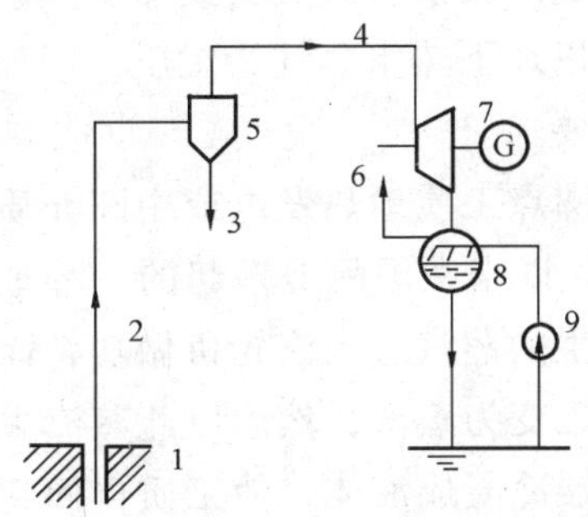

图 6-6 单级闪蒸地热发电系统（湿蒸汽）

1—地热井；2—湿蒸汽；3—热水；4—蒸汽；5—汽水分离器；6—抽气；7—汽轮发电机组；8—混合式凝汽器；9—循环水泵

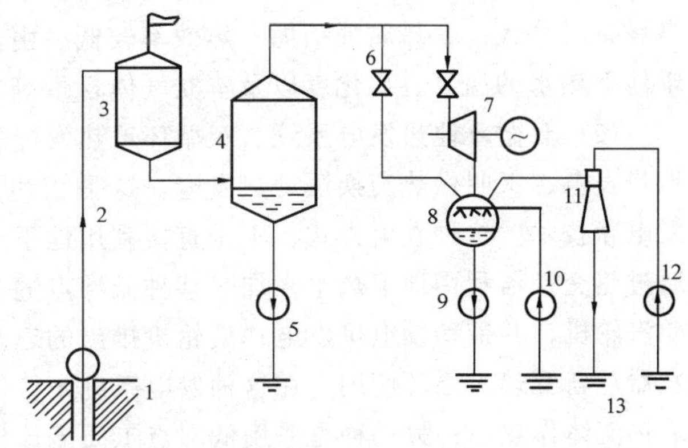

图 6-7 单级闪蒸地热发电系统（热水）

1—热水井；2—地下热水；3—除气器；4—闪蒸器；5—排水泵；6—旁通阀；7—汽轮发电机组；8—凝汽器；9—凝结泵；10—循环水泵；11—抽气器；12—射水泵；13—冷却水源

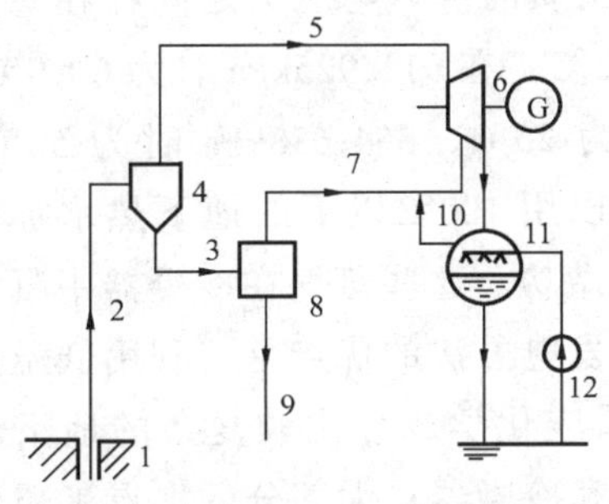

图 6-8 两级闪蒸地热发电系统

1—蒸汽井；2—湿蒸汽；3—热水；4—汽水分离器；5—一次蒸汽；6—汽轮发电机组；7—二次蒸汽；8—闪蒸器；9—热水；10—抽气；11—混合式凝汽器；12—循环水泵

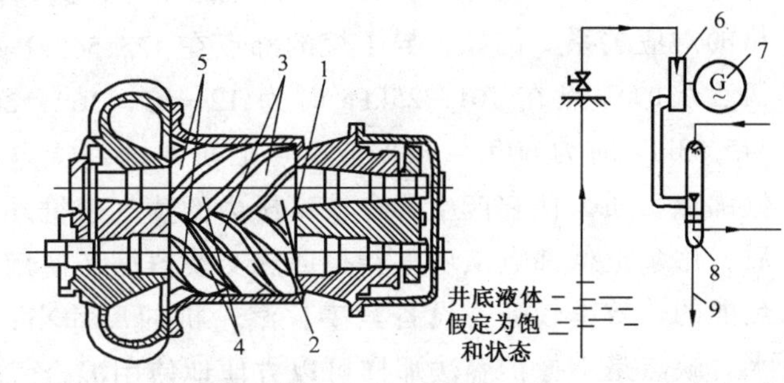

图 6-9 全流法地热发电系统

1—高压气室；2、3、4—啮合螺旋转子；5—排出口；6—全流膨胀器；7—汽轮发电机组；8—凝汽器；9—热水排放

两级闪蒸法发电系统，即第一次闪蒸器中剩下来汽化的热水，又进入第二次压力进一步降低的闪蒸器，产生压力更低的蒸汽再进入汽轮机做功。它的发电量可比单级闪蒸法发电系统增加 15%～20%。

全流法发电系统是把地热井口的全部流体，包括蒸汽、热水、不凝气体及化学物质等，不经处理直接送进全流动力机械中膨胀做功，而后排放或收集到凝汽器中，这样可以充分地利用地热流体的全部能量。该系统由螺杆膨胀器、汽轮发电机组和冷凝器等部分组成。它的单位净输出功率可比单级闪蒸法和两级闪蒸法发电系统的单位净输出功率分别提高 60%和 30%左右。

采用闪蒸法发电的地热电站，基本上是沿用火力发电厂的技术，即将地下热水送入减压设备—扩容器，将产生的低压水蒸气导入汽轮机做功。在热水温度低于100℃时，全热力系统处于负压状态。这种电站设备简单，易于制造，可以采用混合式热交换器。其缺点是设备尺寸大，容易腐蚀结垢，热效率较低。由于系直接以地下热水蒸气为工质，因而对于地下热水的温度、矿化度以及不凝气体含量等有较高的要求。

（2）双循环地热发电系统。双循环地热发电也叫做低沸点工质地热发电或中间介质法地热发电，又叫做热交换法地热发电。这是20世纪60年代以来在国际上兴起的一种地热发电新技术。这种发电方式，不是直接利用地下热水所产生的蒸汽进入汽轮机做功，而是通过热交换器利用地下热水来加热某种低沸点的工质，使之变为蒸汽，然后以此蒸汽去推动汽轮机，并带动发电机发电；汽轮机排出的乏汽经凝汽器冷凝成液体，使工质再回到蒸发器重新受热，循环使用。在这种发电系统中，低沸点介质常采用两种流体：一种是采用地热流体作热源；另一种是采用低沸点工质流体作为一种工作介质来完成将地下热水的热能转变为机械能。所谓双循环地热发电系统即是由此而得名。常用的低沸点工质有氯乙烷、正丁烷、异丁烷、氟利昂－11、氟利昂－12等。

在常压下，水的沸点为100℃，而低沸点的工质在常压下的沸点要比水的沸点低得多。例如，氯乙烷在常压下的沸点为12.4℃，正丁烷为－0.5℃，异丁烷为－11.7℃，氟利昂－11为24℃，氟利昂－12为－29.8℃。这些低沸点工质的沸点与压力之间存在着严格的对应关系。例如，异丁烷的沸点在425.565kPa时为32℃，在911.925kPa时为60.9℃；氯乙烷的沸点在101.325kPa时为12.4℃，162.12kPa时为25℃，354.638kPa时为50℃，445.83kPa时为60℃。根据低沸点工质的这种特点，就可以用100℃以下的地下热水加热低沸点工质，使它产生具有较高压力的蒸气来推动汽轮机做功。这些蒸气在冷凝器中凝结后，用泵把低沸点工质重新打回热交换器循环使用。这种发电方法的优点是，利用低温位热能的热效率较高；设备紧凑，汽轮机的尺寸小；易于适应化学成分比较复杂的地下热水。缺点是不像扩容法那样可以方便地使用混合式蒸发器和冷凝器；大部分低沸点工质传热性都比水差，采用此方式需有相当大的金属换热面积；低沸点工质价格较高，来源欠广，有些低沸点工质还有易燃、易爆、有毒、不稳定、对金属有腐蚀等特性。双循环地热发电系统又可分为单级双循环地热发电系统（如图6-10所示）、两级双循环地热发电系统（如图6-11所示）和闪蒸与双循环两级串联发电系统（如图6-12所示）等。

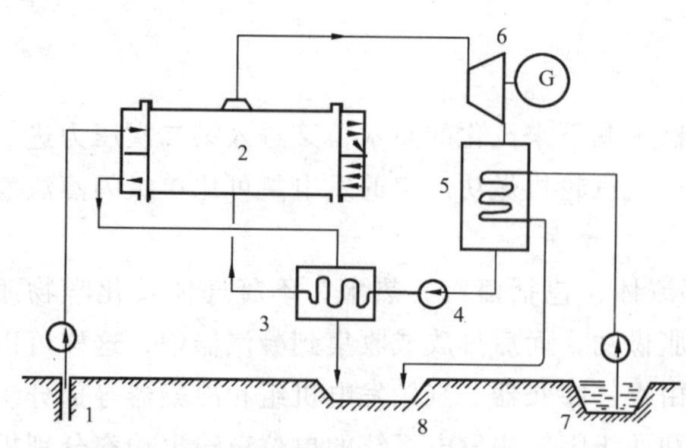

图6-10　单级双循环地热发电系统

1—热水井；2—蒸发器；3—预热器；4—工质循环泵；5—凝汽器；6—汽轮发电机组；7—冷却水；8—排水沟

单级双循环发电系统发电后的热排水还有很高的温度，可达50～60℃。两级双循环地热发电系统，就是利用排水中的热量再次发电的系统。采用两级利用方案，各级蒸发器中的蒸发压力要综合考虑，选择最佳数值。如果这些数值选择合理，那么在地下热水的水量和温度一定的情况下，一般可提高发电量20%左右。这一系统的优点是能更充分地利用地下热水的热量，降低发电的热水消耗率，缺点是增加了设备的投资和运行的复杂性。

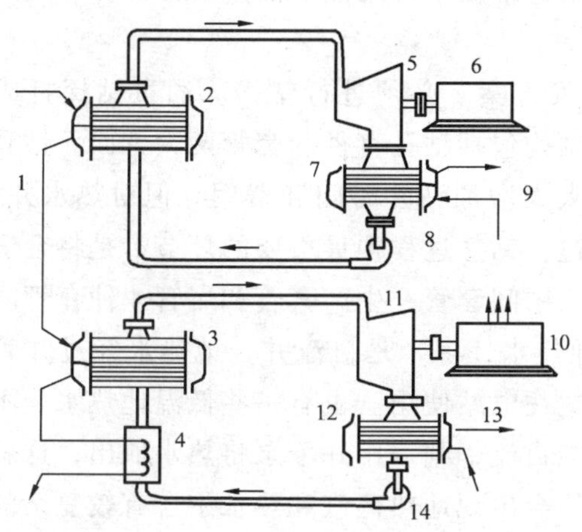

图 6-11　两级双循环地热发电系统

1—地热水；2—一级蒸发器；3—二级蒸发器；4—预热器；5—汽轮机；6—发电机；7—凝汽器；8—工质循环泵；9—冷却水；10—发电机；11—汽轮机；12—凝汽器；13—冷却水；14—工质循环泵

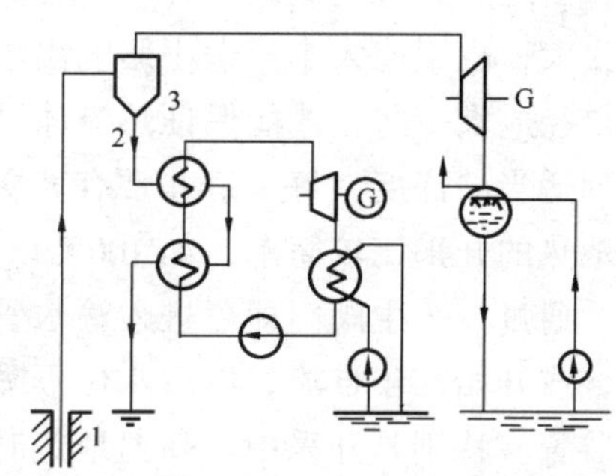

图 6-12　闪蒸与双循环两级串联发电系统

1—地热井；2—热水；3—汽水分离器

经济性是考察地热发电站设计和建设的最重要的综合性指标。衡量地热发电站经济性的指标，主要有两个：一个是发电量（kWh/t 热水），它表示地热发电站发电效率的高低；一个是地热发电站的投资费用（元/kW），它表示电站建设费用的大小。

由于目前的地热发电站建设规模一般都较小，同时又由于钻井的初始投资较大，所以它的竞争能力不强，其经济性还有待进一步提高。但地热电站的最大优点是不耗用化石燃料，发电成本低，设备的年利用率高。

二、地热发电资源勘探与开采

1. 地热勘探

火力发电厂的建设容量，主要是按照当地电力负荷的需要来确定的；与之不同，地热电站的建设容量，则主要取决于地热田的资源条件以及冷却水源的条件。因此，在确定地热发电建设项目之前，首先要对地热田进行地热资源的普查和勘探，以获取与地热电站设计有关的资料。勘探内容主要有：①载热流体的类型，如蒸汽、热水或汽水混合物等；②地热田的热力参数，包括地热田的热储量、地热水（不同井口压力时）和冷水的稳定流量、温度及其昼夜、季节、年度变化数据等；③地热水输出计算参数，包括钻井井口的静水压力（水头高度）、动水压力、密封压力（包括汽和水的混合压力）等；④地热发电防腐蚀有关数据，如地热水的化学成分、气体成分和含量等；⑤地热发电工程施工的有关数据，如地热水开采区的工程地质条件（包括工程基础砌置深度内土层岩性、厚度、土壤的物理和力学性质）及地下水的水温、水位、水量等。

地热资源的普查勘探，有地球物理方法和地球化学方法两大类。地球物理方法包括地表温度测量、热流测量以及电法、重力、磁力和地震勘探等方法。地球化学方法是地热普查勘探中最经济而且有效的一种方法。它主要是分析热泉或沸泉的化学成分，为确定是否勘探提供指导。从勘探到地热田开发，化学勘探都是了解地热田的重要方法。

2. 地热开采

地热资源经查明后，为确定地热田的开发方案，必须进行钻探。通过钻探打成地热井，取出地热，就叫做地热开采。地热井的结构包括钻孔直径和套管两大方面。钻孔直径不能太大，也不能太小。太小影响出水量，太大增加钻井时间和费用。但对热水井来说，钻孔口径应大一些，才能保证热流体顺利通过。钻井过程中最重要的环节，是将合适的套管下到适当的深度。每一口井常有表层套管、中间套管、生产套管和尾管4种套管。一般低温地热的开采比较简单，如100℃以下的地热水，多半是自流井，地热水经过井管自动流出，通过一个主阀门即可进入输水管道，送往电站使用。也有一些低温地热水是不能自流的，或开始几年自流，以后水位下降就不能自流，则需用井下泵将热水取出，这就要有井口装置。特别是开采中、高温地热时，往往会出现地热蒸汽和热水中含有较复杂的混合物的情况，甚至会遇到井下的高压。这样，地热开采技术就比较复杂，而且地热水中往往会含有腐蚀和结垢成分，所以在现代地热开采中应用了许多高新技术。

（1）自流井。通过钻探打成的能使热水从地下向上喷的井，叫自流井。由于多数地下热储是封闭式的，一旦人工打出通道，地下固有的压力就会把热水挤向地面。当然，通过一段时间的开采，随着水位的下降，压力也将随之减弱。自流井持续自喷时间的长短，取决于地热资源的状况和对其开采的强度。在自流时间，地热井不需设置泵房，井口装置也很简单，只需在井口井管离地面的约0.2m处加装一个法兰即可，法兰以上接弯头及阀门。由于自流井经过一段时间的运行，自流量会逐年减少，甚至变为非自流井，最好要配以自流、抽水两用型井口装置。在冬季高峰负荷时起动井下泵，还可以增加供水量，起到调峰的作用。地热自流井井口装置如图6-13所示。

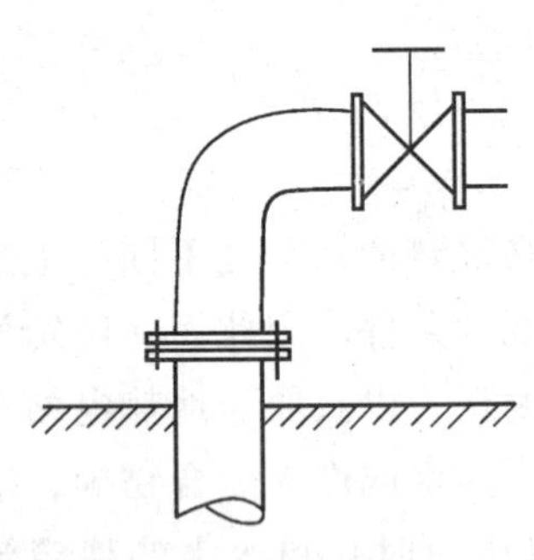

图6-13　地热自流井井口装置

（2）非自流井。非自流井指那些地下热储压力小、致使热水不能自流而出的地热井。开采这种地下热水，必须使用水泵取水，因而在井口要附加一些相关的设施，并要建设泵房。泵房中的关键设备是水泵，其选型十分重要。不论选用潜水泵还是深井泵，都必须考虑地下热水的温度和水质特性。普通水泵均按常温条件下设计，同时在材质上一般也不考虑防腐蚀的要求。但对用于地热水的水泵来说，首先就要考虑温度的影响，例如橡皮轴承与动轴之间的间隙必须适当，否则就很难运行。一般的潜水泵虽然具有使用方便、拆装简单、扬程较高、重量较轻以及维修费用低等优点，但由于它所配用的异步交流电机的适应温度低于80℃，不能满足地热开发的要求，因此应选用地热专用的水泵。地热井的泵座也不同于普通水井，应采用钢筋混凝土结构，并设有两段管路，一段用于测量井中的水位，一段用于输出热水。井管与泵座应采取软连接的方式，即在井管周围绕以石棉绳，以防止井管由于热胀冷缩或泵座基础下沉而损坏。必要时，系统中还应配备除砂器。

(3) 中、高温地热井。温度在100℃以上的中、高温地热井的井口装置较复杂，因为井下喷出的不仅是热水，有的还伴随着大量的高压蒸汽或甲烷、二氧化碳、硫化氢等化学物质。仅气体和热水两种成分的混和物，就涉及到汽水分离问题，因此在设计中必须采取两相流动的管道和各种换热器。井口要安装汽水分离器，蒸汽走蒸汽管道输送，热水通过集水罐和消声器放出，或通过扩容器送入第二级分离器以获得低压蒸汽。运行时旁通阀关闭，主阀门、检修阀和截止阀打开。地热流体经主阀门、检修阀到分离器。其中，气相部分经浮球阀到蒸汽主管道；液相部分到集水罐后，经控制孔板和截止阀到消声器后排放。如果液相压力和温度很高，为了充分利用能量，还可进行多级分离。高温地热井井口装置系统如图6-14所示。图中还有一些安全措施：①膨胀补偿器，是为井管热胀冷缩时补偿硬性连接之用。②安全盘，是在两片法兰中间夹一层薄金属板，当井口工作压力失常超过额定值时，安全盘的金属薄板破裂，液相地热流体短路经截止阀和消声器排放掉，并同时开启安全阀，使气相地热流体经安全阀放空。③浮球阀，其作用是保证液相流体不能进入蒸汽主管，因为液相流体增多会使浮球托起而阻止通路。④水控制孔板，用来控制气相流体，使之不进入消声器。如果气相流体通过水控制板，则因气相流体比液相流体的体积大很多倍，通过孔板的流量就减少很多倍，而地热井的流量是基本恒定的，集水罐中的液位必然上升，液体的重力压力又使液体以正常情况经水控制孔板和截止阀进入消声器。⑤检修阀，用来切断地热流体使井口装置便于检修，此时地热流体可从旁通阀排出。如遇主阀门发生故障，则只有采取冷水降温法使地热井降低压力，待压力表的指针指到0时迅速更换主阀门。

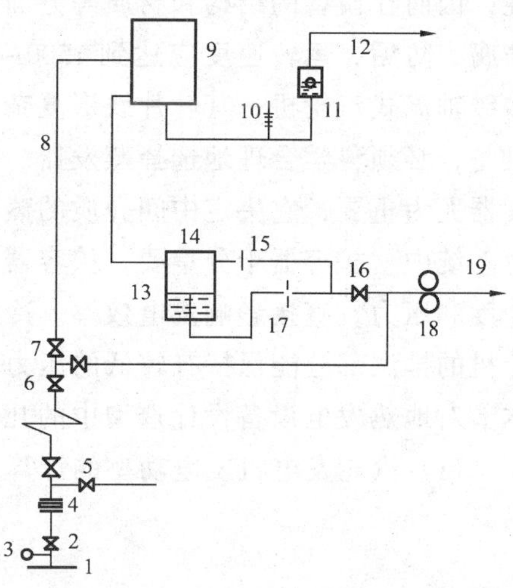

图6-14 高温地热井井口装置系统示意图

1—地热井；2—主阀门；3—压力表；4—膨胀补偿器；5—旁通阀；6—截流阀；7—控制阀；8—气水混合物；9—分离器；10—安全阀；11—浮球阀；12—蒸汽；13—多孔出液管（除石器）；14—集水罐；15—安全盘；16—截止阀；17—水控制孔板；18—消声器；19—水（排放）

三、地热发电系统设计与建设

地热发电系统的设计与建设，涉及到地热资源的勘探与开采、冷却水源的选择、地热流体的输送以及地热发电设备的选型与安装及调试等一整套综合工程技术。建设地热电站的基础条件，是具有数量足够且质量符合要求的地热资源，并经过普查勘探，业已掌握其详细资料，包括能提供稳定的热水流量、温度、压力、水质、不凝结气体的成分与含量等等。此外，还必须具有约为热水流量3～5倍的冷却水源，最好是江河湖泊等天然水源。关于地热资源的勘探与开采，上节已作介绍。下面对建设地热发电系统的其他关键技术问题加以介绍。

1. 地热发电设备

地热发电设备与常规火力发电设备虽然基本相似，但由于地热的压力和水质有其特殊性，因而在设备的结构和材质等方面又有许多不同。例如，地热电站汽轮机的叶片，要求防腐、防垢，运转速度应达到1500～3000r/min。在多级扩容法地热发电系统中，常采用多级轴流式汽轮机，其叶片线形复杂，制造工艺要求高。各种换热器也是地热发电的关键设备，必须科学合理地选择蒸发器、扩容器和冷凝器。在中间介质法地热发电系统中，蒸发器尤为重要，它决定中间介质的蒸发效率，直接影响发电效率的高低。在扩容法地热发电系统中，扩容器十分重要，扩容器实质上就是一种特殊的蒸发器，它决定地热水汽化的速度和压力，直接影响发电效率。冷凝器的功能是将汽轮机排出的乏汽冷凝为液体，使汽轮机的排汽部分能保持有较低的压力。只有尾部的压力低，才能保证机组有较高的出力。本节对地热发电设备设计选型中的几个关键问题作一介绍。

（1）汽轮发电机发电功率的计算。汽轮发电机的发电功率 P，可按下式计算

$$P = \frac{D\Delta H\eta}{3600}(\mathrm{kW})$$

式中　D——工质的蒸汽流量，kg/h；

ΔH——汽轮机进出口工质的焓差，kJ/kg；

η——汽轮发电机组的发电效率，一般取 $\eta = 0.5 \sim 0.7$；

3600——换算单位的常数。

上式还可改写为每吨（1t）热水的发电功率 P_0

$$P_0 = \frac{P}{Q} = \frac{d\Delta H\eta}{3600}(\mathrm{kg/t})$$

式中　Q——地下热水的流量，t/h；

$d = \dfrac{D}{Q}$——每吨（1t）地下热水所产生的蒸汽流量，kg/t。

（2）机组容量选择。地热电站汽轮机组容量的选择涉及很多因素，要在进行技术经济比较后确定。从目前的发展水平来看，地热电站汽轮机组的单机容量不宜过大。主要理由是：①单机容量越大，供气井数也就越多。如200MW的机组，大约需有30多口井供汽。这就使输送管道长度大大增加，投资加大。据国外资料，地热井每隔一段时间就应更换，年更换率达井数的10%左右，这就使容量增大带来的矛盾更为突出。②地热电站采用开式工质循环系统，汽轮机没有回热抽气，没有过热蒸汽，而且初始压力低，所以地热电站的单位热耗和汽耗都大大超过常规火电站；又由于管道、阀门和汽轮机的通流截面尺寸均取决于工质容积，所以地热电站采用单机容量较大的机组往往会使投资过高。③地热机组与同容量火电站机组相比，体积和重量都大得多，因此主厂房的单位投资也较高。④地热电站效率只有10%～15%左右，每发1kWh电必须排出大量余热，所以有大量的乏气待冷却和凝结，必须修建出力要比火电站大得多的冷却系统。⑤地热水或蒸汽大多含有腐蚀性气体或盐类，动力装置中的许多设备要用不锈钢制造，这就使电站的造价更高。

（3）汽轮机进口初压。汽轮机进口初压提高，可以使可利用的焓降增大，单位出力汽耗减少。但压力超过784kPa后，可用焓降的增加速度就较低了。汽轮机初压首先依赖于

地热井可以取得的压力，井口压力与井的产量存在着依赖关系。通常，井口压力越高，产量就越小；反之，井口压力越低，产量则越大。所以，汽轮机进汽压力应根据井口压力和产量间的特性关系及汽耗与汽压间的关系进行技术经济计算确定。因此，为使地热井能发出最多的电，就要选定一个汽耗较低而产量相对较多的经济工作压力，同时并要顾及从井口到汽轮机间的压降。按照一般蒸汽井特性，井口经济工作压力大约为闭井压力的 1/2。目前世界多数地热田常见的压力为 690kPa。汽轮机初压的高低还直接影响单位电量的生产成本。因为汽轮机高压部分单位电量的生产成本显著低于低压部分，而且高压部分汽轮机叶片折算的单位制造费用也比低压部分低很多。

(4) 凝汽器。除低沸点工质循环外，地热电站的凝汽器几乎全是混合式的。这是因为：①地热电站的凝结水不像常规火电站那样回收作为锅炉给水，凝结水不怕污染，因而无须采用昂贵的面式凝汽器。②在地热电站投资中，低压饱和蒸汽循环凝汽器所占的比重，远超过一般火电站中高压过热蒸汽循环中凝汽器所占的比重，所以要力求降低凝汽器的造价。③通常用的表面式凝汽器采用铜合金管，而铜合金与地热接触会被硫化氢腐蚀，为防止硫化氢对金属的腐蚀，凝汽器的内表面应有防腐蚀衬里，并且衬里还应经受住射水的冲击，所以多采用奥氏体不锈钢制造。凝汽器的外壳可采用铸铁或碳钢制造。凝汽器上的连接管，也应采用奥氏体不锈钢制造，或用铝管制造。

凝汽器的布置方式，有气压计式和低位式两种方案（见图 6-15）。其中，低位式布置方式具有许多优点，为各地热电站广为采用。

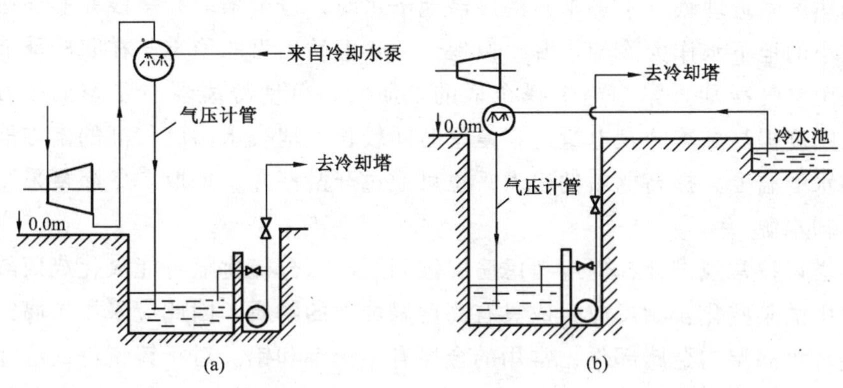

图 6-15 凝汽器布置方式

(a) 气压计式；(b) 低位式

凝汽器中真空度的选择取决于冷却水源。由于地热电站单位发电量所需的冷却水量比常规火电站高很多，所以地热电站的凝汽器多采用较高的温升（11～14℃或更大）来降低水泵所耗的动力。也就是说，地热电站的凝汽器真空度不高。真空度不高还有助于减少抽除凝汽器里大量汽体所需要的蒸汽或电力。冷却水的温升偏高一些，对于冷却塔特别是自然通风冷却塔的工作也会有所帮助。再有，真空度高时，循环热效率虽可提高，但汽机末级叶片则有可能太长，这也是使地热电站凝汽器的真空度不能选得像火电机组那样高的一个原因。

（5）抽气器。常规火电站抽气器的主要功能，是抽出法兰、轴封和凝汽器管子垫圈等处漏进的空气。漏进的空气量大约为每小时通过蒸汽质量的0.025%，数量很小。然而地热电站蒸汽中的不凝结气体的质量，很少有小于蒸汽总质量的0.33%的，有的甚至可高达4%~6%。又因为地热电站采用的是混合式凝汽器，冷却水中溶解的空气也将带进凝汽器，一般为冷却水容积的3%左右，因此地热电站抽气器的选择十分重要，其作用远比火电站的抽气器大得多。应采用抗二氧化碳和硫化氢腐蚀的材料制造。目前常用的有射水抽气器和射气抽气器两种，这两种抽气器均具有结构简单、运行可靠、维护方便的优点。但射气抽气器要消耗大量的新鲜蒸汽，约为汽轮机全负荷时蒸汽量的4.5%~6.5%；而射水抽气器则需要一个专用水泵，投资相对较大。为减少抽气器的汽耗，也可像火电站那样采用多级抽气的方式。

2. 冷却水源及冷却水塔选择

地热电站与火力发电厂一样，通常以地表水作为冷却水源来对汽轮机的排汽进行冷凝。为了维持较低的冷凝温度，提高电站的出力，冷凝器冷却水的温升一般取得比较小。因此，地热电站需要的冷却水量较大，地热水温度为70~90℃的电站，其冷却水量约为热水量的3~5倍。地热电站的冷却水供应方案，应因地制宜地按地热区的具体条件确定。在地表冷却水源充足、附近有河流、湖泊、山泉和海水等冷却水源的地区，可直接采用一次使用的开式供水冷却系统。在冷却水源不足或距冷却水源过远的地区，则可采用带有冷却水塔或喷水池的循环供水冷却系统，即冷却水排出冷凝器后经过喷淋冷却再循环使用的系统。在地热区附近埋藏有水量丰富的浅层地下水时，也可采取开凿浅井的办法，抽汲水温变化比较小的地下水作为冷却水源，以保证全年电站出力的稳定。在寒冷季节较长的地区，还可采用空气冷却方案，当选择合适的工质时，可使冷凝器在冬季处于0℃以下运行，从而大幅度提高冬季的发电量。在夏季时间较长、地表水温度较高的南方地区，为降低夏季冷却水的温度、提高电站的出力，也可通过开凿深井，采取“冬灌夏采”的办法为电站提供冷却水源。

冷却水塔可按常规设计，但应考虑防腐蚀问题。部分硫化氢可能氧化成硫酸盐，然后再与凝结水中的某些化合物反应生成具有高度腐蚀性的物质，因此应采用抗腐蚀的材料制造所有被循环水润湿的金属部件，常用的金属有不锈钢和铝。对于铸铁件，应涂上一层厚的煤焦油、环氧树脂或其他保护材料。冷却塔中的填料，可选用木材、聚苯乙烯、聚丙烯或聚氯乙烯等。凝结水与冷却水的所有连接管，都应采用不锈钢管、铝管或塑料管。混凝土构件的表面，也应涂以煤焦油、环氧树脂等材料加以保护。

3. 地热流体输送

设计地热流体输送系统，要事先了解地热流体的化学性质、井口压力变化对流量和气水比的影响以及闭井时的最大井口压力等。地热流体输送系统一般由一条或几条大口径的主干管道和接自井口装置的小口径分支管道所组成。设计地热流体输送系统要考虑的主要问题之一，是管径的选择，以使井口到管道交付端之间的压降不至过大，避免过大的压降使井口产量降低。在输送管道上，应避免流通截面的突然扩大或缩小。输送饱和蒸汽的管道，可选择30~60m/s之间的输送速度。如果蒸汽中挟带有碎石、岩粉等固体颗粒，应在井口装设分离器，以免对后面的设备造成磨损。在输送蒸汽的井口，还应装设汽水分离器。输送沸水或接近沸点的热水时，必须保证管道中各点的压力都要高于对应于沸点的压力，以避免热水沸腾。如果压力较小，水中将形成气泡，这些气泡在压力提高时可能消失，引起严重的水击，甚至损坏管道。为保持一定的压力以制止沸腾，可采用泵来增压。在操作交付端阀门时，会引起流速变化，从而导致管道中压力的脉动，因此对于阀门调节或其他能引起水速变化的因素应小心控制。还有一种两相输送方式，即从井口喷出的汽水混合物不进行汽水分离而直接输送，采用这种方式管道内压力损失虽较蒸汽单相输送时大许多，但对热水型地热电站来说，如果系统设计适当，则可使这一压力损失几乎不会导致出力损失。这是因为输送蒸汽时，蒸汽压力的降低必然造成出力损失，而在汽水混合输送时，压力损失除使汽水两相流的压力降低外，还使热水蒸发，减压扩容器中产的二次蒸汽量增多，排出的热水量减少，也即排到系统外的能量减少，因而由压力损失所导致的出力损失可以得到部分补偿。两相输送还可避免热水输送时产生的水击现象。在输送管道上应设置U型管段及膨胀节以补偿膨胀。输送地热蒸汽或热水时，从井口到交付端的越野管道，采用低强度碳素钢制造可较好地防腐蚀，但要充分注意温度高、应力大的膨胀节部位的防腐蚀，因为即便是用奥氏体不锈钢制造的补偿膨胀元件，当长期处于高温、高应力的条件下时，暴露在含有氯化物的蒸汽、热水中的表面也会发生氯化应力腐蚀。在设计中还应对管道停运时的腐蚀控制问题加以考虑。

4. 低沸点工质选择

在中间介质法地热发电系统中，是由蒸汽或低沸点工质蒸汽向地下水吸热、对汽轮机作功、向冷却水放热等过程实现热能转换的。水和低沸点物质在设备系统中起着传送和转换热能的作用，通常把这些物质称为工质。

合理地选择工质是提高发电量的一个重要因素。可用于双循环地热发电系统的低沸点工质种类很多，除常用的氯乙烷（C_2H_5Cl）、正丁烷（$n-C_4H_{10}$）、异丁烷（$i+C_4H_{10}$）以外，各种氟利昂、大多数碳氢化合物以及 CO_2、NH_3、SF_6 等均可作为中间介质法发电系统用的工质。

由于每一种物质的热力性质、传热性能和其他物理化学特性等各不相同，所以每吨热水的实际发电效率也有明显差异。选择工质时应注意考虑以下基本要求：①发电性能好，即在相同条件下每吨热水的实际发电量较大；②传热性能好，即在相同条件下放热系数较大；③压力水平适中，即在地下热水温度下相应的饱和压力不很高，在冷源温度下不出现高度真空；④来源丰富，价格较低；⑤化学稳定性好，不易分解，腐蚀性和毒性小，不易燃易爆。

5. 地热电站防腐蚀

在地热流体中含有多种能导致金属及其他物质腐蚀的成分，对金属表面及其他物质会产生不同程度的腐蚀，直接影响地热电站设施的使用寿命，因而也影响地热发电的经济性，应高度重视地热电站防腐蚀问题。

地热流体腐蚀的主要物质有氧（O_2）、氢离子（H^+）、氯离子（Cl^-）、硫化氢（H_2S）、二氧化碳（CO_2）、氨（NH_3）和硫酸盐（SO_4^{2-}）等。在这些物质中，氧气是影响最为严重的物质，当有氧气存在时，金属的腐蚀将大大加剧，氯离子的腐蚀作用也相应增加，即使是不锈钢，也将产生严重的点蚀。

地热电站工程的防腐蚀，要针对不同情况，采取不同的措施。地热电站的设计应包括防腐蚀工程设计，所选择的防腐蚀措施，既要简便可行、使用寿命长，又要成本较低、经济性好。常用的防腐蚀措施主要有：

(1) 整个系统采用耐腐蚀的金属和非金属材料，使系统十分可靠，并且不需经常维修。但这种方法成本较高。

(2) 使系统尽量密封，以隔绝外界空气的进入。这是一种价廉而有效的防腐蚀措施。也可在系统中加亚硫酸盐等除氧剂除氧，以达到防腐蚀的目的。但此法将使设备复杂化，同时经济性也较差。

(3) 在系统中安装热交换器，使地热水不直接进入利用系统。地热水只通过热交换器将热量传给洁净水，从而也就大大减轻了对系统设施的腐蚀。这种方法的防腐蚀效果显著，缺点是换热器初始投资大，并且由于存在换热器的传热温度，使地热水利用的初始温度一般将降低 3～5℃。

(4) 对非传热的金属表面涂敷防腐涂料。此法简单易行，效果良好。其经济性的好坏，取决于涂料的成分、涂敷工艺和使用寿命等。

(5) 针对不同类型的局部腐蚀采取相应的防腐蚀措施。如：对于电隅腐蚀，在设计选材时应尽量避免异种金属相互接触或选用腐蚀电位相近的金属，在设备的结构上要切忌造成大阴极—小阳极的不利面积比；对于缝隙腐蚀，在设计时则应尽量减少缝隙，避免形成积液死角区，垫圈则要采用橡胶、聚四氟乙烯等不透水材料；对于点蚀，除了选用耐点蚀合金材料外，并要尽量降低介质中氯离子和溴离子的含量，排除系统中的空气。

6. 地热电站防结垢

结垢是地热发电系统中常遇到的问题，必须重视，并采取有效措施加以解决。垢由多种化合物混合组成，但往往以某种成分为主。按化学成分，可将垢分为碳酸钙垢、硫酸钙垢、硅酸盐垢和氧化铁垢等种类，其物性指标是硬度和孔隙度。

碳酸钙垢是最常见的一种硬垢，其成因是地热流体中的钙离子（Ca^{2+}）浓度与碳酸根离子（CO_3^{2-}）浓度的乘积超过了溶解度积，使碳酸钙从溶液中结晶析出，附着于传热面或金属表面之上。金属表面越粗糙不平或覆有一层氧化膜，垢的附着力就越强。碳酸钙的溶解度与地热水的温度、水中钙离子浓度、碳酸根离子浓度以及其他可溶性物质的浓度有关。当水温升高时，碳酸钙在水中的溶解度就下降，垢容易析出，由于井口温度最高，所以一般容易结垢。碳酸根离子浓度与流体 pH 值有关，pH 值控制了 CO_3^{2-} 与 HCO_3^- 的分配。当流体 pH 值升高时，CO_3^{2-} 浓度也上升，$CaCO_3$ 垢层就容易生成。地热水的 pH 值也受到压力的控制，当地热水喷出地面时，往往因压力下降而导致 CO_2 逸出，使流体的 pH 值升高，从而造成 $CaCO_3$ 垢的沉积。

防结垢的方法很多，最常见的方法除机械除垢外，主要还有以下几种：

(1) 化学方法处理。化学防垢是一种常见的方法，如在地热水中投放酸性溶液，使水的 pH 值下降，可使 $CaCO_3$ 不致沉淀出来；也可加入某些化学药物，使 Ca^{2+}、Mg^{2+} 等成分变成软泥状渣而不成垢。用于防垢的化学药物有很多种，配方也各有不同，但其共同缺点是经济性差，同时容易增加流体的腐蚀性。

(2) 在地热利用系统前部增加阀门。这种方法可使地热流体保持一定的压力，防止CO_2逸出，以避免$CaCO_3$等沉积出来。但这种方法不利于利用系统所需流体输送压头。如果采用回灌的闭合系统，让地热水在保持压力的状态下通过换热器换热，使温度降低后的地热水直接回灌地下，那么井管和输送管道的结垢情况就会得到较为满意的解决，但这种方法的一次性投资较大。

(3) 物理方法除垢。常见的磁法除垢就属于物理方法除垢的一种。在地热流体输送管道外，沿管道周围安置几块磁性很强的磁块，让地热水流过装有磁铁的管道区段时进行磁化处理，使垢减轻或成疏松状，以便于清洗。这种方法的效果与管径、热水流量、输送距离以及磁铁的磁性等因素有关，因而在工程应用中效果各异。

(4) 根据热力学原理计算与控制井口压力。通过这种方法可以使水垢在设定的位置形成，然后在该区段上接装一个容器，内装秸秆、稻草、旧棉絮等松散状杂物，使析出的水垢附着其上，定期取出更换，即可取得较好效果。

虽然除垢的方法很多，但对地热发电来说，除垢仍然是一个尚未彻底解决的问题，有的方法受经济性的制约，有的则因为井孔内压力变化引起的结垢很难控制而影响其效果。少数地热田因地热井严重结垢而不得不放弃使用的案例，是存在的。

7. 地热电站回灌技术

地热田的大量开采，必将会造成热储寿命缩短，地下水位下降，并导致地面沉降。如把地热发电后的地热弃水回灌地下，就可大大减轻这些弊端，并减轻地热弃水对于环境的污染。

确定回灌方案之前，应首先弄清热储的情况。这样才能提出回灌模型，选择合适的回灌方式。回灌地热发电后排出的地热弃水以保持热储的压力和水位并不难，重要的是不要因为回灌温度较低的水而使生产井的水温过快地降低。

不同的地热田采用的回灌方式会有所不同。回灌井的平面布置，有混杂排列和边对边排列两种。混杂排列指生产井和回灌井穿插排列，并保持一定的距离。边对边排列指生产井在一边，而回灌井在另一边，中间隔有较远的距离。回灌井深度的选择非常重要，根据实际情况的需要，它可以比生产井源浅或与生产井相同。美国吉塞斯地热田的回灌井，曾一度较浅，结果回灌进去的水又被重新开采出来，后来改为采用深层回灌，就再未发生这样的情况。这种情况的发生可能是由于温度较低的回灌水比重大，容易向下运移的缘故，回灌井浅，注入的水向下流动，正好进入生产井所处的层位，就会影响热储的温度；反之，就不会影响生产井。总之，回灌方式的选择，取决于地质、环境和经济等综合因素，但一般来说边对边的、深一些的回灌井布局在多数情况下可较好地避免热干扰。

8. 地热电站尾水综合利用

地热电站发电后排出的尾水，温度一般都在60~70℃左右或更高，适合于工农业生产以及生活上利用，或从中提取有用的化学元素等。应根据具体情况，因地制宜地采取不同方式，对地热电站发电后排出的尾水进行综合利用。不仅要利用地热资源的热能，还应把地下热水作为宝贵的矿产资源和水资源加以充分利用，使其发挥更大的经济效益。如广东丰顺邓屋地热试验电站将排出的热水与冷水混合，每小时约有300t水供给农田灌溉；湖南灰汤地热试验电站将排出的热水供当地疗养院和温室利用；江西温汤地热试验电站，将发电后排出的余热水用于繁育水稻良种和治疗皮肤病、关节炎等。

9. 地热电站对环境的影响

地热能开发利用对环境的有害影响很小。大型地热电站的二氧化硫和二氧化碳排放量只有燃煤火电站的百分之几，基本上不产生氮氧化物，而且采用回灌技术可以避免土壤和地面水体遭受污染。因此，地热能作为新能源，无论是用来发电，还是用于非电直接用热，都能大幅度削减温室气体排放量，减轻环境污染。但地热能的开发利用仍有少量有害物质排放，造成大气、地面和水源的一定污染，必须加以重视。例如地下热水和地热蒸汽中含有二氧化碳、甲烷、氢、氮、氨、硫化氢等不凝结气体可能造的空气污染；废水中硼、砷等有害物质可能造成地表和水源的化学污染；地热电站排出大量废热水可能造成的热污染；大量开采地下热水可能引起的地变形、地面沉降和诱发地震等危害。因此，在设计与建设地热电站时，应认真考虑环境保护问题，并采取可行的措施。

10. 地热电站运行

（1）启动和停机。由于地热电站利用地下热水和蒸汽进行发电，不需要像火力发电厂那样装设庞大的锅炉设备，温度较低，压力也不高，启动时不要较长时间的升炉准备和暖机时间，停机时也不要汽轮机的惰转时间，所以运行时，启动和停机快，操作方便。地热电站与外部的联系，除电气接线外，只有地下热水和冷却水系统的进出管道，因而便于利用自动阀门和联锁装置等实现启、停操作的自动化，减少运行管理人员。

（2）运行中应注意的主要事项。地热电站除用扩容器或蒸发器代替了锅炉设备外，其他设备基本上与火力发电厂的设备相同。有关汽轮发电机组、冷凝设备、冷却水供应系统和电气设备等的运行管理问题，均可参照中、小型火力发电厂的要求办理，这里不再详述。本节仅对地热电站运行中应注意的几个特殊问题作一简述。

1）背压的异常变化。地热电站运行时，要特别注意凝汽器压力的变化。汽轮机的背压上升会严重影响出力。造成背压上升的原因很多，如冷却水量减少、真空系统漏气、低沸点工质不纯而产生不凝结气体、凝汽器排气口位置不当或抽气器效率下降、凝汽器结垢或流道被水中杂物堵塞等，都会使背压上升、出力减少。运行人员应随时注意背压的变化，及时检查原因，消除异常状况。

2）最佳蒸发工况。对于扩容法发电系统，要注意扩容器压力的变化；对于中间介质法发电系统，则要经常监视蒸发器的液位和蒸发温度，使之保持在最佳值附近。当冷却水温度变化时，最佳蒸发工况也应作适当调整。最佳蒸发工况应在地热电站各种设备及其尺寸（如汽轮机的通流面积、蒸发器和凝汽器的传热面积等）已确定的条件下根据试验确定。电站在运行中应根据这一确定的最佳蒸发工况值进行调整，以确保获得最大出力。

3）系统的密封性。扩容法地热电站的整个系统都在高真空下运行，为防止空气进入系统影响背压或加重抽气设备的负担，必须保证整个系统具有很好的密封性。中间介质法

地热电站用的低沸点工质，易燃、易爆，有轻度毒性，对一般橡胶、油脂填料有易溶涨变形的危害，对铜、铝和碳钢等金属材料有腐蚀性，都容易造成设备的泄漏和损坏事故。为防止工质漏损，保证人员和设备安全，必须切实搞好系统的密封。除运行时要求值班人员随时严密监视有关设备和仪表、注意巡视可能泄漏的部位及时采取措施外，在运行和检修时还应加强通风管理和注意防火。

4）腐蚀和结垢。地热水中常含有对金属部件有腐蚀作用的有害成分。地下热水中所含大量盐分，在运行中会附着于热水管道和有关设备内部，形成盐垢。中间介质法地热发电系统采用的低沸点工质，也会对设备产生腐蚀。因此，防腐、防垢是地热电站运行中的重要问题之一。为防止设备腐蚀和结垢，在选择系统和制造设备时，不但应考虑必要的防腐、防垢措施，而且还应在运行中进行定期检查和及时维护。

第三节 地热资源

一、概述

1. 地热资源定义

地热资源是开发利用地热能的物质基础。地热资源是指在当前技术经济和地质环境条件下，地壳内能够科学、合理地开发出来的岩石中的热能量和热流体中的热能量及其有用的伴生成分。各种类型的地热资源均要通过一定程序的地热地质勘探工作，才能查明其数量、质量和开采的技术条件以及开发后的地质变化情况。从技术经济方面说，目前地热资源勘探的深度可达地表以下5000m，其中2000m以下为经济型地热资源，2000～5000m为亚经济型地热资源。

2. 地热资源类型

通常把地热资源按照其在地下热储中存在的不同形式，分为蒸汽型地热资源、热水型地热资源、地压型地热资源、干热岩型地热资源和岩浆型地热资源等5类。目前能为人类开发利用的，主要是地热蒸汽和地热水两大类资源，统称为水热型地热资源。第一节中已作较详细的介绍，这里不再重复。

3. 地下热水形成

地下热水的形成一般可分为深循环型和特殊热源型两种形成类型。

（1）深循环型。目前一般认为，约90%左右的地下热水来自大气降水，仅有极少量是从岩浆释放出的“原生热水”。大气降水落到地面后，在重力的作用下，沿土壤或缝隙向地下深处渗流，成为地下水。在渗流过程中，地下水不断吸收周围岩石的热量，逐渐被加热成为地下热水，渗入越深，水温越高。这种地下热水的温度一般符合地热增温率规律，在常温带以下每深入100m平均约增温3℃，所以，在地下2km左右就可获得60～80℃的热水。热水受热后还要膨胀，并在下部强大压力的作用下，又沿着另外的岩石缝隙系统向地表移动，成为浅埋藏的地下热水，甚至出露地表成为温泉。一边冷水下降，一边热水上升，这就构成地下热水的循环运动。深循环型地下热水如图6-16所示。深循环型地下热水的形成、运动和储存，与地质构造密切相关。在地壳变动比较剧烈、岩石发生较大断裂的地区，深入地壳内部的岩层裂隙就较多，从而就为冷热水的循环提供了通道。尤其是在几组不同走向的断层交汇处，岩层在不同方向力的挤压下，断裂破碎程度会更大，裂隙也将更多，从而成为集聚热水的含水层。所以，在断层复合交叉的部位及其附近，常是存在深循环型地下热水的地区。

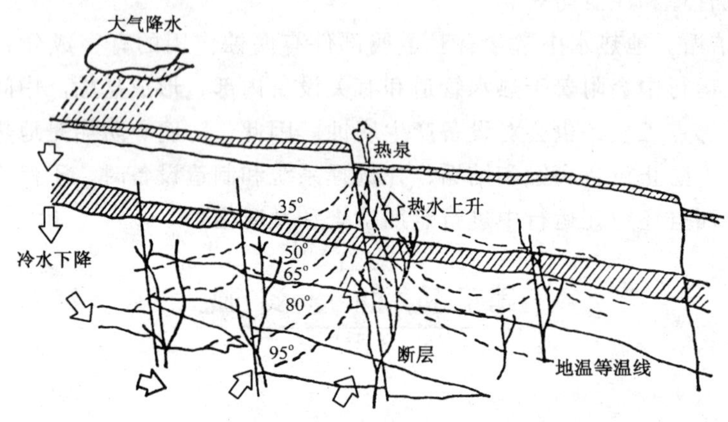

图 6-16 深循环型地下热水

（2）特殊热源型。数十亿年来地壳岩层一直在经历着断裂、挤压、折曲及破碎等变化。每当岩层破裂时，地球深部的岩浆就会通过裂缝向地表涌来。如果涌出地表，即成为火山爆发。如果停驻在地表下一定的深度，则成为岩浆侵入体。岩浆侵入体是一个特殊的高温热源，它使渗入的大气降水受到强烈加热，形成高强度的地热异常区，其地热增温率可达每百米几十℃。例如新西兰怀拉基地热田地热增温率达 30～40℃/100m。岩浆侵入体的时代越新，它所保留的余热就越多，对地下水加热的程度也越强烈。此外，岩浆侵入体的规模、埋深及覆盖岩层情况等条件也关系到侵入体释放热量的多少。一般认为，第四纪以前地质时期中发生的岩浆侵入体的余热早已散尽，只有近期侵入体可构成特殊热源。可见，以侵入体为热源的地下热水的埋藏深度，取决于热岩体的停驻位置和其温度影响范围，如侵入体较靠近地表，就有可能在地下几百米的地方形成温度很高的热水。特殊热源型地下热水的形成过程如图 6-17 所示。

4. 地热田类型

地热田分为热水田和蒸汽田两大类型。

（1）热水田。这种地热田开采出的介质主要是液态水，温度在 60～120℃之间，多属于深循环型热水，但有时也可能是特殊热源型热水。其地质构造为在储水层上方通常没有不透水的覆盖岩层，那里的地热增温率和储水层的深度足以维持对流循环和储水层上部的温度不超过该处气压下的沸点。热水田是地热田中一种较普遍的类型，既可直接用于供暖和工农业生产，也可用于减压扩容法地热发电系统。

（2）蒸汽田。当储水层的上方有一透水性很差的覆盖岩层时，由于覆盖层的隔水、隔热作用，覆盖层下面的储水层在长期受热的条件下，就成为聚集大量具有一定压力和温度的蒸汽和热水的热储，即构成为蒸汽田。蒸汽田模型如图 6-18 所示。由图 6-18 可知，热

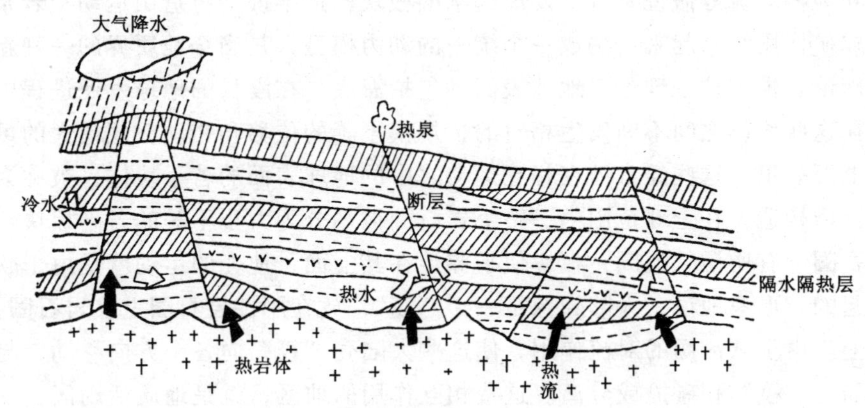

图 6-17 特殊热源型地下热水的形成过程

储上部热水的蒸汽压力超过当地的压力，因而热水以蒸汽形式出现在热储上部，像个蒸汽帽；而热储下部静压大于热水的蒸汽压力，所以热水为液态。蒸汽田还可以按井口喷出介质的状态分为干蒸汽田和湿蒸汽田。干、湿蒸汽田的地质条件一般是类似的。有时也会发现，同一口地热井一个时期喷出干蒸汽，另一个时期又会喷出湿蒸汽的情况。蒸汽田特别适合于发电，是十分有开采价值的地热田。

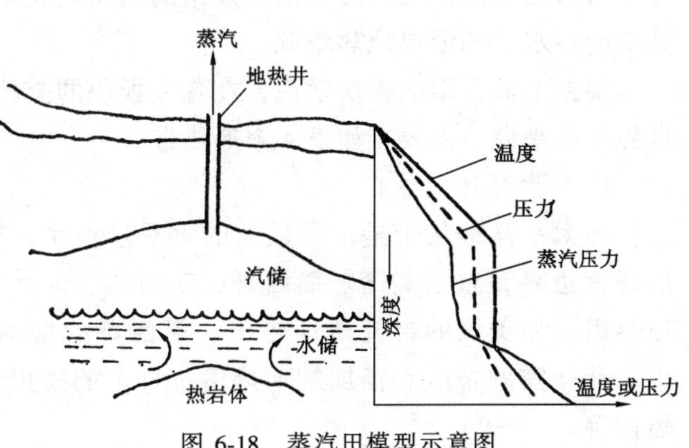

图 6-18 蒸汽田模型示意图

5. 地热水和天然蒸汽杂质

不同地热田的热水和蒸汽，受不同地质条件所导致的地球化学作用，其化学成分各不相同。通常热水中含有较多的硫酸和铵、铁、铝等硫酸盐；有时还有盐酸、硅酸、偏硼酸等。在地热水和蒸汽中的气体成分，则有二氧化碳、硫化氢、甲烷、氨、氮、氢、乙烷等；在有的热水中还含有二氧化硫、盐酸气和氢氟酸气等。除此之外，无论热水或蒸汽，都还常常挟带有泥砂等固体异物。地热水和天然蒸汽中的各种杂质，都会对地热发电产生影响。例如各种盐类和固体异物可能使管道、阀门、汽轮机叶片等产生沉盐、结垢、磨损和堵塞等现象；伴生的气体成分则可能导致管道、热交换器、冷凝器等发生堵塞、腐蚀以及冷凝器真空度降低和污染环境等。所以，地热水和天然蒸汽中杂质的成分和含量等因素，是地热电站在设计和运行中必须加以考虑的重要因素之一。

二、世界地热资源

全世界地热资源总储量，据初步估算，约为 1.45×10^{26}J，相当于 4.948×10^{15}t 标准煤，数量十分巨大。

全球地热资源的分布，与板块构造有密切关系。20 世纪 60 年代以来，在大陆漂移、海底扩张和地幔对流等假说基础上发展起来的板块构造学说，将造山运动、岩浆活动、变质作用和成矿作用结合起来，构成一个统一的动力模型，是当今地质界的一种新兴的全球大地构造理论。根据这一理论，地球表面（包括海底）在漫长的地球发展进程中分成了若干块体，在这些块体之间不断发生相对的、规模不等的位移和错动，规模大的可移动数千公里甚至上万公里。这些经常处在相互运动之中的地球表面的若干块体，被称为板块。板块属于超巨型构造，在全球范围内，整个岩石圈被划分为大小不等的若干板块。根据这一学说，岩石圈下有所谓软流圈，板块似乎漂浮在其上面，地壳的运动就是由于软流圈内的对流所引起的。形象地说，大陆壳像是一个“筏”，放在刚性岩石圈上，岩石圈再“漂浮”在软流圈上。由于软流圈的对流作用，使这些大陆壳“筏”向各个方向移动，与大陆板块或其他大陆壳“筏”相碰撞或分离。这些相互作用的地区，就是地质活动区，在那里发生着火山喷发、造山活动等现象，板块可能在另一板块下消灭，也有可能出现一板块交叠在另一板块之上的情况。这些活动产生的热物质就是岩浆，侵入到地壳中加热岩石或包含在其中的热水，即形成地热资源。

根据上面介绍的板块学说，在各大板块的交接处形成了有丰富地热资源的地热带。从世界范围来说，主要有如下 4 个地热带：

1. 环太平洋地热带

环太平洋地热带是世界最大的太平洋板块，位于美洲板块、欧亚板块及印度洋板块的碰撞边界，包括美国、墨西哥、新西兰、菲律宾、中国东南部及日本等国的一些大型地热田，如美国的吉塞斯地热田、墨西哥的塞罗普里托地热田、新西兰的怀拉基地热田、菲律宾的蒂威和汤加纳地热田、日本的松川和大岳地热田以及中国台湾省的大屯地热田等。

2. 大西洋洋中脊型地热带

大西洋洋中脊型地热带位于美洲、欧亚、非洲等板块的边界，其大部分在洋底，洋中脊露出海面的部分主要是冰岛，从冰岛至亚速尔群岛有许多地热田，其中最著名的是冰岛首都雷克雅未克地热田。

3. 红海—亚丁湾—东非裂谷型地热带

这一地热带位于阿拉伯板块与非洲块板的边界，北起红海和亚丁湾地堑，向南经埃塞俄比亚地堑与非洲裂谷系连接，包括吉布提、埃塞俄比亚、肯尼亚等国的许多地热田，如著名的肯尼亚阿尔卡利亚高温地热田等。

4. 地中海—喜马拉雅缝合线型地热带

这一地热带位于欧亚块板与非洲、印度洋等大陆板块碰撞的接合带，包括意大利的拉德瑞罗以及中国藏滇地区的羊八井和热海等著名的高温地热田。

环球地热带的分布与板块构造关系如图 6-19 所示。

三、中国地热资源

通过对中国 30 个省、市、自治区的地热资源普查、勘探表明，中国地热资源丰富，分布广泛。目前，中国已发现的地热点有 3200 多处，已打成的地热井有 2000 多眼，其中具有高温地热发电潜力的有 255 处。

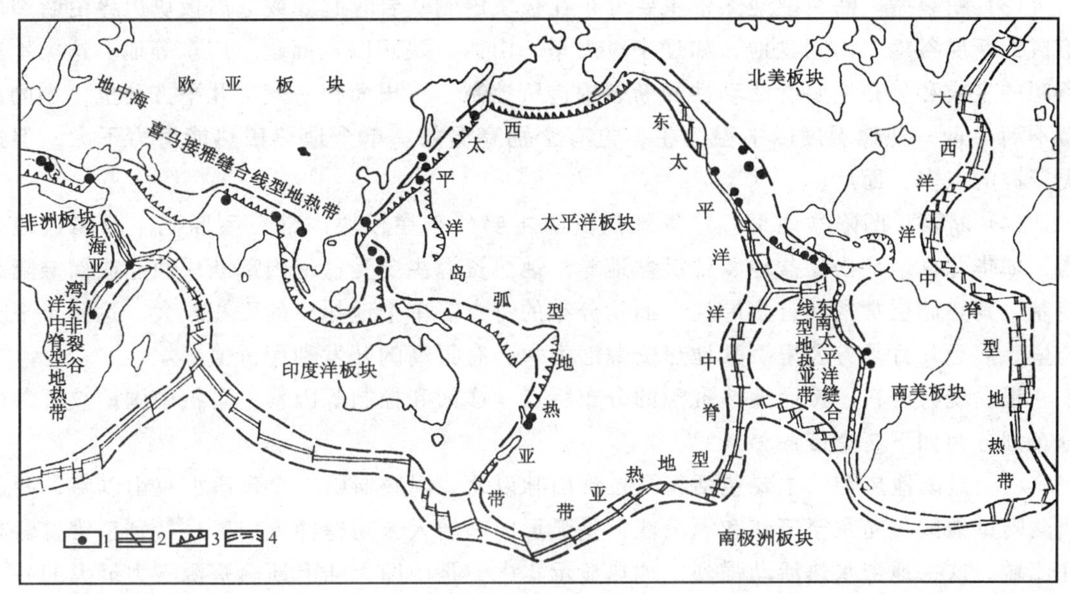

图 6-19 环球地热带的分布与板块构造关系略图

1—高温地热田；2—增生的板块边界：洋脊扩张带、大陆裂谷及转换断层；3—俯冲消亡的板块边界：深海沟-火山岛弧界面、海沟-火山弧大陆边缘界面及大陆与大陆碰撞的界面；4—环球地热带

1. 高温地热资源

中国的高温地热资源丰富，可用于地热发电的有 255 处，总发电潜力为 5800MW。主要分布在西藏、滇西和中国台湾地区。预计到 2010 年，还可开发利用 10 余处新的高温地热资源，发电潜力约为 300MW。

2. 中、低温地热资源

中国的中、低温地热资源中可用于非电直接利用的有 2900 多处，其中盆地型潜在地热资源埋藏量约相当于 2000 亿 t 标准煤。主要分布在松辽盆地、华北盆地、江汉盆地、渭河盆地、太原盆地、临汾盆地、运城盆地等众多的山间盆地以及东南沿海的福建、广东、赣南、湘南等地。目前的开发利用量还不到资源保有量的 1‰。

根据地热资源的成因，可将中国地热资源划分为如下 4 种类型：

(1) 现（近）代火山型。这类地热资源主要分布在中国台湾省北部大屯火山区和云南西部腾冲火山区。腾冲火山高温地热区是印度板块与欧亚板块碰撞的产物。台湾省大屯火山高温地热区属于太平洋岛弧的一环，是欧亚板块与菲律滨小板块碰撞的产物。在台湾省已探到 293℃的高温地热流体，并在靖水建起装机 3MW 的地热试验电站。

(2) 岩浆型。在现代大陆板块碰撞边界附近，地表以下 6 ~ 10km，隐藏着众多的高温岩浆，成为高温地热资源的热源。如西藏南部的高温地热田，均沿雅鲁藏布江即欧亚板块与印度板块碰撞边界出露，就是这种生成模式较典型的代表。西藏羊八井地热田 ZK4002 孔，在井深 1500 ~ 2000m 处，探获 329.8℃的高温地热流体；西藏羊易地热田 ZK203 孔，在井深 380m 处，探获 204℃的高温地热流体。

(3) 断裂型。断裂型地热带主要分布在板块内侧基岩隆起区或远离板块边界由断裂所形成的断层谷地、山间盆地，如辽宁、山东、山西、陕西以及福建、广东等地。这类地热资源的生成和分布主要受活动性的断裂构造所控制。热田面积一般为几平方公里，小的甚至不到1km^2。热储温度以中温为主，也有个别高温的。单个地热田热能潜力不大，但这类资源的点多、面广。

(4) 断陷、凹陷盆地型。这类地热资源主要分布在板块内部巨型断陷、凹陷盆地之内，如华北盆地、松辽盆地、江汉盆地等。地热资源主要受盆地内部断块凸起或褶皱隆起控制，其热储层常常具有多层性、面状分布的特点。单个地热田的面积较大，达几十平方公里，甚至几百平方公里。其地热资源潜力大，有很高的开发利用价值。

根据现有资料，按照地热资源的分布特点、成因和控制等因素，可把中国地热资源的分布划分为如下7个带：

(1) 藏滇地热带。主要包括喜马拉雅山脉以北，冈底斯山、念青唐古拉山以南，西起西藏阿里地区，向东至怒江和澜沧江，呈弧形向南转入云南腾冲火山区，特别是雅鲁藏布江流域。这一地带水热活动强烈，地热显示集中，是中国大陆上地热资源潜力最大的一个带。

(2) 台湾地热带。台湾省是中国地震最为强烈、最为频繁的地带。其地热资源主要集中在东、西两条强震集中发生的地方，在8个地热区中有6个温度在100℃以上。

(3) 东南沿海地热带。主要包括福建、广东、海南、浙江以及江西和湖南的一部分。地下热水的分布和出露受一系列东北向断裂构造的控制。这个带所拥有的主要是中、低温热水型地热资源。

(4) 鲁皖鄂断裂地热带。庐江断裂带很深，水热活动经久不息，自山东招远向西南延伸，贯穿皖、鄂边境，直达汉江盆地，包括湖北英山和应城的地热。这是一条将整个地壳断开的、至今仍在活动的深断裂带，也是一条地震带。这里蕴藏的主要是低温地热资源，除招远的地热水可达90~100℃外，一般均为50~70℃。

(5) 川滇青新地热带。主要分布在从昆明到康定一线的南北向狭长地带，经河西走廊延伸入青海和新疆境内，扩大到准噶尔盆地、柴达木盆地、吐鲁番盆地和塔里木盆地。以低温热水型资源为主。

(6) 祁吕弧形地热带。包括冀热山地、吕梁山、汾渭谷地、秦岭及祁连山等地。为近代地震活动带，是一个低温热水型的地热带。

(7) 松辽及其他地热带。松辽盆地跨越吉林、黑龙江大部分地区和辽河流域。整个东北大平原属新生代沉积盆地，沉积厚度不大，一般不超过1000m，主要为中生代白垩纪碎屑岩热储，盆地基底多为燕山期花岗岩，有裂隙地热形成，温度为40~80℃。其他地热带是指上述地热以外的孤立地热地区，如广西的南宁盆地等。

地热资源温度的高低是影响其开发利用价值的最重要因素。如何划分温度等级，目前并不统一。国际上的一般划分方法为：150℃以上为高温；90~150℃为中温；90℃以下为低温。中国地热勘查国家标准（GB 11615—1989）规定，地热资源按温度分为高温、中温、低温3级，按地热田规模分为大、中、小3类，见表6-2和表6-3。

表 6-2　地热资源温度分级

温度分级		温度界限（℃）	主要用途
高温		$t \geqslant 150$	发电、烘干
中温		$90 \leqslant t < 150$	工业利用、烘干、发电、制冷
低温	热水	$60 \leqslant t < 90$	采暖、工艺流程
	温热水	$40 \leqslant t < 60$	医疗、洗浴、温室
	温水	$25 \leqslant t < 40$	农业灌溉、养殖、土壤加温

表 6-3　地热资源规模分类

规模	高温地热田		中、低温地热田	
	电能（MW）	能利用年限（计算年限）	电能（MW）	能利用年限（计算年限）
大型	>50	30	>50	100
中型	10～50	30	10～50	100
小型	<10	30	<10	100

第四节　世界地热发电

为使读者了解中国地热发电现状与未来，并能与世界地热发电现状相比较，本节对世界地热发电作一简介。

1904 年，意大利在拉德瑞罗建立起世界上第 1 座小型地热蒸汽试验电站；1913 年，拉德瑞罗的 250kW 地热电站正式投入运行，这是世界地热发电的开端。但在 1958 年新西兰建设怀拉基地热电站之前，以水为主的热储能一直未曾被大规模开发过。自 1958 年起，美国、墨西哥、前苏联、日本、菲律宾、萨尔瓦多、冰岛和中国先后开始进行地热发电的研究试验和开发建设，但发展速度不快。20 世纪 70 年代初，世界性的能源短缺和燃料价格上涨以及能源的科技进步，引起了一些工业发达国家对包括地热能在内的新能源开发利用的重视，地热发电技术有了较大的发展。特别是 20 世纪 80 年代以来，世界地热发电装机容量增加迅速：1990 年，由 1980 年的 2388MW 增加为 5827.55MW，增幅达 1.44 倍；1998 年，又增加到 8239MW，比 1990 年增加了 2372MW，增幅达 41.38%。

迄今为止，全世界至少已有 83 个国家已经开始开发利用地热资源或计划开发利用地热资源；约有 50 个国家统计了地热能利用数量；有 21 个国家利用地热发电，约有 250 个地热电站。1997 年，全世界地热发电装机容量为 7950MW，分布在如下 20 个国家：美国 2850MW，菲律宾 1780MW，墨西哥 743MW，意大利 742MW，日本 530MW，印度尼西亚 528MW，新西兰 364MW，萨尔瓦多 105MW，尼加拉瓜 70MW，哥斯达黎加 65MW，冰岛 51MW，肯尼亚 45MW，中国 32MW，土耳其 21MW，俄罗斯 11MW，葡萄牙（亚速群岛）8MW，法国（哥德洛普岛）4MW，阿根廷 0.7MW，澳大利亚 0.4MW，泰国 0.3MW。1998 年，全世界地热发电装机容量为 8239MW，其中美国 2850MW，居第 1 位；菲律宾 1848MW，居第 2 位；意大利 769MW，居第 3 位；墨西哥 743MW，居第 4 位；印度尼西亚 590MW，居第 5 位。美国加州的吉塞斯地热电站，总装机容量达 1918MW，是目前世界上最大的地热电站。

下面对世界上地热发电装机容量较大的国家作一简要介绍。

1. 美国

美国是全球地热发电装机容量最大的国家。据美国能源部 1996 年度报告的评述，目前美国在地热发电方面，主要是围绕日常运行和维护开展工作，形成了可用系数很高（常常高于95%）且稳定可靠的电力供应；出于提高经济性的考虑，对蒸汽系统的供应设备和汽轮发电机组进行更新换代，十分强调提高效率和增强可靠性；在俄勒岗、爱达荷及加利福尼亚州等地的地热区域供暖系统，已运行了几十年，投入使用的地源热泵空调系统已超过50多万套，冬季采暖，夏天降温，可以削减尖峰用电负荷40%左右。吉塞斯地热已有40年的历史，目前已成为美国也是世界最大的地热发电基地，所采取的地热发电技术以安全可靠、发电成本低、环境影响小著称。把地热资源以外的水注入热储层，以维持压力和产热量，是该地热田在过去16年间最大的技术成就。美国还在西部9个州进行了地热资源（>50℃）和社区位于地热资源（8km范围内）配对的研究，鼓励这些社区开发利用地热，已有约256个配对社区。美国能源部地热工艺处在其于1998年6月制定的地热能发展规划中提出：将致力于使地热作为资源上可持续的、环境上合理的、经济上有竞争力的能源，用于国内和世界的能源供应。具体目标是：

（1）国内地热发电方面。到2010年，达到用地热能供应700万个美国家庭、共约1800万人需用的电力，使地热发电成为在经济上和环境上受欢迎的电力发展方案。

（2）国内地热直接利用方面。到2010年，把地热直接利用及地源热泵空调系统的应用规模，扩大到可以满足700万个美国家庭采暖、降温和热水的需要。

（3）国际地热开发方面。到2010年，达到用美国的地热工艺设备在发展中国家至少装备10000MW的地热发电装机容量，以满足发展中国家1亿人口的基本用电需求。

（4）地热开发利用技术方面。加速地热开发利用的科学技术进步，以保证美国继续居于世界地热开发利用的领先地位。

（5）未来地热资源方面。研究开发利用地热资源的新技术、新工艺，不断开拓地热利用的资源量，以满足美国未来非运输能源需要的10%。达到上述目标，将产生如下效益：①刺激国内约有610亿美元投资于地热设施；②获得国外地热投资约160亿美元的市场；③在国内创造160万人的就业机会；④削减美国二氧化碳排放量8000万~1亿t碳，削减全球二氧化碳排放量1.9亿~2.3亿t碳；⑤使美国土地上地热工程向政府缴纳的矿区使用费增加1.8亿美元。

2. 菲律宾

菲律宾政府大力推进开发本土的电力资源，以降低对进口石油的依赖。菲律宾拥有丰富的地热资源，1991年12月被确认的地热资源蕴藏量为140万kW，主要分布在吕宋岛南部、莱特岛、民答那峨岛东部等地。开发最早的为吕宋岛东南部的蒂威地热田，早在1968年就利用200m深的地热井产生的蒸汽成功地进行了发电。1976年，菲律宾开始商业性地热钻井，到1980年地热发电装机容量即迅速发展到446MW，超过意大利，仅次于美国，居世界第2位。到1996年，地热发电的装机容量和发电量，已分别占到全国总量的13%和23%。在菲律宾国家电力公司制定的电力发展15年规划中，2005年前新增发电装机容量中的18%为地热发电。

3. 冰岛

1997 年冰岛的一次能源消费量为 254.1 万 t 石油当量，其中 48.1%由地热能供应，如此大的比例在世界各国中是罕见的。前些年，冰岛的地热发电量即已占到全国总发电量的 6%，预计到 2000 年将超过 15%，这样高的比例在工业发达国家是没有的。

4. 哥斯达黎加

哥斯达黎加把“2000 年 90%的电力来自可再生能源”的目标作为其绿色经济增长总体计划的一部分。据 1995 年 1 月统计，正在运行的地热电站装机容量为 60MW，年发电量为 447GWh，分别占全国总量的 6%和 9%。预计到 2000 年地热发电装机容量将达到 170MW，年发电量将达到 1226GWh，分别占全国总量的 10%和 14.6%，地热发电与水力发电合计的装机容量占到全国总量的 87.4%，年发电量占到全国总量的 88.3%，基本达到计划目标。

5. 萨尔瓦多

萨尔瓦多在 1975 ~ 1993 年的 19 年间，其地热电站的年发电量一直占全国总发电量的 14%以上。其中 1976 ~ 1985 年期间的地热电站年发电量占到全国总发电量的 25%，1981 年并曾一度达到占 43.6%。

6. 日本

据日本地热协会的统计，截至 1997 年 3 月 31 日，全日本地热发电装机容量为 530MW，占全国总发电装机容量的 0.2%。到 2010 年的目标，是把地热发电的装机容量发展到 2800MW，占届时全国总发电装机容量的 1%。日本地热利用的研究开发十分活跃，正在进行的研究项目有：推进地热资源的普查；小型双循环地热发电系统的试验示范；裂隙型热储勘探方法的开发；深层热储的调查；开发 10MW 级双循环地热示范电站；地热井兆瓦级系统的开发；干热岩发电系统的开发，包括深层热储钻井与生产工艺的开发等。

关于世界地热发电技术的新发展，值得加以介绍的是干热岩地热开发技术。干热岩地热开发是一种利用地热的新概念。它最早由美国洛斯阿拉莫斯科试验室所提出。美国能源部投入了大量试验经费，证实了这种获取地热新概念的正确性。干热岩地热开发概念的基础，是地球内部的温度随着深度而增加，在没有水或蒸汽的热岩石里，采用人工钻探和注水的方法，人为地造出一个与天然水热系统相似的地下热储。可以设想，在不渗透的岩石中打两个深井钻孔，并通过水力将炽热的岩石破碎，然后从一个钻孔中注入冷水，让水在岩石的裂隙中加热，再从另一个钻孔中取出热水，待这种注水与吸水在岩缝中沟通之后，就可靠冷热水密度的不同而形成自然循环。这种人造地热的方法，说起来原理并不复杂，但实践起来却相当困难。首先是要有大量的投资；其次是要有打深孔的钻探设备，像钻探石油一样的斜钻技术，孔深达数公里，钻头、钻杆要耐高温；再次则是需要事先了解何处有这种又干又热的岩层。不难看出，干热岩地热开发是一项高新技术的综合工程，它不仅要运用斜井深钻技术和深层热岩破碎岩体技术以及耐高温高压的新材料技术等，而且在传热计算、自动控制以及计算机模拟设计等方面也要进行大量的工作。

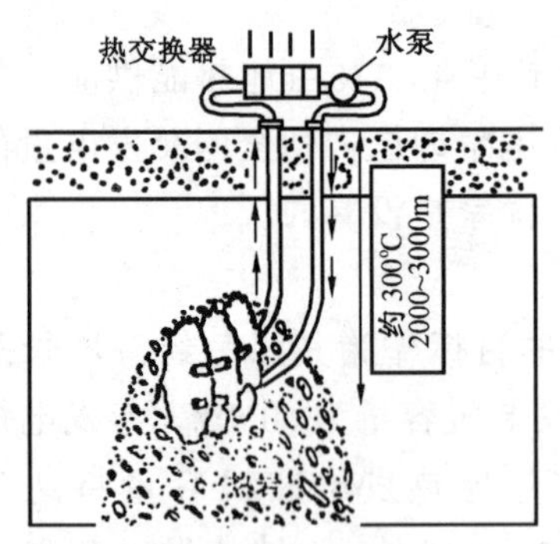

图 6-20　干热岩地热开发示意图

1973 年美国开始着手干热岩开发的初步试验，钻到 785m 深处，岩石温度就已达到 100℃。在此之后，美国又于 1977 年在芬顿山建立起 5MW 和 10MW 的发电试验装置。1978 年钻进到 3000m 深，试验温度达到 200℃。1979 年将破碎岩石延深到 4000m 深，热岩温度增加到 250～275℃，达到了预期目标。至今，美国仍在继续进行工业性试验。尽管目前试验的发电成本非常之高，但由于这项技术不受地热田的局限，可以在更大范围开发地热资源，因而受到日本、德国、英国、法国等发达国家的重视，纷纷投资开展干热岩的研究试验工作。干热岩地热开发示意图，如图 6-20 所示。

第五节　中国地热发电

一、中国地热利用简史

中国是研究和开发利用地热能资源最早的国家之一。在中国古代的许多宝贵的科学文化遗产中，记载着不少关于开发利用温泉的史实和论述。古籍中记载，远在公元前 500～600 年的东周时代，就已有人利用地下热水洗浴治病、灌溉农田以及从热水或热汽中提取硫磺和其他有用元素或化合物等。中国古代的著名天文学家张衡，在公元 100 年的汉代，就在其所作《温泉赋》中写道："有疾厉兮，温泉汩焉。以流秽兮，蠲除苛慝"。公元 500 年左右，南北朝时的郦道元，在其所著《水经注》一书中也介绍了温泉可以治病，他说："大融山石出温汤，疗治百病"，同时还提到，湖南郴县用温泉灌溉水田"年可三熟"。在距今 400 多年以前的明代，大医学家李时珍在其所著《本草纲目》一书中记述了中国的各种温泉，并对温泉作了热泉、甘泉、酸泉的分类，强调了温泉对于多种疾病的治疗功能。生于 1586 年的明代地理学家徐霞客，在其所写的《徐霞客游记》一书中，对温泉作了绘声绘色的描述，他写道："从下沸腾，作滚涌之状"，"喷若发机，声如虎吼"，"犹热若探汤"，"不敢以身试也"。20 世纪 20 年代，中国地质界的先驱者章鸿钊先生，曾汇集了中国各种历史文献中记载的温泉 600 多处，并于 1926 年在日本东京召开的第三次太平洋会议上发表了题为《中国温泉分布与地质构造关系》的论文，并著有《中国温泉辑要》一书。新中国建立以后，中国杰出的地质学家李四光先生对地热能的开发利用十分注视，多次呼吁要积极研究和开发利用地热能。他说："地下热能的开发和利用，是个大事情。这件事，就像人类发现煤炭、石油可以燃烧一样。这是人类历史上开辟的一个新能源，也是地质工作的一个新领域"；"地下是个大热库，是开辟自然能源的新来源。"

新中国建立的 50 多年来，国家对地热能的开发利用十分重视，先后组织了地热资源的普查和勘探；建立了研究机构，充实了研究力量；制订了规划，组织了科技攻关；积极开展了对地热能的开发利用；组织安排了试验示范；召开了学术会议，开展了国际合作与

交流。总之，改变了旧中国在地热能研究和开发利用方面的落后状态，开创了有组织、有计划发展的新局面。

中国地热能的开发利用，在20世纪50年代以前，主要是应用于医疗和洗浴；自20世纪60年代起，开始应用于工农业生产；20世纪70年代以来，地热能作为新能源的一种，已扩大到用于发电、工业加工、民用采暖、农业温室、农田灌溉、水产养殖、医疗卫生以及旅游业等诸多方面，应用范围越来越广，取得了明显的节能效益、经济效益和环保效益。到1998年底，中国的地热发电装机容量达32MW，居世界第13位；中国的地热直接利用设备总功率达2443MW，居世界前列。

二、中国地热发电现状

中国地热发电的研究试验工作开始于20世纪70年代初。30余年来的发展经历了两大阶段：1970～1985年期间，为以发展中低温地热试验电站为主的阶段；1985年以后，进入发展商业应用高温地热电站的阶段。1970年，广东省丰顺县邓屋建立起中国第一座闪蒸系统地热试验电站，利用91℃的地热水发电，机组功率为86kW。随后，江西省宜春市温汤和河北省怀来县，也相继建设起双循环系统地热试验电站。20世纪70年代中后期，湖南省灰汤、辽宁省熊岳以及山东省招远又先后建成闪蒸及双循环系统地热试验电站。所有这些电站发电机组的功率都不大，从50～300kW不等；地热水温度均较低，从61～92℃不等。这些地热试验电站曾对中国地热发电技术的发展与提高起了积极的作用，取得了一系列科研成果，积累了经验。目前，这些地热试验电站多数已经停运，但也有个别电站至今仍在运行发电。中国中、低温地热试验电站的简况见表6-4。

表6-4　　中国中、低温地热试验电站简况

电站地址及名称	发电方式	机组数（台）	设计功率（kW）	地热流体温度（℃）	建设时间	目的任务
河北省怀来县怀来地热试验电站	低沸点工质法	1	200	85	1971年9月建成	试验研究，发电
广东省丰顺县邓屋地热试验电站	低沸点工质法	1	200	91	1977年9月安装完毕，1978年调试结束并鉴定	试验研究，发电
	扩容法	1	86	91	1970年12月建成	试验发电
	扩容法	1	300	61	1982年12月建成	发电
江西省宜春市温汤地热试验电站	低沸点工质法	1	50	66	1972年建成，经改装后于1977年投产	试验研究，发电，综合利用
	低沸点工质法	1	50	66	1974年建成	试验研究，发电，综合利用

续表

电站地址及名称	发电方式	机组数（台）	设计功率（kW）	地热流体温度（℃）	建设时间	目的任务
辽宁省盖县熊岳地热试验电站	低沸点工质法	1	100	75～84	1977年9月建成	试验研究，发电，综合利用
	低沸点工质法	1	100	75～84	1982年7月建成	试验研究，发电，综合利用
湖南省宁乡县灰汤地热试验电站	扩容法	1	300	92	1975年10月建成	试验研究，发电
山东省招远县招远地热试验电站	扩容法	1	200	90～92	1981年2月正式投产	试验

目前中国高温地热电站主要集中在西藏地区，总装机容量为27.18MW，其中羊八井地热电站装机容量为25.18MW，朗久地热电站装机容量为1MW，那曲地热电站装机容量为1MW。

羊八井地热电站是中国自行设计建设的第1座用于商业应用的、装机容量最大的高温地热电站，年发电量约达1亿kWh，占拉萨电网总电量的40%以上，对缓和拉萨地区电力紧缺的状况起了重要作用。

羊八井地热田位于西藏拉萨西北90km处，当地海拔高度4300m，处在一个东北—西南向延展的狭窄山间盆地中，电站利用145℃左右的地热水（汽水混和物）发电，向92km以外的拉萨地区供电。羊八井地热电站包括第一电站和第二电站两部分。第一电站由1台1MW机组（1号机组）和3台3MW机组（2号、3号和4号机组）构成。1号机组于1977年10月10日投入运行，2号和3号机组分别于1981年12月和1982年11月建成并投入发电。1985年又扩建了4号机组。至此，第一电站的总装机容量达到10MW。20世纪80年代中期，开始建造第二电站。站址位于羊八井地热田北部、中尼公路以北约45km处，距第一电站约3km。该电站一期工程安装了1台日本生产的3.18MW机组，自动化程度较高，以后，又安装了4台功率各为3MW的国产机组。目前，第二电站的总容量为15.18MW。到2002年底，整个羊八井地热电站的总装机容量为25.18MW。

羊八井第一电站1号机组是最初的试验机组，采用单级扩容法发电系统。以后建造的3台3MW机组，则均采用两级扩容法发电系统，较单级扩容法可增发20%的发电量。首级扩容时，蒸汽中的气体含量约为1%～1.5%。采用射水装置抽取凝汽器中的非凝结气体。机组全部采用凝汽式。其冷却水直接从藏布曲（河）抽取。每生产1kWh电能的比耗为130kg总流体。羊八井地热电站3号机组系统示意图如图6-21所示，其主要参数如表6-5所示。

表 6-5　　　　羊八井地热电站 3 号机组主要参数

	电站类型	双级扩容		电站类型	双级扩容
汽轮机数据	类型	二重混压式	凝汽器数据	类型	压力喷射式
	额定功率	3000kW		压力（平均）	2.94kPa
	转速	3000r/min		冷却水进口温度	10℃
	主蒸汽压力	421.7kPa		循环水泵功率	150kW
	主蒸汽温度	145℃	抽气器数据	类型	射水型
	首级蒸汽压力	166.7kPa		单机数量	3
	首级蒸汽温度	114.6℃		气体流量	单机 0.185t/h
	次级蒸汽压力	49.0kPa		水压力	392kPa
	次级蒸汽温度	80.8℃		水流量	750t/h
	首级蒸汽流量	22.7t/h		水泵功率	100kW
	次级蒸汽流量	22.3t/h	冷却系统	类型	直流式

羊八井地热田迄今共打了 40 多眼地热井。根据地质部门对羊八井地区浅层热储能的勘探与评价，南、北两区的发展潜力约为 28～32MW。

为进一步开发利用西藏的高温地热资源，目前西藏的地热开发利用已从羊八井地热田扩展到那曲地区的那曲地热田、距羊八井 45km 的羊易乡地热田，以及羊八井的近邻拉多岗地热田等地。

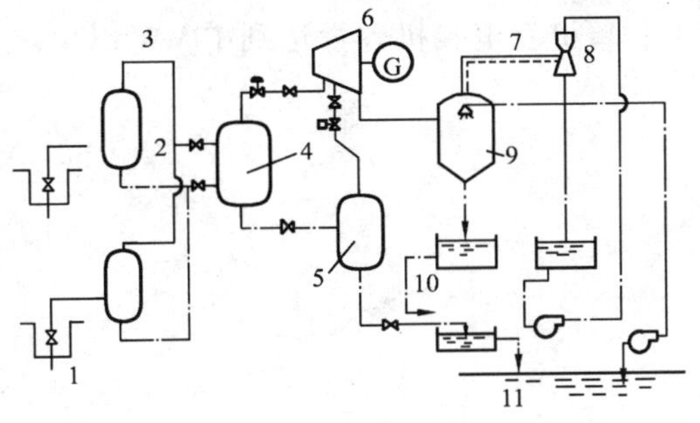

图 6-21　羊八井地热电站 3 号机组系统示意图

1—地热井；2—水；3—蒸汽；4——级扩容器；5—二级扩容器；6—汽轮发电机组；7—气体；8—射水器；9—凝汽器；10—至藏布曲；11—藏布曲

三、中国地热发电未来

经过 30 多年来的研究、开发与建设，中国的地热发电，在技术上和产业建设上，均取得了很大的进步和发展，为未来更大地发展奠定了坚实的基础。在技术上，已建立起了一套比较完整的地热勘探技术方法和评价方法；地热开发利用工程的勘探、设计和施工，已有资质实体；地热开发利用设备基本配套，可以国产化生产，并有专业生产制造工厂；地热监测仪器基本完备，并可进行国产化生产。在产业建设上，已奠定一定的基础和能力，可以独立建设 30MW 规模商业化运行的地热电站，单机容量可以达到 10MW；已具备施工 5000m 深度地热钻探工程的条件和能力；已初步建立起地热的监测体系和生产与回灌体系；已初步建立起一些必要的地热开发利用法规、标准和规范。

关于中国地热发电未来的初步构想为：

(1) 任湘等在 1995 年世界地热大会上作的“关于中国 2020 年前地热发电的发展和预测”的发言中提出：在国家电网和区域电网达不到的西藏高原、滇西和川西地区，矿物燃料短缺，而高温地热资源丰富，应优先开发地热资源，实行建设地热电站与建设小水电站并重的方针，从根本上解决这些地区的电力供应问题。地热发电的成本，目前已接近小水电而远低于柴油发电。地热发电的年运行小时数，已达到 7500h，远高于柴油发电的 5000h 和小水电的 3000h。他预计，中国 2020 年的地热发电装机容量将达到 400～585MW，主要集中在西藏和云南。

（2）中国国家计委基础产业发展司在其编写并发表的《中国新能源与可再生能源（1999 白皮书）》中，对中国地热发电的未来发展作了如下预测：①高温地热发电 2000 年的近期目标主要为：对羊八井地热电站现有地热发电装备进行完善、优化，达到稳发 25MW；力争利用羊八井 ZK4001 孔高温地热流体增发、满发，达到总装机 30MW；努力完成滇西腾冲高温地热井施工，打出 250℃的地热流体，力争达到 12MW。②2001～2005 年的中期目标，是使高温地热发电装机容量发展 15～25MW，累计装机容量达到 40～50MW。主要在西藏羊八井开发利用已有深部高温热储，使 ZK4001 地热井得以利用，温度在 250℃以上，发展装机 10MW；积极建设西藏羊易地热电站，拟装机 12MW；在滇西腾冲高温地热田，力争完成 250℃以上 1～2 口地热井的施工，发电装机潜力在 12MW 以上。③到 2010 年的远期目标是，发展高温地热发电装机 25～50MW，累计装机达到 60～100MW。主要是勘探开发藏滇高温地热 200～250℃以上深部热储，力争单井地热发电潜力达到 10MW 以上，单机发电装机容量达到 10MW 以上。

第七章

潮汐能发电技术

第一节 潮汐和潮汐能

一、海洋能简介

潮汐能是海洋能的一种。因此，本节首先对海洋能作一简要介绍。

地球上广大连续的水体叫做海洋，海洋的面积约为3.62亿km^2，占地球表面积的70.9%。海洋是个庞大的能源宝库，它既是吸能器，又是贮能器，蕴藏着巨大的动力资源。海水中蕴藏着的这一巨大的动力资源的总称就叫做海洋能，它包括潮汐能、波浪能、海流能（潮流能）、海水温差能和海水盐差能等各种不同形态的能源。潮汐能是指海水涨潮和落潮形成的水的动能和势能。波浪能是指海洋表面波浪所具有的动能和势能。海流能（潮流能）是指海水流动的动能，主要是指海底水道和海峡中较为稳定的流动，以及由于潮汐导致的有规律的海水流动。海水温差能是指海洋表层海水和深层海水之间水温之差的热能。海水盐差能是指海水和淡水之间或两种含盐浓度不同的海水之间的电位差能。海洋中还蕴藏着石油、天然气、铀、氢以及海洋生物能等动力资源，但是因为这些资源在海陆两域中都存在，所以在现代的能源分类上一般不列入海洋能的范围。在海洋能中，除潮汐能和潮流能来源于星球间的引力作用以外，其余各类均来源于太阳辐射能。海洋能按其赋存形式，可分为机械能、热能和化学能，其中潮汐能、海流能（潮流能）、波浪能为机械能，海水温差能为热能，海水盐差能为化学能。海洋能具有如下一些特点：①能量蕴藏量大，并且可以再生。据统计，地球上海水温差能的理论蕴藏量约500亿kW，可能开发利用的约20亿kW；全球海洋波浪能的蕴藏量约700亿kW，可开发利用的约30亿kW；全世界潮汐能的理论蕴藏量约30亿kW；世界海流能（潮流能）的总功率约50亿kW，其中可开发利用的约为 0.5 亿 kW；全世界海水盐差能的蕴藏量约 300 亿 kW，可开发利用的在 26 亿 kW 以上。②能量密度低。海水温差能是低热头的，较大温差为 20～25℃；潮汐能是低水头的，较大潮差为 7～10m；潮流能和海流能是低速度头的，最大流速一般仅 2m/s 左右；即使是浪高 3m 的海面，波浪能的密度也要比常规燃煤电站热交换器单位时间、单位面积的能量低一个数量级。③稳定性比其他自然能源好。海水温差能和海流能比较稳定，潮汐能与潮流能的变化有规律可循。④发生在广袤无垠的海洋环境中。海洋是一个水深、缺氧、高压的世界，因而开发利用海洋能的技术难度大，对材料和设备的要求比较高。

中国不仅是闻名于世的陆地大国，而且是世界上的海洋大国之一。中国的海域辽阔，海洋能资源丰富。中国大陆海岸线漫长曲折，北起辽宁中朝两国交界的鸭绿江口，经河北、天津、山东、江苏、上海、浙江、福建、广东，南到广西中越两国交界的北仑河口，全长 18400 多 km。中国拥有 6500 多个大小岛屿，岛屿海岸线长达 14000 多 km。中国海域的总面积为 473 万多 km^2，渤海是中国的内海，毗邻中国的海有黄海、东海、南海以及台湾以东的洋域。中国位于亚洲的东南部，东毗太平洋，海岸带跨越温带、亚热带、热带 3 大气候带，可以充分接受来自大洋的风、浪、流、潮等条件的各种影响，这就为海洋能的形成提供了极为良好的条件。据初步估算，中国海洋能的蕴藏量约为 6.3 亿 kW，其中潮汐能 1.9 亿 kW，波浪能 1.5 亿 kW，温差能 1.5 亿 kW，海流能（潮流能）0.3 亿 kW，盐差能 1.1 亿 kW，分布在煤、水等能源贫乏的沿海工业基地附近，如果能够加以开发利用，将为中国沿海、尤其是华东沿海工农业生产的发展和人民生活的改善，提供数量相当可观的可再生能源。

二、潮汐和潮汐能定义

到过海边的人都会看到：在浩瀚无际的大海里，海水总是处在永不停息的运动当中。有时候，海水像奔驰的野马，蜂涌到岸边，一望无际的海面上，波涛滚滚，白浪高腾，轰轰作响。有时候，海水又像溃逃的士兵，急速退到离岸很远的地方，大片的海滩、沙洲露出水面，遗留下遍地的贝类和鱼虾，这就是海水的涨潮和退潮现象。这种由于太阳和月球对地球各处引力的不同所引起的海水有规律的、周期性的涨落现象，就叫做海洋潮汐，习惯上称为潮汐。不仅海洋里有潮汐，在大气圈和看来坚如磐石的地壳里也存在着潮汐现象。所不同是，海洋潮汐的涨落异常显著，它的涨落高度可达几米以至十几米，而大气潮汐的振幅大约仅有 1MPa 左右，固体地球潮汐只有几十厘米上下。潮汐现象在垂直方向上表现为潮位的升降，在水平方向上则表现为潮流的进退，二者是一个现象的两个侧面，都受同一的规律所支配。潮汐水位随时间而变化的过程线，叫潮位过程线。每次潮汐的潮峰与潮谷的水位差，叫潮差。潮汐这次高潮或低潮至下次高潮或低潮相隔的平均时间，叫潮汐的平均周期，一般为 12h25min。人们把海水在白昼的涨落称为“潮”，在夜间的涨落称为“汐”，合起来则称为潮汐，两者名异而实同。潮汐要素示意图如图 7-1 所示。潮汐的涨落现象成因相当复杂，

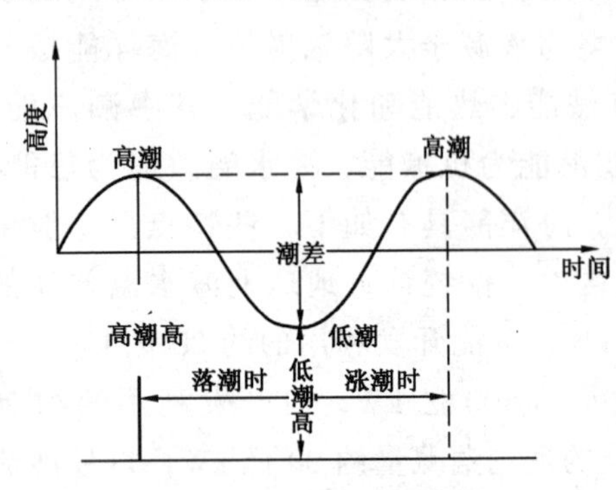

图 7-1　潮汐要素示意图

且因时因地而异。但是，从涨落的周期来说，可以把潮汐分为 3 种类型：①半日潮：多数海区潮汐的涨落在 24h50min（天文学上称为“一个太阴日”）内有两个周期，即出现两次高潮和两次低潮，这种半日完成一个周期的潮汐为“半日潮”，它的特点是相邻两个高潮或低潮的潮高几乎相等；涨、落潮时也几乎相等。②全日潮：在某些海区，在一个太阴日内潮汐仅出现一次高潮和一次低潮。这种一日完成一个周期的潮汐，称为“全日潮”。③混合潮：每日升降两次和一次混杂出现的潮汐，称为“混合潮”。它又分为不正规半日潮和不正规全日潮两类。前者在一个太阴日内有两次高潮和两次低潮，但相邻的高潮或低潮的高度不等，涨潮时和落潮时也不等；后者在半个月内的大多数日子里为不正规半日潮，但有时也发生一天一次高潮和一次低潮的全日潮现象。所以，混合潮是介于半日潮和全日潮之间的一种形式。潮汐的 3 种类型如图 7-2 所示。中国黄海、东海沿岸多数港口属半日潮海区，例如上海、青岛、厦门等地区的沿海区就是比较典型的半日潮海区；南海多数地方属于混合潮；有些地方则属全日潮海区，如北部湾地区。潮汐主要是由月球和太阳对地球的引力所引起的，一般叫做引潮力。要说明月球和太阳的引潮力，必须首先介绍牛顿的万有引力定律。牛顿的这个定律告诉我们：任何两个物体之间都存在着相互吸引的力，吸引力的大小和这两个物体的质量的乘积成正比，而与两个物体之间的距离的平方成反比。把万有引力定律运用到地球和其他天体之间存在的引力关系上时，可以把地球本身的质量看作是不变的。因此，吸引力与天体的质量成正比，与地球到天体的距离的平方成反比。天体对地球表面的引潮力的大小，与天体的质量成正比，与天体到地球的距离的平方成反比。太阳的质量为月球的质量的 2710 万倍，日地距离平均约为月地距离的 389 倍。389 的立方大约是 5886 万。用 2710 万去除 5886 万，所得结果为 2.17。就是说，太阳的质量影响地球的引潮力比月球的距离影响地球的引潮力小。因此，太阳的引潮力小于月球的引潮力，两者之比约为 1:2.17。可见，潮汐现象主要是随月球的运动而变化的。月球引潮力分布图见图 7-3。

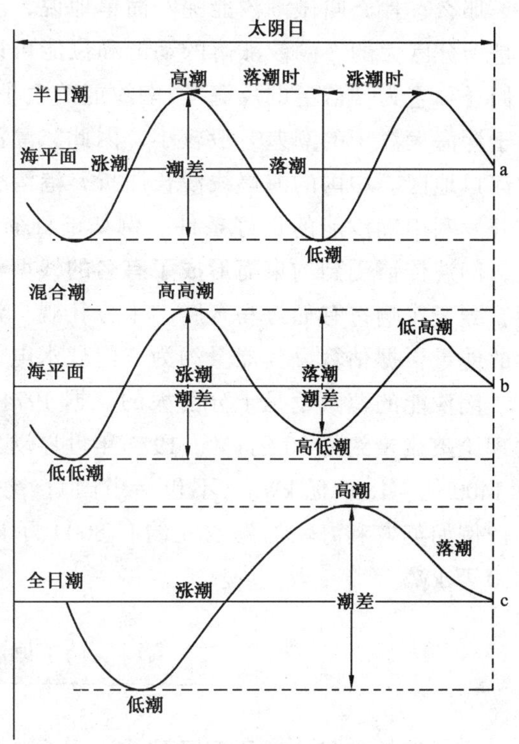

图 7-2　潮汐的 3 种类型

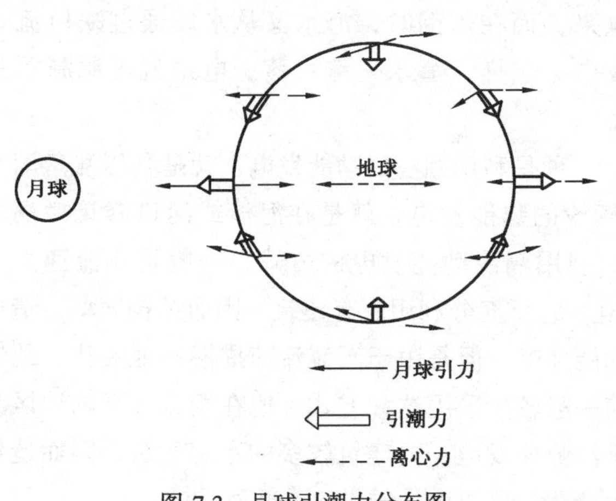

图 7-3　月球引潮力分布图

那么，什么叫做潮汐能呢？简单地说，潮汐能就是潮汐所具有的能量。潮汐含有的能量是十分巨大的，潮汐涨落的动能和位能可以说是一种取之不尽、用之不竭的动力资源，人们誉称它为“蓝色的煤海”。潮汐能的大小直接与潮差有关，潮差越大，能量也就越大。由于深海大洋中的潮差一般较小，因此，潮汐能的利用主要集中在潮差较大的浅海、海湾和河口地区。中国的海岸线漫长曲折，港湾交错，入海河口众多，有些地区潮差很大，具有开发利用潮汐能的良好条件。例如浙江省杭州湾钱塘江口，因海湾广阔，河口逐渐浅狭，潮波传播受到约束而形成了有名的钱塘江怒潮，每当涌潮出现时，潮头壁立，波涛汹涌，轰轰作响，有如万马奔腾，十分壮观，潮头高度可达3.5m，潮差可达8.9m，蕴藏巨大的能量，据估算，其能量约为三门峡水电站的一半之巨。

潮汐能的蕴藏量是十分巨大的。据1974年第八届世界动力会议统计，全世界潮汐能的理论蕴藏量约为30亿kW。1977年世界动力会议认为，全世界可开发利用的潮汐能可发电1400亿~1800亿kWh（不包括中国），绝大部分蕴藏在窄浅的海峡、海湾和一些河口区。例如英吉利海峡的潮汐能约有8000万kW，美国和加拿大附近芬迪湾的潮汐能约有2000万kW。

第二节　潮汐能发电

一、潮汐能发电的原理及型式

由于电能具有易于生产、便于传输、使用方便、利用率高等一系列优点，因而利用潮汐的能量来发电目前已成为世界各国利用潮汐能的基本方式。

潮汐发电，就是利用海水涨落及其所造成的水位差来推动水轮机，再由水轮机带动发电机来发电。其发电的原理与一般的水力发电差别不大。不过，一般的水力发电的水流方向是单向的，而潮汐发电则不同。从能量转换的角度来说，潮汐发电首先是把潮汐的动能和位能通过水轮机变成机械能，然后再由水轮机带动发电机，把机械能转变为电能。如果建筑一条大坝，把靠海的河口或海湾同大海隔开，造成一个天然的水库，在大坝中间留一个缺口，并在缺口中安装上水轮发电机组，那么涨潮时，海水从大海通过缺口流进水库，冲击水轮机旋转，从而就带动发电机发出电来；而在落潮时，海水又从水库通过缺口流入大海，则又可从相反的方向带动发电机组发电。这样，海水一涨一落，电站就可源源不断地发出电来。潮汐发电的原理如图7-4所示。

潮汐发电可按能量形式的不同分为两种：一种是利用潮汐的动能发电，就是利用涨落潮水的流速直接去冲击水轮机发电；一种是利用潮汐的势能发电，就是在海湾或河口修筑拦潮大坝，利用坝内外涨、落潮时的水位差来发电。利用潮汐动能发电的方式，一般是在流速大于1m/s的地方的水闸闸孔中安装水力转子来发电，它可充分利用原有建筑，因而结构简单，造价较低，如果安装双相发电机，则涨、落潮时都能发电。但是由于潮流流速周期性地变化，致使发电时间不稳定，发电量也较小。因此，目前一般较少采用这种方式。但在潮流较强的地区和某个特殊的地区，也还是可以考虑的。利用潮汐势能发电，要建筑较多的水工建筑，因而造价较高，但发电量较大。由于潮汐周期性地发生变化，所以电力的供应是间歇性的。

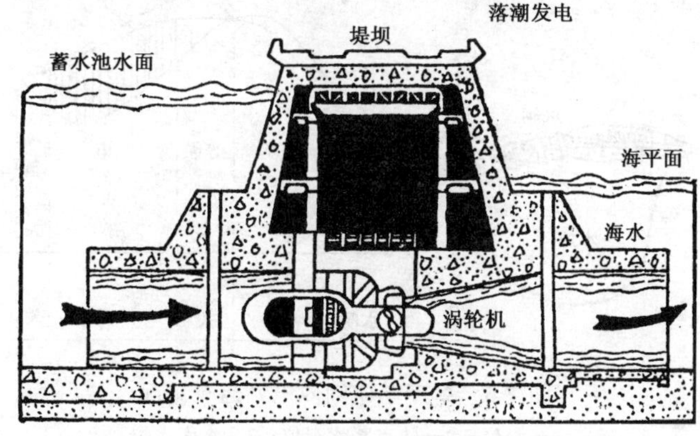

图 7-4　潮汐发电原理图

潮汐能发电站又可按其开发方式的不同分为如下 4 种型式。

（1）单库单向式。也称单效应潮汐电站，这种电站仅建一个水库调节进出水量，以满足发电的要求。电站运行时，水流只在落潮时单方向通过水轮发电机组发电。其具体运动方式是：在涨潮时打开水库，到平潮时关闭闸门，落潮时打开水轮机阀门，使水通过水轮发电机组发电。在整个潮汐周期内，电站的运行按下列 4 个工况进行：①充水工况：电站停止发电，开启水闸，潮水经水闸和水轮机进入水库，至水库内外水位齐平为止；②等候工况：关闭水闸，水轮机停止过水，保持水库水位不变，海洋侧则因落潮而水位下降，直到水库内外水位差达到水轮机组的启动水头；③发电工况：开动水轮发电机组进行发电，水库的水位逐渐下降，直到水库内外水位差小于机组发电所需要的最小水头为止；④等候工况：机组停止运行，水轮机停止过水，保持水库水位不变，海洋侧水位因涨潮而逐步上升，直到水库内外水位齐平，转入下一个周期。单库单向型潮汐能发电站布置及其运行工况，如图 7-5 和图 7-6 所示。这种型式的电站，只需建造一道堤坝，并且水轮发电机组仅需满足单方向通水发电的要求即可，因而发电设备的结构和建筑物结构都比较简单，投资较少。但是，因为这种电站只能在落潮时单方向发电，所以每日发电时间较短，发电量较少，在每天有两次潮汐涨、落的地方，平均每天仅可发电 10～12h，使潮汐能不能得到充分地利用，一般电站效率仅为 22%。

（2）单库双向式。单库双向式潮汐能发电站与单库单向式潮汐能发电站一样，也只用一

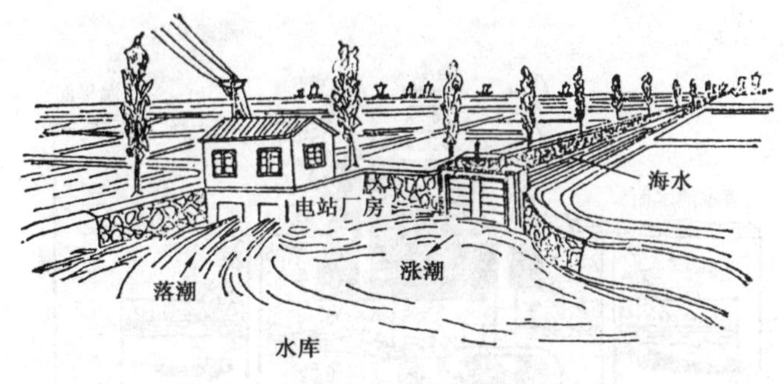

图 7-5　单库单向型潮汐发电站布置

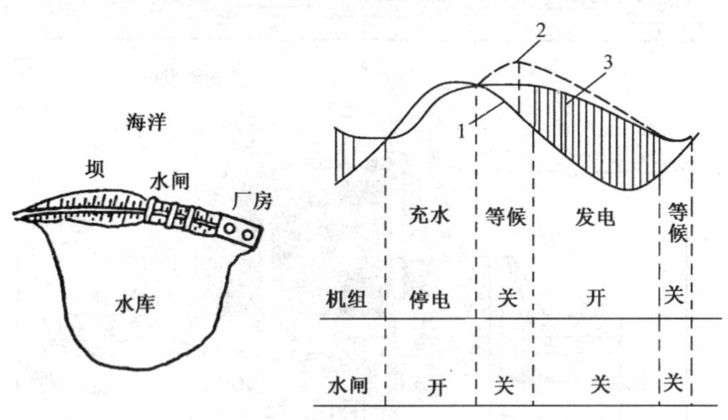

图 7-6　单库单向潮汐电站运行工况

1—潮位；2—抽水蓄能水位；3—水库水位

个水库，但不管是在涨潮时或是在落潮时均可发电。只是在平潮时，即水库内外水位相平时，才不能发电。单库双向式潮汐电站有等候、涨潮发电、充水、等候、落潮发电、泄水 6 个工况。其电站布置及运行工况，如图 7-7 和图 7-8 所示。这种型式的电站，由于需满足涨、落潮两个方向均能通水发电的要求，所以在厂房水工建筑物的结构上和水轮发电机组的结构上，均较第一种型式的要复杂些。但由于它在涨、落潮时均可发电，所以每日的发电时间长，发电量也较多，一般每天可发电 16～20h，能较为充分地利用潮汐的能量。

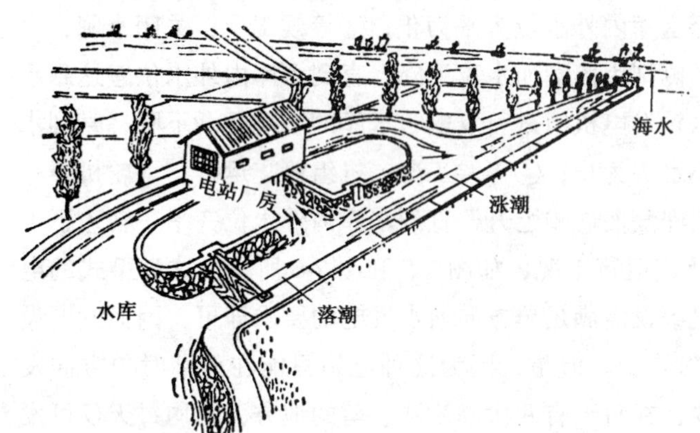

图 7-7　单库双向型潮汐发电站布置

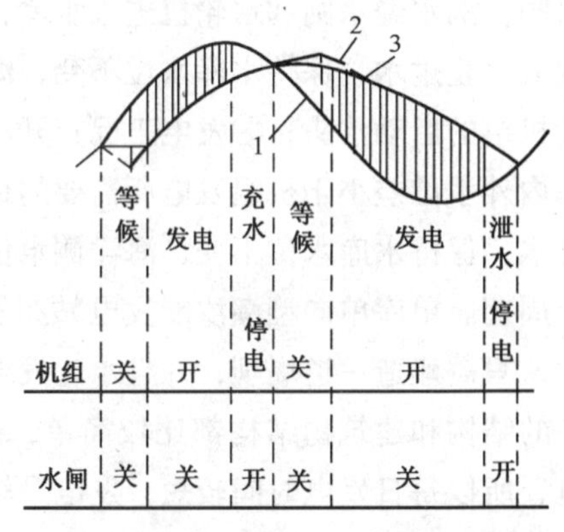

图 7-8　单库双向潮汐电站运行工况

1—潮位；2—抽水蓄能水位；3—水库水位

(3) 双库单向式。双库单向式潮汐能发电站需要建造两座相互毗邻的水库，一个水库设有进水闸，仅在潮位比库内水位高时引水进库；另一个水库设有泄水闸，仅在潮位比库内水位低时泄水出库。这样，前一个水库的水位便始终较后一个水库的水位高，故前者称为上水库或高水库，后者则称为下水库或低水库。高水库与低水库之间终日保持着水位差，水轮发电机组放置于两水库之间的隔坝内，水流即可终日通过水轮发电机组不间断地发电。其电站布置及运行工况，如图 7-9 和图 7-10 所示。这种型式的电站，需建 2 座或 3 座堤坝、两座水闸，工程量和投资较大。但由于可连续发电，故其效率较第一种型式的电站要高 34%左右。同时，也易于和火电、水电或核电站并网，联合调节。

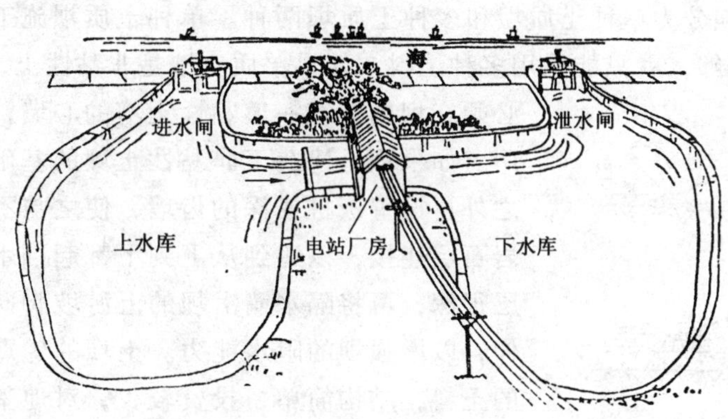

图 7-9 双库单向潮汐发电站布置

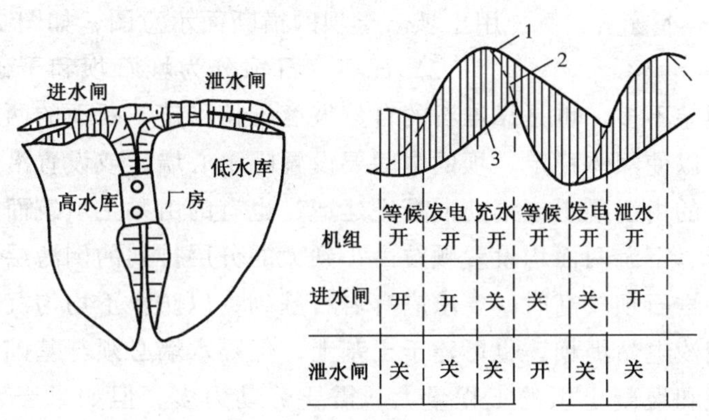

图 7-10 双库潮汐电站运行工况

1—高水库水位；2—潮位；3—低水库水位

(4) 发电结合抽水蓄能式。这种电站的工作原理是：在潮汐电站水库水位与潮位接近并且水头小时，用电网的电力抽水蓄能。涨潮时将水抽入水库，落潮时将水库内的水往海中抽，以增加发电的有效水头，提高发电量。

上述 4 种型式的电站各有特点、各有利弊，在建设时，要根据当地的潮型、潮差、地形、电力系统的负荷要求、发电设备的组成情况以及建筑材料和施工条件等技术经济指标，综合进行考虑，慎重加以选择。

二、潮汐能发电站的组成

潮汐能发电站是由几个单项工程综合而成的建设工程，主要由拦水堤坝、水闸和发电厂三部分组成。有通航要求的潮汐能发电站还应设置船闸。

(1) 拦水堤坝。拦水堤坝建于河口或港湾地带，用以将河口或港湾水域与外海隔开，形成一个潮汐水库。其作用是利用堤坝构成水库内、外的水位差，并控制水库内的水量，为发电提供条件。堤坝的种类繁多，按所用材料的不同，可分为土坝、石坝和钢筋混凝土坝等。近年来，利用橡胶坝的结构型式和采用爆破方法进行基础处理的施工方法日渐增多，取得较好的效果。

1) 土坝。土坝分为单种土质坝和多种土质坝两种。单种土质坝施工比较简单，但如果单种土料数量不够，就只能采用多种土料。如果单质土壤是非黏性土，阻水性能差，则必须在坝内夹筑一道黏性土壤的心墙，以起到挡水的作用。如果坝是建造于非黏性土壤的基础上，还应在心墙之外再设置板桩或深的齿墙，使之与不透水的黏土层或岩石层连接，以达到从上到下都起挡水作用。如不透水层很深，可将隔水墙沿坝的上游坡脚向上游方向水平延伸，以增强坝的阻水能力。土坝的优点是可以采用当地的土料，结构简单，投资较少，对地基要求不高，岩基和土基均能适应，但在雨期长的地区则施工比较困难。在建设较大潮汐电站时，为保证坝的质量，一般不宜采用土坝。土坝的横断面示意图，如图 7-11 所示。

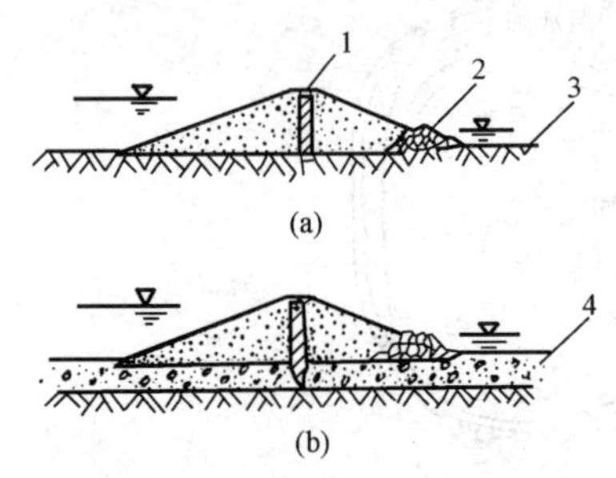

图 7-11　土坝横断面示意图

(a) 岩基上；(b) 土基上

1—挡水心墙；2—倒滤层；

3—岩基；4—土基

2) 石坝。石坝分为堆石坝和干砌石坝两种。堆石坝的横断面和土坝差不多，也是靠堆石的自然坡度维持稳定。断面的两边是用不同大小的石块堆积而成的，以使坝体稳定。坝的中间要设置隔水心墙，或设置沿上游边坡倾斜的隔水斜墙。隔水墙有的由混凝土或钢筋混凝土建造，也有的由黏土填筑而成。采用黏土隔水墙时，应在墙的上、下游两面均设置颗粒由小到大的分层排列的倒滤层，以防止黏性土壤颗粒被渗水冲走。堆石坝较高时，要求应有岩石基础，以防止不均匀沉陷导致的隔水墙破坏。高度不大的潮汐电站堤坝，也可建于土基上，但隔水墙必须与基础中的不透水层相连接。堆石坝比土坝和混凝土坝的工程量大、需要劳动力多，但如果当地有大量的石料可用，取材方便，则反而有可能比较经济。此外，如在堆石坝的施工中，先堆积上、下游两部分的坝体，然后再于其间填筑黏土作为隔水墙，则可不需另搞围堰挡水施工，使得投资节省。堆石坝横断面示意图，如图 7-12 所示。

干砌石坝，对于石块的大小和形状要求较高，劳动力需要量也较大，并且要较多有经验的砌石工，又不便于机械化施工，因而造价也较高，一般很少采用。

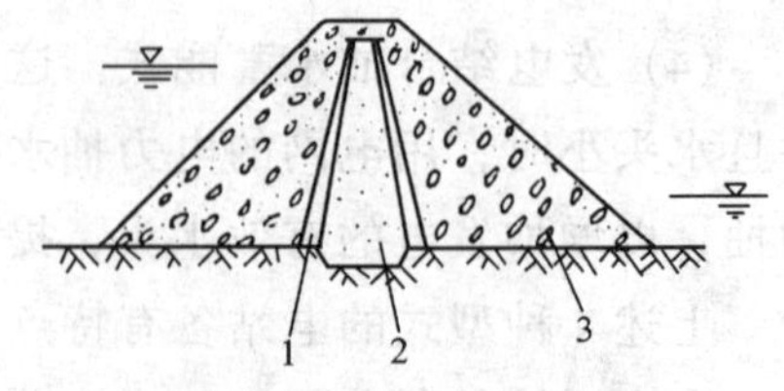

图 7-12　堆石坝横断面示意图

1—过渡层；2—不透水心墙；3—堆石体

3) 混凝土和钢筋混凝土坝。这种坝，有的是筑成平板式挡水坝，有的是筑成重力式挡水坝。平板式挡水坝

是把钢筋混凝土的挡水平板支撑于两端的支撑墩上建成的，它要求各支撑墩间没有不均匀沉陷，因而最好建于岩石基础上，在土基上建造时需设置坝的底板，以尽量减少支撑墩间的不均匀沉陷。平板坝的示意图如图 7-13 所示。

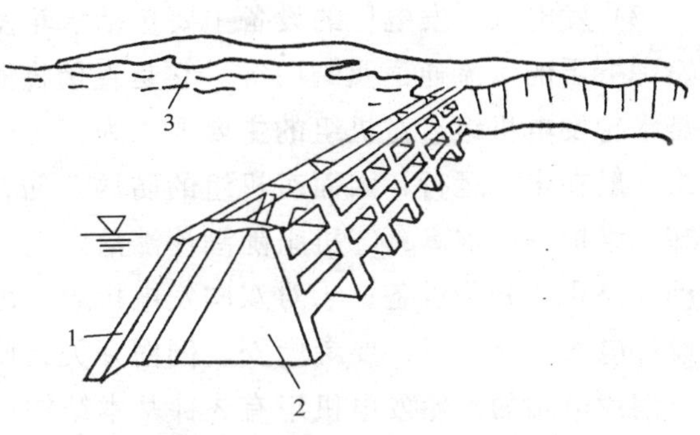

图 7-13 平板坝（适用于单向水位的挡水工程）

1—平板；2—撑墙；3—水库

重力式挡水坝主要依靠坝体本身的重量来维持稳定，如果全用混凝土，则混凝土用量太大，很不经济，因此目前多采用先制成钢筋混凝土箱形结构，然后在箱内填放块石或砂卵石等，以增大其自身质量。

上述各种坝型都要在坝址周围先建造围堰挡水，以便施工，所以增加了工程量、提高了造价，工期也较长。为解决这一问题，近年来研究开发出了浮运式沉箱堵坝，并已在工程上广为采用。这种坝是在岸上预制好钢筋混凝土箱式结构，然后将其浮运至建坝地点，沉放到预先处理好的河床坝基上面，接着在沉箱之间用挡水板及砂土等填充物将它们连接成为一个整体。此坝也是依靠坝身的重量来维持稳定，因而严格地说，也属于重力坝，只是建造方法不同。这种坝不需建造围堰，可在坝基上直接浇灌，施工较简便，因而工程量、资金、劳动力均较节约，工期也较短。另外，如用围堰施工，对防洪、排涝、防潮、航运等会有一定的影响，而采用浮运式沉箱建坝，则对上述各方面干扰少，因而在目前是一种比较先进的建坝方法。

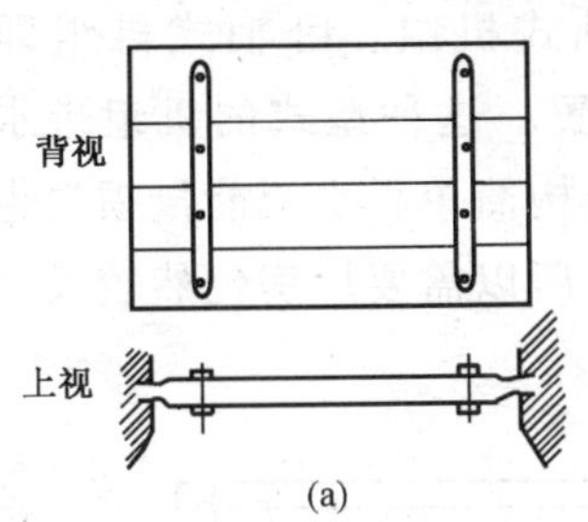

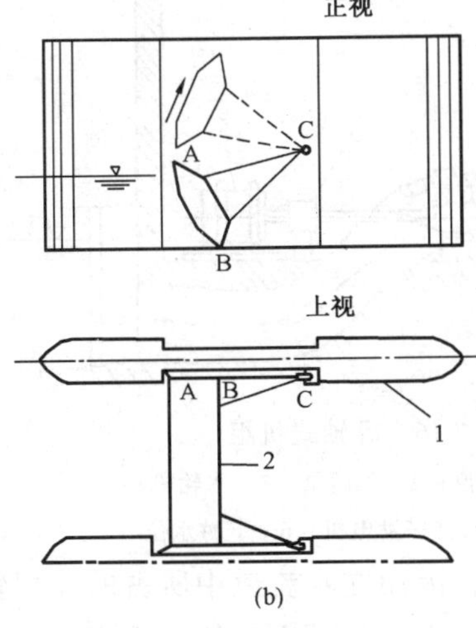

图 7-14 闸门

（a）平面闸门；（b）弧形闸门

1—闸墩；2—闸门

（2）水闸。水闸用来调节水库的进出水量，在涨潮时向水库进水，在落潮时从水库往外放水，以调节水库的水位，加速涨、落潮时水库内、外水位差的形成，从而缩短电站的停机时间，增加发电量。它的另一作用，是在洪涝和大潮期间用以加速库内水量的外排，或阻挡潮水侵入，控制库内最高、最低水位，使水库迅速恢复到正常的蓄水状态，同时满足防洪、排涝、挡潮、抗旱、航运等多方面的水利要求。

水闸的闸墩、闸底板等，一般均用钢筋混凝土制成。但在闸孔不宽、闸内外水位差不大、且当地石料较多时，也有用浆砌块石建造的。这种闸，目前多采用平底的宽顶堰型式，它泄流比较稳定，施工也较方便。闸门可用木材、钢材和钢筋混凝土制造。闸门型式一般有平面和弧形两种，如图 7-14 所示。闸的施工方法主要有现场浇筑和预制浮运两种。

（3）发电厂。发电厂的设备主要包括水轮发电机组、输配电设备、起吊设备、中央控制室和下层的水流通道及阀门等。它是直接将潮汐能转变为电能的机构。其中最关键的设备是水轮发电机组。对机组的主要要求为：①应满足潮汐低水头、大流量的水力特性；②机组一般在水下运行，因而对机组的防腐、防污、密封和对发电机的防潮、绝缘、通风、冷却、维护等要求高；③机组随潮汐涨落发电，开、停机次数频繁，因而要选用适应频繁起动和停止的开关设备；④对双向发电机组，由于正、反向旋转，相序也相应变换，因而在设计电气主接线时，要考虑安装倒向开关，使电源接入系统或负荷时，保证相序固定不变。潮汐电站的水轮发电机组有3种基本结构型式：

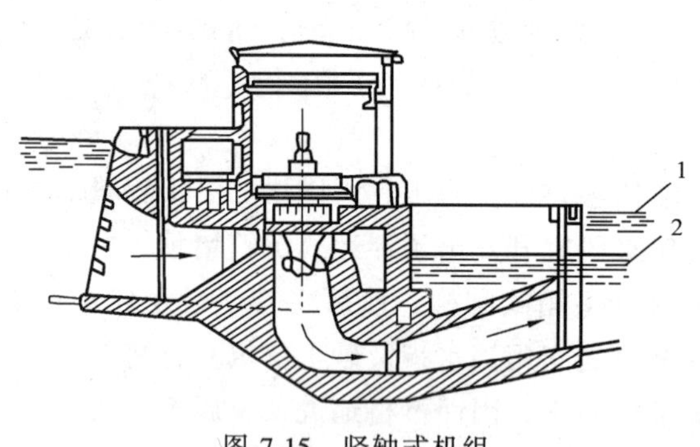

图 7-15　竖轴式机组

1—最高水位；2—最低水位

1）竖轴式机组。即将轴流式水轮机和发电机的轴竖向连接在一起，垂直于水面。这种型式的机组由于将水轮机置于较大的混凝土水涡壳内，发电机置于厂房的上部，厂房面积较大，工程投资偏高，且进水管和尾水管弯曲较多，水能损失大，效率低。竖轴式机组如图7-15所示。

2）卧轴式机组。卧轴式机组即将机组的轴卧置。这种型式的机组进水管较短，并且进水管和尾水管的弯度均大大减少，因而厂房的结构简单，水流能量损失也较少，因而性能比竖轴式机组优越。但仍然需要很长的尾水管，所以需要厂房仍然较长。卧轴式机组如图7-16所示。

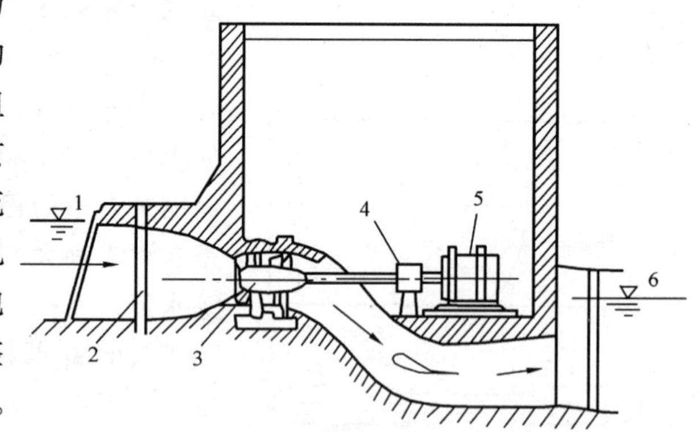

图 7-16　卧轴式机组

1—上游水位；2—闸门槽；3—水轮机；

4—调速器；5—发电机；6—下游水位

3）贯流式机组。贯流式机组是为了提高机组的发电效率、缩小输水管的长度以及厂房的面积，而在卧轴式机组的基础上发展起来的一种新式机组。贯流式机组主要有两种：一种是灯泡贯流式机组，即把水轮机、变速箱、发电机全部放在一个用混凝土做成的密封灯泡体内，只有水轮机的桨叶露在外面，整个灯泡体设置于电机厂房的水流道内。这种机组的缺点，是安装操作不便、占用水道太多。另一种是全贯流式机组，它将发电机的定子装于水流道的周壁，水轮机、发电机的转子则装在水流通道中的一个密封体内，因而在水流道中所占的体积较灯泡贯流式机组小、操作运行方便。但其发电机转子和定子之间的动密封技术难度大，使得设备不易制造。这种型式的机组，都是将发电机与水轮机连成一轴，一同密封在一个壳体内，并且直接置于通水管道之中。它的优点是机组的外形小、质量轻、造价低；厂房的面积可以大为缩小，甚至不用厂房；进水管道和尾水管道短而直，因而水流能量损失小、发电效率高。由于上述优点，所以这种型式的机组目前被国内外广泛采用。贯流式机组可以满足涨潮和落潮两个水流方向均能发电的要求；除发电外，它还可担负涨、落潮两个水流方向的抽水蓄能和泄水的任务，做到一机多用。灯泡贯流式水轮发电机组如图 7-17 所示，全贯流式水轮发电机组如图 7-18 所示。

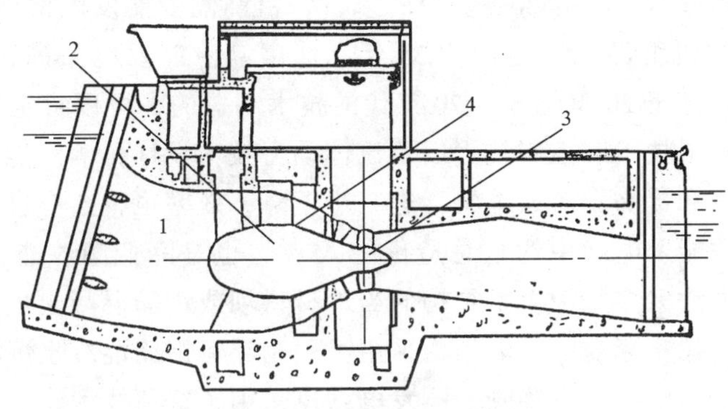

图 7-17　灯泡贯流式水轮发电机组

1—流道；2—发电机；3—水轮机；4—灯泡体

三、潮汐能可开发资源量计算

潮汐能发电站的实际装机容量和发电量，一般用经验公式计算。中国的经验公式如下。

1. 单向潮汐电站

装机容量 $N = 200A^2F$ (kW)

年发电量 $E = 0.40 \times 10^6 A^2 F$ (kWh)

式中　A——平均潮差，m；

F——水库面积，m^2。

2. 双向潮汐电站

装机容量 $N = 200A^2F$ (kW)

年发电量 $E = 0.55 \times 10^6 A^2 F$ (kWh)

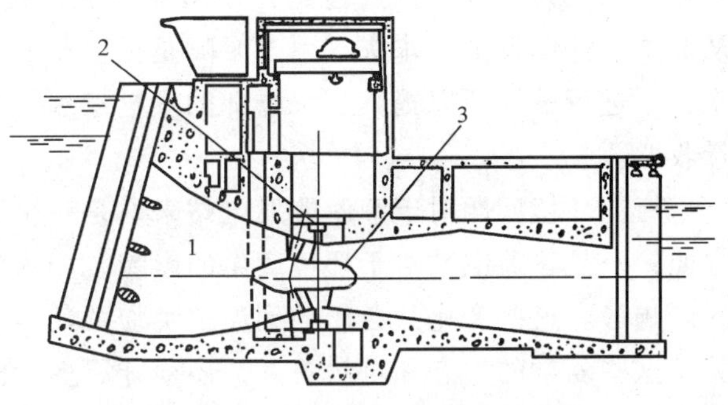

图 7-18　全贯流式水轮发电机组

1—流道；2—发电机；3—水轮机

四、潮汐发电的若干技术问题

1. 潮汐发电的关键技术问题

潮汐发电的关键技术，主要有：低水头、大流量、变工况水轮发电机组的设计与制造；电站的运行控制；电站与海洋环境的相互作用，包括电站对环境的影响和海洋环境对电站的影响；电站的系统优化，包括协调发电量、间断发电以及设备造价和可靠性等之间的关系；电站设备在海水中的防腐蚀等。法国的朗斯潮汐能发电站、加拿大的安纳波利斯潮汐能发电站和中国的江厦潮汐能发电站，对这些关键技术解决的较好，均属于目前世界上技术上较为成熟的潮汐能发电站。

在潮汐能发电站中，水轮发电机组的造价约占电站总造价的 50%，并且机组的制造与安装又是电站建设工期长短的主要制约因素。法国朗斯电站采用的灯泡贯流式机组属于潮汐发电中的第一代机型，单机容量为10MW。加拿大安纳波利斯电站采用的全贯流式机组为第二代机型，单机容量为20MW。中国江厦潮汐能发电站的机组，是参照朗斯潮汐能发电站机组，并结合江厦的具体条件设计的，单机容量为0.5～0.7MW，其总体技术水平与朗斯潮汐电站机组的水平相当。中国在“八五”期间研制开发了全贯流式水轮发电机组，单机容量为0.14MW，并在广东省梅县禅兴寺低水电站试运行。全贯流式机组比灯泡贯流式机组的造价可降低15%～20%。总的来讲，目前潮汐能发电机组的技术已经成熟，朗斯潮汐能发电站的机组已正常运行达35年，江厦潮汐能发电站的机组也已工作达20年。而这些机组都是基于20世纪60～70年代的技术制造的，可以肯定地说，今后利用更先进的制造技术、材料技术和控制技术以及流体动力技术设计，潮汐能发电机组的技术性能必将有很大的改进和提高，其成本将会进一步下降，效率也将会有进一步地提高。

水工建筑在潮汐能发电站中约占总造价的45%，也是降低潮汐能发电站造价的重要因素。传统的建造方法大多采用重力结构的当地材料坝或钢筋混凝土坝，工程量大，造价也高。前苏联的基斯拉雅潮汐能发电站，采用了预制浮运钢筋混凝土沉箱的结构，减少了工程量，降低了造价。中国的一些潮汐能发电站也采用了这项技术建造部分电站设施，如水闸等，也取得了同样的效果。

潮汐能发电站的运行是一项水平要求较高的技术，如果巧妙地利用外海水位和水库水位的相位差，可以有效地提高电站的出力。朗斯潮汐能发电站首先采用了一种叫泵唧的技术，使电站的年发电量约增加了10%。所谓泵唧技术，就是在单库双向电站中，增加双向泵水功能，它可以通过使发电机组具有发电和抽水双重功能来实现，也可以通过增加双向水泵来实现。其工作过程是，在退潮发电刚结束之后，用泵把库面水位抽低1m左右，从而增加涨潮发电的水头。由于泵唧是在很低的水头下进行的，而其后的发电则是在高的水头下进行的，所以提高水头增加的发电量远大于抽水的耗电，因而可以得到很大的净能量收益。

海洋环境问题对于潮汐能发电站来说是一个既很重要又很复杂的课题。主要包括两个方面：一是建造电站对于环境产生的影响，如水温、水流、盐度分层以及水浸到海滨产生的影响等。这些变化又会影响到浮游生物及其他有机物的生长和这一地区的鱼类生活等。关于这些复杂的生态和自然关系，还须开展更加深入地研究。二是海洋环境对于电站的影响，主要是泥沙冲淤问题。泥沙冲淤除与当地的含沙量有关外，还与当地的地形及潮汐和波流等相关，作用关系比较复杂。例如，中国浙江的江厦、沙山、海山3个潮汐能发电站都在乐清湾内，特别是江厦潮汐能发电站和沙山潮汐能发电站，仅咫尺之隔，湾中的含砂量相同，但江厦潮汐能发电站没有淤积问题，沙山潮汐能发电站却在前阶段有淤积问题。再如，中国山东的白沙口潮汐能发电站，其库内淤积不大，而在电站的进出口渠道上却出现了淤积问题。究其原因，是与进、出口水道的位置安排不当直接有关。总之，潮汐能发电站的环境问题较为复杂，需对具体电站进行具体分析，采取切合实际的措施。

2. 潮汐能发电要进一步研究解决的技术问题

由于潮汐能发电是一项新的能源开发利用技术，因而其开发、利用技术尚需不断地加以完善、发展和提高。目前，尚需进一步发展和提高的主要技术问题，可归纳为如下几项：

(1) 泥沙淤积问题。潮汐能发电站建于海湾或河口。由于潮流和风浪的扰动，使海湾底部或外部的泥沙被翻起，并带到海湾的库区里，有的沉沙则由河流从上游挟带而来，注入到河口库区。这些泥沙都会在库区内淤积起来。泥沙的淤积会使水库的容积逐渐缩小，通水渠道变窄，水库使用寿命缩短，发电量减少，并加速水轮机叶片的磨损，对于潮汐发电站十分不利。因此，必须很好地研究当地沉沙的运动规律，搞清水中沉沙的含量、来源、运动方向、颗粒大小和组成、沉降的速度等，据以研究防治泥沙淤积的有效措施。

(2) 海工结构物的防腐蚀和防海洋生物附着问题。潮汐电站的海工结构物长期浸泡在海水中。海水对海工结构物中金属结构物部分的腐蚀是相当严重的，甚至连钢筋混凝土中的钢筋也会被海水腐蚀，最终导致结构物的损坏。同时，海水中的海生物如牡蛎等也都会附着在金属结构物、钢筋混凝土或砖石结构、木结构上，附着的厚度甚至可达10cm左右，并且难以被水流冲掉。海洋生物的附着会使结构物通流部分阻塞、转动部分失灵，难以发挥效用，严重时甚至会导致完全报废。因此，必须重视对于潮汐发电工程海工结构物防腐蚀和防海洋生物附着问题的研究和发展提高。关于金属结构物的防腐蚀问题，有的电站已成功地采取了外加电流阴极保护措施，效果显著。防止海洋生物附着问题，与各地附着的海洋生物的种类和其生活规律密切相关，应结合各地的实际，研究采取有针对性的防治措施。

(3) 电力的补偿问题。潮汐电站在使用中有一个电站的发电出力随着潮汐的涨、落而变化的问题。当潮位涨到顶峰时，或落到低谷时，潮位与水库内的水位差大，电站的发电出力就大；当潮位接近于库内水位时，电站便停止发电，造成间断性的发电。这对于用户来说，特别是对于不能中断用电的用户来说，矛盾十分突出，必须研究解决这一问题。目前有如下一些解决途径：①采用双水库。上水库只在涨潮时进水，下水库仅在落潮时出水，使上、下水库终日保持水位差，这样就可保证电站全天不间断地发电；②在潮汐能发电站附近另建一座抽水蓄能电站。当电站发电量多而用电量少时，可用多余的电把水库里的水抽到位于较高处的蓄能水库内，到用户需电时，再从蓄能电站内放水发电，以调节发电与用电之间的矛盾；③在潮汐能发电站内另外配置相当容量的火力发电机组，当潮汐能发电站中断发电时，由火力发电机组发电；④使潮汐能发电站与其他有相当容量的河川水电站联合运行，当潮汐电站中断发电时，由河川水电站多发电供应用户，当潮汐能发电站发电出力大时，则让河川水电站少发电，使潮汐电站充分发挥作用；⑤使潮汐能发电站与较大的电力系统联通，当潮汐能发电站发电多时，系统中的其他电站少发电，以节约发电燃料并减少不利于环境保护的污染物的排放量，当潮汐电站中断发电时，则由其他电站多发电，以供应用户；⑥调整某些可以适应间断性供电的用电负荷，以适应潮汐能发电的特性。以上这些方式在技术上已经成熟并有成功应用的实例，因此各潮汐能发电站可以根据自己的具体条件和情况，通过综合分析比较，研究采用。

3. 确定建设潮汐能发电站应考虑的主要问题

(1) 应从当地工农业生产和人民生活用电的需要出发。对于那些远离电网，无法由电网供电，并且常规能源短缺的沿海地区，如果潮汐能资源较为丰富，建造潮汐能发电站的技术经济性较好，可以考虑建设潮汐能发电站满足当地的用电需要。

(2) 必须根据当地的自然条件，科学地、认真地分析是否具备建设潮汐能发电站的客观条件。

1) 潮汐条件，主要是潮差条件。潮差大，发电可利用的水头差就大，发电量也大；潮差小，发电可利用的水头差则小，发电量也就小。如果当地潮差太小，甚至还不到1m，发电条件较差，发电量太小，则不宜建设潮汐能发电站。潮差的大小会随时间作周期性的变化，所以要根据一段时间的最大、最小、平均潮差值来进行综合分析。这段时间，至少要有半个月到一个月，如果时间太短，则缺乏代表性，会导致错误的判断。

2) 地形条件。要选择海湾内或通海河口作为建站地址。这是因为建造潮汐能发电站要筑坝拦水，以形成水头差的缘故。筑坝比较理想的地形条件，是"肚子大，喉咙小"。在海湾内或河口段，有着较大的容水区，而同时在出口处却很浅狭，因而在这种地形条件处建坝，工程量最小，投资最省，可拦蓄的水量却最多，发电量也最多。

3) 地质条件。主要应搞清坝址的两岸和水底的地质情况，要求具有一定的承压强度、不漏水、并且经济性也好。具体地说：①当拦水坝建成之后，坝基的地质条件要足以承受坝体的质量，不致沉陷下去，特别是要注意，在整个坝基上，不要有的地方地基很坚硬，承压力强，而另一些地方却很松软，承压力弱，这样容易发生建筑物不均匀沉陷，导致坝体倾斜、破裂、甚至溃决。有的地方即使是均匀沉陷，但沉陷度过大，也可能造成坝顶浸水或崩溃。所以，坝址的地基承压力，必须满足坝体稳定、安全的要求。由于沿海地区的海湾和河口处多为软土地基，可采用打砂桩等人工加固地基的措施，以保证坝体的稳定和安全。在有的工程上，也可考虑采用土坝、堆石坝等相对比较适应软土地基沉陷条件的坝型。②坝基和两岸地带的地质条件，还应满足不漏水的要求。有的海湾或河口段，底部由砂卵石堆积而成；有的底部表层虽是黏土等不透水土壤，但在深层处却是由砂卵石等透水性很强的土壤构成的，形成了地下河流。在这种情况下，如在上面建造了拦水建筑物，其结果将是上部挡水、下部漏水，无法形成蓄水库，不能形成所需要的水头差发电。如果其他条件均适宜于在这里建设电站，则可考虑采用打板桩、灌水泥砂浆或用黏土等不透水土壤来替换地基中的透水性土壤等办法来解决渗漏问题。③在当前技术条件下，各种地基经过技术处理后，一般来说均可满足建设潮汐电站拦水建筑物的要求，问题在于经济上是否合理。一般情况下，在岩石基础上与在松软地基上建造拦水建筑物和电站厂房相比，工程量较小，投资较少，并且技术措施也较简单。因此，应尽量选择岩石基础作为坝址。在考虑经济性时，一方面要分析、比较不同地基上的不同工程量和投资额，另一方面也要分析、比较不同坝址电站的发电和农田水利、航运等综合用水方面的效益。简言之，应把投资和效益进行综合分析、比较，从中选择出最为经济合理的方案。

(3) 建筑材料条件。在工程建设之前，应认真调查研究当地的建筑材料情况，包括有哪些可用的建筑材料及其各自的技术性能、分布地点、可提供数量、采掘运输条件等内容。掌握了这些基本情况之后，即可比较、选择合适的水工建筑物型式和当地可供选用的建筑材料，以达到在确保质量的基础上减少工程量、节约投资、缩短建设时间的目标。

五、潮汐能发电的优缺点及经济性

潮汐能发电具有许多优点，主要有：

(1) 能量可以再生，取之不尽、用之不竭，不消耗化石燃料。

(2) 潮汐的涨落具有规律性，可以作出准确的长期预报，因而供电稳定可靠，没有枯水期，可长年发电。

(3) 清洁干净，没有环境污染。

(4) 运行费用低。

(5) 建站时没有淹地、移民等问题。

(6) 除发电外，还可进行围垦农田、水产养殖、蓄水灌溉等项事业，收到综合利用效益。

潮汐发电目前存在的主要问题是：

(1) 单位投资大，造价较高。

(2) 水头低，机组耗钢多。

(3) 发电具有间断性。

(4) 在工程技术上尚存在泥沙淤积以及海水、海生物对金属结构和海工建筑物的腐蚀及污黏等问题，需要进一步研究解决。

潮汐能发电站虽然一次性投资大，单位造价较高，但是建成以后海水可以大量稳定地自动供应，并且电站仅需少量人员管理即可，所以发电成本很低。根据国外20世纪90年代初的资料，火电站的发电成本为0.4法郎/kWh，核电站为0.3法郎/kWh，内燃机发电为0.6法郎/kWh，水电站为0.05法郎/kWh，潮汐能发电站为0.05～0.08法郎/kWh。潮汐能发电与水力发电的成本相当或稍高，较火力发电、核能发电的成本为低。

关于潮汐能发电的经济性，总地来说，目前还稍逊于水力发电等常规能源发电，这是当前所有新能源开发利用普遍存在的问题。但在各类海洋能发电、甚至整个新能源发电中，潮汐发电的工程费和发电成本却是最低的一种。从中国已建成的几个潮汐能发电站的实际情况来看，电站的建设投资为2000～2500元/kW，和当时的河川小水站的建设费相近。但河川小水电站却存在着淹没农田及有人口迁移等问题，而潮汐电站却不仅不存在这些问题，并且除了提供电力外还具有水产养殖、围垦、灌溉、交通运输以及旅游等综合效益。

第三节 世界潮汐能发电

人类为了开发利用潮汐能，进行了长期的研究和探索。早在11～12世纪，法国、英国和苏格兰沿海地区就出现了潮汐能水磨。16世纪时，俄国沿海居民也使用过同类的水磨；到了18世纪，在俄国阿尔汉格尔斯克并出现了以潮汐能为动力的锯木厂。以后，随着电力工业和机械工业的发展，19世纪末，法国工程师布洛克首先提出了一个在易北河下游兴建潮汐能发电站的设计构想。1912年，德国首先在石勒苏益格—荷尔斯太因州的苏姆湾建成了一座小型潮汐能发电站；接着，法国在布列太尼半岛兴建了一座容量为1865kW的小型潮汐能发电站，使人类利用潮汐能发电的幻想变成了现实。近30多年来，由于扩大能源来源的要求日益增长，法国、英国、前苏联、加拿大、美国等潮汐能资源丰富的国家，都在进行潮汐能发电的开发建设。目前，世界潮汐能发电站总装机容量为

265MW，年发电量约达6亿kWh，是海洋能中技术最成熟和利用规模最大的一种。据统计，世界目前主要潮汐电站如表7-1所示。另据统计，全世界约有近百个站址可建设大型潮汐能发电站，能建设小型潮汐能发电站的地方则更多。

表7-1　　世界主要潮汐电站

国家	站名	潮差（m）	容量（MW）	投运时间
法国	朗斯	8.5	240.00	1966年
加拿大	安纳波利斯	7.1	20.00	1984年
前苏联	基斯拉雅	3.9	0.40	1968年
中国	江厦	5.1	3.20	1980年
中国	白沙口	2.4	0.64	1978年
中国	幸福洋	4.5	1.28	1989年
中国	岳浦	3.6	0.15	1971年
中国	海山	4.9	0.15	1975年
中国	沙山	5.1	0.04	1961年
中国	浏河	2.1	0.15	1976年
中国	果子山	2.5	0.04	1977年

1. 法国

法国的潮汐能利用在世界上处于领先地位。法国专门成立了一个“潮汐能利用协会”，并特别对朗斯河口的朗斯潮汐能发电站及肖晋岛潮汐能发电站进行了详细的研究和规划。1961年1月，由戴高乐政府批准，开始正式兴建圣马洛附近朗斯河口的朗斯潮汐能发电站，1966年第一台机组投入运行，至1967年全部竣工投入运行。朗斯潮汐能发电站是迄今为止世界上正在运行的装机容量最大的潮汐能发电站。该电站位于法国西北部英吉利海峡沿岸，由于大西洋潮汐流入英吉利海峡布里塔尼半岛伸入峡中，使潮位涌高，最大潮汐达13.5m，是世界上著名的潮差地点之一。同时，流入海峡的朗斯河口地形狭窄，只有750m宽，便于建造拦水堤坝。这样的潮差和地形条件对于建设潮汐能发电站十分理想。该电站装机24台，每台容量为1万kW，总装机容量为24万kW，现年发电能力约为6亿kWh。采用可在6种工况下运行的低水头双向灯泡贯流式机组，设备中使用了大量的不锈钢材，并采用了计算机控制等新技术。30多年来，该电站运行正常，机组利用率高达95%，每年因事故而停止运转的时间少于5天。朗斯潮汐能发电站的总投资高达4.8亿法郎，每千瓦造价为2000法郎，约为当时水电站造价的2.5倍。

朗斯潮汐发电工程主要包括：①发电站厂房。它是挡水坝和厂房相结合的建筑物，也起着挡水坝的作用。其水下部分安装水轮发电机组，水流通过灯泡贯流式水轮发电机组进出水库，从而推动机组转动发电。②船闸。船闸位于河的左侧，朗斯河与海峡航行的船只可由此通过。③泄水闸。泄水闸分置于坝的两侧，用以控制进、出水库的水量。④堆石坝。堆石坝与厂房毗连，厂房虽然起到部分挡水作用，但长度较河的宽度小，因而无法全部拦断河道，不足部分则用堆石坝挡水。上述各项建筑物的建设，使朗斯河与海湾隔开，并形成了一个面积为22km^{2}的大水库，蓄水量最大可达1.84亿m^3。在384.5m长的厂房内，安装了24台单机容量为1万kW、水轮机直径为5.5m的水轮发电机组。

该电站采用的是灯泡贯流式水轮发电机组，其优点有：①既能在涨潮水流方向发电又能在落潮水流方向发电。②既可以发电又可以在需要时输入电力，把发电机变成电动机；同时，水轮机起着水泵抽水的作用，在不需要发电和抽水时，还可以当作泄水管排水。朗斯灯泡贯流式机组构造示意图见图 7-19。

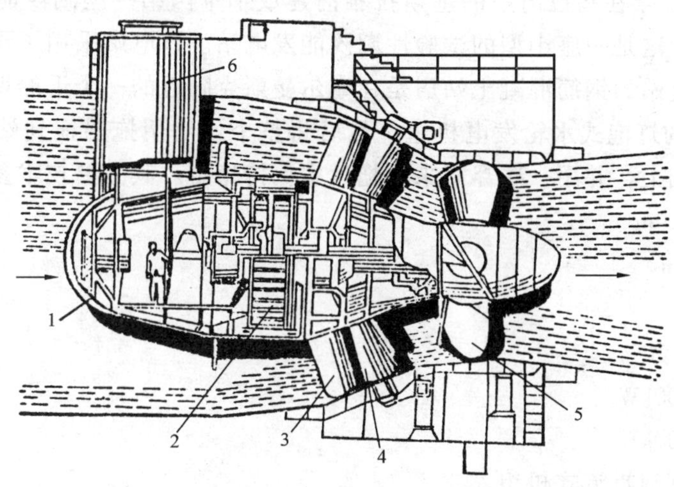

图 7-19　朗斯灯泡贯流式机组构造示意图

1—灯泡体；2—发电机；3—支撑座环；

4—导水叶片；5—转叶；6—进出井

该工程灯泡式装置注水门和船闸的阴极保护系统在抵抗盐水腐蚀方面很为有效。这个系统使用的是白金阳极，耗电仅为 10kW。

这个工程对环境的影响是良好的。在拦河坝体上修筑的车道公路使圣马洛和狄纳尔德之间的路线缩短，在夏季每月的最大通车量达 50 万辆。这个工程对于旅游者有很大的吸引力，每年前去游览的游客达 20 多万人。拦河坝有效地把这个河口变成人工控制的湖泊，大大改善了驾驶游艇、防汛和防浪的条件。

朗斯潮汐电站的主要技术经济参数如下：

最大潮差：13m

平均潮差：8.5m

库容：1.84 亿 m^3

坝总长：750m

坝高：12m

水库面积：22km^2

厂房总长：384.5m

装机台数：24 台

单机容量：10000kW

机组型式：双向六工况灯泡贯流式机组

年发电能力：6 亿 kWh

总投资：4.8 亿法郎

控制方式：采用计算机控制系统

发电成本：1973 年为 0.0967 法郎/kWh，1975 年为 0.0872 法郎/kWh

目前，法国正在建设中的还有圣马诺湾潮汐能发电站，年发电量为 250 亿 kWh。

2. 前苏联

前苏联于 1968 年在乌拉湾中的基斯拉雅湾建成了本国第一座潮汐能发电站—基斯拉雅潮汐能发电站。这是一座小型的试验性潮汐能发电站。该电站采用了预制浮运钢筋混凝土的水闸结构。电站的钢筋混凝土站房是在摩尔曼斯克附近的一个干船坞中建好的，里面装了一台 400kW 的灯泡式水轮发电机组，然后将整个站房用拖船拖到站址，下沉到预先准备好的砂石基础上，并用一些浮筒来在拖运中保持稳定。其主要技术参数为：

最大潮差：3.9m

平均潮差：2m

坝总长：50m

装机台数：1 台

单机容量：400kW

装机容量：400kW

机组型式：灯泡贯流式机组

目前，在俄罗斯规划中的潮汐能发电站有多处，如固尔湾电站，平均潮差 5.3m，预计总装机容量 800MW。

3. 英国

英国在第二次世界大战之前即开始研究修建塞汶湾的潮汐电站。英国塞汶河口的潮汐能蕴藏量异常丰富，仅次于芬迪湾，居世界第 2 位，其平均潮差 8.8m，最大潮差达 15.6m。据英国塞汶湾大坝委员会提出的方案，塞汶湾潮汐电站安装水轮发电机组 160 台，总装机容量 7200MW，年发电量 14.4TWh。英国还对其西部的索耳威河口的潮汐能的开发作过详细地勘查和研究。

4. 加拿大

1972 年，加拿大政府专门成立了一个“潮汐发电评议委员会”。该委员会于 1978 年提出了一个关于兴建潮汐能发电站的报告，并上报国会审议。1979 年，加拿大政府制订了在芬迪湾修建潮汐能发电站的计划，决定修建大型潮汐能发电站。其中，正在建设中的芬迪湾科比阔特潮汐能发电站，装机容量为 400 万 kW。以后，还拟兴建更大的科佩奎潮汐能发电站。此外，还考虑修建使用全贯流式水轮发电机组的新斯科舍潮汐能发电站。加拿大于 1984 年建成的安纳波利斯潮汐能发电站为单库单向潮汐能发电站，总装机容量为 2 万 kW，机组采用了全贯流技术，可比灯泡式机组成本低 15%。水轮机的入口直径 7.6m，额定水头 5.5m，额定效率 89.1%。经过多年运行的考核，该机组性能优良，运行完好率达 97%以上。该电站的主要目的，是验证大型全贯流式水轮发电机组的适用性，为计划建造的芬迪湾大型潮汐能发电站提供技术依据。该电站的水轮发电机组单机容量为 2 万 kW，是目前世界上单机容量最大的机组。

5. 日本

日本可供开发利用的潮汐能资源虽不丰富，但日本的科学家也很注意对潮汐能的开发利用。1970年便对利用潮汐发电的可能性作了理论探讨；随后，即开始在爱媛县今治市大滨海面的来岛海峡修建了一座小型试验性潮汐能发电站。

6. 朝鲜

为实现20世纪80年代末达到年发电1000亿kWh的计划，朝鲜政府对潮汐能发电站的建设十分重视，将其列为能源建设的基本建设项目之一。1974年6月，朝鲜开始修建位于大同江下游的支流台城川上的大安试验性潮汐能发电站，装机容量250kW，年发电量62万kWh。有两台机组已分别于1976年和1977年开始运转，向附近工厂送电。还计划在潮汐能资源丰富的西部沿海地区修建一系列潮汐能发电站。

7. 韩国

韩国目前正在规划建设加露林湾潮汐能发电站，装机容量为40万kW。

8. 美国

美国目前正在建设中的有哥伦比亚河上的石岛潮汐能发电站，装机容量为42.4万kW。计划建设的有缅因湾潮汐能发电站，装机容量为180万kW，年发电量为158亿kWh。

第四节　中国潮汐能发电

一、中国潮汐能开发利用简史

中国人民对潮汐能的认识在世界上是最早的，中国古代的许多科学家就对潮汐进行过研究。早在距今1900多年前的东汉，王充就对潮汐运动的原因给予了科学的回答，他在《论衡》中说："天地之有百川也，犹人之有血脉也，血脉流行，泛扬动静，自有节度，百川亦然。有朝夕往来，犹人之呼吸气出入也"；"涛之起也，随月盛衰，小大满损不齐同，……以月为节"。唐代的封演进一步指出，海水与月亮存在"潜相感致，体于盈缩"的作用，这一观点在某种程度上已经触及了近代的万有引力作用的本质。中国古代的科学家不仅驳斥了潮水涨落与神龙有关的迷信传说，并且明确地指出，潮水是一种"此盈彼竭，往来不绝"的波动现象。例如宋朝的余靖在其所著《海潮图序》中就说："潮之涨退，海非增减，盖月之所临，则水往从之"；"此竭彼盈，往来不绝"。

中国古代人民早就在生产实践中利用潮汐的能量为人类服务，中国利用潮汐能的历史悠久，是世界上最早的国家之一。在距今大约1000多年以前，中国就有了潮汐磨，利用潮汐的能量代替人力推磨，近年已在山东省的蓬莱地区发现了这种潮汐磨。潮汐能还可应用于桥梁的施工和海洋工程的建筑。其中较早载于史册的是应用于距今900多年前的宋代修建洛阳桥的建筑工程上。洛阳桥在福建省泉州市附近，桥长834m，桥宽7m，全部是用大石头砌成的，工程宏伟，建筑技术精湛。正如诗人所形容的那样："一望五里排琨瑶，行人不忧沧海潮"。在建筑这座石桥时，由于缺乏起重设备，人们就用潮汐作"起重机"，用它的能量来搬运石块。人们把凿下的石块放在木筏上，乘涨潮时把载有石块的木筏运到两个桥墩之间，并利用高潮水位使石块上升，随着潮位的下降，石块便慢慢落在预定的位置上，完整无损。洛阳桥的建成是中国劳动人民的一项创造，它同时启发人们开动脑筋对如何更好地利用潮汐的巨大能量加以研究。现在，福建沿海的一些盐场仍把潮汐能应用于制盐业上，在海水高潮时，将海水引进盐田蒸发，叫做“纳潮”，自然纳取外海流来的高盐度海水，不但可以节省用于抽水的人力和电力，而且还能缩短蒸发过程，提高出盐率。利用潮水灌溉农田的现象在中国沿海也很普遍。福建省长乐县人民在营建莲柄港水利工程时，利用潮水的顶托作用，引闽江水灌溉农田，这可以说是利用潮水为农业生产服务的一个创举。继1954年福建农机所研制出了水轮泵样机以后，1955年冬，在闽江末游福州市郊的浚边，中国的第一座潮汐能水轮泵站建成了，这个泵站可以通过抽水灌溉农田840亩，由于它经济效益显著，深受广大人民的欢迎，邻里竞相仿造。到1983年，福州市城门乡已建成潮汐泵站20座，安装水轮泵25台，灌田1.05万亩，占全乡水田的55%，有的站还考虑了综合利用。据当年统计，由这20处泵站代替机灌、电灌，每年可省柴油100多t，或节电30多万kWh，每年的支出却仅为机灌、电灌的30%。据统计，1983年福建全省共有潮汐能水轮泵站37座。中国修建潮汐能发电站，利用潮汐能发电，是在新中国建立以后开始的。1958年，广东省顺德县兴建了中国的第一座潮汐能发电站——鸡州潮汐能发电站。当时，在广东、福建、浙江和山东共试建了41处小型潮汐能发电站，装机容量583kW。这些老潮汐能发电站均属于土法上马，采用木质水轮机，质量较差，现在多已报废。但它却为中国科学、健康地发展潮汐能发电积累了经验，只要认真地加以总结，是可以借鉴的。

二、中国潮汐能资源

中国的潮汐能资源十分丰富。1958年，原水利电力部勘测设计总局曾对中国的潮汐能资源进行过建国后第一次较为系统的统计。如果按照堤线长2~5km以下、堤线处水深一般10m以下、多年平均潮位差在0.5m以上的500处潮汐能地址来计算的话，中国潮汐能的理论蕴藏量大约为1.1亿kW，年可发电量约为2752亿kWh。如把港湾面积和潮差更小的地址也包括在内，那么中国潮汐能的理论蕴藏量还要更大一些。中国潮汐能的开发利用条件也较好，一般潮差在1m以上、平均潮差达2m、每公里堤长能量为0.5亿kWh、规模在1亿kWh以上的潮汐能资源，总计能量达2310亿kWh，占潮汐能理论蕴藏总量的80%以上；潮差3m以上、每公里堤长能量为1亿kWh、规模在1亿kWh以上的潮汐能资源，总计能量达1940亿kWh，占潮汐能理论蕴藏总量的70%。从资源的地理分布来看，中国有11个省、市、自治区拥有潮汐能资源，它们是辽宁省、河北省、天津市、山东省、江苏省、上海市、浙江省、福建省、广东省、广西自治区以及台湾省。其中，浙江和福建两省蕴藏量最大，约占全国潮汐能总资源量的80.9%，并且港湾地形优越，潮差较大。中国沿海各省、市、自治区潮汐能资源的理论蕴藏量如表7-2所示。

表7-2　　中国沿海各省、市、自治区潮汐能资源理论蕴藏量表

省份	堤长 (km)	内港面积 (km²)	加权平均潮差 (m)	年潮汐总能量 (亿kWh/年)	潮汐能量比重 (%)	单位堤长能量 (MkWh/km)	装机容量 (万kW)
全国	2488.6	20829.5	2.10	2751.6	100.0	110.0	11012.2
浙江	584.0	3733.0	3.70	1146.0	41.6	196.0	4580.0
福建	415.0	3857.0	3.70	1081.0	39.3	260.0	4340.0
山东	524.0	3029.0	1.50	165.0	6.0	31.5	660.0

续表

省　份	堤长（km）	内港面积（km^2）	加权平均潮差（m）	年潮汐总能量（亿 kWh/年）	潮汐能量比重（%）	单位堤长能量（MkWh/km）	装机容量（万 kW）
广东	485.0	6075.0	0.95	133.0	4.8	27.4	530.0
辽宁	342.0	1350.0	1.95	118.0	4.3	34.5	470.0
江苏（包括上海市）	90.0	2627.0	1.24	101.0	3.7	111.1	400.0
河北（包括天津市）	1.6	27.5	0.65	2.6	0.1	162.5	10.5
台湾	47.0	131.0	1.20	5.0	0.2	10.6	21.7

注　1. 加权平均潮差的计算，以内港面积为权。
　　2. 表内数据系原水利电力部勘测设计总局规划水能处 1958 年统计。

河口潮汐能资源在中国潮汐能资源的总蕴藏量中占有重要地位。中国河口潮汐能资源以钱塘江口最为丰富，其次为长江口，以下依次为珠江、晋江、闽江和瓯江等河口。中国各主要河流的河口潮汐能资源理论蕴藏量如表 7-3 所示。

表 7-3　　中国各主要河流的河口潮汐能资源理论蕴藏量表

河　流	年潮汐能量（亿 kWh/年）	堤长（km）	单位堤长能量（MkWh/km）	加权平均潮差（m）
鸭绿江	10.9	5.5	198	2.74
辽河	2.8	1.5	187	2.00
淮河	1.2	1.2	100	2.80
射阳河	8.0	0.8	1000	2.60
长江	78.0	36.0	217	2.00
钱塘江	590.0	32.5	1815	5.00
灵江	5.3	1.2	442	3.00
瓯江	12.0	5.0	240	3.00
鳌江	1.3	0.8	163	3.00
福安江	4.4	1.0	440	3.00
闽江	15.0	2.5	600	3.00
晋江	33.0	11.2	295	4.00
珠江	41.0	25.0	164	1.00
合计	802.9	124.2	646	

注　表中数据系原水利电力部勘测设计总局规划水能处 1958 年统计。

为摸清中国潮汐能资源情况和可开发利用数量，1958 年以来中国有关部门组织了对中国潮汐能资源的系统普查。据原水利电力部规划设计院 1982 年 12 月《中国沿海潮汐能资源普查》（初稿）所提供的数据，中国潮汐能资源理论蕴藏量为 1.9 亿 kW，可开发利用的装机容量为 2157.5 万 kW，可开发的年电量为 618 亿 kWh。其中闽、浙两省可开发的装机容量为 1912.6 万 kW，可开发的年电量为 547 亿 kWh，占全国可开发利用潮汐能总装机容量的 88.65%，中国可开发利用潮汐能总装机容量如表 7-4 所示。

表 7-4　　中国可开发利用潮汐能总装机容量表

省　份	平均潮差（m）	装机容量（万 kW）	年发电量（亿 kWh）
合计	2.66	2157.52	618.08
辽宁	2.57	58.62	16.14
河北（包括天津）	1.01	0.47	0.09
山东	2.36	11.78	3.63
江苏（包括上海）	（1.60～3.70）	0.08	0.04
长江口北支	3.04	70.40	22.80
浙江	4.29	880.16	263.44
福建	4.20	1032.40	283.82
广东	1.38	64.88	17.20
广西	2.46	38.73	10.92
台湾	（1.80）	（10.60）	（2.70）

注　1. 平均潮差是按省调查的港湾（河口）、水库面积加权平均求出的。

2. 本表所列的装机容量以大于 500kW 为起点。

根据对中国潮汐能资源的普查，有关专家和部门认为：在中国沿海、特别是东南沿海，有很多能量密度较高，平均潮差 4～5m，最大潮差 7～8m，并且自然环境条件优越的站址。其中已做过大量调查勘测、规划设计和可行性研究，具有近期开发价值和条件的中型潮汐能发电站站址有：福建大官坂（装机容量 1.4 万 kW、年发电量 0.45 亿 kWh）；福建八尺门（装机容量 3.3 万 kW、年发电量 1.8 亿 kWh）；浙江健跳港（装机容量 1.5 万 kW、年发电量 0.48 亿 kWh）；浙江黄墩港（装机容量 5.9 万 kW、年发电量 1.8 亿 kWh）等。已做过规划设计，有较好的工作基础，还需进行前期综合研究论证的大型潮汐电站站址有：长江口北支（装机容量 70.4 万 kW、年发电量 22.8 亿 kWh）；杭州湾（装机容量 316 万 kW、年发电量 87 亿 kWh）；浙江乐清湾（装机容量 55 万 kW、年发电量 23.4 亿 kWh）等。

三、中国潮汐能发电现状

中国的小型潮汐能发电站，数量多，效益高，闻名于世。

1958 年，中国沿海各地的人民，出于早日改变落后面貌的急切愿望，千方百计寻找解决沿海无电村镇、岛屿发电的途径，曾经掀起过一个土法上马纷纷兴办小型潮汐能发电站的热潮。在 20 世纪 50 年代～70 年代曾先后共计建造了约 50 余座小型潮汐能发电站。但是，由于当时的历史条件，这些电站往往忽视科学的勘查设计，过分强调土法上马、造价低廉，以致工程质量差、设备粗劣，现在大多数已经停运报废。但也有个别的电站较好，30 多年来一直正常运行发电。“吃一堑，长一智”，走过这段弯路，认真地总结经验教训，狠抓科学实验，中国建设小型潮汐能发电站的工程技术水平提高很快，日益成熟，以后兴建的电站，多数质量较高，运行正常，经济效益明显，为当地工农业生产的发展和人民生活的改善做出了一定的贡献，深受欢迎。

截止至2002年底，中国正在运行发电的潮汐能发电站有8座、潮洪电站有1座，分布在浙江、江苏、广东、广西、山东、福建等省、自治区，总装机容量为10650kW。

下面对这些潮汐能发电站作一简介。

（1）江厦潮汐能发电站。该电站位于浙江省温岭县西部沙山乡乐清湾的江厦港上，是目前中国最大的双向潮汐能发电站。该电站的研建列入了国家“六五”重点科技攻关计划，总投资为1130万元，1974年开始研建，1980年首台500kW机组开始发电，1985年建成。该电站共安装500kW机组1台、600kW机组1台、700kW机组3台，总装机容量为3200kW，为单库双作用式电站，水库面积$1.58\times10^6m^2$，设计年发电量为10.7×10^6kWh。1996年全年的净发电量为5.02×10^6kWh，约为设计值的一半，造成这一情况的主要原因是机组的设计状态与实际状态有差异，同时机组的保证率、运行控制方式等也需要提高。该电站是一项综合性的开发工程，除发电外，还兼有土地围垦和水产养殖等多项效益。

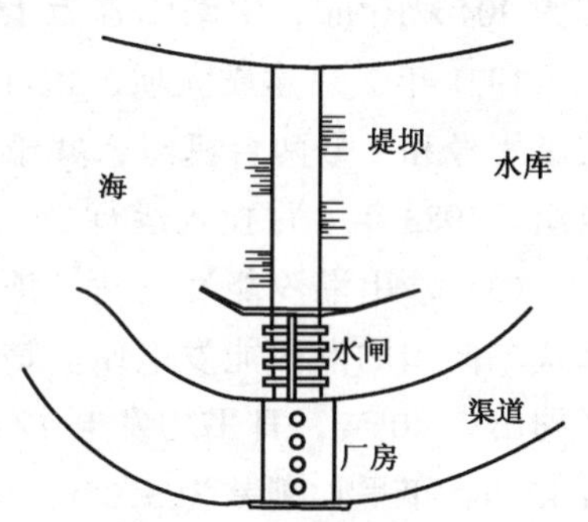

图 7-20 江厦潮汐能发电站平面示意图

该电站所处的地形条件很为有利，湾内肚子较大，而湾口狭窄，整个形态像布袋形。这样，水库容积大，而出口处筑的堤坝却可以较短，从而使得工程量小，最大潮差与著名的钱塘江潮差接近。江厦潮汐能发电站平面示意图如图7-20所示。

由图7-20可见，该电站虽然采用单水库的型式，但却是涨、落潮都能发电的双向潮汐电站。

该电站采用的是卧轴双向灯泡贯流式机组。电站厂房及机组的剖面示意图如图7-21所示。由图7-21可见，水轮机和发电机连接在同一卧轴上，水流可径直通向水轮机，带动发电机发电。因潮汐能发电站水位差较小，推动水轮机转动的力量有限，所以在水轮机和发电机之间加入一个传动增速器以提高发电机的转速。为了保护发电机和增速器不被水浸，在其仓部包了一层钢的封壳，外表很像个大的灯泡，故而称做灯泡贯流式机组。该电站的机组有单机容量500、600kW和700kW3种规格，转轮直径为2.5m。并在海上建筑和机组防腐蚀、防海洋生物附着等方面，以较先进的办法取得了良好的效果。尤其是后两台机组，达到了国际先进技术水平，具有双向发电、泄水和泵水蓄能等多种功能，并采用了先进的行星齿轮增速传动机构，这样既不

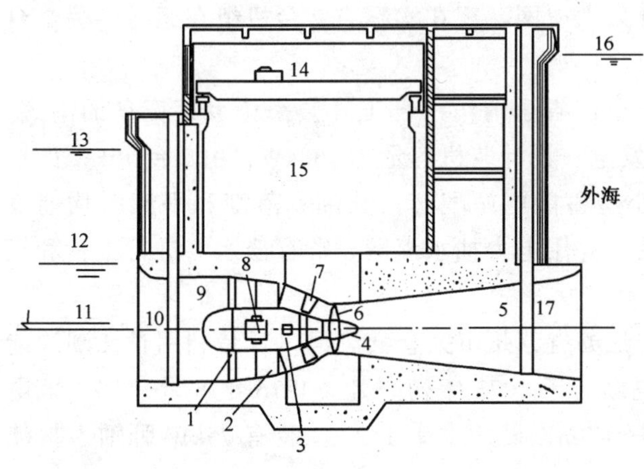

图 7-21 江厦潮汐能发电站厂房及机组剖面示意图

1—灯泡贯流式机组；2—支撑；3—增速器；4—转轮壳；5—尾水管；6—水轮机转叶；7—水轮机导水叶片；8—发电机；9—流道；10—闸门槽；11—装机高程；12—最低潮水位；13—最高库水位；14—吊车；15—厂房；16—最高潮水位；17—闸门槽

用加大机组的体积，又增大了发电功率，还降低了建筑成本。

从总体上来说，江厦潮汐能发电站的建设是成功的，它为中国潮汐能发电站的建设提供了较为全面的技术，并为潮汐能发电站的运行、管理及多种经营等积累了较为丰富的经验。

(2) 白沙口潮汐能发电站。该电站位于山东省烟台市乳山县海阳所与白沙滩两个乡交界处的白沙口海湾，距乳山县城 20km。为单库单向型潮汐能发电站。总装机容量为 640kW，由 4 台单机容量为 160kW 的竖轴贯流式机组组成。平均潮差 2.36m。拦海大坝长 704m，蓄水海湾面积 $3.2km^2$。电站的工作水头为 0.5～2.14m，设计水头为 1.2m。大潮库容为 $204\times10^4m^3$，中潮库容为 $155\times10^4m^3$，小潮库容为 $103\times10^4m^3$。1970 年 11 月开始施工，1971 年 2 月建成大坝，1971 年 5 月建成进水闸，1973 年底建成电站厂房，1978 年安装了 1 号和 2 号两台机组，并于同年 8 月 1 日首次投产发电，1982 年又安装了 3 号和 4 号机组，1983 年 4 月投入运行。

(3) 沙山潮汐能发电站。该电站位于乐清湾江厦港东岸，属浙江省温岭县。是一座蓄水式单向型的潮汐能发电站。该电站于 1958 年动工，1961 年开始发电。1964 年底改建后，平均出力 40kW，日平均发电 12～13h，年发电利用小时数为 4693h，年平均发电量为 9.3 万 kWh。年平均潮差为 5.08m。坝长 800m，高 5m，水库面积约 $480m^2$，库容 $5.15\times10^4m^3$。1980 年并入大电网。该站建立至今，已正常运行近 40 年。

(4) 岳浦潮汐能发电站。该电站位于浙江省三门湾口象山县南田岛岳浦乡汪涂山嘴，面朝石浦港，背靠黄金坛山。当地最大潮差 6.5m，年平均潮差 3.6m。该站于 1970 年动工建设，1971 年 11 月建成，1972 年 5 月架线送电，是单库单向式的潮汐能发电站。蓄水库面积约为 $1900m^2$，可蓄水 40 万 m^3。装机容量为 150kW，由 2 台 75kW 的单机组成。月平均发电 24 天，每天最多可发电 16h，单机最高出力 70kW，日最高发电量 800kWh，年最高发电量为 16 万 kWh。1983 年 12 月开始并入大电网。现在实际有 2 台机组在运行，另 2 台机组已拆除。

(5) 海山潮汐能发电站。该电站位于浙江省乐清湾中部玉环县海山乡茅埏岛的南端。1973 年 7 月开始兴建，1975 年 12 月建成发电。设计装机容量为 150kW，由 2 台 75kW 的单机组成。采用双库单向开发方式，并与小型蓄能电站配套，涨潮、落潮和平潮时均能发电。电站建成后，全岛居民改用电灯照明，并用电力抽水灌溉、贮存淡水、进行粮食和饲料加工。

(6) 浏河潮汐能发电站。该电站位于江苏省苏州市太仓县浏河口。是利用长江潮汐能量依靠水闸挡落差进行双向发电的试验电站。于 1973 年初兴建，1976 年 8 月建成。该电站具有水头低、流量大的特点。最低水头 0.3m，设计水头 1.2m。装有 75kW 卧轴半贯流式水轮发电机组 2 台，总装机容量为 150kW，设计年发电量为 25 万 kWh。1978 年 7 月并网运行。该电站应用了微型计算机程序控制器，其设备费仅为继电器式程控器的 1/4 左右，使 2 台 75kW 的发电机组可以自动地进行开启、增速及电压、频率的控制和电力并网，并且还能按照水位的高低控制水轮机保持在最佳运行状态。

(7) 甘竹滩洪潮发电站。该电站位于西江下游与北江相通的一条支流甘竹溪上，属广东省顺德县。1971年兴建，1974年投产发电，是一座设计水头较低、利用洪水和潮汐等综合能源发电的迳流电站。它的特点是上、下游水位差小，在1.27m以下，但流量却很大，达30m³/s。在多雨季节如有洪水下泄，最大的洪水量可达2000～3000m³/s。该电站共安装了转轮直径为3m的半贯流式水轮发电机组22台，总装机容量为5000kW。平均年利用小时数为2400～2600h。平均年发电1030万kWh。已运行近30年，经历了各种考验，运行正常，达到了设计上的主要技术经济指标。这里过去是一个灾害频繁的险滩，现在变成了一个造福人民的综合枢纽工程。

（8）幸福洋潮汐能发电站。该电站位于福建省平潭岛。总装机容量为1280kW，装有320kW贯流式机组4台。运行方式为单向发电式，设计水头为3.02m。于1990年建成发电。

（9）果子山潮汐能发电站。该电站位于广西钦州，装有1台40kW的水轮发电机组，设计水头2 m，运行方式为退潮发电式。于1997年建成发电。

四、中国潮汐能发电前景

40多年来，中国潮汐能发电的科学研究工作，取得了不小的进展，有了良好的开端。今后，要在国家的统一规划下，组织力量，协作攻关，着重在水库内泥沙淤积的防治、海上工程结构物的防腐和防生物附着、大型发电机组的研制、建站投资的降低以及综合利用的开展等方面进行研究和开发，为进一步发展创造条件。

目前，中国已能生产几十千瓦至几百千瓦的潮汐能发电机组，并积累了建设小型潮汐能发电站的工程技术经验，因此，经过继续努力，使小型潮汐能发电站达到定型推广的阶段是完全可能的。

关于中国潮汐能发电的今后发展，国家计委、国家科委、国家经贸委在1995年1月5日印发的《新能源和可再生能源发展纲要（1996～2010）》中提出："潮汐能的开发重点以浙江和福建等地区为主，2000年以前开展低水头、大流量万千瓦级的全贯流机组及海工技术的试验和研究，开发能力达5万kW；2010年争取建成30万kW实用型电站，年供能量达到31万吨标准煤"。可见，中国的潮汐能发电，任务繁重，前景诱人，大有可为。

第八章 燃料电池发电技术

第一节 燃料电池的基本原理

1. 一种新的发电方式

燃料电池发电不同于传统的火力发电，其燃料不经过燃烧，没有复杂的从燃料化学能转化为热能，再转化为机械能，最终转化成电能的过程，而是直接将燃料（天然气、煤制气、石油等）中的氢气借助于电解质与空气中的氧气发生化学反应，在生成水的同时进行发电，因此其实质是化学能发电。燃料电池发电被称为是继火力发电、水力发电、原子能发电之后的第 4 大发电方式。

燃料电池也不同于平时所说的干电池与蓄电池。平时所说的干电池与蓄电池，没有反应物质的输入与生成物的排出，所以其寿命有一定限度；而燃料电池可以连续地对其供给反应物（燃料）及不断排出生成物（水等），因而可以连续地输出电力。

燃料电池的历史可以上溯到 160 多年之前。1839 年，格罗夫发表了世界第 1 篇有关燃料电池研究的报告。他研制的单电池用镀制的铂作电极，以氢为燃料，氧为氧化剂。

燃料电池的实用化，最早是 1960 年 10 月首次将美国通用电气公司研制的质子交换膜燃料电池用于双子星座飞船作为主电源。之后，1968 年又在美国阿波罗登月飞船上将碱性燃料电池作为主电源，为人类首次登上月球做出了贡献。

随着技术的发展，美国在 1967 年开始了以民用为目标的研究计划，首先开发磷酸型燃料电池。之后，以美国、日本为中心，进行了磷酸型燃料电池实用化的工作。日本于 1981 年的“月光计划”中，全面地开展了 5 类燃料电池的研究（碱性、磷酸型、熔融碳酸盐型、固体电解质型、固体高分子型）。而在 1993 年开始的“新阳光计划”中，燃料电池成为日本政府加速实施的一个重点计划，开始投入大规模研究。

中国也很早就开始了燃料电池的研究。中国科学院大连化学物理研究所于1969年开始进行石棉膜型氢氧燃料电池的研制，至1978年完成了两种型号航天用石棉膜型氢氧燃料电池系统的研制，并通过了例行的地面航天环境模拟试验。20世纪70年代，天津电源研究所也研制成功了石棉膜型动力排水的航天用氢氧燃料电池系统。此外，还有一些高等院校和研究院所也开展了燃料电池的研究试制。在“九五”期间，燃料电池被列入国家重点科技项目攻关计划，加强了研究开发力度。

2. 燃料电池发电原理

化学反应与电子的运动如图8-1所示。在能量水平高的氢与氧结合产生水时，首先氢气放出电子，具有正电荷；同时，氧气从氢气中得到电子，具有负电荷，两者结合成为中性的水。在氢与氧进行化学反应中，发生电子的移动，把电子的移动取出，加到外部连接的负载上面，这种结构即为燃料电池。

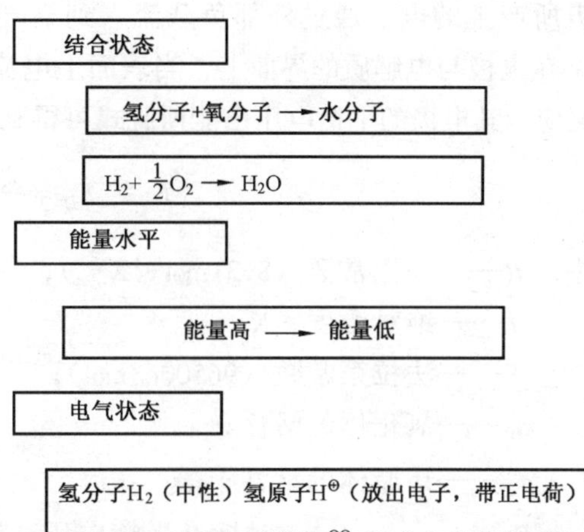

图8-1 化学反应与电子的运动

为使移动的电子能够取出加到外部连接的负载上，有必要把氢与氧用以离子为导体的电解质将其分开，在电解质的两边进行反应。氢气反应的地方为燃料极，氧气反应的地方为空气极，夹在这两个极中间通过离子传导电力的地方为电解质。燃料电池的构成如图8-2所示。

燃料极中流动的氢，通过金属的催化剂，分离成氢离子（H^+）与电子（e^-）。氢离子通过电解质或者电子通过外部负载，到达空气极。在空气极，通过外部负载得到电子，同时也由于金属催化剂，氧气变为氧离子（O^{2-}）。氧离子与电解质中流来的氢离子进行反应，产生水。

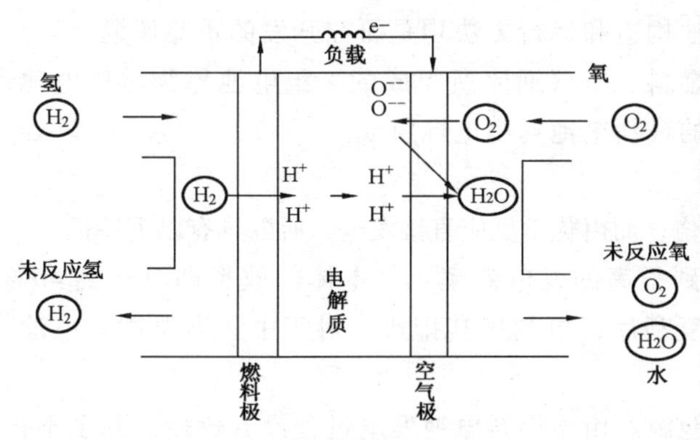

图8-2 燃料电池构成

燃料极与空气极统称之为电极，由电子导体的金属或炭等制成，而且为了对电极提供氢与氧，以及排出化学反应生成的水，电极中有相当多的细小毛孔。燃料极为阳极，空气极为阴极。

电解质是由不透气的通过离子导电的导体组成。所谓离子导体，是指离子移动而使电子传递。碱性液体和酸是良好的离子导体；熔融碳酸盐也是良好的离子导体；在固体中，锆也是一种良好的离子导体。

在图8-2的燃料极中必须有以下反应

$$H_2 \longrightarrow 2H^+ + 2e^- \tag{8-1}$$

到达燃料极中的细小毛孔中的氢在电极与电解质的交界处，借助于金属的帮助（催化作用），分离出氢离子与电子，如果这个氢离子与电子能各自通过电解质与电子传递的话，就能够连续地发生式（8-1）所表示的化学反应。

在空气极处，利用燃料极所产生的氢离子与电子，产生以下化学反应

$$2H^+ + 2e^- + O_2 \longrightarrow H_2O \tag{8-2}$$

综合式（8-1）及式（8-2），最终只有一个由氢与氧反应生成水的结果。可以通过把燃料极所产生的电子通过外部负载流入到空气极的方法，从燃料电池中获取电力。

在电极与电解质的界面上，当表面上电流不流动而处于平衡状态时，电极上发生氧化-还原反应，其电极的平衡电压由能斯脱式可得到

$$E = E_0 + \frac{2.03RT}{nF}\log\frac{(a_0)^a}{(a_R)^b}$$

式中 R——气体常数（$8.31\mathrm{mol}^{-1}\mathrm{K}^{-1}$）；

T——绝对温度，K；

F——法拉第常数（96500c/mol）；

a_0——氧化体的活性；

a_R——还原体的活性；

E_0——$a_0 = a_R = 1$ 时标准平衡电压；

n——氢的原子数。

根据计算，发电时的开路电压约为 1.23V。

为了尽可能获取电力，可以采取以下促进方法：①提高温度与燃料气的压力；②为提高催化作用，应用白金与镍；③扩大燃料、空气与电极、电解质的接触面积；④电极中的细小毛孔应使氢、氧、水（水蒸气）易于流动。

因此，材料的选择、制造方法、电池构造和运行方法均是研究开发的重要课题。

由一个燃料极和空气极及电解质、燃料、空气通路所组成的一组电池称为单体电池；多个单体电池的重叠，称为电堆。实用的燃料电池均由电堆组成。

3. 燃料电池特征

燃料电池发电系统由于燃料不通过燃烧，而由化学反应直接发电，所以具有以下特征。

（1）不受卡诺循环的限制，可以得到很高的发电效率，其本体的效率即可达到 40%～50%以上。如果将排出的燃料进行重复利用，再利用其排热，对于中、高温燃料电池，综合效率可达 70%～80%。

（2）污染极少，是保护环境的绿色能源。由于燃料电池发电过程没有燃烧，几乎不排出 NO_x 与 SO_x，CO_2 的排出量也大大减少，在环境污染日益严重的今天，是最适宜的发电方式之一。

（3）可以使用天然气、石油、煤炭、乙醇、沼气等等多种多样的燃料，资源广泛。

（4）由于燃料电池本体没有旋转部分，所以噪声很小。

（5）由于燃料电池由基本电池组成，可以用积木式的方法组成各种不同规格、功率的电池，并可按需要装配成要求的发电系统安装在海岛、边疆、沙漠等地区，构成 21 世纪

发展方向的分散电源。

（6）不需要大量的冷却水，适合于内陆及城市地下应用，对缺水的中国极为有利。

由于以上特征，燃料电池的利用形态可以预想为代替火力发电的大型电厂，或者作为接近消费用户的分散电源，或者作为旅馆、医院、家庭等的独立电源，或者作为电动车和潜艇等的移动电源。

4．燃料电池分类

迄今,已研究开发出多种类型的燃料电池。最常见的分类方法是按电池所采用的电解质分类。据此,可将燃料电池分为碱性燃料电池、磷酸型燃料电池、熔融碳酸盐型燃料电池、固体电解质型燃料电池、固体高分子型(又称质子交换膜)燃料电池以及直接甲醇型燃料电池等。

碱性燃料电池是最先研究成功的，多用于火箭、卫星上，但其成本高，因此不宜作为大规模研究开发的内容。磷酸型燃料电池已进入实用化阶段，研究上已不再花费很多财力、物力与人力。固体高分子型燃料电池又称为质子交换膜燃料电池，是目前研制的热点。直接甲醇型燃料电池特别适合于作为小型电源（如手提电话、笔记本电脑等的电源），因而很受重视，目前已开始对其进行基础研究。

燃料电池分类及特性如表 8-1 所示。

表 8-1　　燃料电池分类及特性

类型 / 性能	磷酸型（PAFC）	熔融碳酸盐型（MCFC）	固体电解质型（SOFC）	碱性（AFC）	固体高分子型（PEFC/PEMFC）	直接甲醇型（DMFC）
工作温度	约 200℃	600～700℃	800～1000℃	60～80℃	约 100℃	约 100℃
电解质	磷酸溶液	熔融碳酸盐	固体氧化物	KOH	全氟磺酸膜	全氟磺酸膜
反应离子	H^+	CO_3^{2-}	O^{2-}	OH^-	H^+	H^+
可用燃料	天然气、甲醇	天然气、甲醇、煤	天然气、甲醇、煤	纯氢	氢、天然气、甲醇	甲醇
适用领域	分散电源	分散电源	分散电源	移动电源	移动电源、分散电源	移动电源
备　注	CO 中毒	无	无		CO 中毒	CO 中毒

碱性燃料电池简称为 AFC，固体高分子型燃料电池简称为 PEMFC 或 PEFC，磷酸型燃料电池简称为 PAFC，熔融碳酸盐型燃料电池简称为 MCFC，固体电解质型燃料电池简称为 SOFC，直接甲醇型燃料电池简称为 DMFC。

有时也把燃料电池按照电池的工作温度进行分类。工作温度低于 100℃的为低温燃料电池，包括碱性燃料电池和固体高分子型燃料电池；工作温度在 100～300℃的为中温燃料电池，包括直接甲醇型燃料电池和磷酸型燃料电池；工作温度在 600～1000℃的为高温燃料电池，包括熔融碳酸盐型燃料电池和固体电解质型燃料电池。

5．燃料电池系统

燃料电池发电装置除了燃料电池本体之外，还必须和以下周边装置共同构成一个系统。燃料电池系统与燃料电池本体的形式及使用燃料的不同和用途的不同而有区别，主要有燃料重整系统、空气供应系统、直流—交流逆变系统、余热回收系统以及控制系统等周边装置。在高温燃料电池中还有剩余气体循环系统。燃料电池发电装置的系统构成如图 8-3 所示。

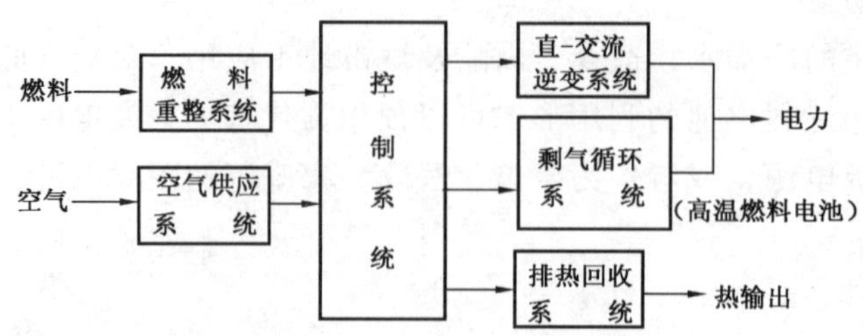

图 8-3　燃料电池发电装置的系统构成图

构成系统的各周边装置的作用如下：

(1) 燃料重整系统。燃料重整系统是将所得到的燃料转化成为燃料电池能够使用的以氢为主成分的燃料的一个转换系统。碳氢化合物的气体燃料（如天然气等）或者液体燃料（石油、甲醇等）用作燃料电池的燃料时，通过水蒸气重整法等，对燃料进行重整。而在使用煤炭时，则通过煤制气的反应，制造出以氢与一氧化碳为主要成分的气体燃料。这些转换的主要反应装置，称之为重整器和煤气化炉。

(2) 空气供给装置。空气供给装置是对燃料电池供应反应时用的空气的系统。它可以使用马达驱动的送风机或者空气压缩机，也可以使用回收排出余气的透平机或压缩机的加压装置。

(3) 直—交流逆变系统。燃料电池所产生的是直流电，而所需要的往往是交流电，因此要有一个将燃料电池本体所产生的直流电变换成交流电的装置。

(4) 排热回收系统。排热回收系统指回收燃料电池本体发电时所产生的热（电池排气的含热及燃料重整系统的排热等）的系统。

(5) 控制系统。控制系统是燃料电池发电装置起动、停止、运转、外接负载等的控制装置。由控制运算的计算机以及测量与控制执行机构等组成。

(6) 剩余气体循环系统。在高温燃料电池发电装置中，由于电池排热温度高，因此装设有可以使用燃气轮机与蒸汽轮机剩余气体的循环系统。

第二节　磷酸型燃料电池

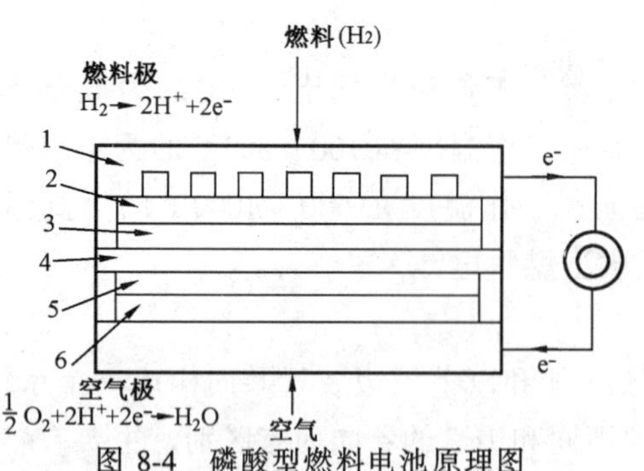

图 8-4　磷酸型燃料电池原理图

1—通道板（C）；2—燃料极（C）；3—催化剂层（Pt，C）；4—电解质（SiC、H_3PO_4）；5—催化剂层（Pt，C）；6—空气极（C）

1. 原理

磷酸型燃料电池简称 PAFC，它以磷酸为电解质，使用天然气或者甲醇等为燃料，在约 200℃温度下使氢气与氧气发生反应，得到电力与热。磷酸型燃料电池原理图如图 8-4 所示。

在燃料极中，氢分解成氢离子与电子，氢离子在电解质中移动，电子则通过外部回路达到空气极；电解质因为使用磷酸水溶液，而这种水溶液是强电解质，分解成磷酸离子与氢离子和电子。氢离子在电解质内向空气极移动。

$$H_2 \longrightarrow 2H^+ + 2e^- \tag{8-3}$$

在空气极，则由燃料极移动来的氢离子与流经外部负载而来的电子及不断由外部供给的氧气发生以下反应，产生水。

$$\frac{1}{2}O_2 + 2H^+ + 2e^- \longrightarrow H_2O \tag{8-4}$$

为了产生以上反应，必须在电极中存在与反应有关的离子，通过电子导体及氢与氧。这对燃料电池来说是相当重要的。

2. 特征与工作温度

磷酸型燃料电池与其他燃料电池相比，特别是与高温燃料电池相比，有以下几个特征：

(1) 低温下发电时，稳定性好。

(2) 反应后排出的热量的温度适合于人类日常生活。

(3) 启动时间短。

(4) 催化剂必须要有白金。

(5) 电池燃料中如果 CO 含量高，易引起催化剂中毒。

磷酸型燃料电池的反应温度的设定应考虑以下几点：

(1) 磷酸的蒸气压（浓度）。

(2) 材料的耐蚀性。

(3) CO 中毒特性。

(4) 电池特性。

如果温度过高，磷酸的蒸气压力增加，磷酸的蒸发与消失现象也随之增加，同时促进材料的老化；如果温度过低，反应速度变慢，同时催化剂 CO 中毒现象也变得严重。因此，选择以上温度范围在 180～210℃作为磷酸型燃料的反应温度。

3. 燃料重整反应

当燃料电池用化石燃料为燃料时，必须要把碳氢混合物变为氢气。氢气制造的方法，主要有水蒸气重整法和部分氧化法两种。

水蒸气重整法是一种常见的制氢方法，需要利用催化剂来进行，其反应式为

$$C_nH_n + nH_2O \longrightarrow nCO + \left(\frac{m}{2} + n\right)H_2 + O \tag{8-5}$$

$$CO + H_2O \longrightarrow CO_2 + H_2 + 9.83\ (\text{kcal}) \tag{8-6}$$

在利用甲烷时，式（8-5）为

$$CH_4 + H_2O \longrightarrow CO + 3H_2 - 49.27\ (\text{kcal}) \tag{8-7}$$

一般，在进行式（8-5）、（8-7）的反应时，催化层温度为 700～950℃，压力为常压～40kN/cm^2。式（8-6）的反应在 200～450℃范围内进行。而在利用甲醇时，反应式如式(8-8)所示的反应，重整催化剂一般用铜作为催化剂，反应温度为 200～300℃，在 10kN/cm^2压力以下进行。

$$CO_2 + H_2O \longrightarrow CO_3 + H_2 + 9.83\ (kcal/mol) \tag{8-8}$$

$$CH_3OH \longrightarrow CO + 2H_2 - 21.7\ (kcal/mol) \tag{8-9}$$

部分氧化法是把碳氢元素的一部分在氧气中或者空气中燃烧，再把燃烧中生成的水和碳酸气与残余的碳氧元素通过燃烧再进行反应的方法。这一方法常应用于使用碳氢元素大规模制造氢气的情况。

4. 电池催化剂

为促进电极的反应，常使用催化剂。催化剂的使用情况对电池性能影响很大。在燃料极方面，只要有一点白金催化剂，即可以促进氢的离子反应。而在空气极方面，更需要有催化剂的帮助，且用量要比燃料极多，还要有很大的活性，这是因为溶液中氧气的还原反应速度很慢，为使反应速度加快必须要有高活性的催化剂。反应中常用白金、铬、钛等合金作为固体催化剂，实际上由于有氧化硫和一氧化碳的污染，常用白金—合金作为催化剂。

5. 电解质

电解质除上面所述要求蒸气气压低、化学稳定之外，还必须满足以下条件：

（1）高温动作。

（2）耐 CO 腐蚀。

（3）不妨害电极的化学反应。

（4）离子导电性高。

（5）腐蚀性低。

（6）纯度高。

（7）可湿性。

为降低电池内部的阻挠，所以希望电解质的厚度要尽量薄一些。

6. 现状及动向

目前，磷酸型燃料电池已经商用化，世界上已有 100 多台磷酸型燃料电池在运行中。世界最大级的 11000kW 装置安装在日本东京电力五井火力发电厂内，并曾并入电网供电。磷酸型燃料电池的发电效率可达 30%～40%，如再将其余热加以利用，其综合效率可达 60%～80%，因此已将其应用于多种领域。

由于磷酸型燃料电池工作温度低，效率不是很高，且要用白金作催化剂，燃料中 CO 易引起催化剂中毒，因此对燃料的要求较高。目前世界各国对其花的财力、人力、物力均不多。

第三节　熔融碳酸盐型燃料电池

1. 原理

熔融碳酸盐型燃料电池简称 MCFC，它以碳酸锂（Li_2CO_3）、碳酸钾（K_2CO_3）及碳酸钠（Na_2CO_3）等碳酸盐为电解质，在燃料极（负极，阳极）与空气极（正极，阴极）中间

夹着电解质，工作温度为600～700℃，电池本体的发电效率可达45%～60%，电极采用镍的烧结体，熔融碳酸盐燃料电池原理如图8-5所示。

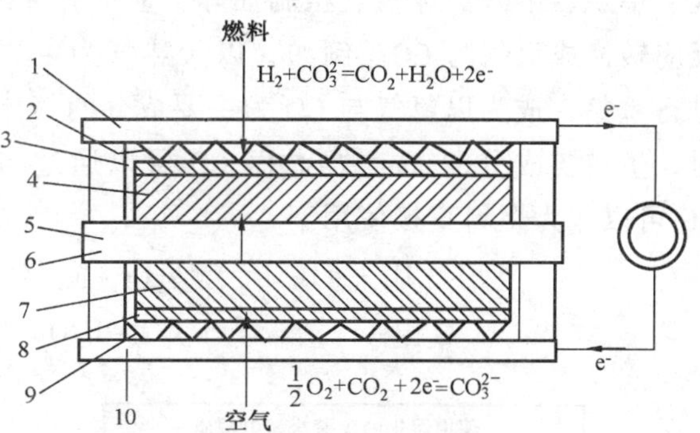

图8-5 熔融碳酸盐燃料电池的原理

1—隔板（Ni）；2—波状板（Ni）；3—集电板（Ni）；4—阳极（Ni）；5—电解质板（$LiAlO_2$）；6—电解质（Li_2CO_3，K_2CO_3）；7—阴极（NiO）；8—集电板（SUS316L）；9—波状板（SUS316L）；10—隔板

熔融碳酸盐燃料电池发电时，向燃料极（阳极，负极）供给燃料气体（氢、CO），对空气极（阴极，正极）供给氧、空气和CO_2的混合气。空气极从外部电路（负载）接受电子，产生碳酸离子，碳酸离子在电解质中移动，在燃料极与燃料中的氢进行反应，在生成CO_2和水蒸气的同时，向外部负载放出电子，这个过程的反应式如下

燃料极 $2H_2+2CO_3^{2-}\longrightarrow 2CO_2+2H_2O+4e^-$ (8-10)

空气极 $O_2+2CO+4e^-\longrightarrow 2CO_3^{2-}$ (8-11)

整 体 $2H_2+O_2\longrightarrow 2H_2O$ (8-12)

一般碳酸盐的熔点在500℃左右，在工作温度650℃时已成为液体，氢与氧的活性提高，很容易发生化学反应，因此可以不用高昂价格的白金催化剂，也避开了白金催化剂的CO中毒问题；可以用CO作为燃料电池燃料，对天然气、煤制气不用重整即可利用，预期可替代大型的火力发电。

但也正由于这种电池的发电温度高，其使用的碳酸盐电解质具有强烈的腐蚀性，工作时电池的各种材料易被腐蚀；同时，电解质本身的变化以及电池的密封也都成为重要课题。

2. 特征与工作温度

熔融碳酸盐型燃料电池以碳酸盐为电解质，具有以下特征：

(1) 工作温度为600～700℃，在这一温度下氢与氧的活性大大提高，可以有较高的发电效率，催化剂用镍作电极已足够。

(2) 不产生催化剂CO中毒问题，可以使用的燃料的范围大大增加。

(3) 排热温度高，可以与燃气轮机与蒸汽轮机联动，进行复合发电，更大地提高燃料使用率。

(4) 增加压力可以加强其反应，一般工作压力约为5～12atm。

(5) 因为其工作温度高，且使用强腐蚀性的材料，所以技术上的难度相当大。

熔融碳酸盐型燃料电池的电解质是熔化的碳酸盐，这种碳酸盐大约在490℃时熔化，温度越高，其离子的导电性越好。但是，当温度增加到700℃以上时，材料被强烈地腐蚀。所以，一般工作温度取为650℃左右。而在发电取出其电力时，也同时产生热量，如果不对电池进行冷却，电池温度也要上升，为了保持电池工作温度在650℃左右，在空气极通入的空气又作为冷却剂使用。

3. 使用的燃料

碳酸盐型燃料电池所使用的燃料范围广泛，以天然气为主的碳氢化合物均可，如碳氢气、甲烷、甲醇、煤炭、粗制油等。但不能直接使用这些作为燃料，而要把它们通过化学反应转换成氢气与 CO。例如，以天然气为主要成分的甲烷要利用如式（8-13）所示反应进行重整，成为以氢气与 CO 为主要成分的气体（这里的 $b_1 \sim b_5$ 是指投入 $a$mol 的水蒸气时，生成各成分的 mol 数）。而 CO 可以通过与水蒸气进行置换反应，生成氢气。因此，CO 可以作为燃料直接使用。

$$CH_4 + aH_2O \longrightarrow b_1H_2 + b_2CO + b_3CO_2 + b_4H_2O + b_5CH_4 \tag{8-13}$$

$$CO + H_2O \leftrightarrow H_2 + CO_2 \tag{8-14}$$

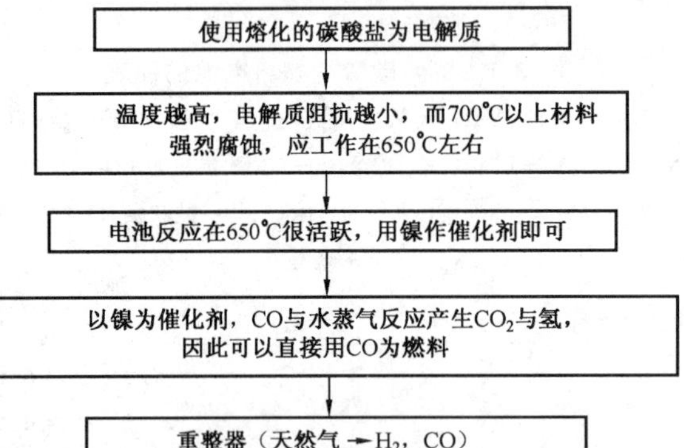

图 8-6　熔融碳酸盐型燃料电池的工作温度及燃料

发电时，必须对空气极供给 CO_2，通过循环再利用，不需要从外部供给新的 CO_2。

在使用煤炭时，可以利用煤制气炉产生 CO 与氢气，作为燃料使用。

熔融碳酸盐型燃料电池的工作温度与燃料如图 8-6 所示。

在燃料重整方面，常采用外重整与内重整两种方法。外重整方法已如上述，利用以上反应获得所需燃料；而内重整的方法则是在燃料极设置甲烷重整催化剂，在工作温度 650℃左右，进行如式（8-13）所示的反应。这种方式的转换效率不是很高，但由于燃料极的电池不断反应，产生热量，利用这个热量，可以得到较高的转换效率。这样，内部重整时既可以利用化学反应产生的热量，又可利用电池反应所得到的水，可以减少电池冷却时的动力。因此，内部重整比外部重整有更高的效率。而外部重整为防止重整时碳的析出，必须提供较多的水；同时，为提供重整时的热量，还须提供燃料以燃烧（可以用电池中未反应掉的燃料）；这样，外部重整效率就要下降。不过，外部重整结构上单纯，适合于大型化应用。在使用煤制气时，没有重整的必要，因此可用外部重整方式。熔融碳酸盐型燃料电池重整方式比较如表 8-2 所示。

表 8-2　　熔融碳酸盐型燃料电池重整方式比较

项　目	外部重整方式	内部重整方式
构　造	重整催化剂；650℃；H_2+CO；H_2 CO；CO_2 H_2O；CO_2+H_2O；阳极；电解质 CO_3^{2-}；阴极；O_2　CO_2；AIR(O_2) $+CO_2$；CH_4+H_2O	重整催化剂；650℃；H_2 +CO；CH_4+H_2O；H_2 CO；CO_2　H_2O；CO_2+H_2O；阳极；电解质 CO_3^{-}；阴极；O_2　CO_2；AIR(O_2) $+CO_2$
特　征	电池比较简单，适用于大型化 最大可达 1～2MW/电堆	与外重整相比效率高，电池构造复杂，不适用于大型化 最大可达 500kW/电堆

4. 性能与寿命

电池性能一般指电压、电流密度等特性。除了材料、结构之外，运行时温度与压力对电池性能具有决定性作用。

温度上升时，电解质的阻抗（内部阻抗和阴极反应阻抗）减少，这是因为加压时能促进燃料向电解质中溶解与扩散。但在压力继续增加时，效果可能反而下降，这是因为在燃料极生成了甲烷气，使得氢气被消耗，氢气浓度变稀，阻碍了燃料极的反应。甲烷生成式如式（8-15）所示。

$$3H_2 + CO \longrightarrow CH_4 + H_2O \tag{8-15}$$

为防止以上现象，抑制甲烷的生成，可以提高水蒸气的分压或减少氢与CO的分压。

目前一般熔融碳酸盐型燃料电池的目标寿命为40000h，现在要达到这个目标还有相当多的工作要做。影响熔融碳酸盐型燃料电池寿命或性能主要的问题有以下4个：

（1）运行中阴极中镍的析出，溶入电解质中，长时间工作，形成电解质短路。

（2）阳极的蠕变。

（3）电解质板的腐蚀。

（4）电解质的流失。

经过科学技术人员的多年工作，以上4个问题已有了长足的进步，获得了很大成果。

5. 现状与动向

多年来，熔融碳酸盐型燃料电池一直是世界各国燃料电池研究的重点。目前，美国已成功进行了2MW熔融碳酸盐型燃料电池的试验；美国FCE公司的1台250kW的熔融碳酸盐型燃料电池已连续运行了11000h以上，其热量综合利用总效率达到75%，其中8个月处于无人操作状态。可以说熔融碳酸盐型燃料电池的水平已很接近实用化水平。

图 8-7 美国FCE公司250kW熔融碳酸盐型燃料电池

美国 FCE 公司的 250kW 熔融碳酸盐型燃料电池如图 8-7 所示。

日本对熔融碳酸盐型燃料电池的发展一直采取积极态度，继 1993 ~ 1994 年成功地进行了 100kW 熔融碳酸盐型燃料电池运转试验后，1999 年又成功地进行了 1000kW 熔融碳酸盐型燃料电池的运转试验，各项指标达到设计要求。日本 1000kW 熔融碳酸盐型燃料电池结构图如图 8-8 所示。1998 年，日本电力中央研究所又试验运转了 1 台 10kW 的熔融碳酸盐型燃料电池。它在技术方面进行了改良，用碳酸钠代替碳酸盐，经 10000 多 h 运转，取得了相当大的进展。

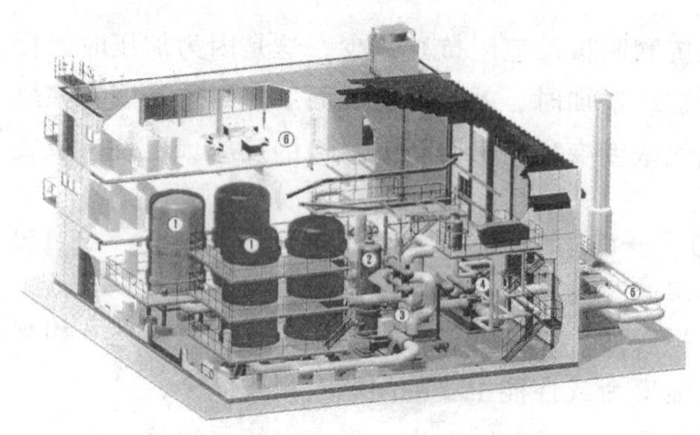

图 8-8　日本 1000kW 熔融碳酸盐型燃料电池结构图

由于熔融碳酸盐型燃料电池的研究已取得了可喜的成果，美国、日本等国家均已制定了新的计划，力争在 5 年内实现其商用化。在美国的 21 世纪计划中，清洁煤技术已投入巨资制造熔融碳酸盐型燃料电池。日本也在今后 5 年增加对熔融碳酸盐型燃料电池研究的投资，争取在 2002 年生产 200kW 的熔融碳酸盐型燃料电池堆，到 2004 年制造出使用煤制气的 700kW 的熔融碳酸盐型燃料电池，并且开始了复合发电的研究。

中国也已开展了对熔融碳酸盐型燃料电池的研究，大连物化所和上海交通大学均成功地进行了发电试验。

第四节　固体电解质型燃料电池

1. 原理

固体电解质型燃料电池简称 SOFC，它利用氧化物离子导电的稳定氧化锆（$ZrO_2 + Y_2O_3$)等作为电解质，其两侧是多孔的电极（燃料极和空气极）。固体电解质型燃料电池原理如图 8-9 所示。

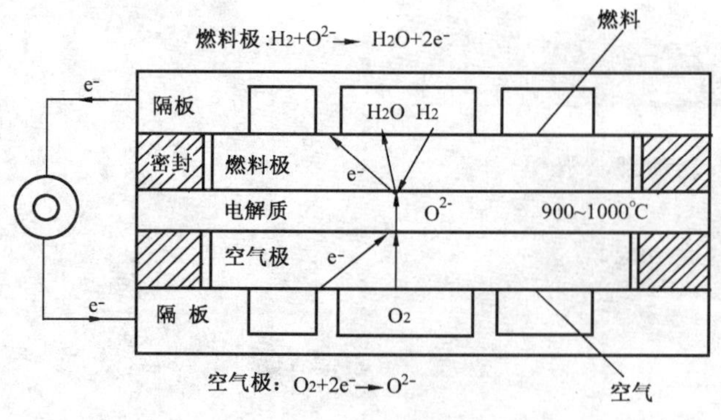

图 8-9　固体电解质型燃料电池原理图

固体电解质型燃料电池的工作温度高于熔融碳酸盐型燃料电池，一般为900～1000℃，发电效率可达45%～65%。

与熔融碳酸盐型燃料电池一样，因为固体电解质型燃料电池在高温下工作，不需要白金作催化剂，也可以使用煤制气为燃料。固体电解质型燃料电池适用于代替大型火力发电或作为分散电源。由于固体电解质型燃料电池由固体构成，因而其寿命也长。

固体电解质型燃料电池对燃料极（阳极，负极）供给燃料气（氢、CO、甲烷等），对空气极（阴极，正极）供给氧、空气，在燃料极与电解质、空气极与电解质的界面处发生化学反应，形成氧离子与电子，氧离子在电解质中流动，燃料极与空气极之间进行了电子与电荷的移动，其电极上的反应如下

燃料极 $H_2 + O^{2-} \longrightarrow H_2O + 2e^-$ (8-16)

空气极 $\frac{1}{2}O_2 + 2e^- \longrightarrow O^{2-}$ (8-17)

整　体 $H_2 + \frac{1}{2}O_2 \longrightarrow H_2O$ (8-18)

2. 特征

固体电解质型燃料电池的电解质，有用氧离子为导电体与用质子（H^+）离子为导电体的两种。为得到较高的导电率，必需要在800～1000℃条件下工作。其主要结构的构成材料均为固体，有圆筒形与平板形等的构造方式。

（1）利用氧离子为导电体，空气极中生成的氧离子（O^{2-}）在电解质中移动，到达燃料极，O^{2-}与氢（H_2）在燃料极反应，放出电子，得到电力与水。

氧离子的导电体主要是稳定的氧化锆，在稳定的氧化锆中添加 ZrO_2 和 CaO 及 Y_2O_3 等再烧结而成。它不仅在高温下有良好的导电性，也有稳定的机械强度，价格也比较便宜。

（2）在电解质中使用质子导电体时，反应生成的水与利用氧离子为导电体时相反，是在空气极产生的，因此，供给的燃料气不会因为水蒸气稀释而浓度下降。

目前，大都用氧离子作为电解质，如果能找到合适的质子导电体，那么也可以制造利用质子作为导电体的固体电解质型燃料电池。但是目前仅发现极少类的质子导电体，且其导电率与YSZ（稳定氧化锆）相比要差一个数量级，因此不易使用。寻找良好的质子导电体是一个重要课题。

3. 电池构造的种类

固体电解质型燃料电池的构造大致有3种方式，即圆筒式、平板式与一体化电堆式。

（1）圆筒型方式，即把电解质板、电极均制作成圆筒形状，因此机械强度比较高，而且对热应力反应比较缓和，密封也比较方便，所以工作的可靠性也高。但是其单位体积所输出的电力较低，是它的一个缺点。

（2）平板型方式，即是把电解质板、电极均制作为平板形状。从原理上说，这种方式比圆筒式的内部阻抗小，因此发电效率高，且可以制成比较薄的电堆，所以单位容积的输出密度高。它还可以通过湿式制造法制作，进行批量生产，从而降低成本。但平板型的方式是将气体密封、薄膜制造以及连接材料交互一起烧结而成，电池构造相当复杂，因此目前还处于研究阶段。

4. 电池材料

在固体电解质型燃料电池的研究开发中，材料是当前最主要问题之一，主要有以下几种材料。

(1) 固体电解质材料。固体电解质材料大多是在 ZrO_2 中添加 CaO 或 Y_2O_3 等，其资源丰富，价格便宜。

(2) 燃料极材料。燃料极材料应有良好的电子导电性，能与电解质密切结合且是多孔的。电解质上的电极反应发生在反应气、电解质及电极的三相相接处（三相界面），因此要尽可能增加三相界面使燃气易于到达，而生成的水蒸气要易于排出。作为燃料极还必须有稳定的还原能力，在使用煤制气时还应能够抗硫磺。根据这些条件，可以用镍或钴作为燃料极材料，目前多采用镍或镍与锆的复合材料。

(3) 空气极材料。因为空气极必须要在1000℃的氧化气氛中稳定，因此不能使用通常金属，而要用白金等贵金属，从成本看是不现实的。现在，大多考虑采用 $LaSrMnO_3$ 或者 $LaCaMnO_3$ 等复合氧化物。

空气极不仅要求有良好的特性，还要有高的稳定性以及与电解质的密切连接和热膨胀系数的配合，因此 $LaMnO_3$ 是目前的主流材料。

(4) 其他构成材料。电池组成电堆时，因为采用串联连接的方法，因而必须要有隔板。固体电解质型燃料电池的工作温度为1000℃的高温，其对隔板的要求为：

1) 在氧化、还原气氛中稳定。

2) 没有离子导电性。

3) 导电率高。

4) 具有不使燃料气与空气混合的高的气密性。

5) 与其他电池构成材料有相同的热膨胀系数。

6) 具有高的热力学稳定性（不与其他材料反应）。

这些条件是相当严苛的，现在大多采用 $LaCrO_3$ 等的氧化物。

5. 现状与动向

目前，美国在固体电解质型燃料电池技术方面处于世界领先地位。美国WH公司以研究圆筒型电池为主，其开发的25kW级电堆已经运行了13000h，劣化率达到0.1/1000h以下；1998年又与荷兰、丹麦合作，开发100kW的电堆。Allied signal公司及Z-tek公司则从事平板型电池的研究，也有很大进展。

此外，日本的富士电机、三洋电机、三菱公司，德国的西门子、奔驰公司以及英国、法国、荷兰的一些公司，也在对固体电解质燃料电池进行研究。研究的重点是合金系的隔板、陶瓷系的隔板及共同烧结技术、高性能电极技术等。

目前，工作温度的降低也是一个研究重点。由于目前的固体电解质型燃料电池工作在800～1000℃的高温范围内，材料问题难以解决。因此，各国科学家均把降低工作温度作为研究目标，已作出了800℃以下、甚至500～600℃、350℃的固体电解质型燃料电池发电成功的报告。

中国在一些研究所与大学中开展了基础研究，目前已有小功率（几十W）的固体电解质型燃料电池发电成功的例子。研究成果显著的研究所和大学有上海硅酸盐研究所、大连化学物理研究所、吉林大学、清华大学、中国科技大学、华中理工大学等。

第五节　固体高分子型燃料电池

1. 原理

固体高分子型燃料电池简称 PEMFC 或 PEFC，它不用酸与碱等的电解质，而采用以离子导电的固体高分子电解质膜（阳离子膜）。这种膜具有以氟的树脂为主链，能够负载质子（H^+）的磺酸基为支链的构造，其离子导电体为 H^+，与磷酸所不同的是，电解质是阳离子交换膜。固体高分子型燃料电池原理如图 8-10 所示。

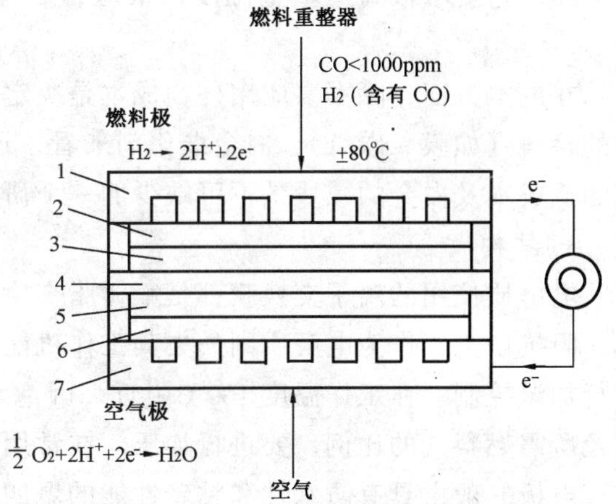

图 8-10　固体高分子型燃料电池原理图

1—隔板（C）；2—电极（负极）（C）；3—催化剂层（Pt）；4—电解质（固体高分子膜）；5—催化剂层（Pt）；6—电极（正极）（C）；7—隔板（C）

固体高分子型燃料电池使用的是电气绝缘的无色透明的薄膜，因此没有电解质之类的麻烦，而且它不透气体，所以只要有 50μm 的厚度即可使用。

固体高分子膜在吸收水分子后，开始把磺酸基之间连接起来，显出质子导电性能。因此，有必要对反应燃料气进行加湿以维持其质子导电性，运行温度也因为要保持膜的湿度而在 100℃以下。

在室温条件下，因为可以保证膜的质子导电性能，这样，实现低温发电也是可能的。工作温度定在室温～100℃之间。中间隔着固体高分子膜，两侧即为燃料极（负极）与空气极（正极），对燃料极供给氢气，对空气极供给空气或氧气，利用水电气分解的逆反应，每单体电池可得到 1V 左右的直流电压，这个反应可用以下一组反应式表示

燃料极　$H_2 \longrightarrow 2H^+ + 2e^-$　(8-19)

空气极　$\frac{1}{2}O_2 + 2H^+ + 2e^- \longrightarrow H_2O$　(8-20)

全　体　$H_2 + \frac{1}{2}O_2 \longrightarrow H_2O$　(8-21)

固体高分子电解质燃料电池的运行温度低，因此起动时间短，输出密度高（3kW/m^2），可以做成小型电池，适合用于移动电源。

但是，因为固体高分子型燃料电池以氢为燃料，在使用天然气和甲醇时，在高温中使之与水蒸气发生反应，必须要有制造的工程（重整）。这时，在这过程中所生成的 CO，使燃料电池的催化剂性能显著下降。因此，重整工程中，CO 浓度的低减及不受 CO 影响的催化剂的开发就成为一个重要的项目。

2. 特征

固体高分子型燃料电池的输出密度高，可以制成小型轻量化的电池；其电解质是固体的，不会流失，易于差压控制；其构造简单，电解质不会腐蚀，寿命长，工作温度低，材料选择方便，起动停止也易于操作。这些，都是这种电池的优点。

由于这种电池的工作温度低，必须要用白金作催化剂。为防止白金的 CO 中毒，使用重整的含有 CO_2 燃料时，必须除去 CO，还要对质子交换膜进行水分控制。由于排热温度低，无法利用，如何确保重整用的蒸气也是一个问题。

其燃料与磷酸型电池相同，限于氢气，但也可以使用经过重整的天然气和甲醇，特别是甲醇，它要求很高的重整温度，很适合于此类电池。被认为是应用于电动车的理想电源。

在成本方面，除军事应用外，成本是决定其能否进入市场的最关键的因素之一。以目前的材料（如膜、碳纸）、白金催化剂来看，还不能达到市场化程度，为了实用化，交换膜的低成本及白金的减量是不可缺少的一个研究开发课题。

3. 结构

电解质使用的离子交换膜都是氟树脂交换膜，在湿润时具有良好的导电性，含水率一低，阻抗增大，作为电解质则失去其工作机能，因此对其水分含量必须进行控制。一般要进行加湿控制。在工作温度 100℃附近，因饱和水蒸气压力高，为保持水分的水蒸气分压以及所需燃料气的比例，要进行加压。在常用的燃料电池中，一般加压至 $2kg/cm^2$ 左右。

电极一般由具有防水性和粘着性能的聚四氟乙烯等与白金或含有白金的碳纸等的催化剂粒子组成，通过与膜热压而组成一体。这样一对电极中间夹着离子交换膜，再在两侧装上集电板，即组成单体电池。

其周边装置由气泵、水分控制回收系统、冷却系统及电气系统构成。在使用重整气时，还要有重整器及除去 CO 的装置。

4. 适用范围

此类燃料电池的发展最初主要是由于军事上的应用。由于它输出密度高、起动时间短、噪声小、结构简单，可以考虑代替潜水艇、野战发动机等的蓄电池和柴油机。但是，它存在着一个纯氢难于确保的问题，而使用重整器的话，其优点又会丧失，所以燃料的供应是一个重大课题。

此类电池可以用于车辆上是它的一个优势，特别是在要求汽车零排放的情况下，看来只有这类电池能充当重任。近年来，世界上掀起了一个研究开发热潮，与它的优点有极大关系。近年，国外开发了各种环保型车辆，有低公害车、电动汽车、甲醇汽车、天然气汽车等，燃料电池汽车是电动汽车的一种。燃料电池可以做成小型发动机，由于其起动迅速，很有希望成为新一代汽车发动机，引起人们的注意。美国还希望把燃料电池作为火车发动机。

此外，燃料电池还可考虑用于家庭。将其与电网相联，白天从电网买电，晚上卖电给电网。其排热还可加以综合利用，用于洗澡和洗涤等。据测算，功率达到 1kW，即可使用于家庭，具有广阔的前景。

5. 现状及动向

随着膜技术的发展及环境问题的日益突出，固体高分子型燃料电池的研究开发越来越成为热点。目前世界主要汽车厂家，如福特、GM、丰田、奔驰等，均宣传要把燃料电池用于汽车上。

此电池技术最先进的是加拿大的巴拉德动力公司，多年前即已推出以燃料电池为动力的公共汽车，已研制出250kW的电池。美国的发展也很快，福特、GM已有联合开发计划与行动，研制50kW的电池，并达到输出密度1kW/kg。日本的丰田以及德国的BMW、奔驰、西门子和英国等也均在开发研究，宣称在2003年或2004年推向市场。固体高分子型燃料电池汽车如图8-11所示。

图 8-11　固体高分子型燃料电池汽车

但从目前来说，固体高分子型燃料电池还有一些问题必须解决，特别是它的成本高昂，无法与有百多年历史的内燃机相比，并且它的效率较低，不到40%，在满载时输出电压只能达到0.7V多一些。这些问题不解决，要真正推向市场是不可能的。

还有一个大问题，是用什么作为燃料。是用高压氢，还是用液态氢，或者是用甲醇重整，各有优缺点，到底哪一种最适合，还没有明确方向。

第六节　直接甲醇型燃料电池

直接甲醇型燃料电池简称DMFC，是一种不通过重整甲醇来生成氢，而是直接把蒸气与甲醇变换成质子（氢离子）而发电的燃料电池。因为它不需要重整器，因此可以做得更小，更适合于汽车等应用。其作为重整的是只要 300℃即可的甲醇，所以有实现的可能，但也是一个相当难的问题。其关键是高分子膜，除了氟以外，是否还有什么更理想的材料，要进行研究探索。其主要难点在于氟膜有很好的质子导电性，也有很好的透水性，使甲醇也很容易通过膜，这就成为致命的问题，使得效率大大下降。氟膜还不耐高温。因而，开发大大减少甲醇透过的膜，使电解质寿命延长的材料，是决定其实用化的关键。

目前这种电池还处于基础研究阶段，真正实用化估计还需 10 年以上的时间。

参考文献

1 赵富鑫，魏彦章主编．太阳电池及其应用．北京：国防工业出版社，1985.
2 王长贵，崔容强编著．太阳能．北京：能源出版社，1985.
3 ［沙特阿拉伯］A·A·M·赛义夫编．太阳能工程．徐任学，刘鉴民等译．北京：科学出版社，1984.
4 喜文华主编．太阳能实用工程技术．兰州：兰州大学出版社，2001.
5 李爱文，张承慧编著．现代逆变技术及其应用．北京：科学出版社，2000.
6 刘荣主编．自然能供电技术．北京：科学出版社，2000.
7 世界能源理事会编．新的可再生能源——未来发展指南．阎季惠等译．北京：海洋出版社，1998.
8 《中国电力百科全书》编辑委员会．中国电力百科全书核能及新能源发电卷．第二版．北京：中国电力出版社，2001.
9 国家计划委员会交通能源司．中国能源（1997 白皮书）．北京：中国物价出版社，1997.
10 周凤起，周大地主编．中国中长期能源战略．北京：中国计划出版社，1999.
11 黄志杰，王长贵编著．新技革命讲话第五讲新能源技术．北京：解放军出版社，1986.
12 《中国能源发展报告》编辑委员会．中国能源发展报告（2001）．北京：中国计量出版社，2001.
13 周凤起，王庆一主编．中国能源五十年．北京：中国电力出版社，2002.
14 沈祖诺主编．潮汐电站．北京：中国电力出版社，1998.
15 中国发展计划委员会基础产业发展司．中国新能源与可再生能源（1999 白皮书）．北京：中国计划出版社，2000.
16 王长贵等编著．中国新能源的开发与利用．北京：能源出版社，1986.
17 中国太阳能学会主编．太阳能学报特刊/1999. 北京：《太阳能学报》编辑部，1999.

太阳能电池金属网阵生产线　Solar Cell Metalization Line

ASYS 产品新亮点-太阳能工业 革命性的太阳能电池金属网阵生产线

ASYS Sets New Productivity Benchmark for Solar Industry With a Revolutionary Solar Cell Metalization Line

产量高达每小时2400片电池板
精度达±15 microns @ 6 sigma
印刷面积高达300 × 300mm

- throughput of up to 2400 cells per hour
- accuracy of ±15 microns @ 6 sigma
- print format up to 300 x 300mm

➔ 通过光学及时定位提高丝印速度和精度
➔ 通过智能化使生产线更具柔性和高投资回报率
➔ 通过控制精度达到高质量要求
➔ 灵活的设置使生产线更流畅
➔ 易操作的全自动生产线降低劳动力成本
➔ 模块化设计带来更大的投资回报率

➔ Speed and Accuracy Through Instant Optical Correction
➔ Flexibility and Cost-Effectiveness Through Smart Automation
➔ High Product Quality Through Controlled Accuracy
➔ Streamlined Production Through Clever Details
➔ No Need for Costly Labor Thanks to Simple Automatic Operation
➔ Profitability Through Flexible Modularity

中国区域办公室
新加坡亚系自动化私人有限公司上海代表处
上海市闸北区天目西路 99 号闸北广场 11 楼 F 室
邮编：200070
电话 021-6380 3046　传真 0 21-6380 3024
电邮：info@asys.com.cn
www.asys-asia.com

亚太区域总部
Asys Automation Singapore Pte Ltd
462 Siglap Road, #02-07, Singapore 455940
Tel. (+65) 6444 1218, Fax (+65) 6444 2029
Email: info@asys-asia.com
www.asys-asia.com

欧洲-集团公司总部
ASYS GmbH
Benzstrasse 10
89160 Dornstadt, Germany
Tel. (+49) 7348-9855-0, Fax (+49) 7348-9855-91
Email: info@asys.de
www.asys.de